D1670385

Walter Wittenberger

Chemische Betriebstechnik

Ein Hilfsbuch für Chemotechniker und die Fachkräfte des Chemiebetriebes

Dritte, völlig neubearbeitete Auflage

Springer-Verlag
Wien New York

Dr. techn. Ing. Walter Wittenberger
Offenbach/Main

Softcover reprint of the hardcover 3rd edition 1974

Mit 470 Abbildungen

Library of Congress Cataloging in Publication Data

Wittenberger, Walter, 1910-
Chemische Betriebstechnik.

First published in 1949 under title: Maschinen und Apparate in Chemiebetrieb.
Bibliography: p.
1. Chemical engineering—Apparatus and supplies.
I. Title.
TP157.W5 1974 660.2'8 74-4782

ISBN-13:978-3-7091-8365-6 e-ISBN-13:978-3-7091-8364-9
DOI: 10.1007/978-3-7091-8364-9

Vorwort zur dritten Auflage

Die Entwicklungen auf dem Gebiet des chemischen Apparatewesens machten es erforderlich, das Buch einer Neubearbeitung zu unterziehen. Dabei war eine Erweiterung des Inhaltes nicht zu umgehen.

Das Buch ist — und dies soll ausdrücklich betont werden — kein Lehrbuch der Verfahrenstechnik. Es befaßt sich also nicht mit den mathematisch-physikalischen Grundlagen der Apparaturen und Arbeitsgänge, sondern *beschreibt* Bau und Wirkungsweise der verschiedenen apparativen Einrichtungen. Es will dem Neuling im Chemiebetrieb einen Überblick über die apparativen Möglichkeiten der Durchführung chemisch-technischer Verfahren vermitteln. Bei der großen Zahl der verwendeten Apparate war eine Beschränkung auf jeweils typische Vertreter der einzelnen Apparategattungen notwendig. Oftmals werden gleichartige und gleichwertige Apparate und Betriebshilfsmittel von verschiedenen Herstellerfirmen angeboten; eine Bevorzugung des einen oder anderen Apparatetyps gleicher Funktionsweise ist daher nicht beabsichtigt.

In jedem Chemiebetrieb sind neben modernen Apparaturen auch ältere, die bereits jahrelang in Verwendung sind, anzutreffen, so daß auch diese nicht übergangen werden dürfen. Der Kreis, für den das Buch gedacht ist, soll ja die im Betrieb *vorhandenen* Apparaturen kennenlernen. Es wäre aber sicher verfehlt, nur die einzelnen Arbeitsgänge mit den dazu gehörenden Apparaturen, wie Fördern, Zerkleinern, Mischen, Heizen und Kühlen, Lösen, Destillieren, Filtrieren und Trocknen, zu beschreiben. Ebenso wichtig dürfte es sein, daß sich der im Betrieb Tätige mit den einzelnen Maschinenteilen, aus denen eine Apparatur aufgebaut ist, vertraut macht. Daher enthält das Buch das Wichtigste über die Maschinenelemente, Rohrleitungen, Schmiervorrichtungen, Isolierungen, Dichtungen, Absperrorgane, Meßgeräte usw., denn gerade an diesen Stellen wird er während seiner Tätigkeit oft selbst eingreifen müssen.

Darüber hinaus enthält das Buch Hinweise über den Unfallschutz und Angaben über die Eigenschaften der wichtigsten Apparatebauwerkstoffe, die eine erste Orientierung ermöglichen sollen.

Die Zahl der Abbildungen wurde von 413 auf 470 erhöht. Die Erfahrung hat gezeigt, daß ein Bild den beschreibenden Text erst verständlich macht, oft lange Erklärungen erübrigt und dem Benutzer Bau und Wirkungsweise einer Apparatur anschaulich vor Augen führt. In der Hauptsache wurden daher Schnittbilder verwendet.

Berücksichtigt wurde ferner, daß gemäß dem Gesetz über Einheiten im Meßwesen vom 2. Juli 1969 in Zukunft nur die gesetzlichen Einheiten (z. B. bar, mbar u. a.) zu verwenden sind. Die Umrechnungsfaktoren zu den alten Einheiten (z. B. at, Torr u. a.) sind angeführt.

Allen Firmen, die mich während der Bearbeitung der Neuauflage durch Überlassen von Firmenschriften und Abbildungsunterlagen unterstützt haben, danke ich für ihre Bereitwilligkeit.

Dem Springer-Verlag in Wien, der wiederum für eine vorbildliche Ausstattung des Buches gesorgt hat, will ich aufrichtig Dank sagen für die Zustimmung zu einer Neubearbeitung des Buches.

Ich hoffe, daß auch die vorliegende Neuauflage dazu beiträgt, die praktische Ausbildung unseres Chemie-Nachwuchses zu ergänzen und zu fördern.

Offenbach/Main, im Sommer 1974 **Walter Wittenberger**

Inhaltsverzeichnis

1. Der Chemiebetrieb

1. Der Produktionsprozeß. Bei der Übertragung eines Verfahrens in den Betriebsmaßstab sind eine Reihe fabrikationstechnischer Gesichtspunkte für die sichere und wirtschaftliche Durchführung maßgebend. Für Großprodukte wird die kontinuierliche Arbeitsweise anzustreben sein, während bei Kleinprodukten absatzweise arbeitende Verfahren die Regel sind. Bei *kontinuierlicher Arbeitsweise* wird der Apparatur ununterbrochen Ausgangsprodukt zugeführt und Endprodukt entnommen. Die Arbeitsbedingungen (Druck, Temperatur, mechanische Kraftwirkung) bleiben in der Apparatur unverändert. Beim *absatzweisen oder diskontinuierlichen Verfahren* werden Beschicken, Reaktionsprozeß und Entleeren in getrennten Arbeitsgängen nacheinander vorgenommen.

In der chemischen Industrie werden sehr verschiedenartige Maschinen und Apparate benötigt, oftmals nehmen die mechanischen Prozesse (Vorbereitung und Aufarbeitung des Reaktionsgutes) einen größeren Zeit- und Arbeitsaufwand ein als der rein chemische Reaktionsprozeß. Wenn möglich arbeitet man mit natürlichem Gefälle, d. h. die Rohstoffe werden in einem Arbeitsgang nach oben gebracht und alle weiteren Operationen finden in jeweils tiefer (auf sogenannten Arbeitsbühnen) stehenden Apparaturen statt. Die räumliche Anordnung der einzelnen Apparate zueinander ist von großer Bedeutung.

Eine große Zahl von Apparaten und besonders Apparateteilen ist genormt. Man erreicht eine rasche Austauschmöglichkeit beschädigter Maschinenteile, vereinfachte Ersatzteilbeschaffung, wirtschaftliche Herstellung, dadurch wiederum Verkürzung der Lieferzeiten und Verbilligung.

2. Bedienungsvorschriften. Unbedingt erforderlich ist es, an den Betriebsapparaturen Bedienungsvorschriften gut sichtbar anzubringen, eine Arbeitsvorschrift für die Durchführung der soeben in der Apparatur laufenden Reaktion beizufügen und die Bedienungsmannschaft vorher eingehend darüber zu unterrichten sowie auf mögliche

Unregelmäßigkeiten im Reaktionsablauf und Maßnahmen zu ihrer Behebung hinzuweisen.

In ein Betriebsbuch sind einzutragen: Art und Menge der eingefüllten Ausgangsstoffe, Zulauf von Lösungsmitteln oder Reaktionsflüssigkeiten, Beginn und Dauer des Aufheizens oder Kühlens usw. In vorbestimmten Zeitabständen sind die abgelesenen Kontrollmessungen (Temperatur, Druck u. v. a.) zu vermerken. Schreiber, die die Betriebszustände automatisch aufzeichnen, sind eines der wichtigsten Kontrollmittel, vor allem wenn Unregelmäßigkeiten aufgetreten sind.

3. Fließbilder. Die bildliche Beschreibung eines Reaktionsverlaufes geschieht mit Hilfe von Kurz- bzw. Bildzeichen in Form von Fließbildern.

Das *Grundfließbild* gibt den Gesamtverlauf des Verfahrens wieder. Es enthält Angaben über die einzelnen Verfahrensschritte, den Hauptstofffluß sowie über die Ausgangs- und Fertigprodukte. Es können dabei u. a. die Stoffmengen, Energieströme und bestimmte Arbeitsbedingungen (z. B. Temperatur und Druck) verzeichnet werden.

Das *Verfahrensfließbild* zeigt die für das Verfahren benötigten Apparate, die Haupttransportwege der eingesetzten und erhaltenen Stoffe, die Energieträger und bestimmte Betriebsbedingungen.

Für die einzelnen Apparatetypen sind bestimmte Bildzeichen, die auf Einzelheiten verzichten, aber das Typische der Konstruktion enthalten, festgelegt. Die verschiedenen Apparate werden dabei außerdem durch Kurzzeichen (z. B. Buchstaben) gekennzeichnet. Auch für Rohrleitungen und Armaturen sind Bildzeichen festgelegt.

Die zeichnerische Ausführung ist in den DIN-Normen 28004 enthalten, denen alle Einzelheiten im Bedarfsfall zu entnehmen sind.

Das *Rohrleitungs- und Instrumentenfließbild* beinhaltet die Darstellung der technischen Ausrüstung einer Anlage; es enthält die Apparate, einschließlich Antriebsmaschinen, Rohrleitungen mit Armaturen und die Transportwege mit näheren Angaben über Auslegung der Leitungen, Werkstoffe, Isolierung, Meß- und Regelorgane.

In der Abb. 1 ist als Beispiel eine Anlage zur Gewinnung kleiner Mengen Stickstoffs in Form eines Verfahrensfließbildes dargestellt (Linde AG Werksgruppe TVT München, Höllriegelskreuth).

Beschreibung des Verfahrens an Hand des Fließbildes:

1 Luftverdichter. Verdichtung der Luft in mehrstufigem Kolbenkompressor. Abkühlung der Luft in nachgeschaltetem Wasserkühler auf nahezu Umgebungstemperatur. Auskondensation und Abscheidung von Wasser während der Kühlung.

2 Adsorber. Entfernung des Restwassers, der Kohlensäure und der Kohlenwasserstoffe aus der Luft in periodisch wechselnden Molekularsiebadsorbern.

3 Wärmetauscher. Abkühlung der gereinigten Luft auf Verflüssigungstemperatur. Verflüssigung eines Teiles der Luft. Anwärmung der kalten Zerlegungsprodukte auf annähernd Umgebungstemperatur. Anwärmung des Turbinengases.

4 Entspannungsturbine. Entspannung und Abkühlung des Turbinenstromes zur Deckung der Kälteverluste und des Kältebedarfs zur Verflüssigung des Stickstoffs.

5 Rektifikationskolonne. Zerlegung der Luft in reinen Stickstoff als Kopfprodukt und mit Sauerstoff angereichertes Restgas als Sumpfprodukt in der Mitteldrucksäule 5 A. Verdampfung des Sumpfproduktes auf der Niederdruckseite des Kondensators 5 B.

6 Wärmetauscher. Unterkühlung des Mitteldrucksäulensumpfproduktes. Anwärmung des verdampften, mit Sauerstoff angereicherten Restgases.

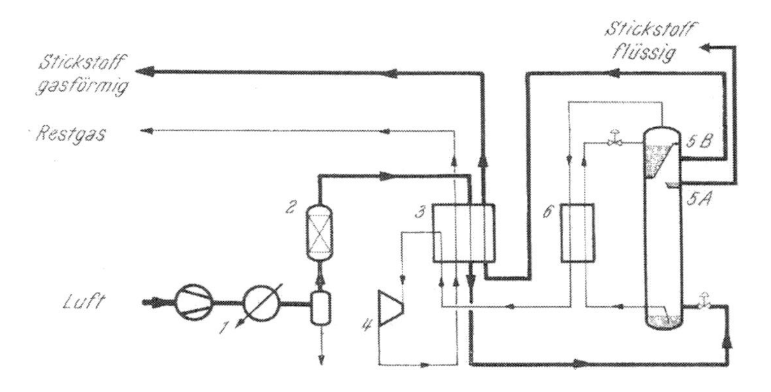

Abb. 1. Fließbild einer Anlage zur Gewinnung kleiner Mengen Stickstoffs (Linde AG Werksgruppe TVT München, Höllriegelskreuth)

4. Netzpläne und Modelltechnik. Der *Netzplan* dient der Erstellung von Neuanlagen. Er legt die zeitliche Reihenfolge der einzelnen Bau- und Montageabschnitte fest. Es werden darin sowohl die Lieferzeiten der Apparate als auch die Montagezeiten sowie die Probeläufe berücksichtigt. Durch das Nebeneinanderlaufen von Bestellungen, Anfertigen von Detailzeichnungen, Verlegen der Rohr- und Energieleitungen, Montieren der Geräte, Anstricharbeiten u. a. nach einem genauen Zeitplan, dem in der Regel als Zeiteinheit die Woche zugrunde gelegt ist, wird Leerlauf vermieden. Man erkennt aus dem Netzplan, welche Arbeiten parallel zueinander vorzunehmen sind sowie den Startpunkt jeder einzelnen Arbeit, ihren Zeitbedarf und den Termin ihrer Fertigstellung. Die kritischen Wege, das sind jene, die für die pünktliche Einhaltung der Planzeit wichtig sind, werden besonders gekennzeichnet.

Ein *Modell der Neuanlage* (z. B. im Maßstab 1 : 100 oder 1 : 50) erhöht die Anschaulichkeit, die mit Konstruktionszeichnungen allein nicht erreicht werden kann. Man erkennt im Modell u. a. die günstigste Führung der Leitungen (dargestellt durch farbige Drähte), den Platzbedarf für die einzelnen Apparaturen und die Bereitstellung der Rohstoffe sowie für den Abtransport der Fertigprodukte. Eine wünschenswerte räumliche Umgruppierung von Anlageteilen ist am Modell leicht zu demonstrieren.

5. Messen, Steuern und Regeln. a) *Messen.* Der Ablauf chemischer und technischer Vorgänge muß einer ständigen Kontrolle unterliegen.

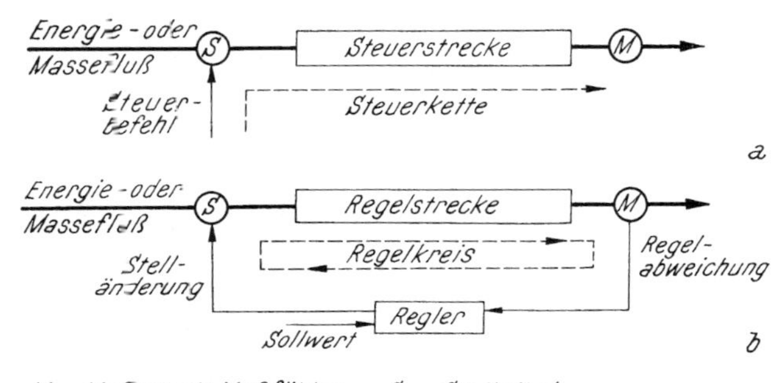

Abb. 2. Prinzip des Steuerns und Regelns. *a* Steuerkette, *b* Regelkreis

Dabei kann es sich um Einzelmessungen direkt an der betreffenden Apparatur oder um Fernmessungen (Überwachung in einer eigenen Meßwarte) handeln. Auf jeden Fall sollte eine Registrierung der Meßwerte (handschriftlich oder besser automatisch) erfolgen. Über Meßgeräte s. S. 111.

b) *Steuern* ist ein wiederholter Eingriff in den Ablauf des Verfahrens durch Schaltimpulse. Es werden also nur Ein- und Aus-Befehle gegeben.

c) *Regeln* heißt, einen Zustand durch Zusammenwirken von Messen und Nachstellen automatisch auf einen eingestellten Sollwert zu halten. Der Regelbefehl wandert ständig im Regelkreis, vom Meßwert über den Regler zum Stellglied. Die Übertragung kann mechanisch, hydraulisch, pneumatisch oder elektrisch geschehen.

Den Unterschied zwischen Steuern und Regeln veranschaulicht die Abb. 2.

6. Ordnung im Betrieb. Die Arbeitsräume sollen stets sauber sein, Maschinensockel, Winkel usw. sind keine Aufbewahrungsorte für

Schraubenschlüssel, Putzlappen, Ölkannen u. ä. Oft gebrauchte Gegenstände, wie Werkzeuge, Besen, Spritzschläuche, müssen einen bestimmten, leicht erreichbaren Platz haben und immer in gebrauchsfertigem Zustand sein. Waagen sind vor Verrosten zu schützen. Rührspatel und Thermometer dürfen keinesfalls lose in Rührwerksbehältern stehen, da sie dort leicht vergessen werden und durch Bruch beim Einschalten der Apparate zu Störungen Anlaß geben können. Die Sicherheitseinrichtungen und Schutzmaßnahmen sind dauernd zu überprüfen und instand zu halten. Auf die Gefahr des Einfrierens von Leitungen ist bei eintretender Kälte zu achten.

In jedem Einzelbetrieb ist ein Rapportbuch zu führen, in das von den Schichtführern die wichtigsten Vorkommnisse der Arbeitsschicht, aufgetretene Schäden, Stand der durchgeführten Arbeiten u. dgl. eingetragen werden.

Wichtig ist die Führung von *Maschinenstammkarten*. Sie enthalten in lückenloser Weise alle wichtigen, die einzelnen Maschinen betreffenden Daten, wie Baufirma, Anschaffungsjahr, Leistung, Kraftbedarf, Abmessungen, Inhalt, Werkstoff, Art der Beheizung, vorhandene Armaturen, Tourenzahl des Rührers, Art der Packung; ferner Inbetriebsetzung, Stillegung, vorgenommene Reparaturen (Art, Datum, gegebenenfalls Kosten), Überprüfungsdaten u. ä. Das Stammblatt erhält die gleiche Nummer wie die Maschine im Betrieb. Das Nummernschild an der Maschine muß stets deutlich lesbar sein. In gleicher Weise sind genaue Verzeichnisse der Motoren, Reserveapparate usw. anzulegen. Damit wird erreicht, daß schadhaft gewordene Apparateteile ohne Zeitverlust ausgewechselt werden können. Das Fehlen gut geführter Bestandsverzeichnisse gibt meist Anlaß zu langwierigen und vielfach ungenauen Ermittlungen aus der Fabrikskorrespondenz, wenn Betriebsumstellungen vorgenommen werden müssen. Auch erspart die Kartei häufig Doppelarbeit (z. B. neuerliches Ausmessen von Gefäßen). Es ist vorteilhaft, an den Apparaturen Schilder anzubringen, die die wichtigsten Daten, vor allem die Größe des Nutzinhaltes, enthalten.

Während eines *Stillstandes* ist eine stetige Kontrolle der Apparaturen erforderlich. Sie müssen sich bei Wiederaufnahme der Arbeit in gebrauchsfertigem Zustand befinden. Leitungen müssen vollständig entleert sein.

In jedem Betrieb sollte an gut sichtbarer Stelle eine *Grundrißskizze* des betreffenden Raumes hängen, welche den Ort der Hauptabstellorgane enthält (in den Kennfarben für Dampf, Wasser usw. einzeichnen; s. S. 81). Eine schlagwortartige Beschriftung hätte z. B. zu lauten:

„Bei Energiestörungen sind vom Betrieb nachstehende Maßnahmen durchzuführen:

a) Dampf:

1. Alle ▷◁ bezeichneten Ventile schließen (die Dampfventile sind rot darzustellen).
2. Benachrichtigung des Betriebsleiters unter Tel. ... (Wohnung: ...).

3. Benachrichtigung des Betriebsingenieurs unter Tel. ... (Wohnung: ...).
4. Wiederinbetriebnahme nur im Einverständnis mit Betriebsleiter und Energieabteilung."

Ein entsprechender Wortlaut ist abzufassen für b) Strom, c) Wasser, d) Druckluft usw.

Alarmpläne. Die Aufstellung eines Alarmplanes für den Fall eines Brandes ist wichtig. Der Plan muß Anweisungen enthalten über die Betätigung der Alarmsirene, telefonische Meldung an Feuerwehr und Betriebsleitung, Angaben über das Abstellen der Energien und laufenden Apparaturen. Wichtig ist die Vereinbarung über einen Sammelplatz für die Belegschaft außerhalb des Gebäudes, um die Vollzähligkeit zu kontrollieren. Alarmübungen sind durchzuführen!

2. Unfallschutz

Als oberster Grundsatz hat zu gelten: Unfälle verhüten ist wichtiger als Unfälle entschädigen! Ein so oft gehörter Standpunkt, man passe ja gut auf und es sei doch noch nie etwas passiert, ist sträflicher Leichtsinn!

A. Unfallgefahren und ihre Verhütung

1. Allgemeine Hinweise. Neben den Unfallgefahren rein mechanischer Art treten in der chemischen Industrie noch solche auf, die durch die Eigenschaften der zu verarbeitenden und herzustellenden Stoffe oder durch entstehende Nebenprodukte bedingt sind. Die „Unfallverhütungsvorschriften der Berufsgenossenschaft der chemischen Industrie" sind daher strengstens zu beachten. Auf die wichtigsten soll durch wiederholte Aufklärung, durch Schilder und Plakate hingewiesen werden. Die Mehrzahl der Unfälle haben ihre Ursache nicht in einer mangelnden Fürsorge an den Maschinen, sondern in der Unachtsamkeit und Bequemlichkeit der einzelnen Menschen.

Maschinen, Apparate und Fahrzeuge müssen mit den vorgeschriebenen Schutzvorrichtungen versehen sein, auch dann, wenn sie längere Zeit stillstehen. Gefährliche Arbeiten dürfen nur geeigneten Personen übertragen werden, denen die damit verbundenen Gefahren bekannt sind. Vor Inbetriebnahme einer neuen Apparatur ist die Belegschaft gründlich über die Unfallgefahren mechanischer und chemischer Art und die entsprechenden Unfallverhütungsvorschriften zu unterrichten. Die nachfolgend angeführten kurzen Angaben sind lediglich als Hinweise zu betrachten und schließen die Verpflichtung zu einer eingehenden Belehrung nicht aus.

Neben den verbindlichen „Unfallverhütungsvorschriften der Berufsgenossenschaft der chemischen Industrie" sind die einschlägigen Bücher („Betriebsgefahren in der chemischen Industrie", „Unfälle bei chemischen Arbeiten", „Sicherheit im Chemiebetrieb") und die sehr aufschlußreiche periodische Schrift „Chemiearbeit schützen und helfen" für die Aufklärung heranzuziehen.

Das an den Betriebsräumen angeschlagene Verbot „Unbefugten

ist der Zutritt verboten“ sowie das „Rauchverbot“ dürfen nicht mißachtet werden.

2. Unfälle allgemeiner Art. Über die Bedienung von Apparaten und Maschinen bestehen strenge Vorschriften. Bei Wechselschicht darf sich der abtretende Wärter erst entfernen, wenn der antretende die Apparatur übernommen hat. Ausbesserungen an Maschinen und Putzen während des Ganges sind verboten. Das Abstellen und Ingangsetzen von Maschinen und Apparaten muß den Mitbeschäftigten rechtzeitig und deutlich angekündigt werden. Bei Ausbesserungsarbeiten sind besondere Maßnahmen, z. B. Entfernen von Sicherungen, Abklemmen von Motoren und Abschließen von Einschaltvorrichtungen, Anbringen von Warnplakaten, zu treffen, um ein selbsttätiges bzw. irrtümliches Ingangsetzen zu verhindern. Bei Schweißarbeiten, auch an entleerten Behältern, ist größte Vorsicht geboten, da durch vorhandene Inhaltsreste Explosionen bei der Erwärmung auftreten können (Durchspülen mit Dampf oder Wasserfüllung während des Schweißens). Werkzeuge und Hilfsgeräte gehören auf den ihnen bestimmten Platz, ihr Herumliegenlassen führt oft zu Unfällen. Einen breiten Raum in der Unfallstatistik nehmen Leiterunfälle ein. Leitern müssen gegen Abgleiten, Ausrutschen und Umkanten sowie gegen starkes Schwanken und Durchbiegen gesichert sein. Eine Leiter mit fehlenden oder schadhaften Sprossen bildet stets eine Gefahrenquelle. Stehleitern dürfen nicht als Anlegeleitern benutzt werden.

Treppen mit mehr als 10 Stufen müssen an den freiliegenden Seiten ein Geländer haben. Auf guten Zustand der Treppenstufen ist im Chemiebetrieb besonders zu achten, weil diese durch ätzende Stoffe geschädigt werden können. Hocker, Kisten, Fässer u. ä. sind zum Besteigen nicht geeignet (Umkippen!). Treppenöffnungen, versenkte Gefäße, Gruben, Kanäle u. a. sind gegen Hineinfallen zu sichern (abdecken oder umwehren mit einem Geländer). Der Einsturz von Massen, wie Sackstapeln, Produkthaufen, kann zu tödlichen Unfällen durch Erdrücken oder Verschütten führen (Einhalten eines entsprechenden Böschungswinkels beim Abgraben; Unterhöhlen ist verboten!). Ein schlüpfriger Fußboden führt zu Unfällen durch Ausgleiten.

Jeder im Betrieb Beschäftigte ist zu verpflichten, zum Schutz gegen herabfallende Gegenstände einen Schutzhelm und Unfallschuhe (mit Stahlkappen verstärkt) zu tragen.

Apparate, Gefäße und Gruben dürfen erst befahren werden, nachdem sie durch Blindflansche oder sonstiges Unterbrechen von Zuleitungen abgetrennt sind. Beim Einsteigen in Behälter und Gruben muß der Betreffende mit einem Seil so gesichert sein (Seilende anbinden!), daß er im Notfall auch durch eine enge Mannlochöffnung herausgezogen werden kann. Ein Zweiter hat als Beobachter und Helfer bereitzustehen. Atemschutzgeräte sind anzuwenden. Die „Einfahrerlaubnis" seitens des Betriebsleiters muß vorliegen. In einen mit Inertgas (z. B. Stickstoff) gefüllten Behälter darf ohne Frischluftgerät nicht eingestiegen werden (Erstickungsgefahr!).

Die Belegschaft muß über Standort und Bedienung der vorhandenen Handfeuerlöscher und Hydrantenanschlüsse unterrichtet sein.

3. Elektrische Unfälle. Es gelten folgende Grundregeln: Alle unter Spannung stehenden Teile einer elektrischen Anlage müssen im Handbereich gegen zufällige Berührung geschützt sein. Es muß dafür gesorgt sein, daß an den Metallteilen elektrischer Einrichtungen, die betriebsmäßig keine Spannung führen (z. B. Gehäuse elektrischer Maschinen, Schalthebel, Schutzkörbe von Handlampen), durch irgendwelche Fehler gefährliche Spannungen nicht auftreten können. Die bei allen Schaltvorgängen und Kurzschlüssen entstehenden Funken dürfen nur an völlig geschützten Stellen (unter Schutzkappen, unter Öl, in Schaltkammern) auftreten. Mehrere nebeneinander angeordnete Leiter von Schaltanlagen, Freileitungen usw. müssen genügend Abstand voneinander haben, damit nicht von selbst Funkenüberschläge stattfinden. Arbeiten an elektrischen Anlagen dürfen nur in spannungslosem Zustand vorgenommen werden.

Zum Hineinleuchten in Behälter dürfen nur ex-geschützte Leuchten mit Schutzkorb verwendet und wegen der Gefahr der Berührungsspannung mit höchstens 42 Volt betrieben werden.

Es ist darauf zu achten, daß durch harte Gegenstände (beim Öffnen von Gefäßen, in Mühlen usw.) Reibungsfunken auftreten können. Zur Verhinderung statischer Aufladungen, z. B. beim Abfüllen brennbarer Flüssigkeiten, beim Mahlen und Fördern staubender Stoffe, beim Abheben von Kunststoff- oder Gummibahnen von Walzen, sind die Apparate zu erden.

4. Unfälle chemischer Natur. Die giftige oder ätzende Wirkung chemischer Stoffe bildet eine ständige Gefahrenquelle, gegen die persönlich anzuwendende Schutzmaßnahmen zu ergreifen sind. Eine gute Kenntnis der Eigenschaften chemischer Stoffe ist daher unerläßlich. Oft tritt eine Schädigung durch chemische Stoffe als Folge eines mechanischen Unfalles ein. Unfälle rein chemischer Natur können beim Undichtwerden oder Platzen von Leitungen, Überlaufen von Behältern oder beim Öffnen von Druck- oder Vakuumgefäßen eintreten (daher nur drucklose Behälter öffnen!).

Über den Schutz vor Gasen und Stäuben siehe Abschnitt B, S. 10.

5. Persönliche Schutzmaßnahmen. Die Benutzung zweckentsprechender Schutzmittel ist Pflicht und muß überwacht werden.

Arbeitsanzüge sollen antistatisch ausgerüstet und von hoher Widerstandsfähigkeit gegen Chemikalien sein.

Beim Arbeiten mit chemischen Stoffen ist grundsätzlich eine Schutzbrille bzw. ein Gesichtsschutzschild zu tragen. Auf festen Sitz ist zu achten.

Gegen die schädigende Wirkung von Lärm großer Lautstärke ist ein Gehörschutz vorzusehen.

Um gesundheitsschädliche Einwirkungen auf die Haut zu vermeiden und gegen Hitzewirkung werden Schutzhandschuhe, die je nach Zweck verschieden ausgerüstet sind, verwendet.

In den Betrieben und im Fabriksgelände ist das Tragen von Schutzhelmen Pflicht.

In besonderen Fällen sind Schutzanzüge in Verbindung mit einer dichtschließenden Kopfhaube zu tragen. Die Anzugbelüftung kann z. B. durch gefilterte Umgebungsluft geschehen. Dabei wird aus dem Atemluftvorrat der Geräteflasche eines Preßluftatemgerätes, das am Rücken getragen wird, ein Injektor betrieben. Dieser saugt über ein vorgeschaltetes Luftfilter Umgebungsluft an.

Gegen Strahlungshitze ist Hitzeschutzkleidung anzulegen.

Über Atemschutzgeräte s. unter B.

6. Erste Hilfe. In jedem Betrieb ist mindestens eine Tafel, auf der die Leistung der Ersten Hilfe bei Unfällen allgemeinverständlich beschrieben und durch entsprechende Abbildungen erläutert ist, an geeigneter Stelle anzubringen.

Möglichst viele Betriebsangehörige sollten in „Erster Hilfe" ausgebildet werden.

7. Berufskrankheiten. Längere Einwirkung bestimmter chemischer Stoffe auf die Haut- und Atmungsorgane kann zu dauernden Gesundheitsschäden führen. Daher ist auf die Verhütung von Berufskrankheiten besonderes Augenmerk zu richten. Die Beschäftigten sind verpflichtet, die vorgeschriebenen Schutzmaßnahmen einzuhalten, ihre Anwendung ist ständig zu kontrollieren. In besonders gefährdeten Betrieben ist eine ständige ärztliche Kontrolle notwendig und vorgeschrieben.

B. Atemschutz

Atemschutzgeräte ermöglichen es ihrem Träger, in einer gifthaltigen oder sauerstoffarmen Atmosphäre zu arbeiten.

1. Atemschutzmasken. Verwendet werden Halbmasken, die Augen und einen Teil des Gesichtes frei lassen, oder Vollmasken, bei denen die Dichtlinie über Stirn, Schläfen, Wangen und unter dem Kinn verläuft.

Anforderungen an eine Schutzmaske: dichter Sitz, keine oder nur geringe Beeinträchtigung des Blickfeldes, geringer Totraum.

Die Abdichtung wird durch einen Dichtrahmen am Maskenrand oder durch eine schmiegsame Gummihaube erreicht. Der tote Raum, das ist der Raum zwischen Gesicht und Maske, muß möglichst klein

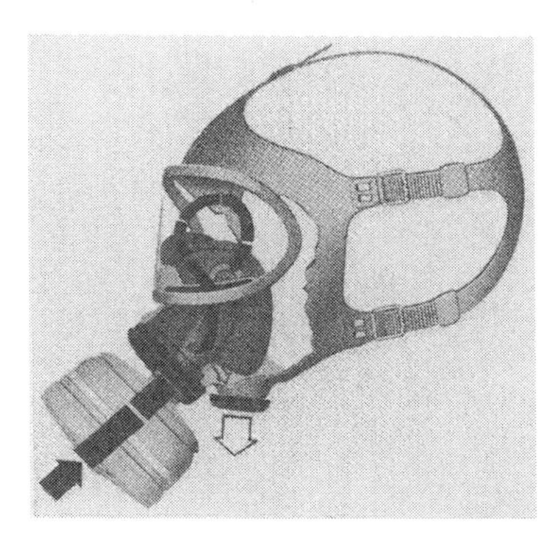

Abb. 3. Atemluftführung in der Atemschutzmaske Auer 3 S (Auergesellschaft GmbH, Berlin)

sein, da er stets mit verbrauchter Luft gefüllt ist, die bei jedem Atemzug wieder mit eingeatmet wird.

Die Schutzmaske besteht aus dem Gesichtsanschluß und dem angeschraubten Filter (s. S. 12). Das Anschlußgewinde ist genormt, so daß sämtliche Filter an den Gesichtsanschluß passen. Wichtig ist die einwandfreie Verpassung der Maske (Wahl der richtigen Maskengröße, Einstellen der Kopfbänder und Prüfung auf dichten Sitz). Um einen guten Sitz zu gewährleisten und aus hygienischen Gründen sollte jeder seine eigene, ihm verpaßte Maske besitzen.

Die Einrichtung einer Schutzmaske soll an Hand der Atemschutzmaske Auer 3S näher beschrieben werden. Sie beruht auf dem Prinzip der Zweiwegatmung (Ventilatmung) in Verbindung mit Atemfiltern. Sie kann aber auch für andere Atemschutzgeräte Verwendung finden, die durch Rundgewinde und Atemschlauch mit dem Atmosphärenanschluß verbunden werden, wie z. B. Frischluftschlauchgeräten, Druckluftschlauchgeräten und Preßluftatmern.

Die Maske besteht aus Maskenkörper, Innenmaske, Sichtscheibe, Kopfbänderung, Anschlußstück mit Einatemventil und Sprechmembran und Ausatemventil. Der Maskenkörper mit Dichtrahmen gewährleistet druckfreien Sitz und einwandfreie Abdichtung. Die Sichtscheibe (mit ungehinderter Sicht nach allen Seiten) besteht aus glasklarem, splittersicherem und widerstandsfähigem Polymethylmethacrylat. Die besondere Atemluftführung (Abb. 3) hält die Sichtscheibe ständig beschlagfrei.

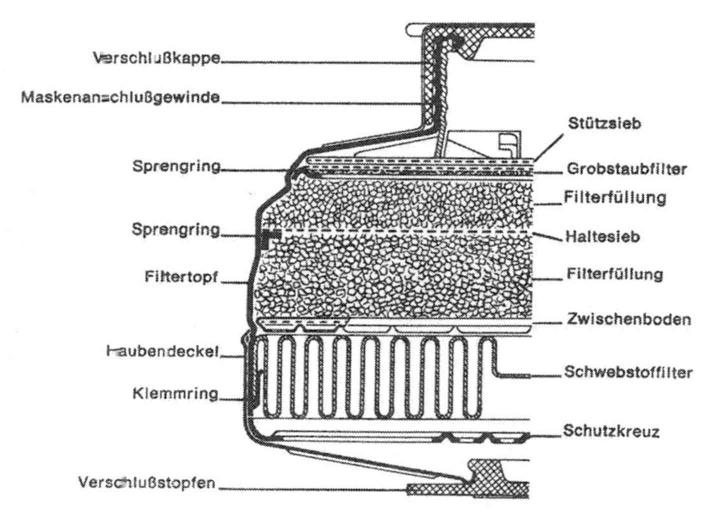

Abb. 4. Auer-Schraubfilter 88/St und 89/St (Auergesellschaft GmbH, Berlin)

Ist ein Schutz nur für kurze Zeit notwendig, kann an Stelle einer Maske ein Mundstückgerät verwendet werden. Es wird durch einen Beißzapfen im Munde festgehalten, eine Kinnstütze erleichtert das Tragen. Die Nasenöffnungen werden durch eine Nasenklemme verschlossen. Das Gerät läßt sich rasch anlegen (z. B. als Fluchtgerät).

2. Filtereinsätze. Die Filter enthalten körnige, adsorbierende und faserige Stoffe, die zur Filterung bzw. Adsorption von Gasen und Dämpfen sowie zur Entfernung von Staub und Schwebestoffen aus der Einatemluft dienen. Die Abb. 4 zeigt den Schnitt durch ein Kombinationsfilter.

Eine Überprüfung der Filter ist in vorgeschriebenen Zeitabständen erforderlich, da ihre Wirksamkeit begrenzt ist.

Um verhängnisvolle Verwechslungen zu vermeiden, sind die Filter, die für die verschiedenen Einsatzgebiete unterschiedliche Füllungen besitzen (z. B. Filter für organische Dämpfe, H_2S, CO u. v. a.), durch Kennbuchstaben und Farben gekennzeichnet (geregelt durch DIN 3181). Es wird dringend empfohlen, in den Arbeitsräumen die jeweils neueste Ausgabe des entsprechenden Normblattes an sichtbarer Stelle (z. B. am Schränkchen, in dem die Filtereinsätze aufbewahrt werden) anzubringen.

3. Staubfilter. Staubschutzfilter schützen gegen das Einatmen von Materialstaub. Bei allen Arbeitsvorgängen, bei denen entstehender Staub nicht durch technische Einrichtungen (Absaugung, Ummantelung der Apparatur u. ä.) entfernt werden kann, muß ein Staubschutz getragen werden.

Der Auer-Grobstaubschützer Kamo (Auergesellschaft GmbH, Berlin) dient zum Schutz gegen grobe Stäube unschädlicher, nur belästigender Art. Er besteht aus einem Maskenkörper aus Schwammgummi, der durch eine Bänderung über Nase und Mund festgehalten wird. Der Maskenkörper hat im feuchten Zustand einen geringeren Staubabscheidungsgrad als im trockenen.

Gegen gesundheitsschädliche Stäube schützt eine Feinstaubmaske. Das in den Maskenkörper eingeschraubte Staubfilter besteht aus dem Grobstaubfilter (Watte) und dem Feinstaubfilter. Gleichzeitig sollte eine Staubschutzbrille getragen werden.

4. Preßluft- und Sauerstoffatmer. Bei Arbeiten, bei denen in der Umgebungsatmosphäre Sauerstoffmangel herrscht oder vermutet werden muß bzw. bei der Schadstoffkonzentrationen von mehr als 2 Vol% vorhanden sind, sind Filtergeräte als Atemschutz nicht verwendbar.

Bei dem *Preßluftatmer* (Auergesellschaft GmbH, Berlin) strömt aus den am Rücken getragenen Preßluftflaschen bei geöffnetem Flaschenventil Preßluft zum Druckminderer, der den Arbeitsdruck auf 4,5 bar reduziert. Unter diesem Arbeitsdruck strömt die Luft zum Lungenautomaten. Bei der Einatmung wird darin ein Unterdruck erzeugt, durch den das lungenautomatische Ventil während der Einatmung geöffnet wird. Die sich entspannende Preßluft strömt dann direkt oder durch einen Atemschlauch in die Maske und zu den Atemwegen. Bei der Ausatmung wird der Unterdruck im Lungenautomaten aufgehoben und die Luftzufuhr unterbrochen. Die Ausatemluft entweicht durch das Ausatemventil.

Der *Sauerstoffatmer 2000* (Auergesellschaft GmbH, Berlin) arbeitet auf der Basis von Chemikalien-Sauerstoff, wobei der für die Atmung erforderliche Sauerstoff bedarfsabhängig entwickelt wird. Unter Einwirkung von CO_2 und Wasserdampf, die in der Ausatemluft enthalten sind, gibt das im Kanister befindliche Chemikal den Sauerstoff ab und bindet gleichzeitig das ausgeatmete CO_2 und die Feuchtigkeit der Ausatemluft. Das Gerät versorgt den Geräteträger für die Mindestdauer von 30 Minuten mit Atemluft.

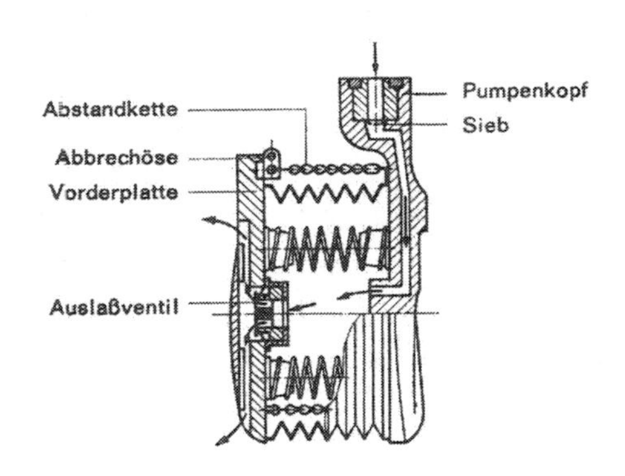

Abb. 5. Schnitt durch eine Gasspürpumpe (Drägerwerk, Heinr. & Bernh. Dräger, Lübeck)

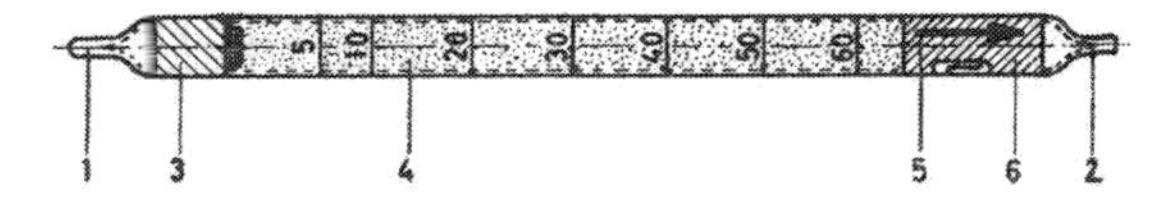

Abb. 6. Drägerröhrchen H_2S 1/b mit aufgedruckter Skala (Drägerwerk, Heinr. & Bernh. Dräger, Lübeck). *1* und *2* zugeschmolzene Spitzen, *3* Schreibfläche, *4* Anzeigeschicht mit Meßskala, *5* Pfeil (soll bei Prüfung zur Pumpe weisen), *6* Abdeckung

5. Gasspürgeräte. Gasspürgeräte dienen zur Luftuntersuchung am Arbeitsplatz.

a) *MAK-Werte.* Als maximale Arbeitsplatzkonzentration gesundheitsschädlicher Stoffe (MAK-Wert) bezeichnet die Kommission zur Prüfung gesundheitsschädlicher Arbeitsstoffe der Deutschen Forschungsgemeinschaft diejenige Konzentration in der Luft eines Arbeitsraumes — gemessen in Atemhöhe —, von der sie nach sorgfältiger Prüfung der vorhandenen Unterlagen erwartet, daß diese Konzentration — selbst bei täglich achtstündiger Einwirkung — im allgemeinen die Gesundheit der im Arbeitsraum Beschäftigten nicht schädigt.

Die MAK-Werte von Gasen und Dämpfen sind für 20 °C und 760 Torr (~ 1013 mbar) in ppm (= parts per million, das entspricht cm³ Gas je m³ Luft), die von Schwebestoffen (Staub, Rauch, Nebel) in mg/m³ angegeben und in Tabellen zusammengefaßt.

b) *Gasspürgeräte.* Das Gasspürgerät besteht aus der Gasspürpumpe und dem Gasspürröhrchen. Die Gasspürpumpe (Abb. 5) ist eine von Hand zu betätigende Balgpumpe. Mit jedem Hub saugt sie dosiert 100 cm³ an. Das in der Abb. 6 gezeigte Gasspürröhrchen ist ein an beiden Enden zugeschmolzenes Glasrohr, gefüllt mit einem chemischen Präparat, das unter Farbänderung möglichst spezifisch mit dem Gas oder Dampf reagiert. Es stehen ca. 80 verschiedene Prüfröhrchen zur Verfügung.

Zur Messung wird in die Öffnung des Pumpenkörpers das an beiden Seiten geöffnete Röhrchen eingesetzt. Die zu untersuchende Umgebungsluft wird mit soviel Hüben durch das Röhrchen gesaugt, wie es die Gebrauchsanweisung vorschreibt. Nach Beendigung des Saugvorganges kann das Ergebnis sofort auf der Skala des Röhrchens abgelesen werden.

Bei einigen Röhrchen ist es nicht möglich, eine scharf abgegrenzte Verfärbung in der Anzeigeschicht zu erhalten. Diese Röhrchen haben eine eingebaute Farbabgleichschicht, und es sind bei der Messung so viele Hübe zu tätigen, bis die Färbung der Anzeigeschicht gerade der Färbung der Vergleichsschicht entspricht.

3. Werkstoffe

Je nach dem durchzuführenden Prozeß haben die Werkstoffe, aus denen die Apparaturen bestehen, bestimmten Anforderungen zu genügen, wie z. B. Temperaturbeständigkeit, Druckfestigkeit, Festigkeit gegen mechanische Abnutzung, Beständigkeit gegen chemische Einflüsse und Korrosion, Leitfähigkeit, Isolationsvermögen und Gasdichtheit. Die Apparatewand kann in gewissen Fällen katalytisch wirken und dadurch den chemischen Prozeß beeinflussen. Die Wahl des Apparatebaustoffes ist oft ausschlaggebend für die Reinheit des zu erzeugenden Produktes.

A. Korrosion

1. Allgemeines. Unter Korrosion versteht man den unbeabsichtigten, von der Oberfläche ausgehenden chemischen Angriff eines Stoffes auf einen Werkstoff. Die Korrosion äußert sich entweder als ein allgemeiner Angriff oder, was weit häufiger der Fall ist, als örtliche Korrosion, bei der der größte Teil des Apparatestückes nur wenig angegriffen ist, während einige wenige Stellen stark korrodiert sind (Lochfraß). Diese Korrosionsherde können den Apparat stellenweise so weit schwächen, daß Bruchgefahr auftritt (Unfallgefahr!). Eine ständige Überwachung und Instandhaltung der Apparaturen ist daher erforderlich. Auch kann die korrodierte Stelle (bzw. das vielleicht zutage tretende andersartige Baumaterial) Einfluß auf den Reaktionsverlauf einer chemischen Reaktion nehmen.

Stark korrosionsbegünstigend wirken sich die sogenannten Lokalelemente aus; das sind Stellen, an denen zwei Werkstoffe aufeinandertreffen (z. B. bei Schweißverbindungen) und elektrochemische Kontaktkorrosion hervorrufen.

Die Korrosion wird in der Regel durch Feststellen des Gewichtsverlustes gemessen. Dieser wird bezogen auf die Zeit- und Oberflächeneinheit und als analytische Maßeinheit in $g/m^2 \cdot$ Tag oder als konstruktive Maßeinheit (Abtragung) in mm/Jahr ausgedrückt. Voraussetzung für den Wert dieser Angaben ist ein praktisch gleichmäßiger Angriff. Jeder Korrosionsversuch muß mehrmals wiederholt und womöglich ein Vergleichsversuch mit einer Probe von bekannten Eigenschaften unter gleichen Bedingungen angestellt werden.

2. Korrosionstabellen. Im Rahmen der Behandlung der wichtigsten Werkstoffe sind die chemischen Beständigkeiten gegen die am häufigsten verwendeten chemischen Stoffe zusammengestellt. Es muß aber ausdrücklich betont werden, daß diese Beständigkeitsangaben nur zu einer allgemeinen Orientierung dienen können und sollen, z. B. um festzustellen, inwieweit ein bestimmter Werkstoff im gegebenen Fall überhaupt in Frage kommt. Für eine genauere Festlegung muß u. a. auf jeden Fall berücksichtigt werden, daß auch die Nebenbestandteile der Lösung (z. B. gelöste Luft, geringe Mengen Eisensalze u. v. a.) das Korrosionsverhalten des Werkstoffes beeinflussen können. Die hier gemachten Angaben können daher nicht als verbindlich gelten.

In jedem Fall sollten ausführliche Unterlagen über die chemische Beständigkeit der Werkstoffe für die endgültige Beurteilung herangezogen werden (z. B. Dechema-Werkstoff-Berichte; Ritter: Korrosionstabellen metallischer und nichtmetallischer Werkstoffe; Angaben der Lieferfirmen von Werkstoff- und Apparateherstellern). Oftmals werden eigene Korrosionsversuche vorgenommen werden müssen.

Korrosionsangaben für metallische Werkstoffe:

B = praktisch vollkommen beständig; der Gewichtsverlust liegt unter 2,4 $g/m^2 \cdot$ Tag.

G = genügend beständig; Verlust 2,4 bis 24 $g/m^2 \cdot$ Tag.

W = wenig beständig und damit nur sehr beschränkt anwendbar; Verlust 24 bis 240 $g/m^2 \cdot$ Tag.

U = unbeständig; Verlust mehr als 240 $g/m^2 \cdot$ Tag.

In der Literatur findet man ferner Bezeichnungen ohne nähere Zahlenangaben:

V = verwendbar.

A = Angriff findet statt.

Bei *Kunststoffen* tritt häufig eine Gewichtszunahme infolge Eindringens der korrodierenden Flüssigkeit ein. Durch die hervorgerufene Quellung wird der Werkstoff dann schon vor der Feststellung einer Abtragung unbrauchbar.

Bei *nichtmetallischen Werkstoffen* begnügt man sich daher in der Regel mit folgenden Angaben:

B = beständig.

BB = bedingt beständig, d. h. der Werkstoff kann nur mit Einschränkungen, auch in bezug auf die Zeitdauer, verwendet werden.

U = unbeständig.

In den eingefügten Beständigkeitsangaben bedeuten ferner:

ob = oberhalb, unt = unterhalb (z. B. unt 20% = unterhalb von 20%), jede Kz = jede Konzentration, verd = verdünnt, konz = konzentriert, ges = gesättigt (k.ges = kalt gesättigt, h.ges = heiß gesättigt), Lsg = Lösung, tr = trocken, f = feucht, schm = Schmelze, k = kalt, w = warm, h = heiß, sd = siedend, k-h = kalt bis heiß, k-sd = kalt bis siedend.

3. Korrosionsbekämpfung. Es stehen folgende Mittel zur Verfügung:

a) Wahl eines korrosionsbeständigen Werkstoffes.

b) Sorgfältige Verarbeitung des Werkstoffes bei der Herstellung der Apparateteile.

c) Schutzüberzüge (s. S. 40). Sie haben jedoch den Nachteil, daß undichte Stellen entstehen können, an denen es zu lochartigen Ausfressungen kommt. Diese bieten dem korrodierenden Stoff Zugang zu dem überdeckten Werkstoff, der nun unter dem Schutzüberzug weiter korrodiert werden kann (was sich der Beobachtung entzieht).

d) Der Produktionsvorgang wird so geleitet, daß möglichst wenig korrodierende Stoffe entstehen oder zumindest ihre Wirkung abgeschwächt wird (Entlüftung, Herabsetzen der Acidität) oder man gibt Zusätze (Beizen, Inhibitoren), die Schutzschichten erzeugen oder die Lokalelementtätigkeit hemmen.

B. Metallische Werkstoffe

1. Eisen. Nach dem Kohlenstoffgehalt wird zwischen Eisen und Stahl unterschieden. Als Eisen wird nur das nicht schmiedbare Gußeisen (Grauguß) bezeichnet. Stahl ist alles, was ohne Nachbehandlung schmiedbar ist und einen C-Gehalt von weniger als 1,7% aufweist. Dazu gehört auch das sogenannte Schmiedeeisen.

a) Gußeisen. Gußeisen enthält 2,5 bis 4% C. Es ist spröde (Vorsicht vor Schlägen), seine Druckfestigkeit übersteigt die Zugfestigkeit um das Sechsfache (Verwendung für Träger und Stützen). Vom Rost wird es weniger angegriffen als schmiedbares Eisen.

b) Stahl. Der C-Gehalt unlegierter Stähle schwankt zwischen 0,06 und 0,65%. Mit steigendem C-Gehalt (bis 0,9%) nehmen Zugfestigkeit, Härte und Härtbarkeit zu. Die Schweißbarkeit ist im allgemeinen nur bis 0,22% C gut.

C-reicher Stahl ist härtbar, der hohe C-Gehalt bedingt eine größere Festigkeit und Elastizität. Durch Zusatz anderer Metalle (Cr, Ni, Mo, W u. a.) erhält der Stahl bestimmte hochwertige Eigenschaften, wie große Härte, Rost- und Säurebeständigkeit u. a.

c) Zur Vermeidung der Rostbildung erhalten Eisenflächen einen Schutzanstrich. Stark verrostete Eisenteile können mit Petroleum eingerieben und anschließend mit einer Metallbürste abgebürstet werden, oder man reinigt sie durch Sandstrahlen. Eine etwa 7 mm dicke Rostschicht entspricht 1 mm ursprünglichem Eisen. In Zement oder Asphalt eingebettetes Eisen rostet nicht. Verdünnte Säuren greifen Eisen heftig an, durch konzentrierte Salpetersäure und konzentrierte kalte Schwefelsäure wird Eisen nicht gelöst, sondern es wird passiv.

d) Die genaue Unterteilung und Bezeichnung der Eisensorten ist durch DIN-Normen festgelegt.

Chemische Beständigkeit von Gußeisen (Bezeichnungen s. S. 17):

Wasser und Atmosphäre: G.
Dampf: 700° A.
Salzsäure: 1% 20° W; ob 3,5% 20° U.
Schwefelsäure: 1% 20° W; 20% 20° U; ob 80% k V.
Salpetersäure: unt 90% 20° U; ob 90% 20° V.
Phosphorsäure: U.
Essigsäure: 33% 20° W; konz k-h U.
Natriumhydroxid: jede Kz 20° W; schm V.
Ammoniakwasser: V.
Natriumchlorid: 3% G; 20% 20° W.
Ammoniumchlorid: 5% 20° G; 5% 100° W.
HCl-Gas: V.
NH_3: A; 500° U.
Nitrose: U.
Cl_2, CO_2, SO_2: A.

Chemische Beständigkeit von schmiedbarem Eisen:

Wasser und Atmosphäre: G.
Dampf: 700° A.
Salzsäure: U; (unt 10% 20° W).
Schwefelsäure: unt 10% unt 90° W; 50% 20° W; ob 75% k V.
Salpetersäure: 1% 20° W; 10% unt 90° U; ob 50% 20° W.
Phosphorsäure: U; (1% 20° G).
Essigsäure: unt 10% k G; konz k-h U.
Natriumhydroxid: 10% 20° B; 30% sd W; schm V.

Ammoniakwasser: jede Kz k B.
Natriumchlorid: jede Kz k-sd Rost.
Ammoniumchlorid: 5% 20° V.
HCl-Gas: V.
Nitrose: U.
NH_3, Cl_2, CO_2, SO_2: A.

2. Eisenlegierungen. Die „nichtrostenden Stähle" sind durch DIN-Normen erfaßt. So trägt nach DIN 17006 ein Stahl mit z. B. 0,10% C, 18% Cr und 8% Ni die Bezeichnung X10CrNi18.8. (Das X bedeutet, daß es sich um einen hochlegierten Stahl handelt, 10 ist die Kohlenstoffkennzahl mit dem Multiplikator 100, 18 und 8 geben den Cr- und den Ni-Gehalt an).

a) *Chromguß und Chromstahl.* Der Zusatz von Chrom bewirkt nicht nur größere Härte und Festigkeit, sondern auch erhöhte Korrosionsbeständigkeit.

Chemische Beständigkeit von Chrom-Molybdänguß (als Beispiel: Werkstoff G-X 70 CrMo 29.2, Werkstoff-Nr. 4136; 0,5—0,9 C, $\leqq$ 2,0 Si, $\leqq$ 1,0 Mn, 27—30 Cr, 2,0—2,5 Mo):

Wasser, Dampf, Atmosphäre: B.
Salzsäure: jede Kz 100° U.
Schwefelsäure: unt 75% 20° W; unt 75% 100° U; 98% unt 100° B.
Salpetersäure: unt 45% unt 100° B; 65% 100° G; 100% 20° W.
Phosphorsäure: 10% 20° B; 10% 100° W; konz 80° B.
Essigsäure: jede Kz k-sd B.
Natriumhydroxid: jede Kz 20° B; 20% 100° B; 65% 100° W.
Ammoniakwasser: 30% k-sd B.
Natriumchlorid: 20% 20° B; 20% 100° G.
Ammoniumchlorid: unt 20% unt 100° B.

Chemische Beständigkeit von Chromstahl (als Beispiel: Werkstoff X 8 Cr 17, Werkstoff-Nr. 4016; $\leqq$ 0,1 C, $\leqq$ 1,0 Si, $\leqq$ 1,0 Mn, 15,5—17,5 Cr):

Wasser, Dampf, Atmosphäre: B.
Salzsäure, Schwefelsäure: U.
Salpetersäure: 7% 20° B; 7% sd W; 37% 20° B; 37% sd G; konz 20° B; konz sd W.
Phosphorsäure: 150° B.
Essigsäure: 10% 20° B; 10% sd G; 50%-konz 20° B; 50%-konz sd U.
Natriumhydroxid: 20% sd W; 50% sd U; schm U.
Ammoniakwasser: 100° B.
Natriumchlorid: ges 20° B; ges 100° U.
Ammoniumchlorid: 10% sd B; ges sd W.
NH_3: 100° B.
Cl_2: G.
CO_2: tr h B; f h G.
SO_2: f k-h W.
H_2S: 100° B; ob 200° W.

Chemische Beständigkeit von Chrom-Molybdänstahl (als Beispiel: Werkstoff X 8 CrMo 17, Werkstoff-Nr. 4115; ≦ 0,1 C, ≦ 1,0 Mn, 16,0—18,0 Cr, 1,5—2,0 Mo):

Wasser, Dampf, Atmosphäre: B.
Salzsäure, Schwefelsäure: U.
Salpetersäure: 10—50% sd B; konz sd G.
Phosphorsäure: 10—45% 20° B; 10—45% sd G; 80% 20° B; 80% sd W.
Essigsäure: 10%-konz k-sd B.
Natriumhydroxid: 20% sd B; 50% sd G; schm U.
Ammoniakwasser: 100° B.
Natriumchlorid: ges 20° B; ges 100° G.
Ammoniumchlorid: 10% sd G; ges sd W.
NH_3: B.
CO_2: tr h B; f h B.
SO_2: f 20° B; 500° U.
H_2S: 100° B; ob 200° G.

b) *Chrom-Nickelstahl.* Chrom-Nickelstähle besitzen neben guten mechanischen Eigenschaften eine sehr gute Korrosionsfestigkeit. (Namen, wie V2A, V4A u. v. a. sind die von den Herstellerfirmen eingeführten Bezeichnungen.)

Chemische Beständigkeit von Chrom-Nickelstahl (als Beispiel: Werkstoff X 12 CrNi 18.8, Werkstoff-Nr. 4300; ≦ 0,12 C, ≦ 1,0 Si, ≦ 2,0 Mn, 17—19 Cr, 6—10 Ni):

Wasser, Dampf, Atmosphäre: B.
Salzsäure: unt 2% 20° G; ob 18% k-sd U.
Schwefelsäure: jede Kz 20° B; konz 100° W; jede Kz sd U.
Salpetersäure: jede Kz 20° B; unt 37% sd B; 65% sd G.
Phosphorsäure: unt 45% k-sd B; 80% 110° U.
Essigsäure: jede Kz 20° B; unt 50% sd G; ob 50% sd W.
Natriumhydroxid: 20% k-sd B; 50% sd G; schm G.
Ammoniakwasser: jede Kz k-sd B.
Natriumchlorid: k ges 100° B; h ges sd G.
Ammoniumchlorid: k ges 20° B; 25% sd G; 50% sd G.
HCl-Gas: unt 100° G; 500° W.
NH_3, Nitrose, CO_2: B.
Cl_2: tr 20° G; f 100° U.
H_2S: unt 100° B; ob 200° U.

Molybdänhaltiger Chrom-Nickelstahl (mit 2,0—2,5% Mo) ist, vor allem gegen Essigsäure, beständiger.

c) *Austenitisches Gußeisen mit Nickel und Kupfer* hat eine sehr gute Verschleißfestigkeit (für Zerkleinerungs- und Mischmaschinen). Durch Zusatz von Chrom werden Biegefestigkeit, Härte und Verschleißfestigkeit gesteigert.

Chemische Beständigkeit (als Beispiel: Niresist 6% Cr mit 2,7—3 C, 1,2—2 Si, 5 Cu, 6 Cr, 14 Ni, 1—1,5 Mn, Rest Eisen):

Atmosphäre: B.
Salzsäure: unt 20% 20° G.
Schwefelsäure: unt 20% 20° G; 90% 90° V.
Salpetersäure: unt 5% W; 20% U.
Phosphorsäure: 50% 20° G.
Essigsäure: 33% 20° B.
Natriumhydroxid: Lsg und schm V.
Ammoniakwasser: V.
Natriumchlorid: 3% 20° B.
Ammoniumchlorid: 5% 20° B.
SO_2: verd V.

d) *Eisensiliciumguß* (Siliciumgußeisen) ist säurebeständig.

Chemische Beständigkeit (als Beispiel: Thermisilid mit 0,65—1 C, 14—18 Si, 0,03 P, 0,02 S, 0,3 Mn):

Wasser, Dampf, Atmosphäre: B.
Salzsäure: 0,5% 20° B; konz 20° G; 3,6% sd U.
Schwefelsäure: 15% 20° G; 60% 20° B; konz k-sd B (Gefäße aus Si-haltigem Gußeisen können von rauchender Schwefelsäure explosionsartig gesprengt werden).
Salpetersäure: jede Kz 20° B; unt 37% sd G; 65% sd B.
Phosphorsäure: 10% 20° B; 80% 20° B; 80% 200° U.
Essigsäure: 50% k-sd B; 100% 20° B; 100% sd G.
Natriumhydroxid: 20% sd W; 34% 100° G; schm U.
Ammoniakwasser: jede Kz 20° B; jede Kz sd G.
Natriumchlorid: a ges sd G.
Ammoniumchlorid: 50% sd G; 20° B.
HCl-Gas: 20° B; 100° G.
Cl_2: f 20° W; f 100° U.
SO_2: B.

3. Kupfer. Kupfer ist mäßig hart, aber sehr fest und geschmeidig. Es ist ein guter Leiter für Wärme und Elektrizität.

Chemische Beständigkeit von Kupfer:

Wasser und Atmosphäre: B.
Salzsäure: 0,5% 20° W; jede Kz k-sd U.
Schwefelsäure: jede Kz 20° W; 5% sd W; konz sd U.
Salpetersäure: jede Kz k-sd U.
Phosphorsäure: jede Kz k-sd U; ohne Luft beständiger.
Essigsäure: jede Kz 20° G; unt 80% sd W; sd U.
Natriumhydroxid: U.
Ammoniakwasser, Ammoniumchlorid: U.
Natriumchlorid: W; schm U.
HCl-Gas, NH_3, Nitrose, Cl_2: U.
CO_2: G.
H_2S: tr B; f W.

4. Blei. Blei ist weich und biegsam. Bleiapparate müssen zur Festigung versteift werden oder man verwendet lediglich Bleiauskleidungen (homogene Verbleiung, sonst Gefahr der Deformation). Blei wird verwendet, wenn es sich um die Verarbeitung von Schwefelsäure handelt.

Chemische Beständigkeit von Blei:

Wasser: B (freies CO_2 greift stark an).
Dampf: überhitzt U.
Atmosphäre: B.
Salzsäure: 3,6% 20° G; konz 20° W; konz 100° U.
Schwefelsäure: jede Kz k-sd G.
Salpetersäure: unt 37% 20° U; 65% 20° G; jede Kz sd U.
Phosphorsäure: 10% 20° W.
Essigsäure: jede Kz 20° W; sd U.
Natriumhydroxid: 10% B; konz G; schm U.
Ammoniakwasser: 3,5% 20° B.
Natriumchlorid: 80° B; konz w U.
Ammoniumchlorid: 5% W; ob 10% G.
HCl-Gas, Nitrose, CO_2: U.
NH_3: unt 600° V.
Cl_2: tr W; f U.
H_2S: tr B.

5. Nickel. Nickel ist hart, schmied- und schweißbar. Nickelapparaturen werden für Alkalischmelzen verwendet.

Chemische Beständigkeit von Nickel:

Wasser und Atmosphäre: B.
Dampf: 500° B.
Salzsäure: 1% 20° B; 40% 20° W; 20% 100° U.
Schwefelsäure: 1% 20° B; konz 20° G; konz 100° W.
Salpetersäure: jede Kz k-sd U.
Phosphorsäure: 20% 20° G; 20% 100° W.
Essigsäure: jede Kz 20° G; 5% 100° W; ob 50% 100° W.
Natriumhydroxid: 0,5% B; konz 90° B; schm B.
Ammoniakwasser: 10% 20° B; verd h V; konz 20° U.
Natriumchlorid: 10% 20° B.
Ammoniumchlorid: 50% k-sd G.
NH_3: 500° U.
Nitrose: U.
Cl_2: tr B.
SO_2: 400° U.
H_2S: G.

6. Chrom. Chrom ist sehr widerstandsfähig gegen viele Säuren. Hauptsächlichste Verwendung als Bestandteil von Legierungen und als Überzug.

7. Zinn. Zinn ist sehr dehnbar, es läßt sich zu dünnen Folien auswalzen (Stanniol). Es ist beständig gegen oxidierende Einflüsse. Dauernde Einwirkung von Temperaturen unter 10 °C macht es brüchig. Zinn hat nur eine geringe Festigkeit. Weißblech ist verzinntes Schmiedeeisen.

Chemische Beständigkeit von Zinn:

Wasser und Atmosphäre: B.
Salzsäure: 0,5% 20° G.
Schwefelsäure: U.
Salpetersäure: 7% 20° U; 65% 20° V.
Essigsäure: jede Kz 20° G; 10% sd G; 100% sd U.
Natriumhydroxid: U.
Ammoniakwasser: k-h G.
Natriumchlorid: verd B.
HCl-Gas, Nitrose, Cl_2: U.
NH_3: k V.
H_2S: B.

8. Aluminium. Aluminium ist ausgezeichnet schmied-, schweiß- und dehnbar. Es hat eine geringe Dichte (2,7) und gutes Leitvermögen für Wärme und Elektrizität. Aluminium ist widerstandsfähig gegen atmosphärische Einflüsse infolge Bildung einer Oxidschicht, die jedoch von Quecksilber (zerbrochenes Thermometer!) stark angegriffen wird. Für seine Korrosionsbeständigkeit ist der Reinheitsgrad von größter Bedeutung. Am beständigsten ist Aluminium mit 99,99% Al-Gehalt. Aluminium mit weniger als 99,5% Al sollte man in der chemischen Technik nicht anwenden.

Chemische Beständigkeit von Aluminium (99,5% Al):

Wasser, Atmosphäre: B.
Dampf: überhitzt W.
Salzsäure: U.
Schwefelsäure: 5% 20° W; 15% 20° U; jede Kz sd U.
Salpetersäure: 7% 20° W; 20% 20° U; jede Kz sd U.
Phosphorsäure: 0,5% 20° W; 0,5% sd U.
Essigsäure: jede Kz k-sd W.
Natriumhydroxid: U.
Ammoniakwasser: U (verd 20° V).
Natriumchlorid: W; konz U.
Ammoniumchlorid: 5% G; konz W.
NH_3: unt 700° V.
Nitrose: tr B; f G.
Cl_2: tr k B; f U.
SO_2, H_2S: B.

Kranke Stellen in Aluminiumgefäßen, die mit Quecksilber verseucht sind (es treten z. B. Ausblühungen von Aluminiumhydroxid auf), können durch Abspachteln und wiederholtes Bestreichen mit einer 10%igen Kaliumdichromatlösung repariert werden.

9. Zink. Zink spielt als Werkstoff für chemische Apparate nur eine untergeordnete Rolle. Es dient als Überzugsmetall auf Eisen gegen den Einfluß von Wasser und Atmosphärilien. Von kochendem Wasser wird es langsam oxidiert, von Säuren und Alkalien gelöst.

10. Silber. Silber ist elastisch, zähe und dehnbar. Es schmilzt bei 960 °C. Es ist widerstandsfähig gegen Wasser, Salzsäure und Alkalien.

Chemische Beständigkeit von Silber:

Wasser und Dampf: V.
Atmosphäre: B.
Salzsäure: jede Kz k V; h U.
Schwefelsäure: verd k V; w U.
Salpetersäure: U.
Essigsäure: konz w V.
Natriumhydroxid: 75% 100° B; schm U.
Ammoniakwasser: sauerstofffrei 20° V.
Natriumchlorid: jede Kz V.
Ammoniumchlorid: U.
HCl-Gas: tr ob 150° A.
NH_3: w A.
Cl_2, H_2S: U.
SO_2: h A.

11. Tantal. Tantal ist beständig gegen Salzsäure jeder Konzentration bis etwa 100 °C, ebenso gegen Salpetersäure. Schwefelsäure greift bei 200 °C an. Durch Flußsäure wird Tantal zerstört, durch Natronlauge angegriffen. Verwendung in der Salzsäureindustrie.

12. Titan. Titan wird von Schwefelsäure angegriffen, bei Siedetemperatur ist es unbrauchbar. Bei verd. Salz- und Schwefelsäure (unter 2n) ist die Korrosion bei Raumtemperatur gering. Für konzentrierte Salpetersäure, Salzsäure und Flußsäure ist es nicht brauchbar. Es ist beständig gegen heiße 10%ige Natronlauge.

13. Legierungen der Nichteisenmetalle. Legierungen zeigen meist vollkommen andere Eigenschaften als die in ihnen enthaltenen Bestandteile. Sie sind oft spröder, härter und korrosionsbeständiger.

a) *Kupferlegierungen.* Die Messinge bestehen aus Kupfer (60 bis 90%) und Zink. Messing ist sehr hart und gut dehnbar.

Die verschiedenen Messingsorten sind sehr unterschiedlich zusammengesetzt, so daß auch ihre Eigenschaften stark variieren. Es kann daher an dieser Stelle nur ein sehr allgemeiner Hinweis über die Beständigkeit gegeben werden.

Chemische Beständigkeit von Messing:

Wasser und Atmosphäre: V.
Dampf: unt 200° V.
Salzsäure, Schwefelsäure, Salpetersäure, Phosphorsäure: U.
Essigsäure: U.
Natriumhydroxid: jede Kz k V.
Ammoniakwasser: U.
Natriumchlorid: verd V.
Ammoniumchlorid: U.
HCl-Gas, NH_3 Nitrose, Cl_2, SO_2, H_2S: U.
CO_2: unt 400° V.

Bronzen bestehen aus 80 bis 94% Kupfer und 20 bis 6% Zinn. Hauptsächliche Anwendung für Lagerschalen, Armaturen und Dichtungsringe. Hoher Sn-Gehalt (über 10%) begünstigt die Abnutzung! Dieser Nachteil kann durch einen Gehalt an wenig Phosphor oder Blei wieder behoben werden (gleichzeitig tritt Erhöhung der Säurewiderstandsfähigkeit auf). Um die Bronzen vom schädlichen Sauerstoffgehalt zu befreien, werden bei ihrer Herstellung geringe Mengen an P, Si oder Mn zugesetzt (Phosphorbronze, Manganbronze).

Aluminiumbronzen bestehen aus 90 bis 95% Cu und 10 bis 5% Al. Sie zeigen gute mechanische Festigkeit und gute Beständigkeit gegen chemische Einflüsse; überhitzter Dampf greift an.

Chemische Beständigkeit von Bronze:

Wasser und Atmosphäre: B.
Dampf: ob 300° A
Salzsäure: 4% 15° G; konz 15° G; konz 50° U.
Schwefelsäure: 10% 15° G; 78% 20° W; 98% 20° W.
Salpetersäure: 6% 15° W; 33% 15° U.
Phosphorsäure: konz 80° W.
Essigsäure: 33% sd B.
Natriumhydroxid: 33% 20° B.
Ammoniakwasser: 20° W.
Natriumchlorid: 10% sd B.
Ammoniumchlorid: 5% 20° G.
Cl_2: U.

Nickel-Kupfer-Legierungen. Technisch besonders günstig verhalten sich Legierungen mit 60 bis 80% Ni. Verwendung für Armaturen, Rohrleitungen, Filtergewebe, Behälter und Destillationsanlagen.

Chemische Beständigkeit von Monelmetall (67 Ni, 28 Cu, Rest Fe, Mn, Si und C):

Wasser, Dampf, Atmosphäre: B.
Salzsäure: 0,5% 20° G; 3,6% 20° W; konz 20° U.
Schwefelsäure: unt 15% 20° G; unt 15% sd W; ob 60% sd U.

Salpetersäure: 7% 20° G; 65% 20° U.
Phosphorsäure: jede Kz 20° G.
Essigsäure: 10% 20° G; 10% sd W; konz 20° V.
Natriumhydroxid: B; schm V.
Ammoniakwasser: verd h V; 20% 20° V.
Natriumchlorid: V.
Ammoniumchlorid: G.
HCl-Gas: 90° V.
NH_3: V; 500° U.
Cl_2: tr V.
CO_2: V.
SO_2: tr V.
H_2S: B.

b) *Nickellegierungen.* Außer den oben genannten Ni-Cu-Legierungen zählen dazu die Nickel-Chrom- und die Nickel-Molybdän-Legierungen. Sie können außer den Hauptmetallen noch wechselnde Mengen von W, Mn, V u. a. enthalten.

Chemische Beständigkeit von Nickel-Chrom (14—20 Cr, 80 Ni, eisenhaltig):

Wasser, Dampf und Atmosphäre: B.
Salzsäure: 3,3% 20° B; 10% G.
Schwefelsäure: 10% 20° B.
Salpetersäure: 1% und ob 25% 20° B; 5—10% 20° G; 15% 20° U.
Phosphorsäure: 10% B; 85% 20° G; 85% 90° U.
Essigsäure: 10% 20° B.
Natriumhydroxid: 20% sd B; schm 318° B.
Ammoniakwasser: 20° B.
Natriumchlorid: 10% 20° B.
Ammoniumchlorid: verd 20° B; ges U.
NH_3: V.
Cl_2: tr 20° B; f 20° G.
CO_2: B.
H_2S: 100° B.

Chemische Beständigkeit von Hastelloy B (Robert Zapp, Düsseldorf) mit ca. 62 Ni, 26—30 Mo, < 0,05 C, < 1,0 Si, < 1,0 Mn, 4—7 Fe, < 2,5 Co, 0,2—0,6 V:

Wasser, Dampf und Atmosphäre: B.
Salzsäure: B (in geschlossenen Behältern variiert die Korrosionsgeschwindigkeit mit der Säurekonzentration und der Belüftung der Behälter).
Schwefelsäure: jede Kz 25° B; konz ob 150° U.
Salpetersäure: U.
Phosphorsäure: jede Kz 25° B; 50% 70° G.
Essigsäure: jede Kz 25° B; jede Kz sd G.
Natriumhydroxid: unt 50% sd B; 60% sd G.
Ammoniakwasser: B.
Natriumchlorid: B.
Ammoniumchlorid: unt 40% k-sd G.

NH_3: G.
Nitrose, CO_2: B.
SO_2: U.
H_2S: 135° G.

c) *Aluminiumlegierungen.* Aluminiumlegierungen besitzen im allgemeinen eine größere Festigkeit als Reinaluminium, sind aber weniger korrosionsbeständig. Sie enthalten Cu, Mn, Mg und Si. Verwendung für Rohre und als Ersatz für Messing und Bronze.

Chemische Beständigkeit von Silumin (12—13 Si, Rest Al):

Wasser und Dampf: B.
Salzsäure: U.
Schwefelsäure: 5% 20° U; konz 20° V.
Salpetersäure: 25% 20° U; 65% 20° B; 68% 90° U.
Phosphorsäure: 2,5% 20° U.
Essigsäure: 5—100% 20° B; 10% 118° B.
Natriumhydroxid: U.
Ammoniakwasser: 25% 20° B.
Natriumchlorid: konz U.
Ammoniumchlorid: 10% 20° B.
HCl-Gas, Cl_2: U.
CO_2: V.

d) *Magnesiumlegierungen.* Magnesiumlegierungen enthalten Al, Zn, Mn. Sie sind durch ihre geringe Dichte ausgezeichnet. Beständig gegen Alkalien; Säuren greifen an. Zu ihnen zählen u. a. die sogenannten Sandguß- und Knetlegierungen.

e) *Sonstige Legierungen.* Zu erwähnen sind u. a. die Co-Cr-Legierungen mit 40—45% Co, 15—35% Cr, 10—25% W und 1,5—3% C.

Lagermetall (Weißmetall) besteht aus Cu, Sb und Sn bzw. aus Sb, Sn und Pb. Verwendung für Lagerschalen und Stopfbüchsen.

Lötzinn (Schnellot) ist eine Mischung von Sn und Pb.

C. Nichtmetallische Werkstoffe

Über die Bezeichnung der chemischen Beständigkeit s. S. 18.

1. Glas. Glas (z. B. Duran 50, Quickfit, Pyrex u. a.) findet im Chemiebetrieb bereits ausgedehnte Verwendung, besonders dort, wo es auf Durchsichtigkeit (Beobachtungsmöglichkeit) und Korrosionsbeständigkeit ankommt.

Glas ist sehr beständig gegen Wasser, Säuren (mit Ausnahme von Flußsäure und konzentrierter Phosphorsäure), Salzlösungen und organische Substanzen. Starke Laugen greifen an.

Verwendung für Gefäße, Kolonnenbauteile, Wärmetauscher, Verdampfer, Rührwerke, Pumpen, Rohrleitungen und Ventile sowie für Meß- und Regelgeräte.

In Form von Glaswolle wird Glas als Isoliermaterial verwendet.

2. Email. Email dient als Überzugsmaterial auf Gußeisen oder Stahl. Die Überzüge sind mehr oder weniger empfindlich gegen stärkere Temperaturschwankungen (Verwendung von Heizbädern ist beim Erhitzen in emaillierten Gefäßen ratsam). Schlagempfindlich! Über die Behandlung emaillierter Gefäße s. S. 395.

Chemische Beständigkeit von Email:

Wasser und Dampf: B.
Salzsäure: B.
Schwefelsäure: 15% 100° BB; rauch 100° U.
Salpetersäure: B.
Phosphorsäure: Lsg 20° B; h U.
Essigsäure: verd B.
Natriumhydroxid: Lsg 20° BB; Lsg w U.
Ammoniakwasser: B.
Natriumchlorid: verd B.
Ammoniumchlorid: Lsg 20° B.
HCl-Gas: wasserfrei B.
Nitrose, Cl_2, CO_2, SO_2: B.

Bemerkung: Die obigen Angaben sind nur allgemeiner Art. Von den Herstellerfirmen werden Emailsorten mit recht unterschiedlicher Beständigkeit angeboten, daher sind die Angaben dieser Firmen in bezug auf mechanische, thermische und chemische Beständigkeit zu beachten!

Nucerite (Pfaudler-Werke AG, Schwetzingen) ist ein Keramik-Metall-Verbundwerkstoff (als Überzug über verschiedene Stähle), der dem Glasemail in bezug auf die mechanische und thermische Festigkeit überlegen ist.

Chemische Beständigkeit von Nucerite C2OG:

Wasser: 140° B.
Dampf: 400° B.
Salzsäure: 5% und konz B.
Schwefelsäure: konz B.
Salpetersäure: konz B.
Phosphorsäure: verd B; konz thermische Beschränkung.
Essigsäure: B.
Natronlauge: 1 n 50° B.
Natriumchlorid: sd B.
Ammoniumchlorid: 10% 150° B.
HCl-Gas: tr B.
NH_3, Nitrose: B.

Cl_2: 200° B.
CO_2: 250° B.
SO_2: 200° B.

3. Quarz. Quarz findet in Form des durchsichtigen Quarzglases und des undurchsichtigen Quarzgutes Verwendung. Er ist unempfindlich gegen schroffen Temperaturwechsel und sehr säurefest.

4. Keramik. *Porzellan* ist sehr hitzebeständig und besitzt eine hohe Widerstandsfähigkeit gegen chemische Einflüsse, empfindlich ist es gegen Alkalien. Verwendung für Reaktionsgefäße, Rohre, Kugelmühlen, Pumpen, Destillierkolonnen u. a.

Die übrigen Tonwaren unterscheiden sich in Irdengut mit porösen, nicht durchscheinenden Scherben und Sinterzeug mit dichten Scherben.

Zum *Irdengut* gehören Ziegel, Schamotte, Marquartsche Masse, Silikasteine (aus kieselsäurehaltigen Grundstoffen), Magnesitsteine (aus oxidischen Massen). Auf Grund ihrer Zusammensetzung sind sie sauer (Säurebeständigkeit) oder basisch (Basenbeständigkeit. Verwendung für Ausmauerungen chemischer Apparate; als Bindemittel dienen Säurekitte und Kunststoffkitte). Zum Irdengut sind ferner zu rechnen: Steingut, poröse Tonwaren (für Filter).

Steinzeug (stets glasiert) ist besonders säure- und temperaturbeständig. Verwendung für Wasserleitungen, Töpfe u. a.

Chemische Beständigkeit von Magnesitsteinen:

Wasser, Dampf: B.
Salzsäure: 5% 100° B; konz 20° B.
Schwefelsäure: jede Kz h B.
Salpetersäure: jede Kz h B.
Phosphorsäure: jede Kz w B; konz 300° U.
Essigsäure: Lsg 100° B.
Natriumhydroxid: 5% 70° BB; konz h U.
Ammoniakwasser: B.
Natriumchlorid, Ammoniumchlorid: B.
HCl-Gas, Nitrose, Cl_2, CO_2, SO_2: B.

Chemische Beständigkeit von Steinzeug:

Wasser, Dampf: B.
Salzsäure, Schwefelsäure, Salpetersäure: B.
Phosphorsäure: 5—50% 20—100° B; konz 300° U.
Essigsäure: jede Kz k-h B.
Natriumhydroxid: verd h B; konz U.
Ammoniakwasser: 100° B.
Natriumchlorid: B
Ammoniumchlorid 30% B.
HCl-Gas, Nitrose, Cl_2, CO_2, SO_2: B.

5. Asbest. Asbest ist ein fasriges Mineral von hoher Feuerbeständigkeit, schlechtem Leitvermögen für Wärme und Elektrizität und großer Säurebeständigkeit. Es findet Verwendung für Schutzanzüge, Isolier- und Dichtungsmaterial, Zusatz zu Kitten u. a.

6. Kohle und Graphit. Diese Werkstoffe werden vor allem in Form imprägnierter Massen für Wärmetauscher, Pumpen, Ventile u. a. verwendet. Sie sind beständig gegen die Einwirkung nichtoxidierender Medien, die Wärmeleitfähigkeit ist gut. Die Festigkeit von Graphit nimmt bei Temperaturerhöhung zu.

Chemische Beständigkeit von Kohlenstoffsteinen:

Salzsäure: konz 20° B.
Schwefelsäure: rauch U.
Salpetersäure: höhere Kz U.
Phosphorsäure: 5—50% 20—100° B.
Natriumhydroxid: 50% 100° B.
HCl-Gas: wasserfrei unt 80° B.
Nitrose: U.

7. Holz. Holz wird im chemischen Betrieb noch hie und da verwendet für Behälter (meist ausgekleidet), Rührwerke und Filterapparate.

Hauptsächlich verwendete Holzarten: Pitchpine (amerikanische Pechkiefer; sehr dauerhaft, tragfähig, elastisch), Eiche (sehr hart und zäh, trocken und naß gut haltbar, fäulnisbeständig), Pockholz, Teakholz und Hickoryholz (steinhart).

Chemische Beständigkeit von Holz:

Wasser: BB.
Salzsäure: 20% 20° BB; h U.
Schwefelsäure: 15% 20° B; ob 15% U.
Salpetersäure: U.
Phosphorsäure: Lsg B.
Essigsäure: unt 80% 20° B; 100% U.
Natriumhydroxid: verd BB; pH 11 U; 5% 20° U.
Ammoniakwasser: verd k B; konz h U.
Natriumchlorid: B; h BB.
Ammoniumchlorid: Lsg B.
CO_2, SO_2 20°: B.

Die Widerstandsfähigkeit von Holz erreicht erst nach einiger Gebrauchszeit ihr Maximum.

8. Gummi. Gummi wird in der chemischen Technik als Auskleidungsmaterial für Behälter, Rohrleitungen, Armaturen, Pumpen, Zentrifugen u. v. a. verwendet. Über Gummidichtungen s. S. 69.

Gummi verliert beim Lagern an Elastizität und Festigkeit. Je härter Gummi ist, desto größer ist seine chemische Widerstandsfähigkeit. Er darf nicht unmittelbar mit organischen Lösungsmitteln oder deren Dämpfen in Berührung gebracht werden, da er von den meisten angegriffen wird.

Chemische Beständigkeit von Hartgummi:

Wasser und Atmosphäre: B.
Dampf: U.
Salzsäure: verd-konz 50° B; 75° U.
Schwefelsäure: 10—50% 70° B; 100° U; konz U.
Salpetersäure: 20% 20° B; konz U.
Phosphorsäure: 10—60% 70° B; ob 70% 25° U.
Essigsäure: Lsg B.
Natriumhydroxid: 50% 70° B; konz h U.
Ammoniakwasser: Lsg 25° B.
Natriumchlorid: Lsg 70° B.
Ammoniumchlorid: 70° B.
HCl-Gas: B.
Nitrose: U.
Cl_2: B (wird hart).
SO_2: BB.

9. Kunststoffe. Siehe nächster Abschnitt.

D. Kunststoffe

1. Thermoplaste. Thermoplaste sind warmbildende Kunststoffe, sie erweichen bei Erwärmung und verfestigen sich wieder beim Abkühlen. Mit Weichmachern versetzte Thermoplaste sind elastisch.

a) *Polyäthylen (PE).* Je nach dem Herstellungsverfahren und der Dichte unterscheidet man zwischen Hochdruck-Polyäthylen (PE weich) und Niederdruck-Polyäthylen (PE hart).

PE weich hat eine hohe Biegsamkeit, gute Wärmebeständigkeit und sehr geringe Wasserdampfdurchlässigkeit. Es ist alkali- und säurefest. Von Nachteil sind die geringe Oberflächenhärte und Beständigkeit gegen oxidierende Stoffe.

PE hart hat eine größere Steifigkeit und Wärmebeständigkeit, es neigt nicht zur Spannungskorrosion.

Polyäthylen ist brennbar, es erweicht bei 110—115 °C und ist verwendbar bis — 60 °C. Verwendung für Behälter, Rohre, Dichtungen, Folien zur Gefäßauskleidung und für Verpackungszwecke.

Chemische Beständigkeit von PE hart:

Wasser: B.
Salzsäure: konz 60° B.
Schwefelsäure: 2 n 60° B; konz 40° U.

Salpetersäure: 2 n 60° B, konz 20° BB; konz 40° U.
Phosphorsäure: 85% 20° B; 85% 60° BB.
Essigsäure: 10% 60° B; 40% 60° BB.
Natriumhydroxid: 50% 60° B.
Ammoniakwasser: 30% 60° B.
Natriumchlorid: ges 60° B.
Organische Lösungsmittel können Quellung verursachen.

b) *Polystyrol (PS).* PS ist brennbar, es erweicht zwischen 85 und 110 °C. Verwendung für Rohre, Gehäuse, Siebeinsätze, Auskleidungen und als Schaumstoff für Isolierungen.

Chemische Beständigkeit von Styrol-Mischpolymerisat:

Salzsäure: verd-konz 60° B.
Schwefelsäure: 50% 70° B; 75% 20° B; 75% 70° BB; 80% 20° BB.
Salpetersäure: 10% 20° B; 10% 60° BB; ob 40% 70° U.
Phosphorsäure: 80% 70° B.
Essigsäure: 25% 20° BB; 70° U.
Natriumhydroxid: 50% 70° B.
Ammoniakwasser: 30% 70° B.
Natriumchlorid: 25% 70° B.
Organische Lösungsmittel: U.
Nitrose: 70° B.
Cl_2: 70° B.
CO_2: tr 60° B.
SO_2: 70° B.

c) *Polyvinylchlorid (PVC)* und Mischpolymerisate. Sie finden Anwendung mit oder ohne Zusatz von Weichmachern und Füllstoffen. Nicht weichgemachtes PVC beginnt bei 80 °C zu erweichen. Verwendung für Schläuche, Rohre, Ventile, Hähne, Platten und Folien zum Auskleiden von Behältern sowie für Verpackungszwecke.

Chemische Beständigkeit von PVC hart:

Wasser: 60° B.
Dampf: U.
Atmosphäre: B.
Salzsäure: verd-konz 60° B.
Schwefelsäure: verd-konz 40° B; verd-konz 60° BB.
Salpetersäure: 2 n 40° B; 2 n 60° BB; konz U.
Phosphorsäure: 85% 40° B; 85% 60° BB.
Essigsäure: 10% 40° B; 10% 60° BB; 40% 20° B; 40% 40° BB; 40% 60° U
Natriumhydroxid: 2 n 40° B; 2 n 60° BB; 50% 60° B.
Ammoniakwasser: 10% 60° B; 30% 40° B; 30% 60° BB.
Natriumchlorid: ges 60° B.
HCl-Gas: 40° B; 60° BB.
NH_3: 60° B.
Nitrose: U.
Cl_2: 20° B; 40° BB; 60° U.

Gegen aliphatische Kohlenwasserstoffe B; Angriff findet statt durch Ester, Ketone, aromatische Kohlenwasserstoffe und Chlorkohlenwasserstoffe.

d) *Polypropylen (PP).* PP ist wärmebeständig bis 120°. Hauptverwendung für Rohre.

Chemische Beständigkeit von PP:

Wasser und Atmosphäre: B.
Salzsäure: verd-konz 60° B.
Schwefelsäure: verd-konz 60° B.
Salpetersäure: 2 n 60° B; konz 20° U.
Phosphorsäure: 85% 60° B.
Essigsäure: verd-40% B.
Natriumhydroxid: verd-50% B.
Ammoniakwasser: 30% 20° B.
Natriumchlorid: ges 60° B.
Benzol: 20° BB; 40° U.

e) *Polyisobutylen.* Polyisobutylen (z. B. Oppanol) ist verwendbar von — 80 bis + 100 °C. Die hochmolekularen Typen dienen zum Auskleiden von Kesseln.

Chemische Beständigkeit von Polyisobutylen:

Wasser: 100° B.
Dampf: U.
Salzsäure: verd 40° B.
Schwefelsäure: 30—90% 40° BB; 96% 100° U.
Salpetersäure: unt 30% 50° B; ob 40% 70° U; 98% 20° U.
Phosphorsäure: 30% 60° B; 89% 100° BB.
Essigsäure: 10% 70° B; 100% 20° B; 100% 60° U.
Natriumhydroxid: 50% 100° B.
Ammoniakwasser: 80° B.
Natriumchlorid: k ges 60° B.
Ammoniumchlorid: k ges 80° B.
Benzol: U.
HCl-Gas, NH_3: 60° B.
Nitrose: BB.
Cl_2: 40° U.
SO_2: 80° B.

f) *Polymethacrylsäureester.* Diese glasartigen Stoffe finden Verwendung für Schutzvorrichtungen, Schaugläser, Rohre, Transportbänder, als Filterstoff und in Form von Dispersionen für Lack- und Klebezwecke. Sie werden durch Alkohole, Ester, Ketone, Benzolkohlenwasserstoffe und Chlorkohlenwasserstoffe angegriffen.

Chemische Beständigkeit von Polymethacrylester (z. B. Plexiglas):

Wasser: B.
Salzsäure: unt 20% B; konz U.
Schwefelsäure: unt 40% BB; konz U.
Salpetersäure: unt 20% B; konz U.

Phosphorsäure: 20% B.
Essigsäure: unt 20% B; konz U.
Natriumhydroxid und Ammoniakwasser: B.
Natriumchlorid: B.
NH_3, CO_2, SO_2: B.
Cl_2: BB; 100° U.

g) *Celluloseacetobutyrat (CAB).* CAB ist temperaturbeständig bis 70 °C. Chemisch beständig gegen wäßrige Salzlösungen, unbeständig gegen Laugen, Säuren, Lösungsmittel.

Verwendung für Rohre.

h) *Polycarbonat (PC).* PC ist wärmebeständig bis 145 °C. Verwendung für Pumpen, Schaugläser, Armaturen und Schutzabdeckungen (schwer entflammbar und selbstverlöschend).

PC ist beständig gegen Mineralsäuren bis zu hohen Konzentrationen, Oxidations- und Reduktionsmittel, neutrale und saure Salzlösungen, Alkohole (außer Methanol). Es ist unbeständig gegen Laugen. Durch Benzol tritt Quellung ein, in vielen organischen Lösungsmitteln ist es löslich.

i) *Polyfluorolefine.* Polyfluorolefine sind widerstandsfähig gegen starke Säuren und Laugen, die meisten organischen Lösungsmittel und oxidierende Stoffe. Verwendung für Dichtungen, Pumpenmembranen, Ventile, Lager, Rohre, Auflagen auf Transportbänder, Auskleidung von Gefäßen u. a.

Dazu zählen: PTFE (Polytetrafluoräthylen, verwendbar von — 90° bis + 260 °C und Polytrifluorchloräthylen sowie fluoriertes Äthylenpropylen = PEP, verwendbar bis 205 °C).

Gleit- und Dichtungsflächen aus PTFE sind „selbstschmierend".

Chemische Beständigkeit von PTFE:

Wasser: B.
Salzsäure: konz sd B.
Schwefelsäure: 30% 70° B.
Salpetersäure: 30% sd B; konz 25° B.
Essigsäure: 95% 20° B.
Natriumhydroxid: 10% 25° B.
Ammoniakwasser: 10% 25° B.
Natriumchlorid: verd 25° B.

j) *Polyamide.* Polyamide werden in der chemischen Industrie vor allem in Form von Dichtungen und Folien für Auskleidungen und als Filtertücher (z. B. Perlon, Nylon) verwendet.

2. Duroplaste. Duroplaste sind härtbar, jedoch nach der Wärmeverformung nicht mehr bildsam. Sie werden in der Regel mit Füll-

oder Faserstoffen verstärkt. Die Temperatur- und Chemikalienbeständigkeit ist im allgemeinen gut.

a) *Phenoplaste* sind Phenol-Formaldehyd-Kondensationsprodukte, die vor allem als Isolierstoffe Bedeutung erlangt haben. Mit Asbest verstreckt („Haveg“) sind sie bis 130° verwendbar und gegen verdünnte Säuren und heiße Salzsäure beständig und als Überzugsmaterial verwendbar.

Chemische Beständigkeit von Phenol-Formaldehydharz:

Salzsäure: 10—30% B; 100° U.
Schwefelsäure: 10—50% 60° B; 10—50% 100° U.
Salpetersäure: U.
Natriumhydroxid: U.
Ammoniakwasser: BB.
HCl-Gas: B.
SO_2: tr 25° B.

b) *Aminoplaste* sind Kondensationsprodukte aus Formaldehyd mit Harnstoff (z. B. Schaumstoffe für Isolierungen) bzw. mit Melamin oder Anilin. Ihre Verwendung erstreckt sich auf die Lack- und Klebstoffindustrie, die Textilindustrie und auf die Herstellung von Preßmassen. Als Füllstoffe dienen Holzmehl, Textilfasern und Asbest.

Chemische Beständigkeit von Harnstoff-Formaldehydharz:

Salzsäure, Schwefelsäure, Salpetersäure, Phosphorsäure: U.
Natriumhydroxid: U.
Ammoniakwasser: verd B.
Benzol, Chlorbenzol, Alkohol: B.

c) *Polyurethane* werden vor allem in der Kleber- und Lackindustrie verwendet. Die Verarbeitung geschieht unter Zugabe eines Härters. Sie sind beständig gegen Ester und Äther, bedingt beständig gegen konzentrierte Säuren, Laugen und Alkohol.

d) *Epoxidharze (EP-Harze).* EP-Harze sind hervorragend haftfest (Verbindung von Leichtmetallen mit anderen Metallen oder Kunststoffen). Sie sind in der Kälte beständig gegen schwache Säuren und Alkalien, Alkohole, Benzol, Ester und Äther, bedingt beständig gegen konzentrierte Säuren und Alkalien, Ketone und Chlorkohlenwasserstoffe.

e) *Siliconharze* werden ebenfalls als Lackgrundlage verwendet.

3. Elastomere. Elastomere sind Kunststoffe mit elastischen Eigenschaften.

a) *Siliconkautschuk.* Siliconkautschuk ist flexibel von — 100 bis + 200°. Er ist ziemlich beständig gegen Alkohol und Phenol. In vielen organischen Lösungsmitteln tritt Quellung ein; durch starke Säuren und Alkalien wird er zerstört. Verwendung: Dichtungen, Schläuche, Walzenbeläge.

Siliconöle sind hervorragende Wärmeübertragungsöle (200 bis 250 °C). Siliconfette sind ausgezeichnete Schmiermittel, die gegen Oxidationsmittel beständig sind.

Chemische Beständigkeit von Siliconkautschuk:

Wasser: B.
Dampf: 1 bar Überdruck B; 3 bar Überdruck BB.
Schwefelsäure: 10% 20° BB; konz 20° U.
Salpetersäure: 10% 20° BB; konz 20° U.
Natriumhydroxid und Ammoniakwasser: 20° B.
Benzol: 20° BB.

b) *Synthesekautschuk* (z. B. Buna, Perbunan, Hypalon, Neoprene) ist widerstandsfähiger gegen chemische Stoffe und Öle als Naturkautschuk. Verwendung für Dichtungen, Schläuche, Förderbänder u. a. Anwendbar bis 90 °C.

Chemische Beständigkeit. Als Beispiel: Neoprene (Du Pont):

Wasser: B.
Salzsäure: konz 20° B.
Schwefelsäure: bis 50% 70° B; 60% 20° BB; 95% 20° U.
Salpetersäure: 10% 20° BB; 30% 20° U.
Phosphorsäure: 60—85% 20° B.
Essigsäure: 30% 20° B.
Natriumhydroxid: 50% 20° B.
Ammoniakwasser: 70° B.
Ammoniumchlorid: 20° B.
Benzol: U.
HCl-Gas, NH_3, CO_2: 20° B.
Cl_2: tr 20° BB; f 20° U.
H_2S: 20° B.

c) *Urethankautschuk* ist abriebbeständig und verwendbar bis etwa 120 °C. Verwendung für die Bereifung von Walzen, für Pumpenflügelräder, Dichtungen u. a.

Chemische Beständigkeit. Als Beispiel: Adiprene (Du Pont):

Wasser: 50° B.
Salzsäure: 20% 20° BB.
Schwefelsäure: 50—80% 20° U.
Salpetersäure: 10% 20° U.

Essigsäure: 20% 20° BB.
Natriumhydroxid: 46% 20° B.
Ammoniakwasser, Natriumchlorid: 20° B.
Alkohol, Benzol: U.

d) *Fluorelastomere* sind gegen höhere Temperaturen beständig (230°, vorübergehend auch höher). Verwendung für Dichtungen, Schläuche u. a.

Chemische Beständigkeit. Als Beispiel: Viton (Du Pont):

Wasser: 100° B
Salzsäure: konz 38° B.
Schwefelsäure: verd-konz 70° B.
Salpetersäure: 70% 24° B; 70% 38° U.
Phosphorsäure: 60% 100° B.
Flußsäure: 48% 24° B; 75% 100° BB.
Essigsäure: 20% 24° U.
Natriumhydroxid: 46% 24° BB.
Ammoniakwasser: ges 24° B.
Äthanol: 24° B.
Benzol: BB.
Niedrigmolekulare Ester und Äther: U.
NH_3: 24° U.
H_2S: 130° B.

e) *Vulkanisierte Thioplaste,* die eine hohe Lösungsmittelbeständigkeit zeigen, werden für Auskleidungen und Isolierungen verwendet.

4. Glasfaserverstärkte Kunststoffe. Glasfaserverstärkte Kunststoffe, vor allem Polyesterharze und Epoxide, werden im Apparate- und Behälterbau sowie für Rohrleitungen verwendet. Sie haben hohe mechanische Festigkeit, gute Formbeständigkeit, geringes Gewicht, glatte Oberfläche und zeigen eine gute Temperaturfestigkeit und Beständigkeit gegen viele Chemikalien.

Die Wärmeausdehnung verstärkter Thermoplaste liegt in der Größenordnung der Metalle. Es lassen sich daher Teile aus diesem Material leicht mit Metallteilen verbinden, ohne daß das Auftreten von Spannungen zu befürchten ist.

Die Abb. 7 zeigt ein Beispiel für den Aufbau einer Behälterwand aus glasfaserverstärktem Polyesterharz (Bleiwerk Goslar KG). Dem Füllmedium zugewandt ist innen die Liner-Schicht *1* aus dem unverstärkten, korrosionsfesten Kunstharz von 0,5 bis 0,8 mm Stärke. Bei größeren Behältern wird eine Strukturschicht 2 mit ca. 30% Glasgehalt aus geschnittenen Rovings und Fasermatte in ca. 2,5 mm Dicke eingebracht. Sie sorgt für die Elastizität. Die Festigkeit des Behälters wird durch Wickellagen (Kreuzwicklung *3*) bewirkt. Variierte Wickelwinkel sorgen für die Spannungsverteilung. Der Glasgehalt liegt bei ca. 70%. Nach Abschluß des Wickelvorganges wird der Behälter in einen Härteofen gebracht, in dem die totale Polymerisation bei genau gesteuerter Temperatur erfolgt. Nach dem Aushärten wird außen eine 0,5 mm dicke Harzschicht aufgetragen (Außenversiegelung *4*), die den Behälter gegen die Atmosphäre schützt.

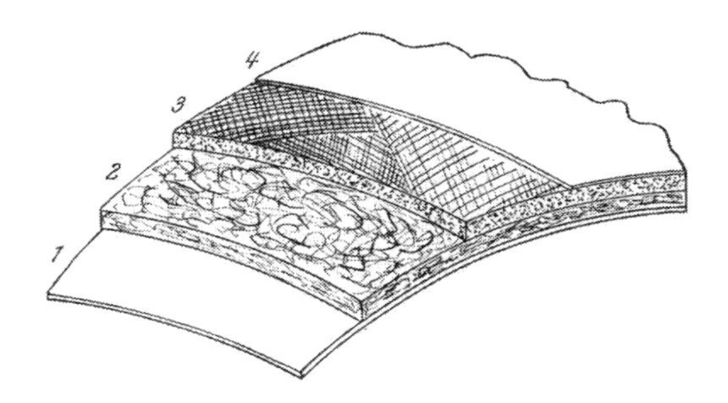

Abb. 7. Materialaufbau eines Behälters aus glasfaserverstärktem Polyesterharz (GFK-Produkte Polarover in Kooperation mit Sidral S.A., Frankreich; Bleiwerk Goslar KG, Goslar)

Es werden z. B. Transport- und Druckbehälter bis 7500 Liter, liegende und stehende Behälter bis 80 000 Liter Inhalt hergestellt.

Über Fibercast-Rohre s. S. 81.

Chemische Beständigkeit von glasfaserverstärktem Polyesterharz. Hier als Beispiel: Rexoplast (König & Günther GmbH, Wesel).

Temperaturbeständig von — 40 bis + 140 °C.
Wasser: 70° B.
Salzsäure: verd-konz 25° B.
Schwefelsäure: 50% 25° B; konz U.
Salpetersäure: verd-30% 25° B; konz U.
Phosphorsäure: 10% 25° B; konz 25° B.
Essigsäure: 30% 25° B.
Natriumhydroxid: bis 50% 25° B.
Ammoniakwasser: 10% 25° B; 30% 25° BB.
Natriumchlorid: 10% 25° B.
Benzol: 25° BB.
HCl-Gas, H_2S: 25° B.
SO_2: tr 25° B.

Chemische Beständigkeit von glasfaserverstärktem Epoxidharz. Hier als Beispiel: Ferropox GF-E (Klöckner-Ferromatik GmbH, Castrop-Rauxel).

Wasser: bis 150° B.
Salzsäure: konz bis 100° B.
Schwefelsäure: 10% bis 100° B; 30% bis 80° B; konz bis 40° BB.
Salpetersäure: 10% bis 80° B; 30% 20° B; konz U.
Phosphorsäure: 10% bis 120° B; 85% bis 80° B.

Essigsäure: 60° B.
Natriumhydroxid: 5% 60° B; 50% 80° B.
Ammoniakwasser: 10% 80° B; 30% 60° B.
Natriumchlorid: Lsg bis 150° B.
Ammoniumchlorid: wäßrig bis 100° B.
Äthanol, Benzol: 60° B.
NH_3, Cl_2: tr 80° B.
CO_2: 80° B.
SO_2: tr 100° B.
H_2S: tr 120° B.

E. Schutzüberzüge und Kitte

1. Schutzanstriche. Schutzanstriche dienen in erster Linie der Verhinderung atmosphärischer Korrosion (Rostbildung). Die durch Beizen oder Sandstrahlen gereinigten Flächen werden mehrmals gestrichen. Viel verwendet werden Öle und Firnisse in Verbindung mit Pigmenten. Als Grundfarbe von großer Haftfestigkeit dienen Mennige (Pb_3O_4), als Deckfarben Eisenoxid, Bleiweiß, Zinkoxid u. a. Gute Korrosionsfestigkeit wird durch Anstriche mit Teer, Bitumen oder Rostschutzölen erreicht oder es werden Kunststoffe (Epoxidharze, Vinylchlorid-Mischpolymerisate, Chlorkautschuk u. a.) verwendet. Siliconharze sind hitzebeständige Einbrennlacke. Für Temperaturen von 200 bis 600 °C können Silicon-Aluminiumbronze-Überzüge verwendet werden.

2. Schutzüberzüge. a) *Metallische Überzüge* werden durch Plattieren, das ist ein Aufwalzen dünner Schichten von Nickel, Kupfer oder deren Legierungen auf die Trägerstoffe, z. B. Stahl, hergestellt. Auch galvanisierte Werkstücke werden verwendet. Bei der Homogenverbleiung für Rohre, Armaturen und Behälter wird Blei in flüssiger Form zu einem vollkommen dichten Überzug aufgetragen.

b) *Gummierung.* Hartgummiauskleidungen bedürfen einer langen Heißvulkanisation. Zu beachten ist, daß sie häufig spröde sind und leicht beschädigt werden können.

Weichgummiauskleidungen können selbstvulkanisierend eingestellt werden. Sie sind elastisch und stoßunempfindlich. Beständig sind sie gegen verdünnte Mineralsäuren und Laugen, zumeist auch gegen Alkohole, Fette und Mineralöle. Dauerbeständig bis etwa 90 °C (vorübergehend höher).

Über gummierte Behälter siehe auch S. 397.

c) *Kunststoffüberzüge* werden durch Aufkleben bzw. Aufvulkanisieren von Folien (PVC, Polyisobutylen, Kautschuk-Elastomere u. a.) hergestellt. PTFE wird als Dispersion aufgespritzt und bei 400 °C eingebrannt. Auch Dispersionen aus Polyäthylen und Thioplasten sind in Verwendung.

Bei der Beschichtung mit Zweikomponentensystemen werden Kunststoff und Härter vermischt und mittels Pinsel oder durch Spritzen aufgetragen. Die in den Vorschriften angegebenen Härtungszeiten sind zu beachten!

Größere Behälter können durch Flammspritzen beschichtet werden. Feinverteilter Kunststoff wird mittels Druckgas durch eine reduzierend wirkende Flamme, in der er plastisch wird oder schmilzt, auf die zu beschichtende Fläche aufgespritzt und durch Flammeneinwirkung homogenisiert.

Beim Wirbelsintern wird Kunststoffpulver durch einen Luft- oder Stickstoffstrom aufgewirbelt. Die zu bekleidenden Gegenstände (Formstücke, Auskleiden von Rohren, Fässern u. a.) werden über den Schmelzpunkt des Kunststoffes vorerhitzt und in das Wirbelbett eingetaucht. Das Pulver schmilzt zu einer zusammenhängenden, porenfreien Schicht auf dem Werkstück. Verwendet werden Polyäthylen, Polypropylen, Polyamide, PVC, Polyester, Epoxide, Celluloseester u. a. Außer Metallen können auch Glas und Keramik nach diesem Verfahren beschichtet werden.

Über kunststoffbeschichtete Behälter siehe auch S. 399.

d) *Emailüberzüge* s. S. 395, über Nucerite S. 29.

e) Unter *Phosphatieren* versteht man die Herstellung einer sehr dünnen Metallphosphatschicht auf einer Metalloberfläche. Die Schicht bildet einen guten Untergrund für Schutzanstriche. Manche Metalle, z. B. Aluminium, bilden an ihrer Oberfläche eine feine Oxidhaut, die einen guten Korrosionsschutz ergeben kann. Eloxieren ist die elektrochemische Erzeugung der Oxidhaut auf Aluminium.

f) Über *ausgemauerte Behälter* s. S. 398.

3. Kitte. Die zu verbindenden Flächen müssen rein und während des Erhärtens in Ruhe sein.

a) Asphaltkitte und Kunststoffkitte werden zur Vereinigung von Metall mit Metall verwendet.

b) Zur Vereinigung von Metall mit keramischen Massen werden u. a. selbsthärtende Wasserglaskitte (z. B. die Säurekitte Hoechst der Farbwerke Hoechst AG, Frankfurt/M.-Höchst, Pyrolux der G. Lichtenberg GmbH, Siegburg) verwendet. Sie binden rasch ab und sind widerstandsfähig gegen Säuren.

Das Kittmehl wird mit Wasserglas im angegebenen Verhältnis zu einer homogenen Masse angerührt. Die von den Lieferfirmen angegebenen Verarbeitungszeiten müssen eingehalten werden. Bei Normaltemperatur ist der Kitt in etwa 15 bis 24 Stunden erhärtet. Eine nachträgliche Zugabe von Wasserglas zur Kittmasse, bei der der Abbindevorgang bereits begonnen hat, wird nicht empfohlen.

Asplitkitte (Kunstharze in Form selbsthärtender Säurekitte), die zum Verfugen von Belägen und Auskleidungen aus Keramik- oder Kohlenstoffplatten dienen, bestehen aus dem Kittmehl und der Harzlösung, die genau nach der Gebrauchsanweisung zu mischen sind.

c) Zur Vereinigung von Kunststoffen dienen Kunststoffkleber oder sie werden verschweißt.

4. Verbindungselemente

A. Schraubenverbindungen

1. Schraubengewinde. Schraubenverbindungen können ohne Beschädigung der verbundenen Teile wieder gelöst werden (Befestigungsschrauben). Durch die Drehbewegung eines Schraubengewindes kann aber auch eine Drehbewegung in eine geradlinige Bewegung umgeformt werden (Bewegungsschrauben, z. B. die Schraubenspindel eines Ventils).

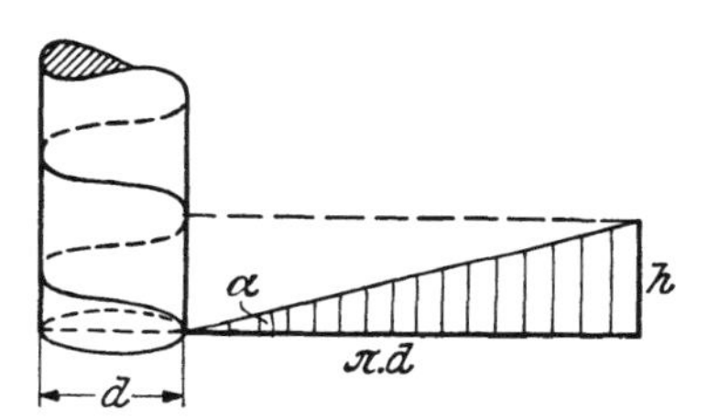

Abb. 8. Entstehung einer Schraubenlinie

Die *Schraubenlinie* ist eine um einen Zylinder gewickelte schiefe Ebene (Abb. 8). Die Entfernung zwischen zwei übereinanderliegenden Punkten der Schraubenlinie nennt man die Ganghöhe h; α ist der Steigungswinkel. Als Nenndurchmesser bezeichnet man den Außendurchmesser des Bolzengewindes. Die Schraubengewinde sind genormt.

Die Gewinde sind, abgesehen von einigen Ausnahmen, rechtsgängig; die Schraube schiebt sich in die Mutter hinein, wenn sie im Uhrzeigersinn gedreht wird.

Entspricht das Gewinde einer einzigen Schraubenlinie, spricht man von einer eingängigen Schraube, entspricht es zwei, drei oder mehr Schraubenlinien, so erhält man zwei-, drei- oder mehrgängige Schrauben (Erzielung großer Ganghöhen, z. B. bei Bewegungsschrauben).

Gewindearten (Abb. 9). Spitzgewinde eignen sich wegen der größeren Reibung für Befestigungsschrauben. Für Bewegungsschrauben benutzt man Trapezgewinde, Sägengewinde (Halbtrapez) und Flachgewinde (rechteckiges Profil). Rundgewinde sind unempfindlich gegen Verschmutzung (z. B. bei Absperrvorrichtungen und Gewinden aus Blech und Glas).

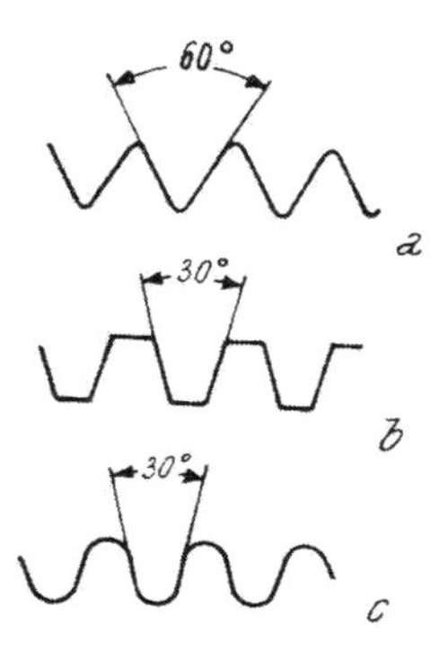

Abb. 9. Metrische Schraubengewinde.
a Spitzgewinde, *b* Trapezgewinde, *c* Rundgewinde

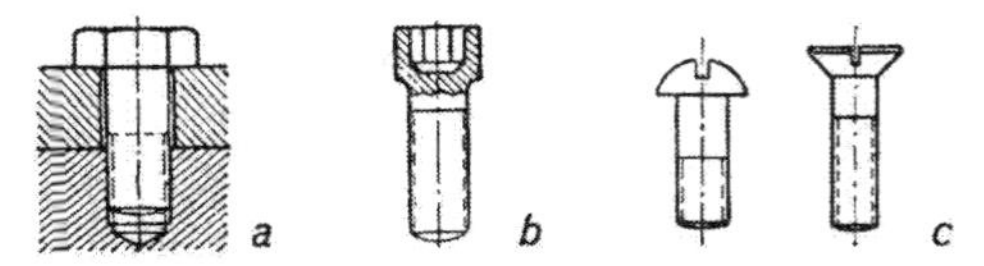

Abb. 10. Kopfschrauben.
a Sechskantschraube, *b* Innensechskantschraube, *c* Schlitzschraube

2. Schraubenformen. *Kopfschrauben* (Abb. 10) sind ausgeführt als Sechskant-, Vierkant-, Innensechskant-, Schlitz- und Kreuzschlitzschrauben. Rändel- und Flügelschrauben lassen sich von Hand anziehen.

Zum Transport schwerer Maschinenteile mit Hilfe von Flaschenzügen oder Kränen werden die Ketten oder Seile durch die Ringe großer *Ringschrauben* (an den Maschinenteilen) durchgezogen.

Stift- und Schaftschrauben besitzen keinen Schraubenkopf. Sie werden u. a. für Gehäuseverschraubungen verwendet. Der Schraubenbolzen wird mit einer Rohrzange oder mit Gegenmuttern ein für allemal festgeschraubt. Die Verbindung ist sehr fest, aber falls Korrosion eingetreten ist, kaum mehr lösbar.

Durchgangsschrauben (Abb. 11) bestehen aus dem Schraubenkopf und dem Schraubenbolzen mit Gewinde. Befestigt wird die Durchgangsschraube auf der Gegenseite durch eine Schraubenmutter, unter die eine Unterlegscheibe gelegt wird. Solche Unterlegscheiben werden benötigt bei weiten Durchgangslöchern oder wenn die Unterlage unbearbeitet oder weicher ist als die Mutter.

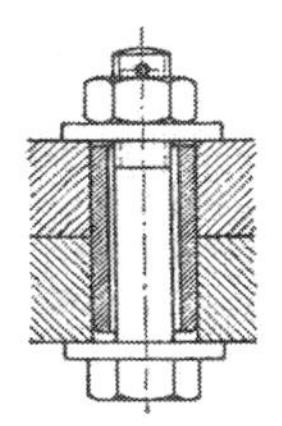

Abb. 11. Durchgangsschraube

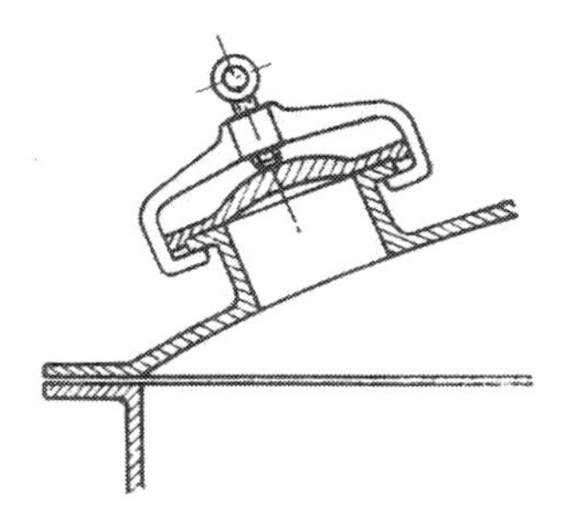

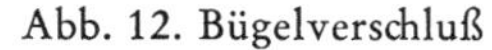

Abb. 12. Bügelverschluß

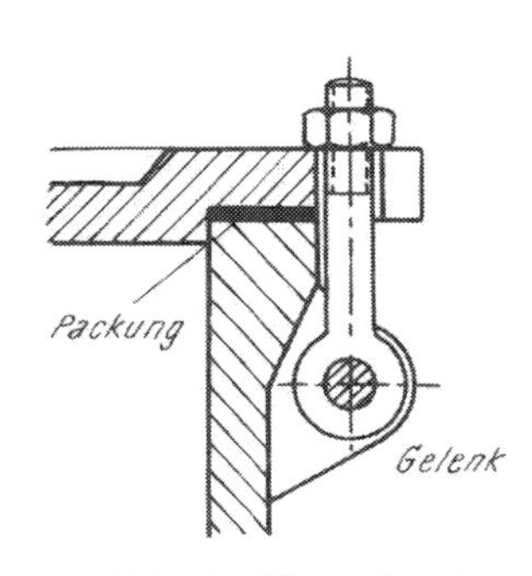

Abb. 13. Klappschraube

Deckelverschraubungen. Kleinere Deckel werden mit Hilfe eines umfassenden Bügels verschlossen (Abb. 12). Für größere Deckel verwendet man mehrere Klappschrauben, die mit Hilfe von Bügeln durch ein Gelenk drehbar mit dem oberen Gefäßrand verbunden sind und daher nach Lockern der Verschraubung heruntergeklappt werden können (Abb. 13).

3. Anziehen und Abdichten von Schrauben. Bei Durchgangsschrauben wird zur Verhinderung des Mitdrehens des Schraubenbolzens beim Anziehen der Schraubenmutter der Kopf mit einem zweiten Schraubenschlüssel gehalten.

Schraubenschlüssel. Je nach der Form der Schraube werden verwendet: Sechskantschlüssel, Vierkantschlüssel, Steckschlüssel, für

Schrauben mit Innensechskant Sechskant-Stiftschlüssel (Abb. 14). Notfalls kann ein verstellbarer französischer Schraubenschlüssel verwendet werden.

Die Verwendung eines passenden Schraubenschlüssels ist wichtig, um Unfälle und Gewindebeschädigungen zu verhüten. Das Anziehen von Muttern darf nie mit Gewalt vorgenommen werden. Beschädigte Gewindegänge beschädigen auch das Gegengewinde. Muttern mit abgewürgten Kanten bieten dem Schraubenschlüssel keinen Halt. Am geeignetsten sind Steckschlüssel oder Rohrschlüssel, die die Mutter oder den Schraubenkopf vollkommen umfassen.

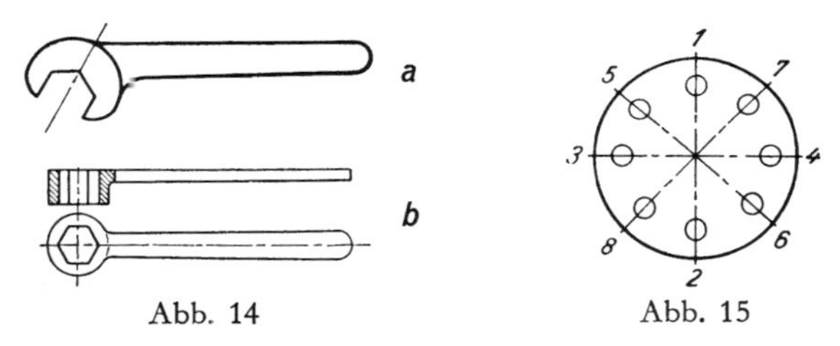

Abb. 14 Abb. 15

Abb. 14. Schraubenschlüssel. *a* Sechskantschraubenschlüssel, *b* Steckschlüssel
Abb. 15. Verschrauben von Deckeln und Flanschen

Deckel, Flanschen und Scheiben müssen übers Kreuz verschraubt werden, so also, daß stets zwei gegenüberliegende Schrauben nacheinander mäßig, dann zum zweiten- und drittenmal fester angezogen werden (Abb. 15), wodurch gleichmäßige Abdichtung erzielt und Klemmung vermieden wird. Beim Lösen einer Flanschverbindung, die wieder geschlossen werden soll, gewöhne man sich daran, die Muttern auf die herausgezogenen Bolzen lose aufzuschrauben, um für das spätere Zusammensetzen Bolzen und Muttern passend in Bereitschaft zu haben und keine Zeit mit dem Suchen nach Muttern zu verlieren.

Zum Anziehen und Lösen von Schlitzschrauben verwende man einen genau in Länge und Breite passenden *Schraubenzieher.* Schlecht passende Schraubenzieher rutschen ab, beschädigen die Schlitzkanten und erschweren damit ein späteres Lösen der Schrauben.

Abdichten. Gewindegänge können mit Dichtungsmassen oder Gewindekitt bzw. durch Einlegen von Hanf abgedichtet werden. Auch Bänder aus beständigem Kunststoff (z. B. auf Basis von PTFE) sind geeignet. Das Band wird in einer Lage auf die Einschraublänge des Gewindezapfens etwas überlappt aufgewickelt. Es legt sich beim Verschrauben in die Gewindegänge. Meist kann dann die Verschraubung mehrfach gelöst und wieder angezogen werden, ohne daß eine neuerliche Abdichtung erforderlich ist.

4. Schraubensicherungen. Schraubenverbindungen, die Erschütterungen ausgesetzt sind, müssen gegen selbsttätiges Lösen der Schraube oder Mutter gesichert werden.

a) *Stift- oder Splintsicherung* (s. Abb. 11, S. 45). Durch den Bolzen ist durch eine Bohrung ein Stift eingeschlagen oder ein Splint durchgesteckt und eventuell umgebogen. Auf dem gleichen Prinzip beruht die Kronenmutter, bei der der Schraubenmutter

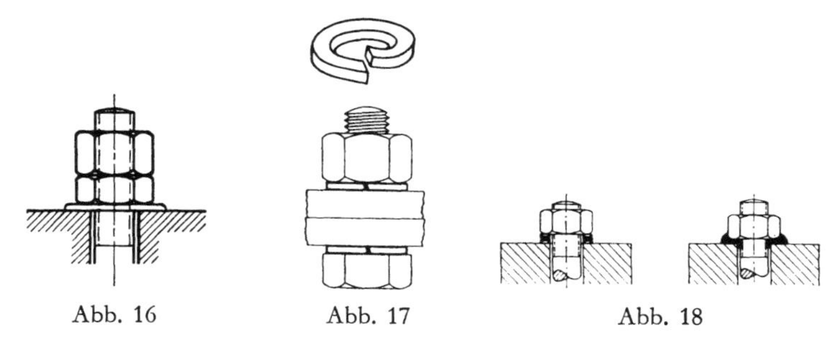

Abb. 16 Abb. 17 Abb. 18

Abb. 16. Gegenmutter
Abb. 17. Federringsicherung (Vossloh-Werke GmbH, Werdohl/Westf.)
Abb. 18. Dubo-Schraubensicherung vor und nach dem Anzug der Mutter (Dubo-Schweitzer GmbH, Darmstadt)

eine Krone aufgesetzt ist, die eine Anzahl Schlitze enthält. Durch Schlitz und Bolzenbohrung wird ein Splint geschlagen.

b) *Gegenmutter.* Auf die erste, festangezogene Schraubenmutter wird eine zweite aufgesetzt und festgezogen, so daß die Berührungsflächen unter starkem Druck aufeinandergepreßt werden. Die eigentlich tragende Mutter ist die obere (Gegenmutter), sie muß daher stärker angezogen werden und die volle Höhe haben, während die untere niedriger sein kann (Abb. 16).

c) *Federnde Sicherungselemente.* Die Sicherung kann oftmals durch ausreichend große Verspannkräfte geschehen, z. B. durch Federringe (Abb. 17) oder federnde Zahnscheiben, die unter die Mutter gelegt werden.

d) *Legeschlüssel.* Gegen die Flächen der Mutter wird ein passender Schlüssel gelegt, der seinerseits durch zwei Schrauben gehalten und gesichert wird.

e) *Kunststoffsicherungen.* Bei der Elastic-Stop-Mutter (Süddeutsche Kolbenbolzenfabrik GmbH, Stuttgart) sitzt im oberen Teil der Mutter ein gewindeloser Kunststoffring. Er wird beim Verschrauben in radialer Richtung zusammengedrückt. Der verwendete Kunststoff ist so geschmeidig, daß ihn die Gewindegänge des Bolzens nicht zerschneiden, sondern nur zusammenpressen. Ein zusätzlicher Vorteil ist das Abfangen von Stößen durch den Ring und die Bildung eines wasserdichten, rostsicheren Abschlusses.

Die Dubo-Schraubensicherung aus Superpolyamid (Abb. 18) wirkt als Sicherung, Abdichtung und Isolierung. Der Sicherungsring preßt sich in die Gewindegänge ein. Durch den starken Reibungsschluß

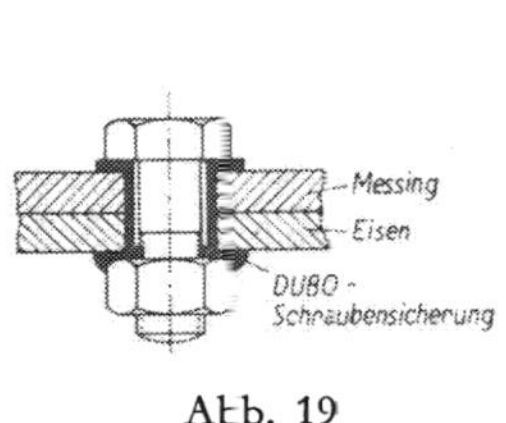

Abb. 19

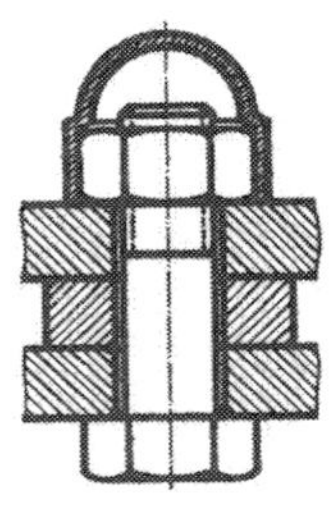

Abb. 20

Abb. 19. Korrex-Isolierhülse (Dubo-Schweitzer GmbH, Darmstadt)
Abb. 20. Kapsto-Sechskantschutzkappe GPN 1000
(Gebr. Pöppelmann, Lohne/Oldenburg)

wird die Drehung des Sicherungsringes um den Bolzen verhindert. Tote Räume werden ausgefüllt, so daß keine Leckverluste auftreten. Wird die Dubo-Sicherung in einen Stahltellerring eingelegt, kann der Dichtungsring auch bei hoher Belastung nicht nach außen weggedrückt werden.

Stehen zwei verschiedenartige Metallflächen in Berührung, so besteht durch Ansammeln von Feuchtigkeit die Gefahr der elektrolytischen Korrosion. Dagegen schützt z. B. die Anwendung von Korrex-Isolierhülsen (Abb. 19).

Man kann auch hochviskose, sich nicht vernetzende, plastische und stoßelastische Siloxan-Polymere zwischen Schrauben- und Muttergewinde anbringen. Wirkt eine stetige Verdrehungsbeanspruchung auf die Gewindeverbindung (Ansetzen des Schraubenschlüssels), dann löst sich die Verbindung wieder, so daß beide Teile auch feinfühlig gegeneinander verstellt werden können.

f) Zum Schutz gegen Korrosion dienen *Sechskantschutzkappen* aus Weich-PE (Abb. 20).

B. Keilverbindungen

1. Allgemeines. Durch einen Keil wird eine leicht lösbare Verbindung zweier Maschinenteile hergestellt. Keile werden verwendet zum Verbinden von Kolbenstangen (Querkeile), zum Aufkeilen von Rädern auf Wellen (Längskeile) oder als Nachstellkeile bei Lagerschalen.

Der Keil stellt eine schiefe Ebene dar. Die Steigung des Keils wird als „Anzug“ (Tangens des Steigungswinkels α) bezeichnet.

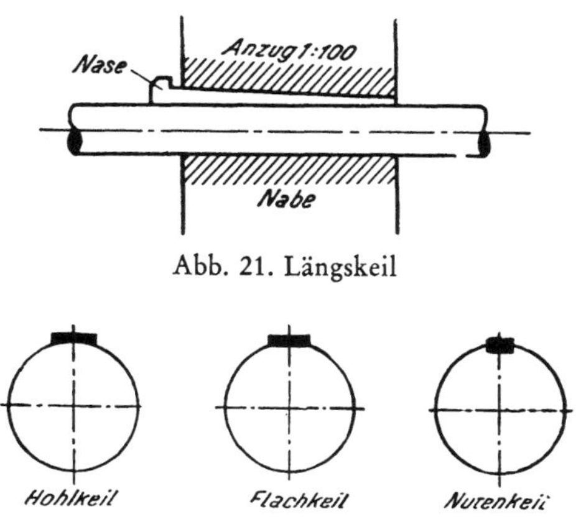

Abb. 21. Längskeil

Abb. 22. Keilformen

2. Längskeile. Die Keilachse fällt in die Richtung der zu verbindenden Teile (Abb. 21). Zum leichteren Ein- und Austreiben kann der Keil eine „Keilnase“ besitzen.

Der Keil wird in den durch Welle und Nabennut gebildeten Hohlraum eingetrieben. Ist auf einer Seite des Rades kein Platz zum Ein- und Austreiben des Keils vorhanden, wird an Stelle des Treibkeils ein Einlegekeil verwendet. Dies ist ein Keil ohne Nase, der in die Wellennut eingelegt wird.

Der Längskeil kann ausgeführt sein als Hohlkeil (gerade Stirnfläche und ausgehöhlte Bauchfläche). Die Welle bleibt unverändert. Der Keil wird in die Nabennut eingetrieben und hält nur durch die Reibung der Bauchrundung mit der Wellenoberfläche. Der Flachkeil mit beiderseits geraden Stirnflächen wird auf eine Abflachung der Welle aufgesetzt. Die Verbindung ist fester als beim Hohlkeil. Die beste Verbindung wird durch einen Nutenkeil erreicht, der sowohl in die Nut der Welle als auch in die Nut der Nabe eingetrieben wird (Abb. 22).

3. Querkeile. Beim Querkeil liegt die Achse senkrecht zur Achse der zu verbindenden Maschinenteile (Abb. 23). Ein Querkeil wird verwendet, wenn Teile miteinander zu verbinden sind, die sich gemeinsam in der Längsrichtung bewegen.

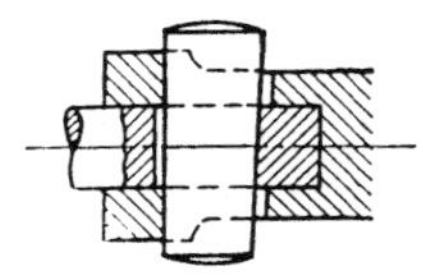

Abb. 23. Querkeil

4. Feder und Nut. Die Feder, die einen Keil ohne Steigungswinkel darstellt, wird verwendet zum Verbinden verschiebbarer, rotierender Teile, ohne daß eine Unterbrechung der Kraftübertragung eintritt (Ausrücken von Kupplungen). Die Feder wirkt lediglich als Mitnehmer, sie muß daher der Wellennut genau eingepaßt sein, damit seitlich keine Zwischenräume entstehen. Die Nabennut kann hingegen etwas breiter gehalten sein, um die Nabe ohne Schwierigkeit aufbringen zu können. Nach erfolgter Passung muß sich das Rad mit der Nabe leicht und ohne Schlottern hin- und herschieben lassen.

C. Unlösbare Verbindungselemente

1. Nietverbindungen. Eine Nietverbindung kann nur durch Zerstörung der Nieten gelöst werden.

Nietverbindungen werden in der Hauptsache nur noch im Leichtmetall- und Stahlbau verwendet. Im Chemiebetrieb finden sich Nietverbindungen nur noch vereinzelt an alten Behältern.

2. Schweißverbindungen. Die Güte von Schweißarbeiten ist abhängig vom Werkstoff, dem Schweißverfahren und der Sorgfalt des Schweißers.

a) Beim Verbindungsschweißen werden die Teile an den Stoßstellen zu einer unlösbaren Einheit verbunden. Die wichtigsten Verfahren sind das Schmelzschweißen (z. B. Autogen-Schweißen) und das Preßschweißen. Für thermoplastische Kunststoffe werden das Heißgasschweißen Heizelementschweißen, Reibungsschweißen und dielektrisches Schweißen angewendet.

b) Beim Auftragsschweißen wird ein Werkstoff auf ein Werkstück aufgetragen, um es zu ergänzen, sein Volumen zu vergrößern (z. B. bei Reparaturen) oder als Korrosionsschutz.

3. Lötverbindungen. Weichlöten (unterhalb 450 °C) findet Verwendung bei mechanisch gering beanspruchten Verbindungen, während hartgelötete Verbindungen für die Übertragung größerer Kräfte geeignet sind. Die Lötflächen müssen sauber und fettfrei sein und gut aufeinander passen.

Weichlote schmelzen unter 300 °C, Hartlote bei 850 bis 1000 °C, Silberlote (mit mindestens 20% Ag) bei 620 bis 860 °C.

4. Klebeverbindungen. Das Metallkleben wird u. a. bei Rohren, Behältern und Versteifungen an Blechwänden angewendet. Zwischen den zu verbindenden Teilen befindet sich eine dünne Schicht des Klebstoffes.

Klebstoffe zum Verbinden von Metallen sind Kunstharze, und zwar Zweikomponentenklebstoffe (Kleber und Härter werden vor dem Verarbeiten gemischt) oder Einkomponentenklebstoffe (Warmhärter). Entscheidend für die Wahl des Klebstoffes sind die Art des Werkstoffes, die Art der Beanspruchung (Schub, Zug, Biegung), die Belastungsart, Betriebstemperatur, chemische Einwirkungen und die Gestalt der zu verbindenden Teile. Die Klebschicht soll kleiner als 0,15 mm sein. Die Oberflächen müssen rein und möglichst aufgerauht sein.

5. Elemente der drehenden Bewegung

A. Achsen und Wellen

Umlaufende Maschinenteile sitzen auf Achsen oder Wellen.

Achsen sind mit Zapfen versehene, meist zylindrische Maschinenteile, die drehbar gelagert sind und fest aufgekeilt einen oder mehrere Maschinenteile tragen. Die *Wellen* hingegen dienen zur Kraftübertragung von einem Maschinenteil auf den anderen, wobei die Welle selbst auf Verdrehung beansprucht wird.

Wellen von größerem Durchmesser werden oftmals hohl ausgeführt. Hohle Rührwerkswellen können gleichzeitig als Zuleitungsrohr und zum Andrücken des Kesselinhaltes dienen.

Jeder Wellenstrang muß gegen seitliches Verschieben durch Stellringe oder Wellenbunde gesichert werden.

Bei ortsveränderlichen Antrieben geschieht die Übertragung durch Gelenkwellen oder biegsame Wellen.

Zapfen sind zylindrische Drehkörper, die den Maschinenteilen, an denen sie sitzen, die Drehung ermöglichen. Je nach der Anordnung unterscheidet man Stirnzapfen (Abb. 24) am Ende der Welle und Halszapfen (Abb. 25) in der Mitte der Welle. Bei ihnen wirkt der Zapfendruck senkrecht zur Zapfenachse. Beim Spur- oder Stützzapfen (Abb. 26) fällt der Druck in die Richtung der Zapfenachse (z. B. senkrechte Wellen bei Zentrifugen und Rührwerken). Ist der durch den Spurzapfen aufzunehmende Druck sehr groß, gibt man dem Zapfen mehrere Ringe oder Spurkränze (Kammzapfen, Abb. 27).

B. Kupplungen

1. Allgemeines. Kupplungen verbinden Wellenenden drehfest zwecks Übertragung von Drehmomenten.

Für eine Dauerverbindung genügen *nichtschaltbare Kupplungen.* Mit festen oder starren Kupplungen stellt man eine drehstarre Verbindung bei genau fluchtenden Wellen her. Ausgleichs-Kupplungen gestatten eine geringe Wellenverlagerung, eine Längenverschiebung infolge Wärmedehnung, oder sie ermöglichen das Auffangen von Stößen und dämpfen Drehschwingungen (Elastische Kupplungen).

Schalt-Kupplungen können Teile einer Anlage zeitweise voneinander trennen, und zwar entweder im Stillstand (z. B. Klauen-

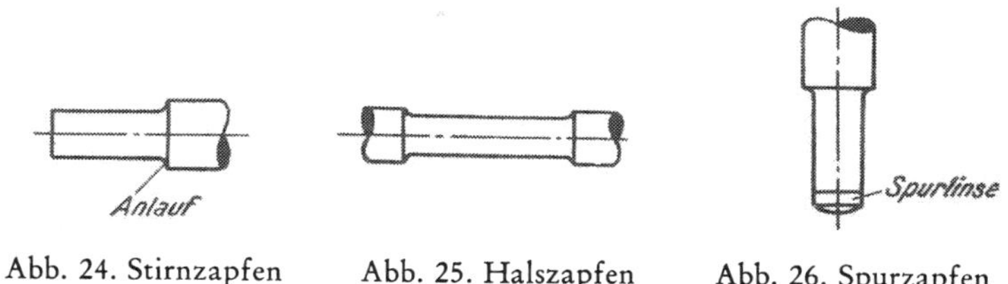

Abb. 24. Stirnzapfen Abb. 25. Halszapfen Abb. 26. Spurzapfen

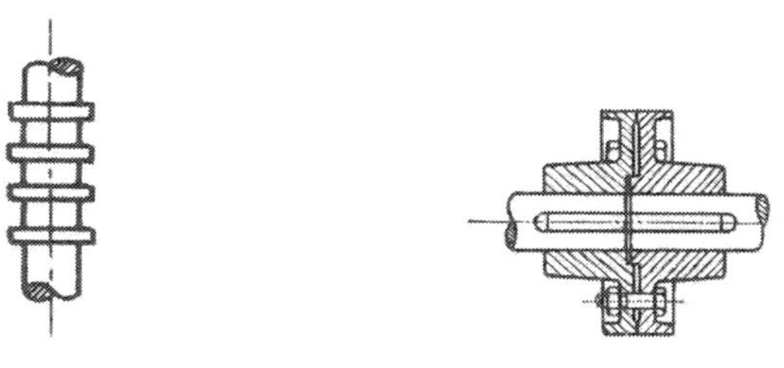

Abb. 27. Kammzapfen Abb. 28. Scheibenkupplung

Kupplungen) oder während des Betriebes (z. B. Reibungs-Kupplungen).

2. Feste Kupplungen. Bei der *Schalen-Kupplung* werden zwei Schalenhälften durch Verschraubung aufeinander und gleichzeitig auf die beiden Wellenenden von gleichem Durchmesser gepreßt. Die Übertragung des Drehmomentes geschieht durch Reibung.

Mit der *Scheiben-Kupplung* können auch Wellen mit unterschiedlichen Durchmessern verbunden werden. Auf die Wellenenden wird je eine Scheibe aufgekeilt, wobei der Vorsprung der einen in die Vertiefung der anderen paßt (Abb. 28). Verwendung z. B. bei Rührwerkskesseln.

3. Ausgleichs-Kupplungen. Längenschwankungen der Wellen durch Ausdehnung werden von *Klauen-Kupplungen* aufgefangen. Auf den aneinanderstoßenden Wellenenden sind zwei Scheiben befestigt, deren

Vorsprünge klauenartig ineinandergreifen. Die Klauen bewirken die Mitnahme des einen Wellenstranges durch den anderen (Abb. 29).

Für parallel, aber etwas gegeneinander verschoben angeordnete Wellen verwendet man *Kreuzgelenk-Kupplungen* (Kardangelenk, Abb. 30). Der Ablenkungswinkel darf höchstens 10° betragen.

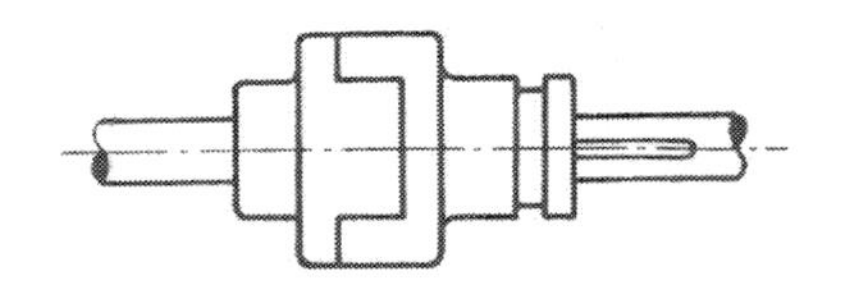

Abb. 29. Klauenkupplung

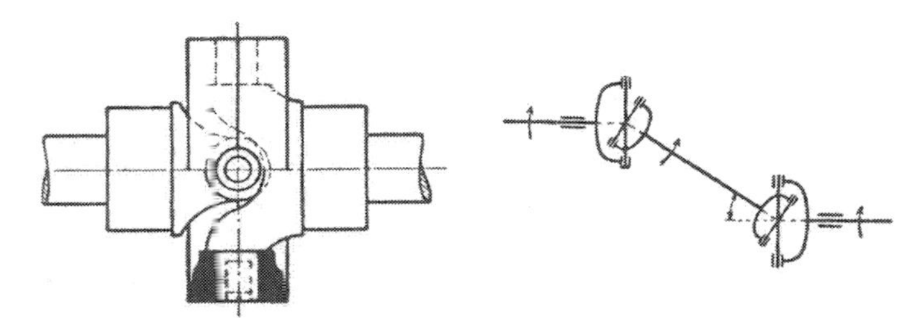

Abb. 30. Kreuzgelenk-Kupplung

Für den Ausgleich von Längenänderung und geringe winkelige oder parallele Wellenverlagerung sind *Doppelzahn-Kupplungen* geeignet. Auf den Wellenenden sitzen Kupplungsscheiben mit Außenverzahnung. Die Zähne greifen in die Innenverzahnung, die sich in der Kupplungshülse befindet, ein. Verwendbar für hohe Drehzahlen.

4. Elastische Kupplungen. Elastische Kupplungen werden eingebaut, wenn Ungenauigkeiten in der Wellenlagerung ausgeglichen sowie Stöße und Schwingungen aufgefangen werden müssen. In beiden Scheibengehäusen befinden sich Kammern zur Aufnahme der elastischen Puffer aus Gummi, Leder, Kunststoff oder Stahlfedern (bei Gummi- und Lederteilen nicht schmieren!).

5. Schalt-Kupplungen. Bei den formschlüssigen Schaltkupplungen dienen Klauen oder Zähne zur Kraftübertragung. Sie lassen sich nur im Stillstand der Wellen schalten.

Im Gegensatz dazu können kraftschlüssige Schaltkupplungen auch während des Betriebes geschaltet werden. Dies ist nur durch einen allmählich wirkenden Kraftschluß, also unter Ausnutzung der zwischen zwei Flächen wirksamen Reibung, möglich. Die Verbindung der stillstehenden mit der sich drehenden Welle geschieht allmählich. Die Abb. 31 zeigt das Prinzip der *Kegel-Reibungskupplung*. Auf dem einen Wellenende sitzt eine Scheibe, die als Hohlkegel, auf dem anderen eine solche, die als passender Vollkegel ausgebildet ist. Beim Ineinanderpressen der Kegelflächen entsteht Reibung, die schließlich so groß wird, daß die beiden Kupplungshälften miteinander verbunden erscheinen.

Bei anderen Ausführungen werden Reibscheiben gegeneinander gepreßt (Reibscheiben-Kupplung).

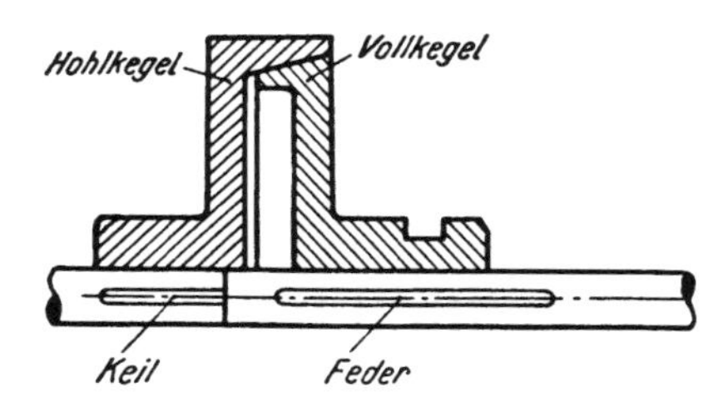

Abb. 31. Kegel-Reibungskupplung

In den *Lamellen-Kupplungen* sind mehrere Scheiben (Lamellen) nebeneinander angeordnet, die langsam mittels eines Hebels oder von durch die Welle zugeführtem Drucköl aneinandergepreßt werden. Das Lamellenpaket läuft in Öl.

Der Druck an den Berührungsflächen kann auch auf elektromagnetischem Wege erfolgen. Elektromagnetische Kupplungen können fernbetätigt werden.

Reibungskupplungen können auch als momentgeschaltete Kupplungen ausgeführt werden, bei denen durch Federn Anpreßkräfte erzeugt werden, die auf ein bestimmtes Drehmoment eingestellt sind. Wird dieses überschritten, beginnt die Kupplung zu rutschen. Durch derartige Sicherheits-Kupplungen werden Maschinen und Getriebe vor Überlastung und Beschädigung geschützt, z. B. bei Knetern, Mischern, Brechern u. a.

6. Turbo-Kupplungen. Bei diesen hydrodynamischen Strömungskupplungen wird das vom Elektromotor abgegebene Drehmoment in dem mit der treibenden Welle verbundenen Pumpenrad der Turbo-Kupplung in Strömungsenergie umgesetzt und im Turbinenrad, das auf der Abtriebswelle sitzt, in mechanische Energie zurückverwandelt. Die Übertragung ist verschleißfrei, da keine mechanische Berührung der kraftleitenden Teile erfolgt. Verwendung bei Kompressorantrieben, Ultra-Hochvakuumpumpen, Kugelmühlen, Brecherwerken, Zentrifugalfiltern u. a.

Diese Kupplungen können auch regelbar ausgeführt sein. Im Gegensatz zu der mit konstanter Ölfüllung arbeitenden Anlaufkupplung kann bei der *Turbo-Regelkupplung* die im Arbeitskreislauf wirksame Flüssigkeitsmenge und damit die Übertragungsfähigkeit der Kupplung während des Betriebes stufenlos verändert werden. Eine ständig mitlaufende, motorgetriebene Zahnradpumpe fördert Flüssigkeit von dem als Sammelbehälter unterhalb

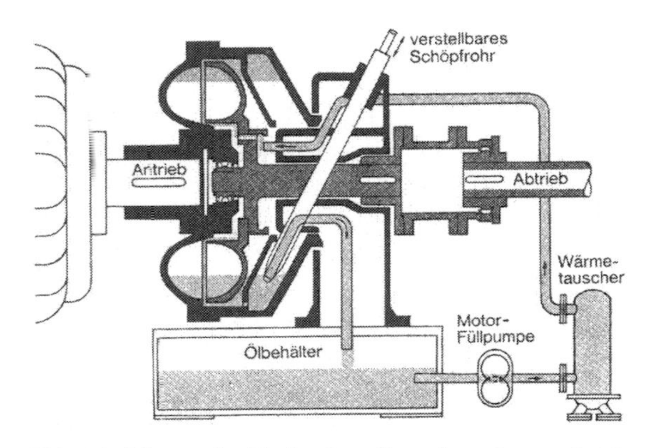

Abb. 32 Schema der Turbo-Regelkupplung Bauart SvN
(Voith Turbo KG, Crailsheim)

der Kupplung angeordneten Ölsumpf über ein Verteilgehäuse in den Arbeitskreislauf. Ein radial angeordnetes, verschiebbares Schöpfrohr regelt die Höhe des Flüssigkeitsspiegels in der mit dem Arbeitsraum kommunizierend verbundenen Kupplungsschale. Die Abb. 32 zeigt das Anordnungsschema.

C. Lager

Lager dienen der Führung bzw. kraftübertragenden Stützung von Wellen und Zapfen. Wirken die Kräfte in Richtung der Achse, so spricht man von Längs- oder Axiallagern (Spurlager), wirken sie senkrecht zur Wellenachse von Quer- oder Radiallagern.

Nach ihrer Arbeitsweise unterscheidet man Gleitlager, bei denen der Zapfen auf einer Fläche (Lagerschale) gleitet, und Wälzlager, wenn die Kraftübertragung über Wälzkörper (Kugeln oder Rollen) stattfindet.

1. Gleitlager. Bei den Gleitlagern läuft die Welle in Lagerschalen, die aus einem weicheren Werkstoff hergestellt sind als die

Wellen, damit nicht die Welle, sondern die auswechselbare Lagerschale der Abnutzung unterliegt. Die Lagerschalen dürfen sich nicht mitdrehen und in der Achse nicht verschiebbar sein. Ein Festfressen wird durch gute Schmierung der Oberfläche verhindert.

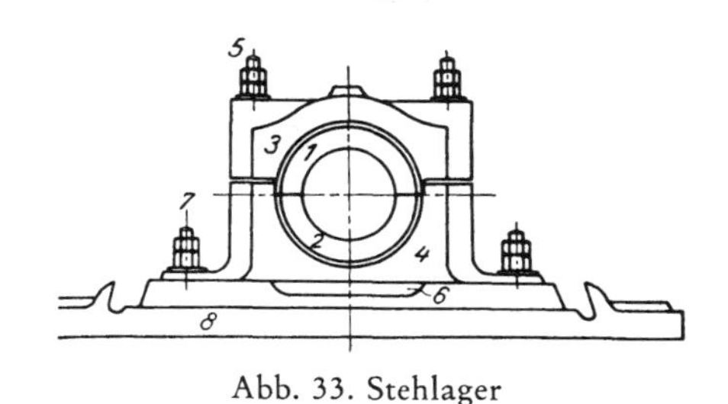

Abb. 33. Stehlager

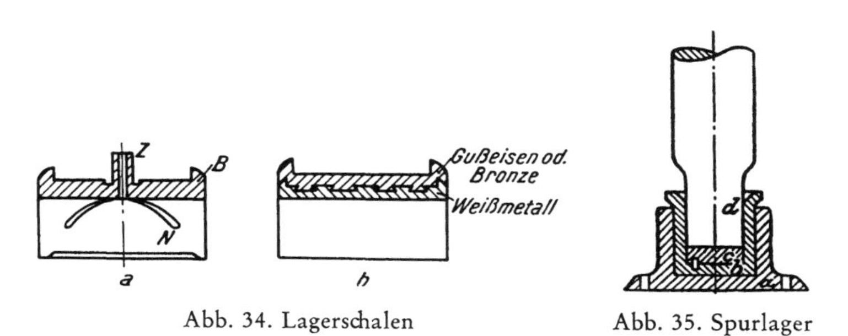

Abb. 34. Lagerschalen

Abb. 35. Spurlager

Stehlager (Abb. 33) bestehen aus dem Lagerkörper *4*, dem Lagerdeckel *3* (Deckelschrauben *5*), den eingesetzten Lagerschalen *1* und *2* und der Sohlenplatte *8*, auf der das Lager durch Fußschrauben *7* befestigt ist. Geschmiert wird durch Schmieröffnungen im Lagerdeckel und den zweiteiligen Lagerschalen. Als Werkstoff für die Lagerschalen wird z. B. Bronze verwendet. Die obere Schale ist mit Schmiernuten *N* versehen, die das Schmiermittel auf die gesamte Lagerbreite verteilen. Der Zapfen *Z* verhindert das Mitdrehen, der Bund *B* die seitliche Verschiebung (Abb. 34 a). Ablaufendes Öl wird in einer Ölschale unter dem Lager aufgefangen. Bei den mit Weißmetall ausgegossenen Lagerschalen (Abb. 34 b) wird das Weißmetall durch eingefräste Nuten festgehalten. Auch Legierungen auf Basis Magnesium oder Aluminium, Kohle, feinkeramischen Werkstoffen und Kunststoffen werden für Lagerschalen verwendet.

Die Lager können als *Bocklager* (Aufstellung auf einem Lagerbock), *Hängelager* oder *Wandkonsol-Lager* montiert werden.

Spurzapfen senkrechter Wellen werden in Spurlagern (Abb. 35) gelagert. Die Spurpfanne *a* enthält die Spurbüchse *b* und die nicht drehbare Spurplatte *c*, die das Wellenende (Spurzapfen *d*) trägt. Der obere Teil der Spurbüchse ist zur Aufnahme des Schmieröls erweitert.

Die genannten Lager bedürfen einer ständigen Wartung (Nachstellen der Lagerschalen und Schmierung).

Über *Ringschmierlager* s. S. 67.

2. Wälzlager. Die Lagerung geschieht mit Hilfe von Wälzkörpern (Kugeln, Rollen), die sich auf gehärteten, geschliffenen und polierten

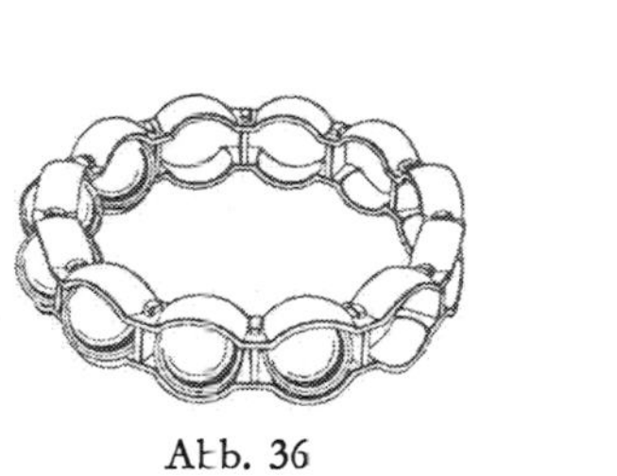

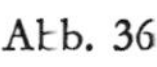

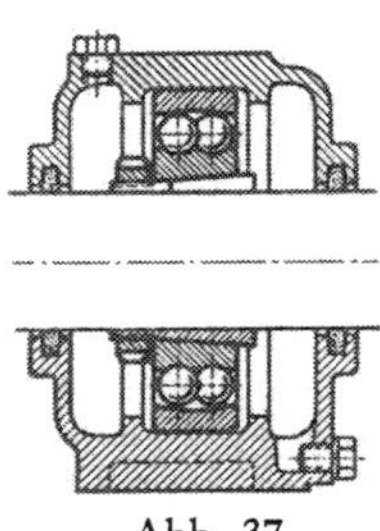

Abb. 36 Abb. 37

Abb. 36. Kugellager-Abstandshalter
Abb. 37. Zweiteiliges Kugellager mit Spannhülse

Laufbahnen zwischen dem auf der Welle sitzenden Innenring und dem im Lagergehäuse angeordneten Außenring abwälzen.

Wälzlager laufen mit geringerer Reibung als Gleitlager. Sie können sofort mit hohen Umlaufzahlen laufen, der Verbrauch an Schmiermittel ist geringer.

Um die Berührung der Wälzkörper miteinander zu verhindern (wodurch hohe Umlaufgeschwindigkeiten ermöglicht werden), werden sie in Abstandshaltern („Käfigen“) angeordnet. Dadurch wird gleichzeitig ein Herausfallen der Kugeln bei der Montage verhindert (Abb. 36).

Ein *Kugellager* besteht aus dem inneren und äußeren Laufring, den Kugeln und dem Lagergehäuse. Kugellager für hohe Drucke werden doppelreihig ausgeführt (Abb. 37). Der auf der Welle sitzende Innenring ist durch eine Spannhülse auf die Welle aufgekeilt.

Für größere Drucke verwendet man *Rollenlager,* die als Wälzkörper kurze, zylindrische Rollen oder Kegel aus gehärtetem Stahl besitzen.

Tonnenlager sind mit tonnenförmigen Rollen ausgerüstet. Sie sind schwenkbar und vermögen Fluchtfehler auszugleichen. Sie haben große Tragfähigkeit. Anwendung bei Walzwerken, Hartzerkleinerungsmaschinen u. a.

D. Getriebe

Die Übertragung der Energie bzw. Drehbewegung von der Antriebsmaschine (Motor) auf die Arbeitsmaschine wird mit Hilfe von Getrieben bewerkstelligt. In den meisten Fällen ist damit gleichzeitig eine Reduzierung der Drehzahl verbunden.

Die Bewegungsübertragung geschieht entweder durch Reibschluß (z. B. Riemengetriebe) oder durch Formschluß (z. B. Zahnradgetriebe).

Getriebe müssen mit entsprechenden Schutzvorrichtungen versehen sein!

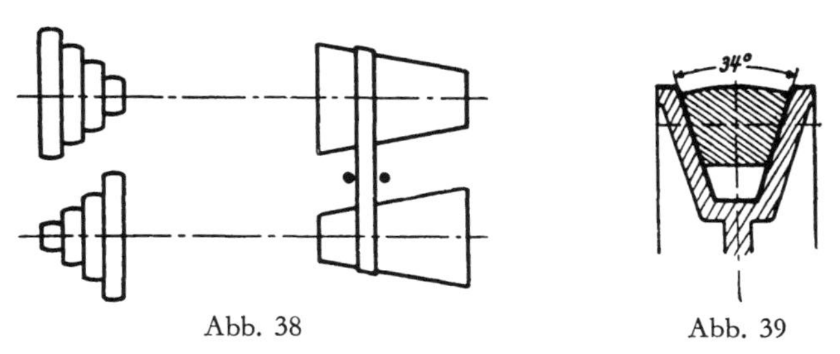

Abb. 38 Abb. 39

Abb. 38. Stufen- und Kegelscheibengetriebe
Abb. 39. Keilriemengetriebe

1. Riemengetriebe. Beim Riemengetriebe überträgt das kraftschlüssige Zugmittel (Riemen) die Bewegung durch Reibung. Die auf der Welle der Antriebsmaschine sitzende Treibscheibe (Riemenscheibe) ist durch Flachriemen, Keilriemen, Seile oder Ketten mit der angetriebenen Scheibe verbunden.

Riemengetriebe sind für parallele oder gekreuzte Wellen verwendbar, wobei gleichzeitig auch mehrere Wellen angetrieben werden können.

Das *Übersetzungsverhältnis* i von Riemenscheiben wird nach der Formel $i = \frac{n_2}{n_1} = \frac{D_1}{D_2}$ berechnet. Darin sind n_1 und n_2 die Drehzahlen (U/min) und D_1 und D_2 die Durchmesser der Scheiben 1 und 2.

Die früher in den Betrieben verwendeten Transmissionen, bei denen an eine einzige Antriebswelle mehrere Arbeitsmaschinen angeschlossen waren, werden nicht mehr verwendet, man arbeitet nur noch mit Einzelantrieb.

Für *Flachriemengetriebe* werden Riemen aus Leder, Kunststoff mit Gewebeeinlage, Gummi oder Stahlbänder verwendet. Treibriemen dürfen nur bei ausgeschalteter Anlage aufgelegt werden.

Zur leichten Veränderung des Übersetzungsverhältnisses dienen *Stufen- und Kegelscheibengetriebe* (Abb. 38).

Für kleine Achsenentfernungen werden *Keilriemengetriebe* verwendet. Dabei laufen meist mehrere keilförmige Riemen (trapezförmiger Querschnitt, Abb. 39) auf Scheiben, die mit Rillen versehen sind. Keilriemengetriebe zeichnen sich durch geräuschlosen Lauf, gutes Durchzugsvermögen und geringen Platzbedarf aus. Die Wellen erfordern infolge der endlosen Riemen eine Nachstellmöglichkeit.

Abb. 40. P.I.V.-Einbausatz R-E mit Zylinderrollenkette
(P.I.V. Antrieb Werner Reimers KG, Bad Homburg v. d. H.)

Vor dem Auflegen der endlosen Keilriemen sind die genau aufeinander ausgerichteten Rillen der beiden Keilriemenscheiben zu säubern; der Achsenabstand ist möglichst zu verkleinern. Das Auflegen der Riemen soll ohne Gewalt und ohne Montiereisen von Hand aus geschehen. Man legt die Riemen einzeln um die kleinere Scheibe und dreht sie dann vorsichtig auf die größere Scheibe auf. Nun werden die Riemen auf Vorspannung gebracht, bis sie gleichmäßig straff sind, dann wird der Antrieb etwa 15 Minuten leer laufen gelassen, so daß sich die Riemen den Rillen gut anpassen und ihre Anfangsdehnung erhalten. Nach Stillsetzen werden die Riemen nachgespannt. Man schütze die Riemen gegen Öl und Fett oder verwende ölfeste Riemen. Bereits eingelaufene endlose Keilriemen dürfen nicht mit neuen Riemen in einem Satz zusammen laufen.

Eine stufenlos verstellbare Übersetzung mit einem Keilriemen läßt sich erreichen, wenn auf einer oder beiden Wellen Kegelscheiben angebracht sind, die durch eine mechanische Verstelleinrichtung im Abstand verstellt werden können, so daß der Keilriemen auf verschiedenen Radien arbeitet. Der Verstellbereich beträgt bis 1 : 3.

2. Kettengetriebe. Zur Kraftübertragung dient eine Lamellenkette oder eine Zylinderrollenkette (z. B. stufenlose P.I.V.-Getriebe).

Bei der Lamellenkette greifen die querbeweglichen Lamellen in die Zahnlücken der Kegelscheiben ein; das Drehmoment wird formschlüssig übertragen. Für höhere Drehzahlen sind die Kegelscheiben glatt, die Kette wird aus zylindrischen, um ihre Längsachse drehbaren Rollen gebildet (Zylinderrollenkette); das Drehmoment wird kraftschlüssig übertragen (Abb. 40).

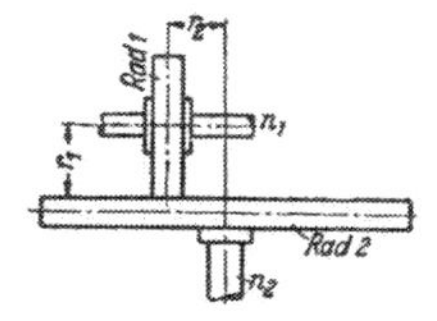

Abb. 41. Planscheibengetriebe

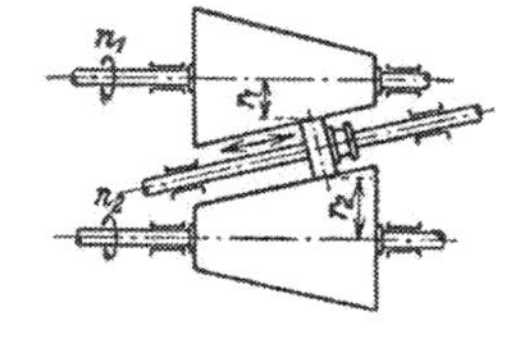

Abb. 42. Kegelrädergetriebe

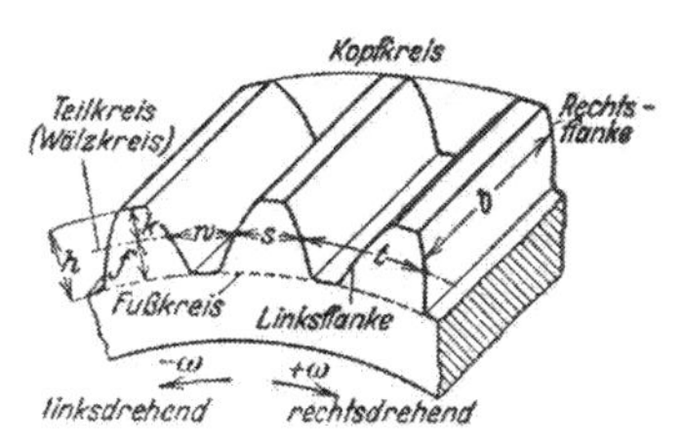

Abb. 43. Zahnrad (Bezeichnungen)

Alle beweglichen Teile dieser beiden Getriebesysteme sind aus hochwertigem Stahl und laufen im Ölbad (selbsttätige Ölung durch Tauchschmierung). Die Kettenspannung wird durch eine automatische Nachspanneinrichtung konstant gehalten. Die Getriebe können in beiden Drehrichtungen arbeiten. Die gewünschte Abtriebszahl wird durch eine Gewindespindel oder ein Hebelsystem eingestellt. Fernsteuerung ist möglich.

3. Reibrädergetriebe. Für kleine Drehmomente und geringe Leistungen werden Planscheiben (Abb. 41) und Kegelräder (Abb. 42) verwendet. Die Übersetzung ist stufenlos verstellbar. Die Kraftübertragung geschieht durch Reibung. Verwendung für Zählwerke, Trockenmaschinen u. a.

4. Zahnrädergetriebe. Die Bewegungsübertragung geschieht zwangsläufig durch Formschluß (Eingreifen der Zähne des einen in die Zahnlücken des anderen Rades).

Bezeichnungen siehe Abb. 43. Es bedeuten: t Teilung (Abstand zweier benachbarter, gleichgerichteter Flanken, gemessen auf dem Teilkreis), s Zahndicke, w Zahnlückenweite (beide gemessen als Bogen am Teilkreis), k Kopfhöhe, f Fußhöhe ($k + f = h$, die Zahnhöhe).

Abb. 44

Abb. 45

Abb. 44. Schnittbild des SEW-Stirnradgetriebemotors (SEW-Eurodrive GmbH & Co. Süddeutsche Elektromotoren-Werke, Bruchsal)

Abb. 45. Pfeilrad

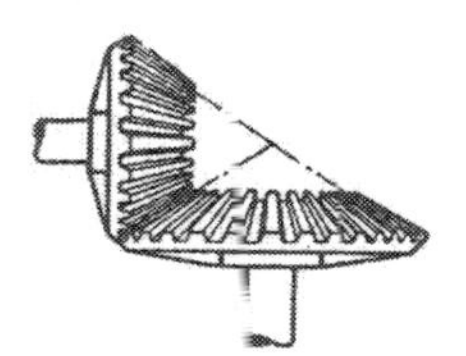

Abb. 46. Kegelräder

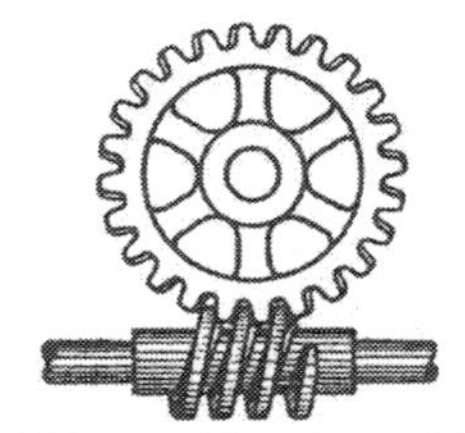

Abb. 47. Schneckenrad

Stirnräder dienen der Verbindung parallellaufender Wellen. Die Zähnezahlen zweier Räder verhalten sich direkt wie ihre Durchmesser, d. h., die Drehzahlen zweier Räder verhalten sich umgekehrt wie ihre Zähnezahlen.

$z_1 : z_2 = d_1 : d_2 = n_2 : n_1$. Das Übersetzungsverhältnis $i = \frac{z_1}{z_2} = \frac{n_2}{n_1}$.

Größere Gesamtübersetzungen werden durch mehrere Einzelübersetzungen erreicht: $i_g = i_1 \cdot i_2$.

Bei schrägverzähnten Stirnrädern sind immer mehrere Zähne im Eingriff, so daß die Belastung eines Zahnes nicht plötzlich, sondern allmählich erfolgt (höhere Belastbarkeit und größere Laufruhe).

Die Abb. 44 zeigt den Bau eines *Stirnrad-Getriebemotors*, wie er z. B. für den Direktantrieb verwendet wird.

Eine besondere Art der Stirnräder sind die *Zahnstangen*. Bei ihnen greift ein Zahnrad in eine mit Zähnen versehene geradlinige Stange.

Für die Übertragung sehr großer Kräfte (Walzwerke, Hebezeuge) verwendet man *Pfeilräder* (Abb. 45).

Sich schneidende Wellen werden durch *Kegelräder* (Abb. 46) verbunden.

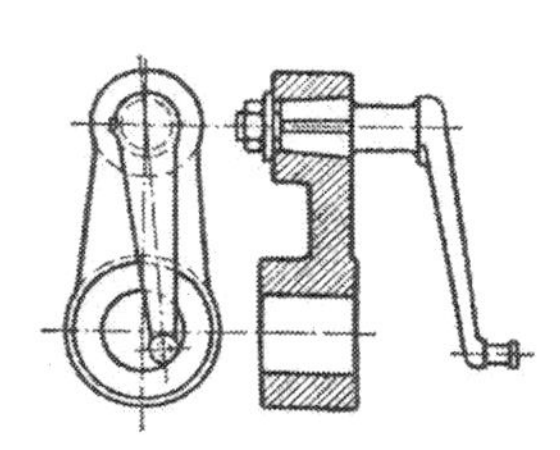

Abb. 48. Kurbel

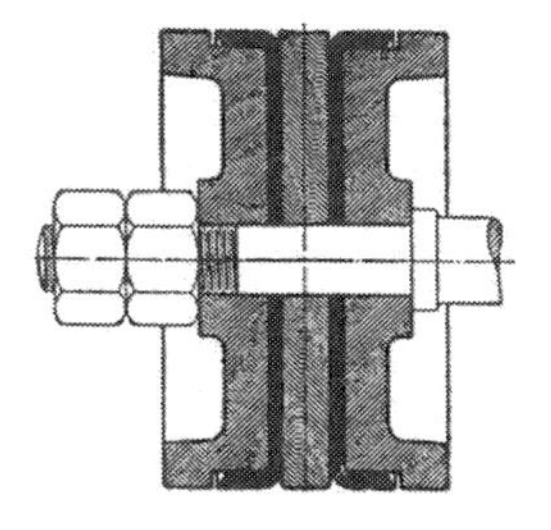

Abb. 49. Scheibenkolben mit Ledermanschette

Das *Schneckengetriebe* (Schraube ohne Ende) verbindet sich kreuzende Wellen (Abb. 47). Es ermöglicht große Übersetzungsverhältnisse.

Für Zählwerke verwendet man oftmals *Einzahnräder*.

Schutz vor Unfällen: Zahnräder, die im Arbeitsbereich liegen, müssen fest umkleidet sein. Der Ölstand im Zahnradgehäuse darf nur bei Stillstand überprüft werden.

5. Kurbelgetriebe. Kurbelgetriebe wandeln eine hin- und hergehende Bewegung in eine Drehbewegung (oder umgekehrt) um. Es handelt sich im Prinzip um gekröpfte Wellen, bestehend aus dem Kurbelarm und dem Kurbelzapfen. Das Prinzip ist in der Abb. 48 dargestellt.

Die Verbindung zwischen Kurbelzapfen und einem hin- und hergehenden Kolben wird durch das System Schubstange-Kreuzkopf-Kolbenstange hergestellt (s. Abb. 183, S. 155). Der Kolben, der sich in einem Zylinder bewegt, übernimmt den Druck einer hochgespannten Flüssigkeit, eines Gases oder Dampfes. Um einen Druckausgleich zwischen beiden Kolbenseiten zu verhindern, muß sich der Kolben absolut dicht im Zylinder bewegen. Diese Abdichtung befindet sich entweder am Kolben (Scheibenkolben, Abb. 49) oder an den Zylinderwänden (Tauchkolben, Plungerkolben). Der Führungszylinder enthält in diesem Fall Lederstulpen oder Stopfbuchspackungen.

Exzenter sind Kurbelgetriebe mit exzentrisch gelagerter Welle (Abb. 50). Mit ihnen kann nur eine drehende Bewegung in eine hin- und hergehende umgewandelt werden, aber nicht umgekehrt.

6. Bremsen und Gesperre. Bremsen verringern eine Bewegung oder heben sie auf.

Bei *Bandbremsen* wird ein Stahlband durch Anziehen um den Umfang der sich drehenden Scheibe gespannt.

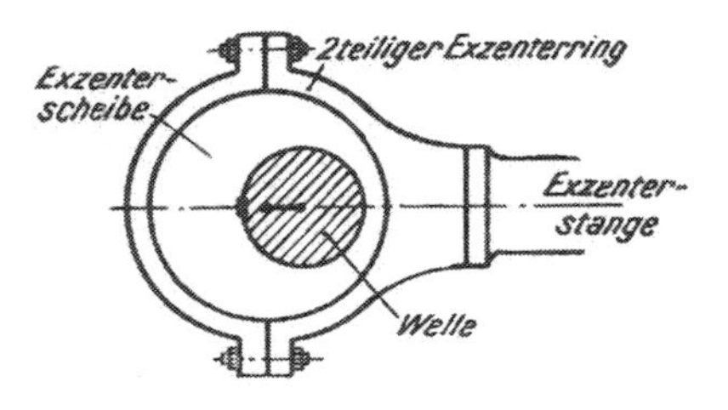

Abb. 50. Exzenter

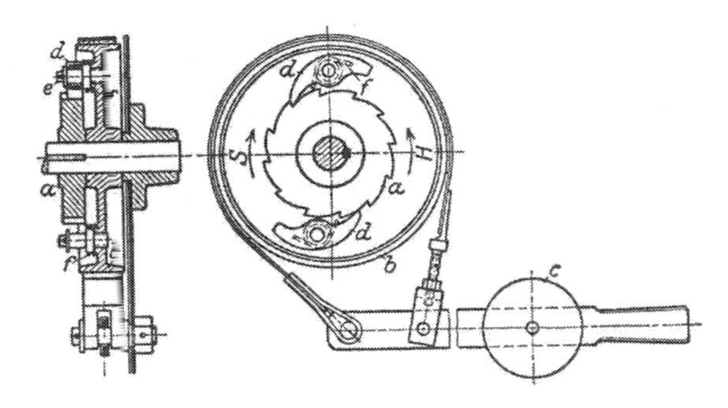

Abb. 51. Sperradbremse

Lamellenbremsen sind Scheibenbremsen mit seitlicher Bremsringfläche. Meist werden mehrere in der Längsrichtung verschiebbare Scheiben angeordnet, die der Reihe nach abwechselnd mit den beiden Bremshälften verbunden sind. Bei den *elektromagnetischen Bremsen* wird die Wirkung einer vom Strom durchflossenen Spule auf einen Eisenkern dazu benutzt, um eine ständig durch Gewicht oder Feder angezogene Band- oder Backenbremse während der Arbeitsperiode zu lüften.

Sperrwerke haben den Zweck, den Rückgang einer Last, wenn sie gehoben ist, zu verhindern. Ein Klinkengesperre besteht aus dem

Sperrad und der Sperrklinke. Das Sperrad ist mit Zähnen versehen, die so geformt sind, daß sie beim Lastheben das Gleiten der Sperrklinke gestatten.

Die Abb. 51 zeigt eine *Sperradbremse,* also eine Kombination von Sperrklinke und Bandbremse. Das Sperrad *a* ist auf der Welle aufgekeilt, die Bremsscheibe *b* sitzt lose auf der Welle. Um eine halbe Teilung gegeneinander verschoben sitzen die Sperrklinken *d* auf dem an der Bremsscheibe befestigten Bolzen *e* und werden durch Federn *f* in Eingriff gehalten. Beim Heben zieht das Gewicht *c* die Bremse an. Bei stillstehender Bremsscheibe drehen sich Welle und Sperrad, die Zähne des Sperrades laufen unter den Klinken durch. Beim Lastheben legt sich der Sperrzahn an die Klinke an, beim Senken wird der Bremshebel gelüftet. Sperrad und Bremsscheibe bleiben durch die Klinke gekuppelt und drehen sich mit der Welle. Die Senkungsgeschwindigkeit ist durch die Bremse regelbar.

E. Schmierung

1. Prinzip der Schmierung. Werden zwei sich berührende Flächen gegeneinander verschoben, entsteht *gleitende Reibung,* zu deren Überwindung Arbeit aufgewendet werden muß. Die Größe dieser Reibung hängt ab von der Oberflächenbeschaffenheit der Gleitflächen, vom Druck, mit dem die Flächen aufeinandergedrückt werden, und vom Werkstoff, aus dem die Gleitflächen bestehen. Die Reibung wird verringert, wenn ein Schmiermittel zwischen die Gleitflächen gebracht wird, weil dann die Reibungsarbeit nicht mehr zwischen Fläche und Fläche geleistet werden muß, sondern in die Schmiermittelschicht verlegt wird.

Bei der *rollenden Reibung* (Einschaltung von Kugeln oder Rollen zwischen zwei Flächen) besteht die Reibungsarbeit nur in der Deformation der Rollkörper und der Auflageflächen.

Durch Reibung entsteht Wärme, und das Schmiermittel kann so dünnflüssig werden, daß die Ölschicht durch den Lagerdruck und die Lagerreibung zerstört wird, oder es kann durch Ausdehnung, z. B. der Welle, ein Heißlaufen eintreten.

Da jedes Lager der Abnutzung unterliegt, gelangen nach und nach kleinste Teilchen desselben in das Schmiermittel und färben es grau (Aussehen des Schmiermittels beobachten!). Mit dem Schmiermittel ist sparsam umzugehen, Reinhaltung der Schmiereinrichtung ist wichtig (Staub und Sand beschädigen die Lagerflächen).

Das Schmieren bewegter Teile ist nur dann statthaft, wenn hierfür entsprechende, ohne Gefahr benutzbare Einrichtungen vorhanden sind.

2. Schmiermittel. Das Schmiermittel soll eine möglichst zusammenhängende dünne Schicht bilden, es muß die Gleitflächen benetzen und an ihnen haften, und es muß eine bestimmte Viskosität haben.

Verwendet werden in erster Linie Mineralöle. Für die Beurteilung und Verwendung von Schmiermitteln sind außer der Viskosität (soll sich mit der Temperatur nur wenig ändern), die Dichte, der Stockpunkt (soll niedrig sein), der Flamm- und Brennpunkt (sollen hoch sein) sowie die Alterungsbeständigkeit und Schaumbildung von Bedeutung.

Schmieröle sind genormt. Normalschmieröle N sind für Temperaturen bis 50 °C brauchbar. Für die Übertragung großer Kräfte werden Öle mit hoher Viskosität verwendet.

Neben den Mineralölen sind synthetische Öle und Siliconöle in Verwendung. Für geringe Belastungen kommen auch Wasser-Öl-Emulsionen in Betracht.

Starre Schmieren (konsistente Fette) sind für Lager und Zylinder notwendig, die im Laufe der Arbeit eine bestimmte Temperatur erreichen. Staufferfett ist eine kolloidale Auflösung von Seifen in Maschinenöl mit 1 bis 4% Wasser. Silicon-Schmierfette können im Temperaturbereich von — 60 bis + 220 °C verwendet werden.

Für sehr hohe Temperaturen sind Graphit und Molybdänsulfid als Schmiermittel geeignet (direkt oder meist als Zusatz zu Ölen und Fetten).

Abfallöl soll gesammelt werden, um es der Regenerierung zuzuführen. Verschiedene Ölreste dürfen nicht vermischt werden, da sich solche Mischungen oft ganz anders verhalten wie die reinen Schmiermittel.

3. Schmierverfahren. a) *Ölschmierung.* Das Frischöl wird den Schmierstellen durch geeignete Vorrichtungen zugeführt, die eine genaue Bemessung der Schmiermittelmenge erlauben. Verbrauchtes Öl fließt in einen Sammelbehälter.

Handschmierung mittels Ölkanne kann nur dort angewendet werden, wo die Schmierstelle unter ständiger Beobachtung steht. Die Zufuhröffnungen sind vor dem Einfüllen von Staub und Schmutz zu befreien.

In besonderen Fällen wird das Schmiermittel aufgesprüht (*Sprühschmierung*), z. B. bei Ketten u. ä.

Das *Dochtschmiergefäß* (Abb. 52) enthält ein Rohr, das vom oberen Teil des Ölbehälters bis nahe an die zu schmierende Welle reicht. Im Öl hängt ein Docht (am unteren Ende mit einer Bleikugel beschwert), der in das Rohr hineinragt, das Öl ansaugt und der Welle zuführt. In den Betriebspausen muß der Docht durch einen durch den Deckel gehenden Draht herausgezogen werden.

Beim *Tropföler* (Abb. 53) tropft das Öl der Welle sichtbar zu (Schauglas). Beim Drehen des oberen Knopfes um 90° wird der Stift angehoben und gibt die untere seitliche Öffnung frei, so daß das Öl langsam hindurchrinnen und abtropfen kann. Die Ölmenge ist von der Stiftstellung abhängig und wird durch die obere Mutter eingestellt. Nachgefüllt wird über die auf dem Gefäß angebrachte Ölschale.

Bei der *Ringschmierung* hängen ein oder mehrere Ringe auf der Welle. Sie tauchen unten in den Ölbehälter ein und führen das anhaftende Öl auf die Welle (Abb. 54). Die Ringe können auch fest auf der Welle sitzen. Von ihnen wird das Öl durch einen Abstreifer entnommen und einer Verteilungskammer zugeführt, von der es der Welle zufließt. Für hohe Umdrehungszahlen geeignet.

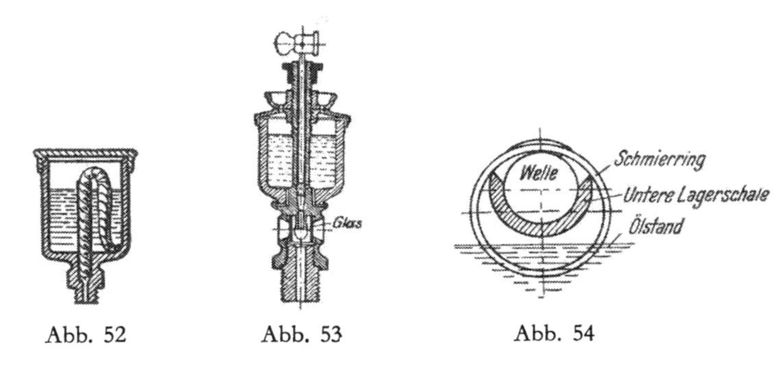

Abb. 52. Dochtschmiergefäß
Abb. 53. Tropföler
Abb. 54. Ringschmierung

Bei der *Tauchschmierung* tauchen die bewegten Teile direkt in das im Gehäuse befindliche Öl ein.

Die *Umlaufschmierung* arbeitet so, daß das Öl durch Pumpen den Lagern zugeführt, durch Kühler wieder abgesaugt und neuerdings zurückgepumpt wird. Anwendung bei raschlaufenden Maschinen.

Bei der *Druckschmierung* wird das Schmiermittel der höchstbelasteten Stelle des Lagers unter Druck zugeführt. Die Abb. 55 zeigt als Beispiel den Bosch-Öler. Der Pumpenkolben saugt bei entsprechender Stellung des Steuerkolbens an und drückt, wenn der Steuerkolben die Verbindung mit der Druckleitung herstellt, das Öl zur Schmierstelle. Das Öl wird bei höchster Stellung des Steuerkolbens bei jedem zweiten Pumpenhub in eine zweite Leitung gedrückt, fällt durch ein Schauglas und gelangt wieder in den Ölbehälter. Die Ölzufuhr wird durch Verstellen des Pumpenkolbenhubes geregelt.

Eine weitgehende Vereinfachung der Wartung der Schmierung wird durch die *Zentralschmierung* erreicht. Bei ihr wird die Ölzufuhr von einem gemeinsamen Ölbehälter aus an die verschiedenen Schmierstellen besorgt.

b) *Starrschmierung.* Starrschmierung kommt nur dort in Frage, wo Ölschmierung nicht erforderlich ist sowie bei sehr hohen Drucken. Zum Zuführen des Schmierfettes ist Druck erforderlich. Gebrauchter Schmierstoff ist nicht verwendbar.

Die *Staufferbüchse* (Abb. 56) besteht aus einem Gefäß mit Innengewinde; es wird auf das mit der Welle verbundene Rohr nieder-

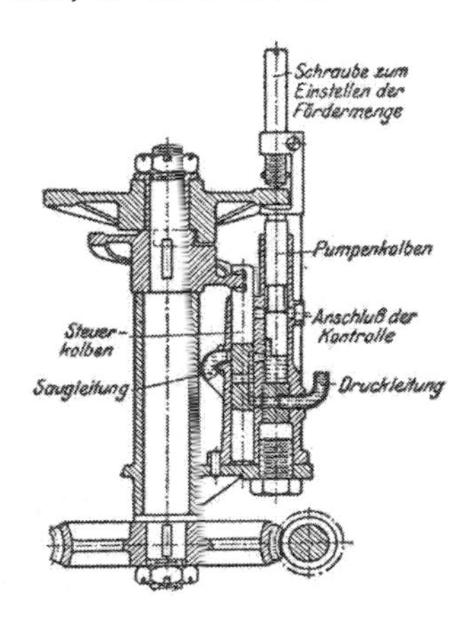

Abb. 55. Bosch-Öler

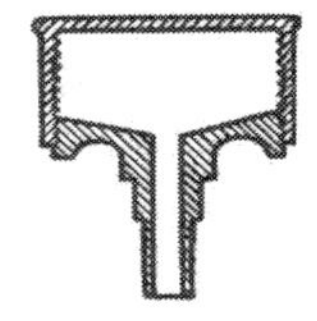

Abb. 56. Staufferbüchse

geschraubt, wodurch das Schmierfett den Gleitflächen unter starkem Druck zugeführt wird. Sie muß von Hand aus nachgestellt werden.

Bei den *Schmierpressen* wird das Schmierfett aus einem Zylinder durch ein kurzes Ansatzstück herausgepreßt. Kleine Schmierpressen können an jede Schmierstelle (z. B. die Schmieröffnungen eines Lagers) angesetzt werden.

Überall wo Schmierstellen von Hand aus bedient werden müssen, ist ein Zeitplan aufzustellen, um eine regelmäßige Schmierung zu gewährleisten.

6. Abdichten

Um den Spalt zwischen zwei Flanschen oder den Deckel eines Gefäßes dicht abzuschließen wird eine Dichtung eingelegt. Bewegliche Flächen (z. B. an Stopfbuchsen, Ventilen u. a.) werden mit Hilfe einer Packung abgedichtet.

A. Dichtungswerkstoffe

Die Wahl des Dichtungsmaterials richtet sich nach der mechanischen, thermischen und chemischen Beanspruchung.

Metalle: Blei, Aluminium, Weichkupfer, Messing, Bronze, legierte Stähle, Indiumdraht (für Vakuumdichtungen). Im Bedarfsfall Weichstoffdichtungen mit Metalleinlage, z. B. Ringprofile oder metallummantelte Dichtungen, Metallplatten mit Asbestauflage.

Asbest: Abdichtung gegen Dampf. Asbestringe sollten möglichst mit Graphit bestrichen werden, um ein Anbrennen an den Flansch zu verhindern. Asbest-Metallgewebe.

It-Dichtungen sind Preßstoffe aus Asbest und Bindemittel (z. B. Kautschuk, PTFE u. a.) unter Zusatz von Füllstoffen. It-Dichtungsplatten sind in großer Auswahl für die verschiedensten Einsatzgebiete vorhanden, z. B. für geringe Beanspruchungen, öl-, druck- und hitzestandfest, säurefest. Für hohe Drucke werden Kombinationen von Metallen (Eisen, Kupfer u. a.) mit It-Platten verwendet.

Kunststoff-Dichtungen: Synthesekautschuk, Chlorkautschuk, Siliconkautschuk, Fluorkautschuk, PVC, PE, PTFE (ist selbstschmierend), Folien auf Polyesterbasis u. a.

Gummi: Oftmals mit Einlagen aus Leinwand oder Drahtgewebe.

Kork-Kautschuk sowie Cellulose-Kork-Kautschuk und Kork-Siliconkautschuk zum Abdichten von keramischen oder emaillierten Gefäßen, Leichtmetallbehältern, Schaugläsern u. a. Mit ihnen können größere Unebenheiten der Dichtflächen ausgeglichen werden.

Leder für Wasserleitungen.

Baumwolle, Hanf und Jute in Form von Schnüren oder losem Werg, oft getränkt mit Fett oder einer Füllmasse.

Vulkanfiber (in Hydrocellulose übergeführter Zellstoff).

Kohlepackungen für Stopfbuchsen und Kolben.

Knetbare Packungen sind weich und können nach Bedarf geformt werden. Verwendung zum Abdichten gegen Gase. Sie enthalten Asbest, Kunststoffe, Schmier- und Bindemittel, Graphit (Beispiel: Allflon-Universal-Knetpackung aus PTFE-dispergierten Graphitfasern der Garlock AG, Winterthur).

Streichbares Dichtmaterial: Polyester-Urethan-Mischungen (anwendbar von — 50 bis + 300 °C zum Abdichten von Verbindungsstellen zwischen Dichtflächen).

Dichtbänder: Kunststoffe, vor allem PTFE (z. B. zum Umwickeln von Gewinden).

Man orientiere sich in jedem Fall gründlich über die Widerstandsfähigkeit des Dichtungswerkstoffes (z. B. im „Dechema-Erfahrungsaustausch über Dichtungen und Packungen" und in den Druckschriften der Lieferfirmen!).

B. Abdichten ruhender Teile

1. Allgemeines. Eine Dichtung darf nicht in das Rohr- oder Gefäßinnere überstehen. Nicht vollkommen ebene, verbogene oder mit Resten alter Dichtungen bedeckte Dichtungsflächen, ungenaues Einlegen oder ungleichmäßiges Anziehen der Schrauben sind oft Ursache für eine unvollständige Abdichtung. Das Versagen einer Dichtung hat Energieverluste, Betriebsstörungen, sogar Unfälle zur Folge. Die Gefahr des Herausdrückens der Dichtung wird z. B. durch die Ausführung mit Feder und Nut (s. S. 83) vermieden.

Es ist angezeigt möglichst einfache Dichtungen zu verwenden, besonders dort, wo die Apparatur oft geöffnet werden muß und die Dichtungen nur einmal benutzt werden können (Beschädigung der Dichtung beim Öffnen). Wichtig ist die Vorratshaltung fertiggeschnittener Dichtungen (Ausstanzen aus großen Platten mittels Schablonen oder mit der Ringschneidemaschine).
Durch Anfeuchten mit Schmieröl oder Graphitschmiere wird das Anziehen der Dichtung erleichtert, die Widerstandsfähigkeit kann jedoch gemindert werden.

Verbindungen, bei denen die Dichtungskräfte durch Schrauben erzeugt werden, können ohne oder mit einer Zwischendichtung hergestellt werden. Bei Verbindungen, bei denen die Dichtungskräfte durch den Betriebsdruck selbst aufgebracht werden (selbstdichtend), ist die Einlage einer Dichtung erforderlich.

2. Dichtungslose Verbindungen. Glatte metallische Dichtflächen sind z. B. bei Ventilen und Schiebern vorhanden.

Bei der *Dilo-Dichtung* geschieht das Abdichten durch direkte Berührung nach der Art von Feder und Nut (Abb. 57). Ausschlaggebend ist die Profilform der Dichtleisten. Anwendung bei Rohrverbindungen, Absperrorganen u. a., auch für hohe Drucke und Temperaturen.

3. Verbindungen mit Dichtungen. Durch die zwischengelegte Dichtung werden Unebenheiten der Dichtflächen ausgeglichen.

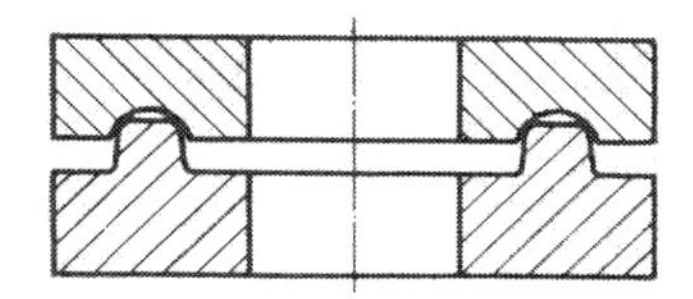

Abb. 57. Dilo-Dichtung
(Dilo-Gesellschaft Drexler & Co., Babenhausen/Schwaben)

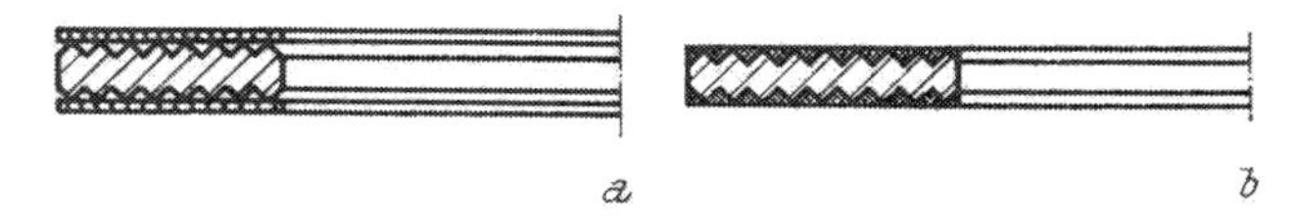

Abb. 58. Kammprofilierte Dichtung mit Rivalitabdeckung (Kempchen & Co. GmbH, Oberhausen/Rhld.). *a* Anlieferungszustand, *b* Einbauzustand

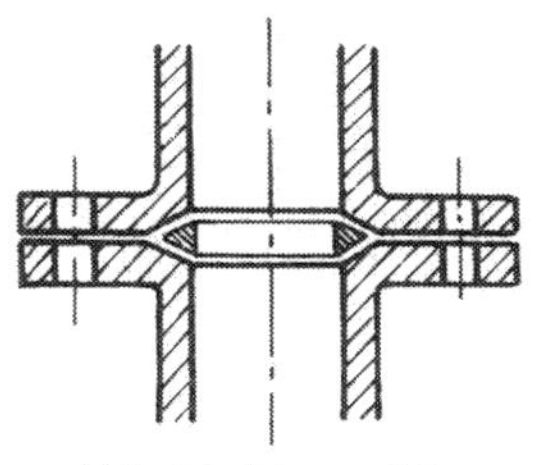

Abb. 59. Linsendichtung

a) *Flachdichtungen* sind weitgehend genormt. Die Dicke der Dichtung soll möglichst gering sein, bei Weichstoffdichtungen etwa 2 bis 1 mm, bei höheren Drucken weniger. Die Dichtungsbreite darf nicht geringer sein als die doppelte Dichtungsdicke, um ein Zerdrücken der Dichtung zu vermeiden.

b) *Profildichtungen* liegen in V-förmigen oder rechteckigen Nuten. Bei kammprofilierten Dichtungen entstehen konzentrische Anlageflächen mit örtlich erhöhten Pressungen; sie passen sich daher den Unebenheiten der Dichtfläche besser an. Die Hohlräume können durch

Graphitpasten oder dünne It-Abdeckungen ausgefüllt werden (Abb. 58). Gute Gasdichtheit wird durch Dichtungen mit innerer Metalleinfassung erreicht.

Linsendichtungen haben gekrümmte Dichtflächen, sie liegen in kegeligen Eindrehungen der Flanschen, wobei auch eine geringe Schiefstellung der Flanschen möglich ist (Abb. 59).

Ringdichtungen liegen in entsprechenden Nuten der Flanschen. Über O-Ringe s. S. 76.

In Konstruktionen mit axial verspannt eingesetzten Rohren kann zur Abdichtung in vielen Fällen eine *Foliendichtung* auf Polyesterbasis verwendet werden (Reinz-Dichtungs-Gesellschaft mbH, Neu-Ulm).

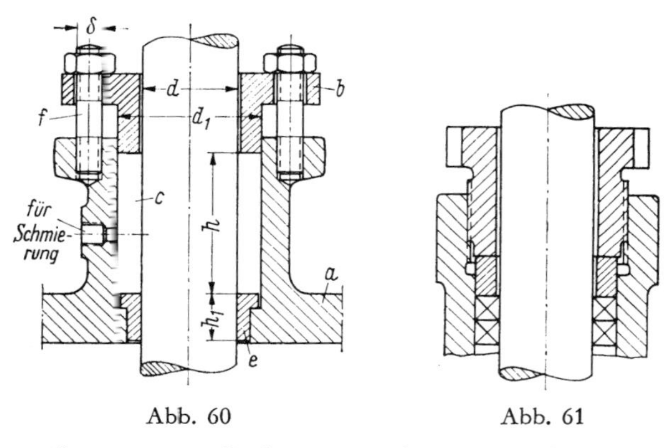

Abb. 60 Abb. 61

Abb. 60. Aufbau einer Stopfbuchse (Aus Tochtermann/Bodenstein, Konstruktionselemente des Maschinenbaues 1968)

Abb. 61. Überwurfschraube und Druckstück (Aus Tochtermann/Bodenstein, Konstruktionselemente des Maschinenbaues 1968)

C. Abdichten bewegter Teile

1. Allgemeines. Die Abdichtung richtet sich nach der Art der Bewegung (Drehung, Schiebung), nach der Häufigkeit (Dauerbetrieb oder fallweise Betätigung), nach der Geschwindigkeit der Drehung, nach Druck, Temperatur und geforderter Beständigkeit.

Bei den Berührungsdichtungen wird die Dichtung an die gleitenden Flächen angepreßt, bei berührungsfreien Dichtungen wird in engen Spalten oder Labyrinthen Druckabfall erzielt.

2. Stopfbuchsen. Stopfbuchsen dienen zur Abdichtung bewegter Wellen oder Spindeln gegen einen geschlossenen Raum.

a) *Stopfbuchsen mit Packung.* Der Bau einer Stopfbuchse ist in der Abb. 60 gezeigt. Es bedeuten: *a* Stopfbuchsgehäuse, *b* Brille, *c* Packungsraum, *e* Grundbuchse, *f* Schrauben zum Zusammenpressen der Packung und *h* Packungslänge.

Die Packung darf nicht allzufest gepreßt werden, um Bremsung der beweglichen Teile zu vermeiden; daher ist gleichmäßiges Anziehen der Druckschrauben und damit der Brille erforderlich.

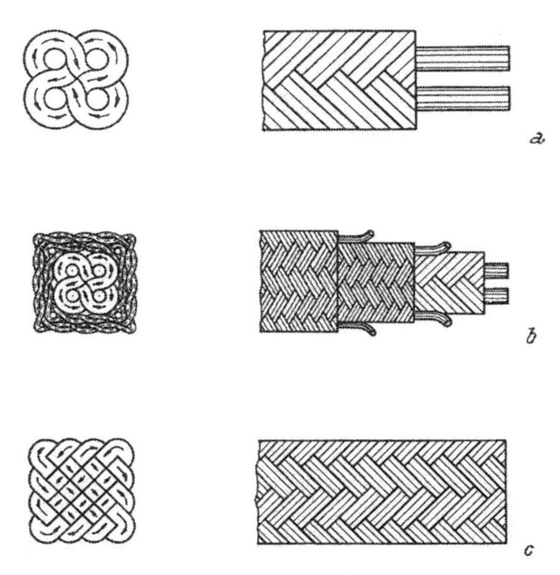

Abb. 62. Stopfbuchspackungen
(Asbest- und Gummiwerke Martin Merkel KG, Hamburg).
a Zopfgeflecht, *b* Schlauchgeflecht, *c* Diaplex-Geflecht

Die Axialkraft auf die Packung kann auch mit einer Überwurfmutter und einem Druckstück erzeugt werden (Abb. 61).

Als Packung verwendet man Weichstoffpackungen, Metall-Weichstoff-Packungen und Weichmetallpackungen.

Weichstoffpackungen sind geflochtene oder gewickelte Stränge von quadratischem oder rundem Querschnitt aus nichtmetallischen Werkstoffen, wie Asbest, Hanf, Baumwolle, Kunststoffen, oftmals mit Gummikern. Die Abb. 62 zeigt Beispiele solcher Packungsschnüre. Zur Verringerung der Reibung und zum Schutz gegen chemischen Angriff werden die Stränge mit Talk, Öl, Zusätzen von Graphit u. a. versehen.

Für Speisewasser und Dampf werden auch Knetpackungen (aus Graphit und Asbestfasern) verwendet, die als Pulver erst vor Gebrauch mit Wasser angerührt werden.

Metall-Weichstoff-Packungen haben Umhüllungen oder Einlagen aus Metall.

Weichmetallpackungen bestehen aus Kegelringen aus Metall. Bei ihrer Verwendung muß gute Schmierung gewährleistet sein.

Hinweise für das Verpacken einer Stopfbuchse. Die Stopfbuchse ist von altem Dichtungsmaterial zu säubern. Verbrauchte Packungen werden mit Hilfe eines Packungsziehers (der in Bau und Wirkungsweise einem Korkzieher gleicht) entfernt (Abb. 63). Wichtig ist die

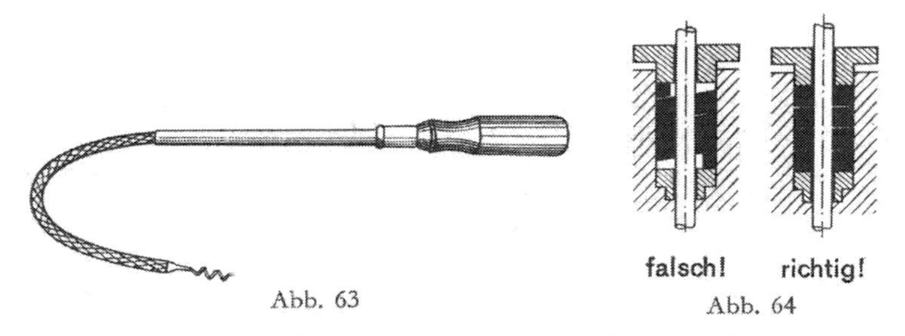

Abb. 63 Abb. 64

Abb. 63. Packungszieher (Südd. Asbest- und Packungsfabrik, Percha)
Abb. 64. Einbau einer Stopfbuchspackung (Aus Druckschrift der Arthur Hecker Asbest- und Gummiwerke KG, Weil/Schönbuch)

Wahl der richtigen Dimension der Packung (Hälfte der Differenz der Durchmesser von Stopfbuchse und Welle). Die Welle muß gut zentriert sein. Stopfbuchsenraum und Welle mit Schmieröl von Hand aus einreiben (Lappen können Fasern einbringen!). Die Packung wird nicht spiralförmig eingebaut, sondern in Form einzelner Ringe (Abb. 64). Zu starkes Material nicht durch Klopfen oder Pressen verändern wollen! Die Schnittstelle der einzelnen Ringe soll jeweils um 90° versetzt sein. Für den Einbau wird der Ring radial nur so weit auseinandergebogen, daß der Abstand der Enden voneinander etwa die Hälfte des Wellendurchmessers beträgt. Dann werden die Enden axial gebogen, bis sie sich eben über die Welle schieben lassen (Abb. 65).

Nach Einbau eines Kammerungsringes aus geflochtener Packung (der möglichst bis auf den Grund gleichmäßig mit Hilfe der Stopfbuchsbrille, eines biegsamen Packungsdrückers oder passender, geteilter Montage-Halbschalen eingebracht wird), wird jeder Packungsring einzeln mit der Schnittstelle voran so in die Stopfbuchse eingebracht, daß er auf dem Kammerungsring bzw. den jeweils vorher eingebrachten Packungsring aufliegt. Die Stopfbuchse wird bis wenige Millimeter unterhalb des Randes mit Packungsringen gefüllt. Der letzte Ring ist wieder ein Kammerungsring. Die Stopfbuchsbrille muß noch sicher einführbar sein. Sie wird leicht angezogen (möglichst nur mit Hand), so daß die Stopfbuchse noch ganz leicht leckt. Nach kurzer Zeit kann dann die Stopfbuchse vorsichtig weiter angezogen werden, bis die gewünschte Dichtheit erreicht ist.

Bei einer undicht gewordenen Stopfbuchse erneuere man nicht nur die obersten Packungsringe. Das Nachlegen frischer Ringe soll nur

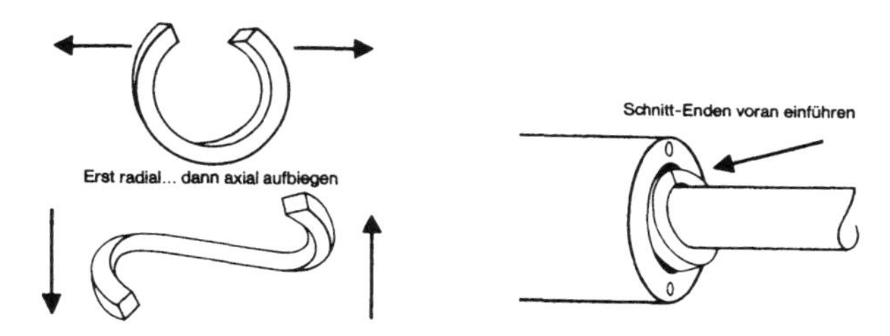

Abb. 65. Einbau der Packungsringe (Aus Druckschrift der Asbest- und Gummiwerke Martin Merkel KG, Hamburg)

in der ersten Laufzeit vorgenommen werden, wenn sich die Packung etwas „gesetzt" hat.

Von den Herstellerfirmen werden einbaufertige, maßhaltige Packungsringe geliefert, deren Verwendung vor allem bei Armaturen (Ventilen u. a.) zu empfehlen ist.

Als Stopfbuchspackungen sind außerdem Knetpackungen (z. B. aus Klingerflon PTFE) geeignet. Die lose Knetpackung kann bei verschiedenen Abmessungen der Stopfbuchse verwendet werden. Gepreßte Ringe sind leicht selbst anzufertigen.

b) *Manschettendichtungen* sind selbsttätige Berührungsdichtungen, der Betriebsdruck unterstützt die Dichtwirkung. Sie dienen der Abdichtung hin- und hergehender Teile (Kolben und Kolbenstangen). Einige Ausführungsformen sind in der Abb. 66 gezeigt.

Nutringe werden mit einem metallischen Gegenring abgestützt (Beispiel einer Kolbenabdichtung s. Abb. 67). Sie dichten innen an der Kolbenstange oder außen an der Zylinderwand.

Lippenringe werden zu mehreren hintereinander angeordnet; sie werden ebenfalls zur inneren oder äußeren Abdichtung verwendet.

Hut- und Topfmanschetten werden in kegelförmige Stützringe

eingebaut, um eine Verformung der Dichtlippe (die der Überdruckseite zugekehrt ist) zu begrenzen oder ein Umstülpen zu verhindern.

Als Werkstoff werden Leder, Gummimischungen, PTFE u. a. verwendet.

c) *O-Ringe* haben eine gute Dichtwirkung bei fast allen in der Praxis vorkommenden Drucken. Sie werden bei Gleitbewegungen,

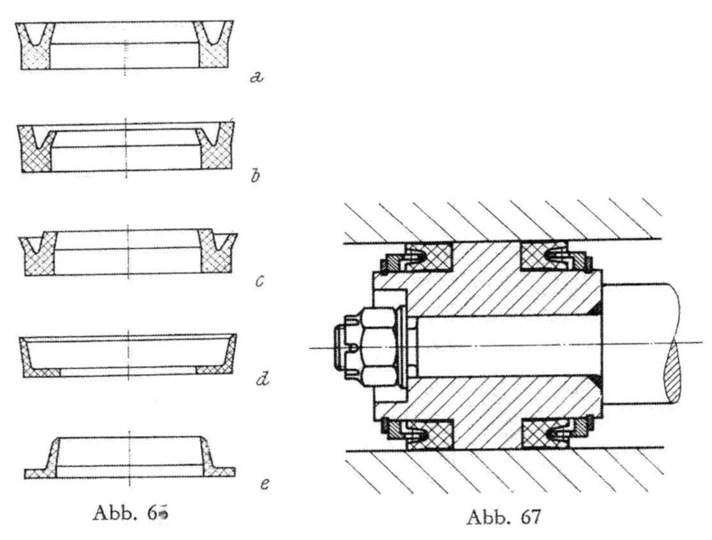

Abb. 66. Manschettendichtungen (Aus Druckschrift der Arthur Hecker Asbest- und Gummiwerke KG, Weil/Schönbuch).
a Nutringdichtung, *b* Innen-Lippendichtung, *c* Außen-Lippendichtung, *d* Topfmanschette, *e* Stulpendichtung oder Hutmanschette

Abb. 67. Kolbenabdichtung mit GSM-Nutringdichtung UG (Arthur Hecker Asbest- und Gummiwerke KG, Weil/Schönbuch)

seltener bei geringen Überdrucken auch bei Drehbewegungen verwendet. Der Einbau ist leicht, Trockenlauf sollte vermieden werden. O-Ringe werden vor allem aus Kunstkautschuksorten, PTFE oder Elastomeren mit PTF-Ummantelung hergestellt. Sie werden in die Nuten des abzudichtenden Teiles eingelegt.

Außer kreisrunden Dichtringen werden verschiedene Verbesserungen angeboten, z. B. Hecker-Starringe, die am Umfang des kreisrunden Dichtringes vorstehende Dichtkanten besitzen, die sich leichter verformen lassen.

Quadringe (Minnesota Rubber Co., USA) sind Vierlippen-Dichtungen mit annähernd quadratischem Querschnitt, die zum Abdichten rotierender Wellen dienen.

d) *Gleitringdichtungen* sind formbeständige Gleitflächendichtungen für drehende Maschinenteile. Als Werkstoff dienen Metalle, Kohle, Kunststoffe und Sinterwerkstoffe. Mit ihnen wird in Pumpen, Trockentrommeln, Rührwerken u. a. die Dichtung von Flüssigkeiten und Dämpfen bei Temperaturen bis 200 °C bewerkstelligt.

Entscheidend für ein zuverlässiges Funktionieren ist die gute Beweglichkeit des rotierenden Gleitringes. Als Nebendichtungen werden in der Regel schmiegsame Nut- und Stützringe oder O-Ringe verwendet. Eingebaut wird ein Gleitringsatz.

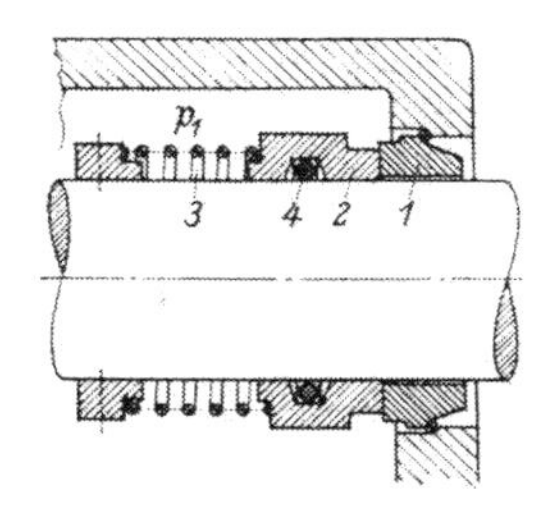

Abb. 68. Gleitringdichtung, Innenanordnung (Aus Tochtermann/Bodenstein, Konstruktionselemente des Maschinenbaues 1968)

Bei den Gleitflächendichtungen werden die Anpreßkräfte vom Betriebsmitteldruck bzw. durch zusätzliche Federn erreicht. Die Dichtungen stellen sich selbsttätig nach und erfordern außer der Schmierung keine Wartung.

Die Abb. 68 zeigt die Anordnung einer Gleitringdichtung. Der Gleitring *1* ist feststehend, der Gleitring *2* wird vom Drehteil mitgenommen (Form- und Reibschluß). Beim Einbau wird der axial verschiebbare Ring durch Schraubenfedern *3* (oder Federbalg) und im Betrieb zusätzlich durch den Druck des Mediums angepreßt. Die Dichtung der Gleitringe gegen das Gehäuse oder die Welle erfolgt durch O-Ringe, Nutringe oder Weichstoffpackungen (*4*).

Metallfaltenbalg-Gleitringdichtungen für Chemiepumpen, Rührwerke, Getriebe und Ventilatoren besitzen einen geschweißten Faltenbalg mit Endstücken zur Aufnahme des Axialdichtungsringes und als Befestigungselement. Diese Metallkombination enthält keine Elastomere und hat keine auf der Welle gleitenden Teile (Sealol GmbH, Fischbach/Ts).

e) *Federringdichtungen* (Abb. 69) bestehen aus mehrteiligen Packungsringsegmenten (*a*), die durch Ringfedern (*f*) zusammengehalten werden. Sie sind in die Kammerringe (*k*) eingebaut. Eine genügende Beweglichkeit der Ringsegmente muß gewährleistet sein.

Kohlefederpackungen werden u. a. für Kreiselpumpen verwendet.

3. Berührungsfreie Dichtungen. Sie werden verwendet, wenn sehr hohe Relativgeschwindigkeiten auftreten, z. B. bei Turbinen, Kreiselpumpen und Gebläsen.

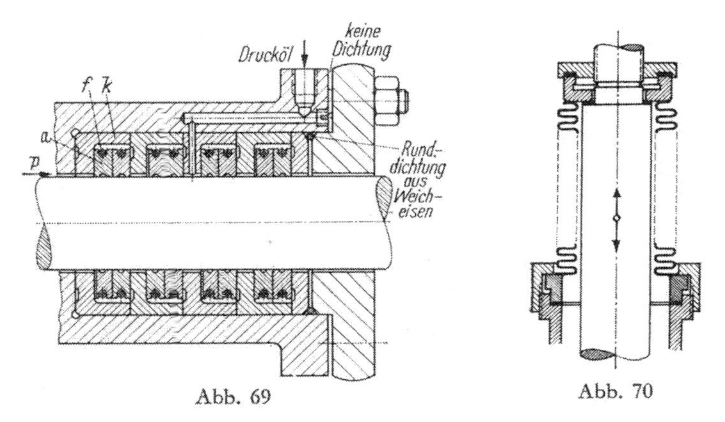

Abb. 69. Federringdichtung (Aus Tochtermann/Bodenstein, Konstruktionselemente des Maschinenbaues 1968)

Abb. 70. Stopfbuchsenlose Abdichtung mit Faltenrohr (Aus Tochtermann/Bodenstein, Konstruktionselemente des Maschinenbaues 1968)

Bei der Abdichtung durch Labyrinthe wird in dem engen Spalt durch Expansion eine gewisse Dampfgeschwindigkeit erzeugt, die dann in der folgenden plötzlichen Querschnittserweiterung vernichtet wird, so daß die Expansion im nächsten engen Spalt wieder mit der Geschwindigkeit Null beginnt usw.

4. Faltenbalgdichtungen. Faltenbälge werden als Dichtelement bei hin- und hergehender Bewegung (kleine Hublänge, geringe Hubzahl) verwendet. Faltenbeläge sind Wellrohre aus Metall. Sie dichten nicht durch Reibung, sondern durch Federkräfte ab und sind vollkommen dicht (Abb. 70).

In Meß- und Regelgeräten werden bei geringen Druckunterschieden und sehr kleinen Hüben auch *Membranen als Dichtelement* verwendet.

7. Rohrleitungen

A. Allgemeines über Rohrleitungen

1. Das Leitungsnetz. Ein Leitungsnetz, z. B. für Wasser oder Dampf, sollte so angelegt sein, daß eine spätere Erweiterung möglich ist. Es ist daher zweckmäßig, an mehreren Stellen Abzweigungen, die durch Blindscheiben abgesperrt sind, anzubringen. Die Leitungen sollen nicht zu nahe an der Wand liegen (bessere Reparaturmöglich-

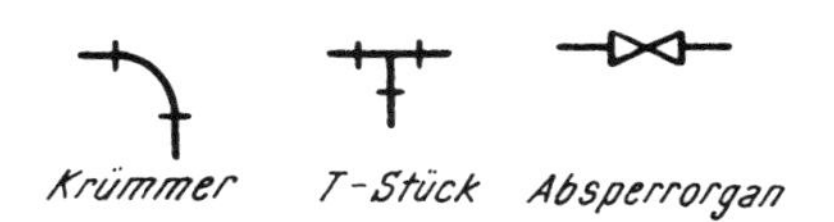

Abb. 71. Symbole in Rohrleitungsplänen

keit!) und stets in geraden Strängen und rechten Winkeln verlegt sein. Alle Rohrleitungsteile müssen den Sicherheitsvorschriften entsprechen (Sicherheitsventile, Rückschlagklappen, Entlüftungs- und Entwässerungseinrichtungen).

An *Wasserleitungen* dürfen keine toten Seitenabzweigungen vorhanden sein (Einfrieren und Platzen bei Winterkälte; die Undichtheit zeigt sich oft erst bei eintretendem Tauwetter). Sind im Betrieb mehrere Rohrleitungen vorhanden, ist ein übersichtlicher Rohrplan anzufertigen. In diesem werden die Formstücke und Absperrorgane durch bestimmte Symbole gekennzeichnet (Beispiele s. Abb. 71). Das Wiederauftauen gefrorener Leitungen muß vorsichtig und langsam geschehen, am einfachsten mittels Dampf.

Dampfleitungen sollen über den Wasserleitungen liegen. Sie müssen mit Manometer und Dampfmesser versehen sein. Nach Betriebsstillständen enthält der zuerst ausströmende Dampf fast stets mitgerissenen Rost (daher kurze Zeit frei ausströmen lassen). Der Dampf darf nur allmählich eingestellt werden (sonst „Schlagen“ der Leitung, das zu Rohrbrüchen führen kann).

Bei einer *Sammelleitung* (Abb. 72) verteilt sich die Hauptleitung auf die einzelnen Entnahmeleitungen. Ein Nachteil dieser Anordnung ist außer der Gefahr des Stillstandes bei Reparatur noch der, daß sich die zuströmenden Flüssigkeitsmengen ungleichmäßig auf die angeschlossenen Gefäße I bis III verteilen.

Bei einer *Doppelleitung* verzweigt sich die Hauptleitung in zwei Sammelleitungen, jede einzelne Entnahmeleitung ist an beide Sammelleitungen angeschlossen, so daß das strömende Medium wahlweise der einen oder anderen Leitung entnommen werden kann (erhöhte Betriebssicherheit).

Bei der *Ringleitung* (Abb. 73) ist die Hauptleitung als Ring ausgebildet, von dem die Entnahmeleitungen abzweigen. Auch in

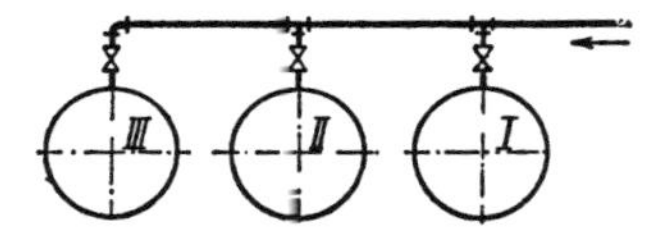

Abb. 72. Sammelleitung

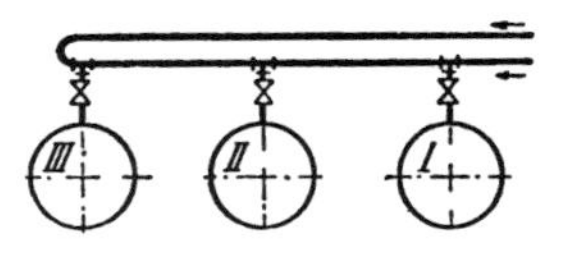

Abb. 73. Ringleitung

diesem Fall kann ein bestimmtes Rohrstück ohne Betriebsstörung ausgewechselt werden.

Einzelne Entnahmestellen sind, unter Zwischenschaltung von Absperrventilen, über einen Verteiler an die Hauptleitung angeschlossen.

2. Rohrbauwerkstoffe. Die Wahl des Werkstoffes richtet sich nach der zu erwartenden Beanspruchung.

Gußeisenrohre können nicht bearbeitet werden, sie werden daher durch Formstücke verbunden. Stahlrohre lassen sich biegen und schweißen.

Kupferrohre werden bei Leitungen mit vielen Windungen verwendet (Kühler). Bleirohre sind infolge ihrer Schwefelsäure- und Chlorbeständigkeit in Gebrauch. Gegen ein Durchbiegen werden sie durch Verlegen auf Holzunterlagen geschützt.

Keramische Rohre dienen vor allem zum Fördern von Abwässern, Säuren und Laugen.

Glasrohre (Borosilikatglas) werden verwendet, wenn aggressive Medien zu transportieren sind und dort, wo der Fluß visuell kontrolliert werden soll. Abgedichtet werden sie mit Plan- oder Kugelflanschen. Es werden Rohrleitungen und Übergangsstücke bis 300 mm NW und darüber hergestellt. Zur Vermeidung vor Beschädigung und Bruch können die Rohre mit einem Polyesterschutzüberzug versehen werden. Glasrohrleitungen werden in Gestellen montiert, die eine erschütterungsfreie Halterung gewährleisten. Befestigt werden Glasapparate durch Tragringe oder Tragschalen. Glasrohrleitungen werden in Rohrgehängen oder -schellen aufgehängt oder auf Rohrgabeln aufgelegt. Bei besonders gefährdeten Apparaten empfiehlt sich der Einbau von Schutzwänden aus Plexiglas und Streckmetall.

Vielfach werden Kunststoffrohre verwendet, die leichter zu verlegen sind und bestimmte Chemikalienbeständigkeiten aufweisen. Sie werden in der Regel verschweißt oder geklebt. Zu beachten ist u. a., ob eine Kerbempfindlichkeit vorliegt (z. B. bei Hart-PVC). PE-Rohre sind zäh und hart, dabei doch etwas biegsam. Rohre aus PTFE sind sehr korrosions- und temperaturbeständig.

Glasfaserverstärkte Kunststoffrohre (z. B. aus Polyester, auch mit Innenauskleidung aus Gummi oder PVC) werden mit Formstücken aus dem gleichen Werkstoff durch Kleben mit speziellen Zweikomponenten-Klebern zu Leitungen verbunden.

Fibercast-Rohre (Deutsche Fibercast GmbH, Eschweiler) bestehen aus Glasseidengewebe, das mit flüssigem Epoxid- bzw. Vinylharz durchtränkt und unter Hitzeeinwirkung verfestigt ist.

3. Schläuche und biegsame Rohre. Schläuche aus Gummi oder Kunststoff sind nach Gebrauch auszuspülen und zusammengerollt oder an einem Bügel hängend aufzubewahren, Knicke sind zu vermeiden. Druckschläuche aus Gummi enthalten eine Hanfeinlage.

Bei Spezial-Säureschläuchen ist der Flanschstutzen in die Schlauchwand eingebettet. Der Innengummi ist um den Stutzenbund herumgezogen und mit diesem festvulkanisiert, so daß jede Berührung mit dem aggressiven Medium und dem Metall vermieden wird (z. B. Tretorn-Spezialsäureschläuche mit Schlauchseele aus Hypalon; Trelleborg GmbH, Hamburg).

Für größere Drucke werden metallumflochtene Schläuche oder Metallschläuche verwendet.

Bei den *Wellenschläuchen* sind auf dünnwandige nahtlose Rohre die Wellen eingedrückt. Für die Flexibilität ist das elastische Verhalten des Wellenprofils maßgebend. Beim Biegen strecken sich die Wellen am Außenbogen, während sie am Innenbogen gestaucht werden (Abb. 74). Metall-Wellenschläuche werden mit Wendel- oder Ringwellung hergestellt (Abb. 75). Zum Schutz gegen mechanische Beanspruchung und zur Erhöhung der Druckfestigkeit sind die Schläuche mit Drahtgewebe umflochten.

4. Kennzeichnen von Rohrleitungen. Rohrleitungen sind zu kennzeichnen, um verhängnisvolle Verwechslungen beim Anschluß an

Reaktionsapparate zu vermeiden. Die Kennzeichnung geschieht durch farbige Schilder an wichtigen Stellen der Leitung (Anfang, Ende, Armaturen). Die Lage des spitzen Schildendes gibt die Durchflußrichtung des Stoffes an.

Vorteilhaft ist es, die gesamte Leitung in der entsprechenden Kennfarbe zu streichen, z. B. grün für Wasser, rot für Dampf, blau für Luft, gelb für Gase, orange für Säuren, violett für Laugen, braun für sonstige Flüssigkeiten, grau für Vakuum. Genaue Richtlinien sind

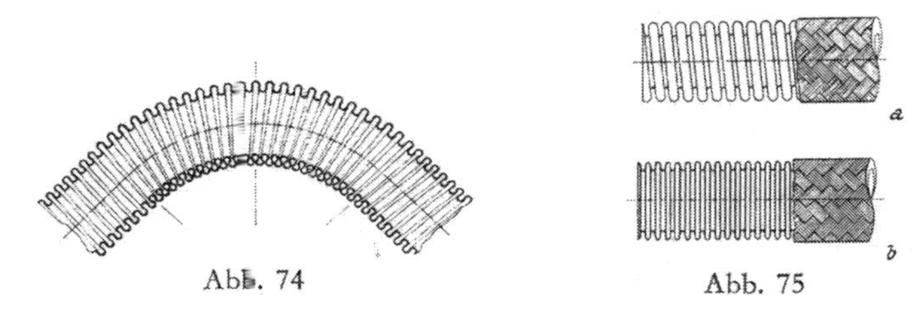

Abb. 74. Wellenschlauch. Verhalten des Wellenprofils beim Biegen (Metallschlauch-Fabrik Pforzheim vorm. Hch. Witzenmann GmbH, Pforzheim)

Abb. 75. Metall-Wellschläuche (Metallschlauch-Fabrik Pforzheim vorm. Hch. Witzenmann GmbH, Pforzheim). *a* Wendelwellung, *b* Ringwellung

der DIN-Vorschrift 2403, die auch Kennzahlen für die einzelnen Stoffe angibt, zu entnehmen.

Das teilweise Streichen mit *Thermocolor-Warnfarben* dient dazu, zu hohe oder zu tiefe Temperaturen in der Rohrleitung zu erkennen. Dabei ist es zweckmäßig, die Ausgangsfarbe in unveränderbarer Farbe zum Vergleich neben den Thermocoloranstrich zu setzen.

B. Rohrverbindungen

Das Verbinden von Rohren zu einem Rohrstrang geschieht durch Verschweißen, Verschrauben, durch genormte Flanschen oder Muffen bzw. durch Verkleben (bei Kunststoffrohren).

1. Flanschen. Flanschen sind tellerförmige Erweiterungen an den Rohrenden. Die beiden aneinanderliegenden Flanschen, zwischen die eine Dichtung gelegt wird, werden durch Schrauben miteinander verbunden. Um eine gleichmäßige Abdichtung zu erzielen, dürfen die Schrauben nicht der Reihe nach, sondern es müssen stets die sich gegenüberliegenden Schrauben nacheinander angezogen werden. Die Flanschen liegen zumeist nur mit schmalen Ringflächen, den sogenannten Arbeitsleisten, aufeinander.

In der Abb. 76 sind die wichtigsten Befestigungsarten der Flanschen auf dem Rohr dargestellt. Bild I zeigt einen mit dem Rohr fest verbundenen Flansch, Bild II lose Flanschen (*a* und a_1), die auf die umgebördelten Rohrenden aufgeschoben werden (Vorteil: die Schraubenlöcher können durch Drehen der Losflanschen genau passend übereinandergebracht werden). Bild III zeigt eine Flanschverbindung, bei der die Aussparung des einen Flansches in die Erhöhung des Gegenflansches paßt. Die Dichtung wird also in die Vertiefung

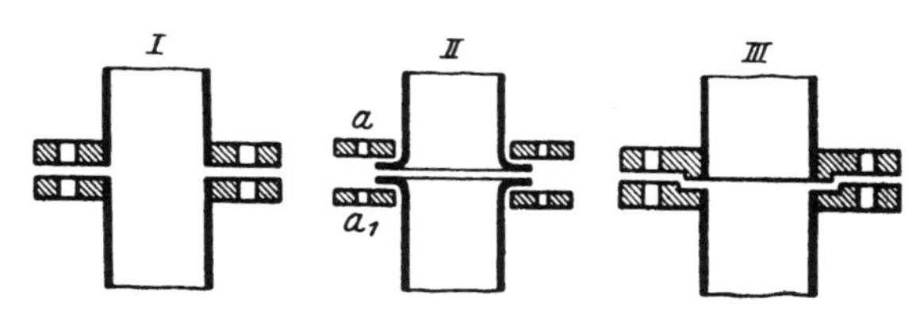

Abb. 76. Befestigungsarten von Flanschen

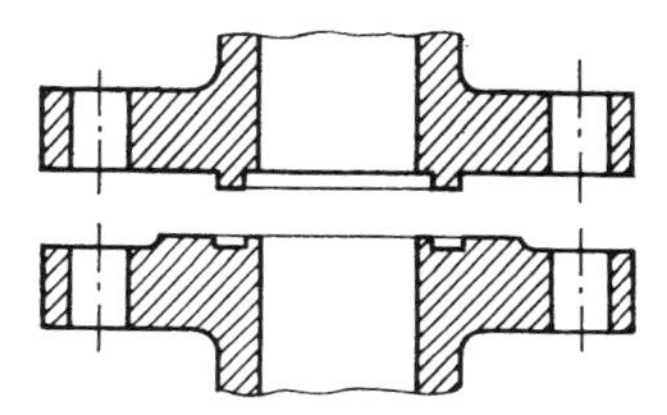

Abb. 77. Abdichtung durch Feder und Nut

eingelegt und kann auch bei starkem Druck nicht herausgeblasen werden.

Auch bei der Ausführung als „*Feder und Nut*" (Abb. 77) liegt die Dichtung vertieft in der Flanschnut.

Flanschverbindungen gestatten ein rasches Auswechseln von Rohrteilen.

Muß eine Leitung zwecks Reparatur oder aus einem anderen Grunde sicher abgesperrt werden, genügt es nicht, die Ventile zu schließen, sondern es ist ein „*Blindflansch*" einzuziehen. Eine solche Blindscheibe besteht aus einem Rundblech, das in die Flanschverbindung eingesetzt wird. Um bei Wiederinbetriebnahme die Herausnahme des Blindflansches nicht zu vergessen, soll er stets mit einem sichtbaren Stiel versehen sein (ein vergessener Blindflansch kann zur Unfallquelle werden!).

Flanschenschutzkappen aus transparentem PVC (Bleiwerk Goslar KG, Goslar) bewahren Flanschverbindungen vor aggressiven Luftverunreinigungen. Sie bestehen aus zwei ineinandergreifenden Halbschalen, die durch PVC-Spannringe verbunden werden. Die durchsichtigen Schutzkappen lassen Undichtheiten erkennen und dienen gleichzeitig als Auffangbehälter.

2. Muffen. Muffenrohre besitzen an einem Ende eine Ausweitung (Muffe), in die das glatte Ende des zweiten Rohres gesteckt wird (Abb. 78). Der Raum zwischen Muffe und eingestecktem Rohrende wird mit Dichtungsmaterial ausgefüllt.

Muffenrohre sind nur für geringe Drucke und niedrige Temperaturen geeignet, sie sind billig, haben aber den Nachteil, daß die Verbindung nicht rasch lösbar ist. Verwendung für festverlegte Leitungen.

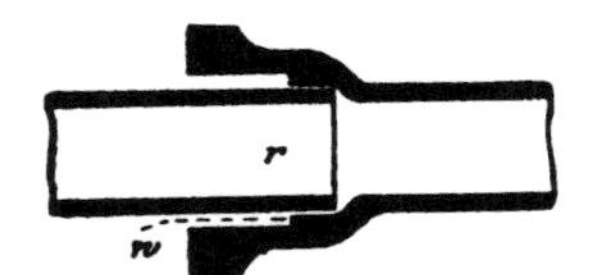

Abb. 78. Muffenverbindung

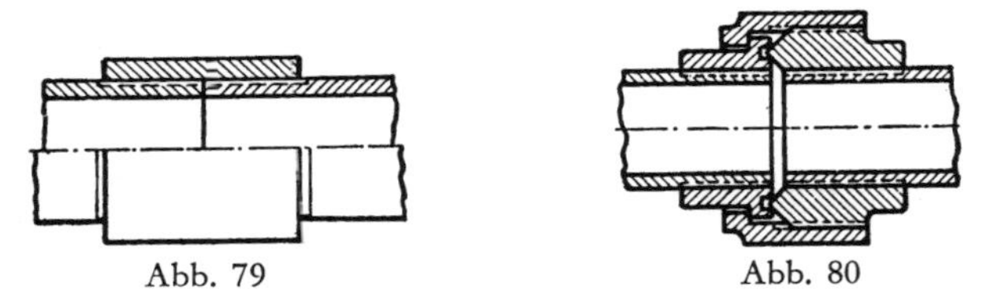
Abb. 79 Abb. 80

Abb. 79. Schraubverbindung mit Gewindemuffe
Abb. 80. Überwurfmutter

Muffen gestatten eine geringe Abweichung von der geraden Rohrachse und erleichtern dadurch die Montage. Der Wulst *w* dient zur Zentrierung des eingesteckten Rohres *r*.

Zwei glatte Rohrenden werden durch eine Doppelmuffe verbunden.

3. Schraubverbindungen. Gasrohre werden durch Aufschrauben eines kurzen, mit Innengewinde versehenen Rohrstückes auf das mit Gewinde ausgestattete Rohrende, Ansetzen des zweiten Rohres und Zurückschrauben der „Muffe“ verbunden (Abb. 79).

Bei der *Überwurfmutter* (Abb. 80) wird eine mit Innengewinde versehene Kapsel auf das Rohrstück aufgeschraubt.

Die *Doppelkeilring-Verschraubung* (Abb. 81) besteht aus dem Verschraubungsstutzen *1*, dem Doppelkeilring *2* und der Überwurfmutter *3*. Beim Anzug der Überwurfmutter wird der Doppelkeilring durch die Einwirkung der Knickkante in der Überwurfmutter und der Schräge im Verschraubungsstutzen gezielt verformt und radial konzentrisch auf das Rohr gedrückt. Hierbei dringen viele Ringrillen in die Rohroberfläche ein und es wird gleichzeitig Abdichtung und Rohrhalterung bewirkt. Die Verschraubung kann bei Stahl-, Nichteisen-, Metall- und Kunststoffrohren verwendet werden. Winkelverschraubungen können in analoger Weise mit entsprechenden Schraubstutzen vorgenommen werden.

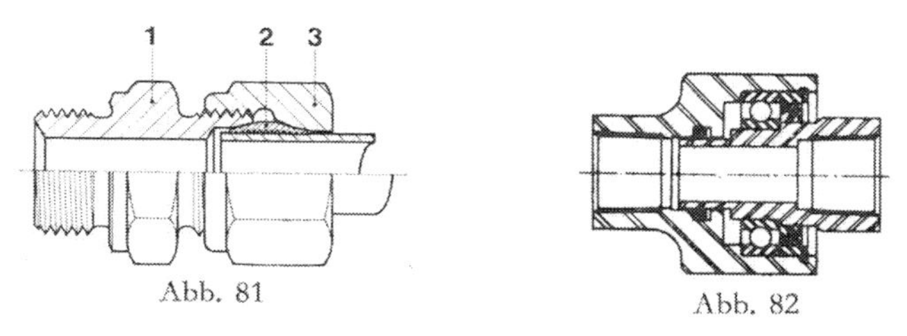

Abb. 81. Doppelkeilring-Verschraubung (Jean Walterscheid KG, Siegburg)
Abb. 82. Sealol-Drehkupplung (H. M. Vollmer-Heim, Lambsheim/Pfalz)

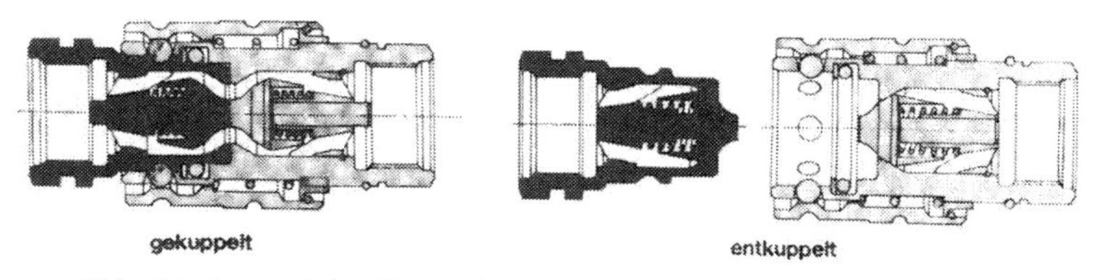

Abb. 83. Argus-Schnellverschlußkupplung (Argus GmbH, Ettlingen)

4. Rohrkupplungen. Rohrkupplungen ermöglichen rasches Verbinden bzw. Lösen einer Rohrleitung.

Durch die *Sealol-Drehkupplung* (Abb. 82) wird eine leckfreie Verbindung hergestellt, wenn mit Drehbewegung um die zentrale Achse zu rechnen ist, solange die Anlage unter Druck steht. Abgedichtet wird mit einem einfachen Ring, die kleine Dichtfläche ermöglicht die Verwendung eines Standard-Kugellagers mit nur einem Ring Kugeln. Verwendung bei Plattenpressen, Füllstationen u. a.

Zum Trennen und Wiederverbinden gefüllter Rohrleitungen sind *Schnellverschluß-Kupplungen* erforderlich. Beim Trennvorgang sperren beide Kupplungshälften automatisch den Flüssigkeitsstrom ab, so daß das Medium nicht austreten kann. Betätigt wird die Kupplung durch Verschieben der äußeren gerändelten Hülse (Abb. 83).

Die *Immun-Kardankupplung* (Abb. 84) ist eine Schnellkupplung mit Stahlkern für aggressives und empfindliches Fließgut. Sie ist innen und außen mit dem Superpolyamid Rilsan überzogen. Der Überzug umschließt auch das Hebelwerk.

5. Form- und Kompensationsstücke. Frei hängende Rohrleitungen werden in der Regel mit *Rohrschellen* befestigt, bei Bedarf mit zwischengeschalteter Feder (Bewegungsmöglichkeit). Besonders schwere Leitungen lagert man auf Rollen.

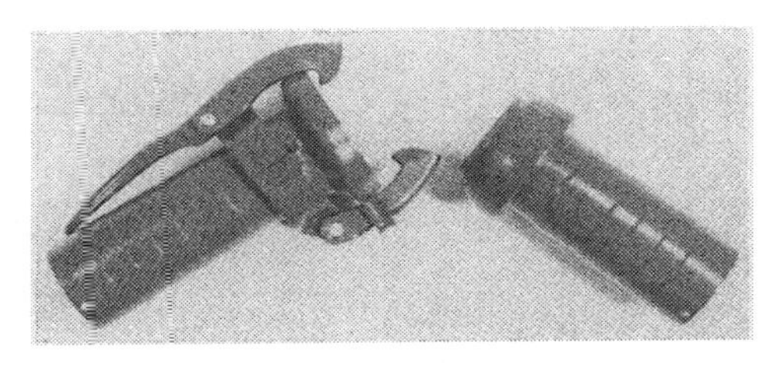

Abb. 84. Immun-Kardankupplung (Perrot Regnerbau GmbH & Co., Calw)

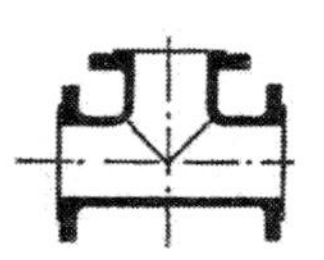

Abb. 85. T-Stück

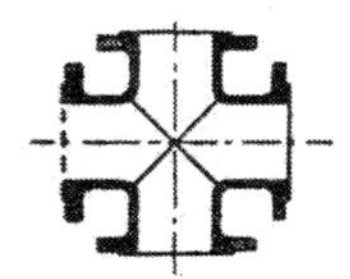

Abb. 86. Kreuzstück

Abb. 87. Rohrknie

Rohrstränge sollen nie auf den Flanschen ruhen, sondern in Abständen (in der Nähe der Rohrverbindung) unterstützt oder getragen werden.

Ein kurzes Rohrstück mit Gewinde an beiden Enden wird *Nippel* genannt.

Soll eine Leitung abgezweigt werden, wird ein *T-Stück* (Abb. 85) bzw. ein *Kreuzstück* (Abb. 86), bei Richtungsänderung ein *Rohrknie* oder Krümmer (Abb. 87) eingebaut.

Mit *Gelenkstücken* kann eine Leitung flexibel verlegt werden. Bei der in der Abb. 88 dargestellten Hochdruckleitung sind die Gelenke unter Betriebsdruck um 360° drehbar.

Kompensatoren sind flexible Rohrverbindungen in Rohrleitungssystemen zum Ausgleich von Dehnungen, Spannungen und Verschiebungen, hervorgerufen durch Temperaturschwankungen, wechselnde

Belastungen u. a. sowie zur Dämpfung von Geräuschübertragungen, Vibrationen und Stößen. Sie sind gefertigt aus Natur- oder Kunstkautschuk mit Gewebeeinlage (Abb. 89), PTFE ohne oder mit Edelstahlmantel oder aus Metall, wie nichtrostendem Stahl, Monel, Titan u. a. (Abb. 90).

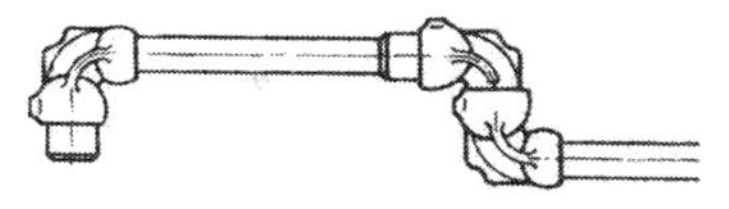

Abb. 88. Gelenkleitung
(Hermann von Rautenkranz, Internat. Tiefbohr KG, ITAG, Celle)

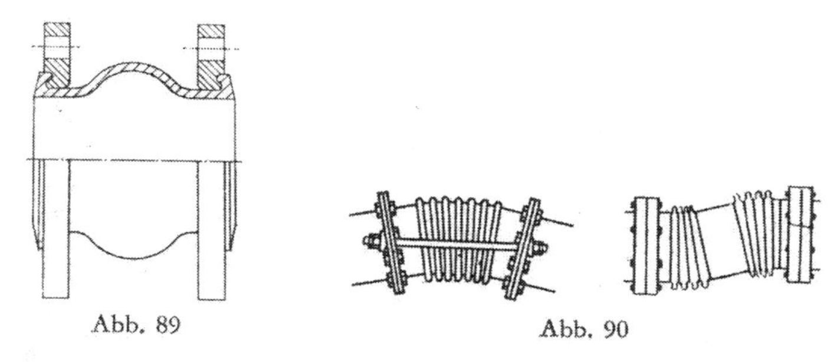

Abb. 89 Abb. 90

Abb. 89. S-Flex-Gummikompensator (Rudolf Stender KG, Hamburg)
Abb. 90. Teddington-Metallbälge (G. H. Waugh, Köln)

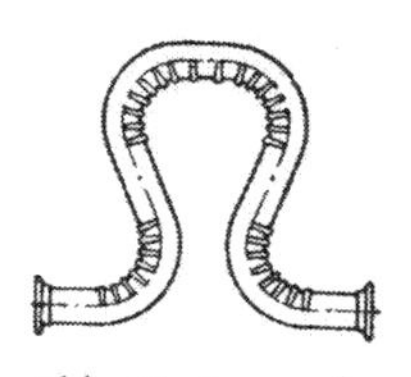

Abb. 91. Lyrarohr

Bei längeren Rohrleitungen mit großen Durchmessern im freien Gelände werden *Lyrarohre* (Abb. 91) eingebaut. (Die Ausdehnung beträgt bei Eisenrohren bei Erwärmung auf 100 °C etwa 1,1 bis 1,2 mm pro 1 m Länge.) Solche Dampfrohre müssen so verlegt sein, daß sich keine Wassersäcke bilden können.

Entlastete Ausgleicher werden verwendet, um die Entstehung von Druck in einer Rohrleitung zu verhindern.

C. Isolieren und Beheizen von Rohrleitungen

1. Isolieren. Leitungen werden zur Vermeidung von Wärmeverlusten oder zum Schutz gegen Einfrieren isoliert. Wichtig ist die Pflege der Isolierung. Isolierungen, die in Fetzen herunterhängen, sind so gut wie wertlos.

a) *Plastische Massen.* Als Isoliermaterial kommen neben Glaswolle und Kunstharzschaumstoffen auch Mischungen aus Kieselgur, Magnesia, Bimsbeton, Kork, Asbestfasern u. a. in Betracht. Sie werden mit Wasser und einem Bindemittel zu einem dicken Brei verrührt, auf die zu isolierende Fläche aufgebracht und getrocknet. Die Isolierung wird durch Anbringen eines Überzuges (Bandage, Blechverschalung) vor Beschädigung geschützt.

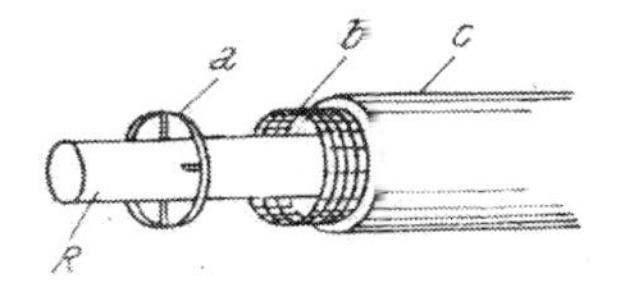

Abb. 92. Stopfisolierung

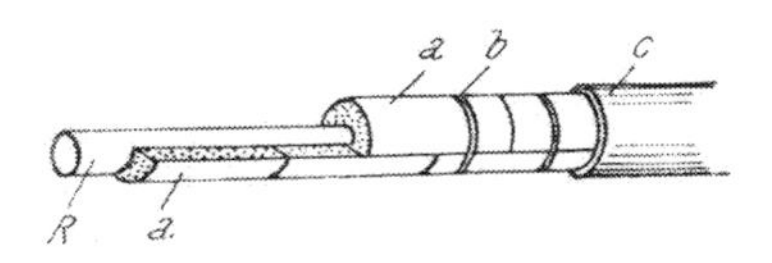

Abb. 93. Isolierung mit Formstücken

b) *Stopfisolierung* (Abb. 92). Um das Rohr *R* werden in Abständen Stützringe *a* gelegt, die einen festen Mantel aus Blech, Drahtgeflecht, Gips, Asbest u. ä. tragen (in der Abb. Drahtnetz *b* und Hartmantel *c*). Um diesen wird noch eine Bandage gelegt. Der Zwischenraum zwischen *R* und *b* wird mit Isoliermaterial (Faserstoff, Schlackenwolle, Glaswolle, Korkmasse, Kieselgur, Schaumstoff) vollgestopft.

c) *Feste Formstücke* (Abb. 93). Die aus dem Isoliermaterial bestehenden Schalen *c* werden zugeschnitten um das Rohr *R* gelegt und die Fugen mit einem Mörtel (Gips oder plastische Isoliermassen) ausgefüllt. Zur Befestigung wird die Isolierung mit Stahlbändern *b* umspannt und mit einem Blechmantel *c* oder Dachpappe umkleidet.

d) Auch T-Stücke, Flanschen, Ventile usw. müssen isoliert werden. Da jedoch Flanschen und Ventile leicht zugänglich und Undichtheiten sofort bemerkbar sein müssen, werden zum Isolieren fertige *Flanschen- oder Ventilkappen* verwendet oder man umwickelt mit Isolierzöpfen. Es ist darauf zu achten, daß durch Undichtheit ausströmender Dampf oder austretendes Wasser nicht in die Isolierung gelangen. Dampf und Kondenswasser werden daher in Dunstkappen abgefangen und durch Röhrchen nach außen geleitet.

e) *Wasserleitungen* werden häufig nur mit Strohseilen umwickelt und mit Dachpappe verkleidet.

f) *Luftschichtenisolierung.* Man schafft regellose, kleine Hohlräume mit möglichst dünnen Wänden, z. B. durch Anbringen mehrerer dünner Aluminiumfolien.

Für Wasser- und Gasrohre wird mit Vorteil auch Glasfaservlies (z. B. Mikrolith; Glaswerk Schuller GmbH, Wertheim/Main) verwendet, das schmiegsam, witterungsbeständig und säurefest ist. Es beinhaltet ein hohes Porenvolumen.

g) *Kälteisolierung.* Grundsätzlich gilt auch für die Kälteisolierung das bisher Gesagte. Auf luft- und wasserdichten Überzug der äußeren

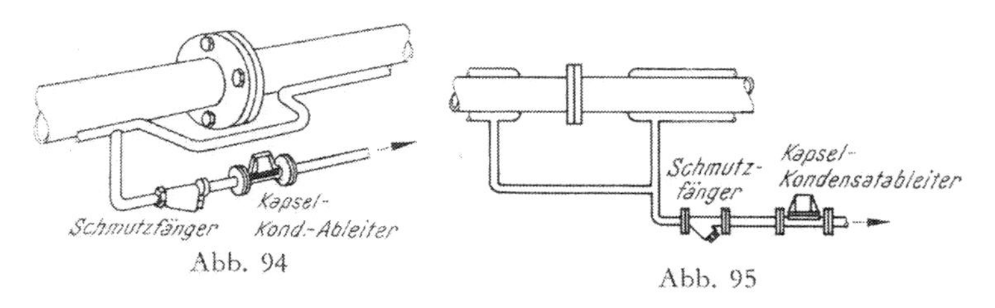

Abb. 94. Begleitheizung (Aus Sarco-Leitfaden, Sarco GmbH, Konstanz)
Abb. 95. Mantelheizung (Aus Sarco-Leitfaden, Sarco GmbH, Konstanz)

Isolierfläche ist zu achten. Wasserdampf würde kondensiert und das Isoliermaterial durchfeuchten, was beim Einfrieren zu Zerstörungen führt.

2. Beheizen. Das Beheizen einer Leitung mit Dampf geschieht durch Mantel- bzw. Begleitheizungen.

a) Mit Gefälle verlegte *Begleitheizungen* sollten alle 50 m durch einen Bimetall-Kondensatableiter (bei Verlegung im Freien durch einen frostunempfindlichen thermodynamischen Kondensatableiter) entwässert werden (Abb. 94). Nahe einer Hauptleitung mit Flanschen ist die Begleitheizung seitlich und nicht darunter zu verlegen, da sich sonst Wassersäcke bilden, die wieder entwässert werden müssen.

Die Begleitheizung kann auch in die Isolierschicht der Rohrleitung eingebettet sein.

Mantelheizungen (Abb. 95) sollten in Strömungsrichtung des Dampfes Gefälle haben und in Abständen von höchstens 30 m entwässert werden.

b) Über die *elektrische Beheizung* von Rohrleitungen (Umwickeln mit Heizbändern) s. S. 274.

8. Absperrorgane

Durch Absperrorgane wird der Durchflußweg für das zu transportierende Medium abgesperrt bzw. geöffnet. Damit kann auch eine Reglung der Durchflußmengen verbunden sein.

A. Hähne

1. Allgemeines. Hähne bestehen aus dem Hahngehäuse und dem Hahnküken, die sich längs der Mantelflächen (Sitz) gegeneinander abdichten. Zwischen die Dichtflächen gelangende Verunreinigungen rauhen die eingeschliffenen Flächen auf und führen zu Undichtheiten.

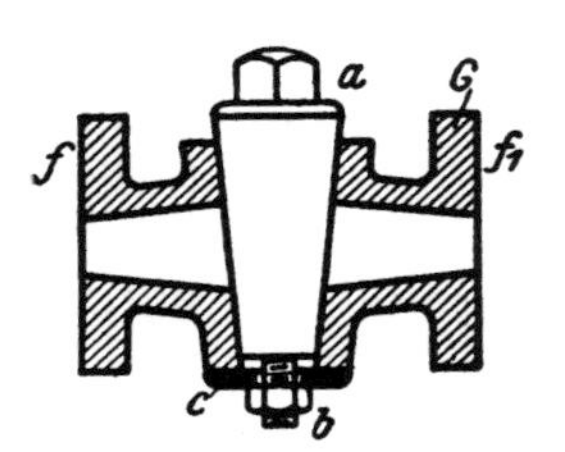

Abb. 96. Durchgangshahn

Hähne gestatten eine rasche Handhabung, sie sind nur für Rohrleitungen mit kleineren Nennweiten geeignet.

Werkstoffe für Hähne: Rotguß, säurefester Guß, Messing, Stahl, Edelstahl, Hartporzellan, Steinzeug, Glas und Kunststoffe. Steinzeughähne werden durch Holzrahmen oder Metallpanzerung geschützt. Hähne mit PTFE-Buchse.

2. Ausführungsformen. Die Abb. 96 zeigt den prinzipiellen Bau eines *Flanschen-Durchgangshahnes* mit kegelförmigem Sitz. In dem Gehäuse *G* sitzt das kegelförmige, eingeschliffene Küken *a*. Es kann durch die Schraube *b* angezogen werden, um es gegen die Wandung des Gehäuses zu pressen und abzudichten. Der Querschnitt der meist länglichen Kükenbohrung soll dem der Rohrleitung entsprechen, um die Druckverluste beim Durchströmen niedrig zu halten.

Das Küken trägt oben einen Vierkant zum Aufsetzen des Schlüssels oder es ist direkt mit einem Griff verbunden. Die Flanschen f und f_1 dienen zum Einbau des Hahnes in die Leitung. (Die Befestigung in der Leitung kann aber auch durch Muffen oder Verschraubung geschehen.) Der Vierkant ist mit einer Kerbe versehen, die gleichlaufend mit der Durchgangsrichtung des Hahnes ist (in der Abb. 97 a Durchgang also in waagrechter Richtung). Der aufgesteckte Steckschlüssel soll bei häufigem Gebrauch des Hahnes ständig darauf belassen werden (sonst sucht man vielleicht in dringenden Fällen vergeblich nach einem passenden Schlüssel!). Die Stellung des Steck-

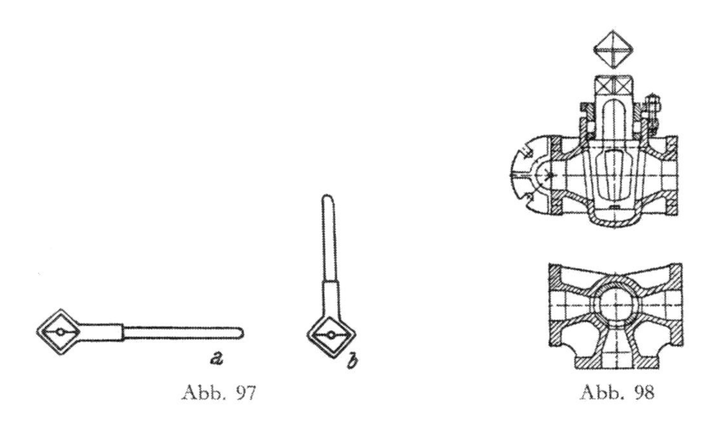

Abb. 97. Steckschlüssel. Bei geöffnetem Hahn
a richtiger, *b* falscher Sitz des Steckschlüssels am Küken
Abb. 98. Dreiweghahn

schlüssels muß mit der Richtung des Durchganges übereinstimmen, um verhängnisvolle Verwechslungen zu vermeiden und bereits von weitem die Stellung des Hahnes zu erkennen (Abb. 97).

Bei dauernder Betätigung werden diese Normalhähne leicht undicht. Die Mutter darf nicht zu fest angezogen werden, weil sonst das Küken festsitzt.

Diese Nachteile werden bei *Stopfbuchsenhähnen* vermieden. Hier geschieht die Abdichtung gegen das breitere Ende des konischen Kükens durch eine Stopfbuchse.

Dreiweghähne gestatten einen aus einer bestimmten Richtung kommenden Flüssigkeitsstrom je nach Bedarf abzusperren oder nach einer anderen Richtung abzulenken (Abb. 98; hier ist durch eine Stopfbuchse abgedichtet).

Konstruktive Verbesserungen an Hähnen wurden vor allem in bezug auf leichte Handhabung, Verminderung von Druckverlusten beim Durchfluß des Mediums, Verhindern des Festklemmens und korrosionsfeste Ausführungen vorgenommen. Der PR-Chemiehahn (Abb. 99) möge als Beispiel für viele stehen. Das Hahngehäuse hat eine Plastikausfütterung (PTFE), die zusammen mit dem feinstgeschliffenen Hahnkörper für ein vollständiges Abdichten im Durchlaß sorgt. Der konische Hahnkörper wird mittels Federdruck in seinem Sitz gehalten. Das Küken besitzt eine Druckausgleichsbohrung, der Druck an Ober- und Unterseite ist daher stets gleich, so daß ein Anheben oder Ansenken des Kükens unmöglich ist. Der kreisrunde Durchlaß hat keine Vertiefungen, in denen sich Stoffe oder Verunreinigungen ablagern können.

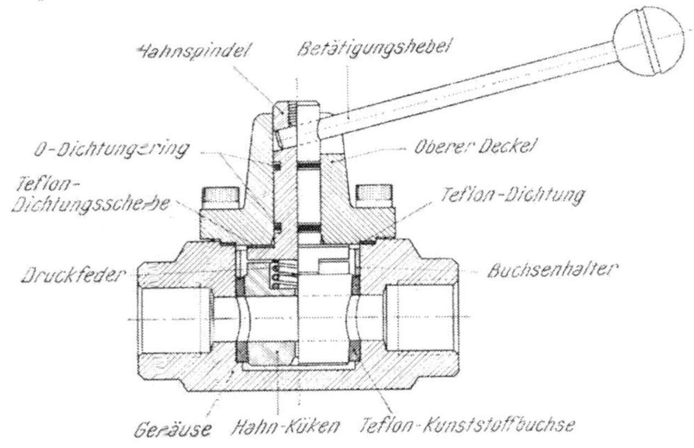

Abb. 99. PR-Chemiehahn (Gecos Armaturen GmbH, Bielefeld)

Kugelhähne haben an Stelle des kegeligen Kükens ein Kugelküken mit kreisrundem, also vollem Durchgangsquerschnitt. Elastische Dichtelemente garantieren Dichtheit und Wartungsfreiheit über lange Zeit. Die Abb. 100 zeigt die Konstruktionselemente des AWG-Flansch-Kugelhahnes, und zwar das Gehäuse (bestehend aus zwei symmetrischen Schalen), das Kugelküken mit den Mitnehmerbolzen, die Auskleidung des Gehäuses (z. B. Cr-Ni-Mo-Stahl oder Kunststoff) sowie die tellerförmigen Dichtscheiben aus PTFE.

Schläuche werden mit einer Abreißkupplung, die eine Absperrautomatik besitzt, versehen.

Einen einfachen, selbstherzustellenden *Quetschhahn* s. Abb. 101.

B. Schieber

Schieber sind Absperrvorrichtungen mit geradem Durchgang, in denen das Absperrmittel senkrecht zur Strömungsrichtung, aber

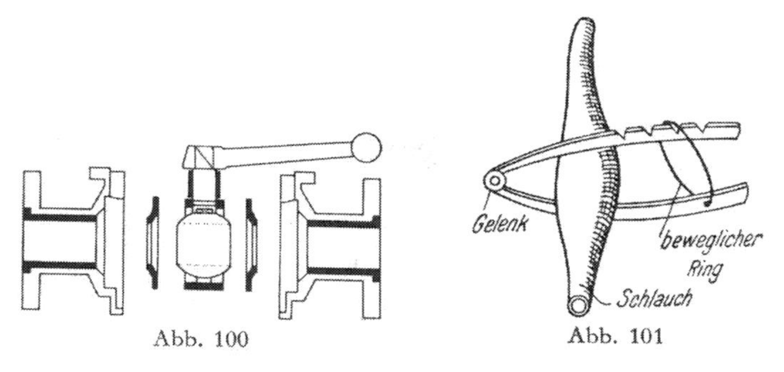

Abb. 100. Konstruktionselemente des AWG-Flansch-Kugelhahnes (Max Widenmann, Armaturenfabrik, Giengen/Brenz)
Abb. 101. Schlauchquetschhahn

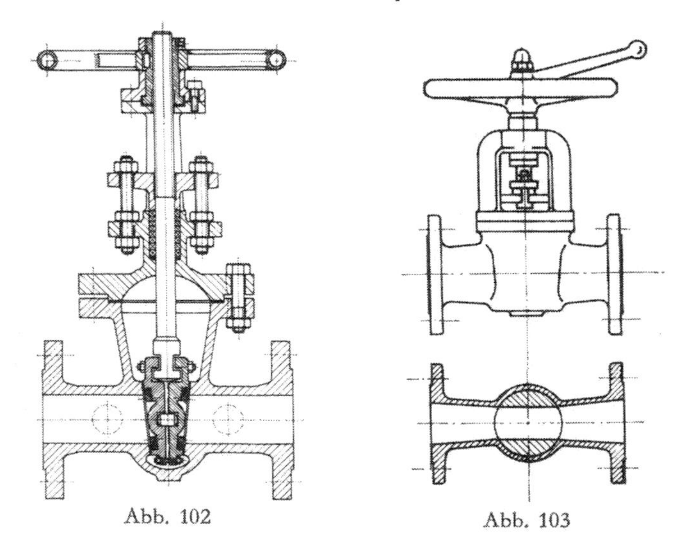

Abb. 102. Absperrschieber mit Elastikdichtung (Strack Armaturenfabrik GmbH, Troisdorf)
Abb. 103. Drehschieber (Schuf-Armaturen und Apparatebau GmbH, vorm. Schwärzel & Frank, Frankfurt-Sindlingen)

parallel (oder unter einem Neigungswinkel) zum Sitz bewegt wird (Abb. 102).

Schieber werden für große Wasserleitungen, aber auch für Gas- und Dampfleitungen verwendet. Jeder Schieber ist von Zeit zu Zeit auf seine Funktionsfähigkeit zu prüfen.

Bei den üblichen Ausführungsformen ist der Durchfluß nach beiden Richtungen möglich. Die Absperrung der Leitung geschieht langsam durch eine flache Scheibe, die mit einem Dichtring versehen ist. Dieser wird gegen zwei im Gehäuse eingesetzte, ringförmige Dichtungsringe gepreßt (*Flachschieber*).

Der *Keilschieber* hat schräge Dichtflächen, zwischen die das keilförmige Absperrstück mit seinen Dichtflächen gedrückt wird. Die

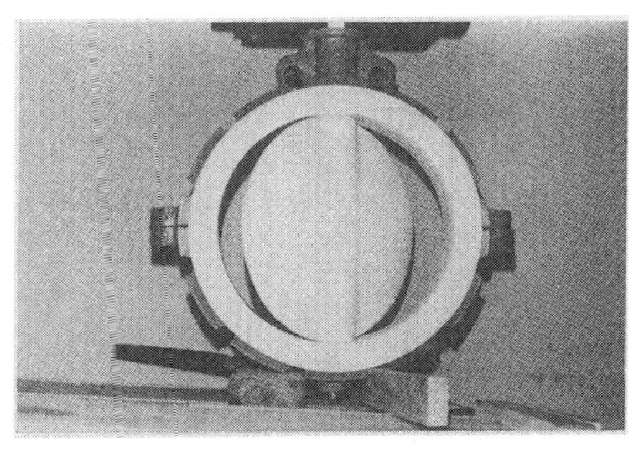

Abb. 104. Absperrklappe (Garlock GmbH, Düsseldorf)

Abdichtung der im unteren Teil als Schraube ausgeführten Schieberspindel geschieht durch eine Stopfbuchse.

Bei den *Drehschiebern* wird eine mit einer Durchtrittsöffnung versehene Scheibe in einem Gehäuse gedreht. Der Drehschieber ist eine Art Flanschhahn, bei dem vor dem Schwenken das Küken mittels Handrad aus seinem Sitz gehoben wird (Abb. 103). Drehschieber sind besonders geeignet für stark verunreinigte, dickflüssige und leicht erstarrende Flüssigkeiten.

C. Klappen

Klappen werden als Absperrorgan in Versorgungsnetzen und Kühlwasserleitungen sowie als Drossel- bzw. Sicherheitsorgan (Rückschlagsicherung hinter Pumpen, Schnellschluß von Leitungen bei Rohrbruch) verwendet.

Absperrklappen bestehen aus einer dem Leitungsquerschnitt entsprechenden Scheibe, die auf einer quer durch die Leitung gehenden Achse drehbar befestigt ist. Im geöffneten Zustand liegt die Klappe parallel in der Strömung. Durch Drehen der Achse (Hand-, Elektro- oder Hydraulikantrieb) wird die Klappe mehr und mehr quer zur Strömungsrichtung gestellt, wodurch der freie Leitungsquerschnitt verengt wird bis zum völligen Schließen der Leitung (Abb. 104). Es ist daher auch eine Durchflußregulierung möglich (Drosselklappe).

Absperrklappen werden bis zu 4 m Durchmesser hergestellt. Sie verdrängen die üblicherweise verwendeten Absperrschieber, da sie leichter zu betätigen sind und geringeren Raumbedarf haben. Abgedichtet werden sie mit Gummi- oder Kunststoffringen. Für korrosive Medien werden sie mit Gummi oder Kunststoff (z. B. PTFE) beschichtet.

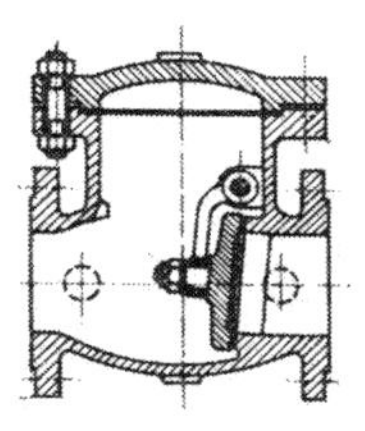

Abb. 105. Rückschlagklappe (Strack Armaturenfabrik GmbH, Troisdorf)

Für gasförmige, staubbeladene Medien (Entstaubungstechnik) wird mit Vorteil eine Jalousie-Klappe (Karl zur Steege AG, Essen) verwendet, bei der die Klappe in mehrere Flügel aufgeteilt ist.

Bei den *Rückschlagklappen* (Abb. 105) ist die Klappe an einem im Gehäuse drehbaren Hebel befestigt. Bei Strömungsumkehr des flüssigen oder gasförmigen Mediums wird die Klappe selbsttätig geschlossen.

D. Ventile

1. Allgemeines. Bei Ventilen geschieht die Bewegung des Abschlußstückes in der Regel senkrecht zur Sitzfläche oder in Richtung der Achse des Ventilsitzes. Ventile sind auch bei größeren Drucken und höheren Temperaturen verwendbar. Nachteile sind der größere Druckverlust infolge der Umlenkung des strömenden Mediums und die Gefahr von Schmutzablagerungen in den toten Räumen.

Hauptbestandteile eines Ventils sind das Gehäuse, der bewegliche Ventilkörper und der unbewegliche Ventilsitz.

Die verschiedenen Ventiltypen unterscheiden sich nach der Strömungsrichtung (Durchgangs-, Eck- und Wechselventil), der Art des Sitzes (Teller-, Kegel-, Kolben- und Membranventile), der Art der Spindel und der Funktion (Absperr-, Regel- und Sicherheitsventile).

Der hindurchgehende Flüssigkeitsstrom soll eine möglichst geringe Querschnittsverringerung und Richtungsänderung erfahren. Diese Forderung wird z. B. durch Schrägstellung des Ventilsitzes erfüllt (Schrägsitzventile).

Ventile werden von außen betätigt oder sie arbeiten selbsttätig, d. h. sie öffnen und schließen sich je nach den in der Leitung herrschenden Druckverhältnissen. Die Abmessungen der Ventile sind weitgehend genormt.

Ventile sind stets langsam zu öffnen, damit sich der Druck der bisher abgesperrten Leitung langsam mitteilen kann (plötzliches

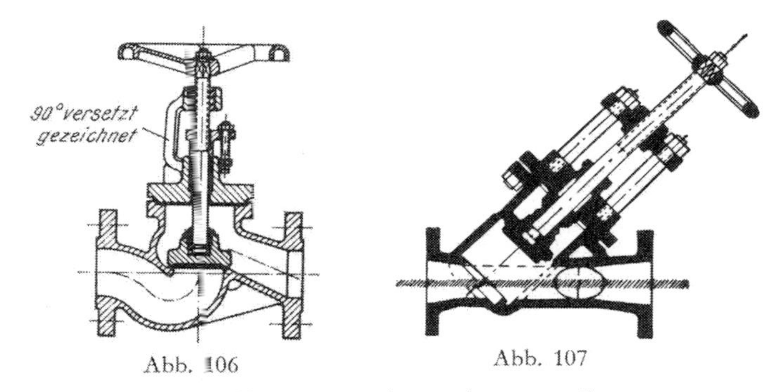

Abb. 106. Geradesitz-Absperrventil (Strack Armaturenfabrik GmbH, Troisdorf)
Abb. 107. Schrägsitzventil

Öffnen wirkt auf die Leitung wie ein harter Schlag und kann zu ihrer Zerstörung führen). Die Strömungsrichtung ist auf dem Ventilgehäuse durch einen Pfeil markiert.

2. Absperrventile. Bei den *Geradsitz-Durchgangsventilen* enthält das Gehäuse eine innere horizontale Trennwand mit der Durchflußöffnung (Ventilsitz), die vom Ventilkegel durch Betätigung der Ventilspindel mittels eines Handrades verschlossen werden kann. Der Ventilkegel ist auf dem Sitz eingeschliffen, die Abdichtung kann aber auch durch eine Weichdichtung erfolgen. Die Ventilspindel ist mit Hilfe einer Stopfbuchse abgedichtet (Abb. 106). Die Befestigung in der Rohrleitung geschieht durch Flanschen oder durch Verschweißen.

Die Abb. 107 zeigt ein *Durchgangsventil mit schrägem Ventilsitz.* Es bietet der Strömung eine geradlinige Bahn, die nur allmählich vom kreisrunden auf elliptischen Querschnitt gebracht wird. Der Strömungswiderstand ist daher gering.

Für hochaggressive Medien werden hand- oder fernbetätigte Ventile aus Kunststoff (PTFE, PP) in gepanzerter Ausführung verwendet. Sie sind in der Regel mit Faltenbalg ausgerüstet, stopfbuchslos oder mit einer Sicherheitsstopfbuchse versehen.

Beim *Eckventil* wird der Flüssigkeitsstrom um 90° abgelenkt. Aus Behältern können Flüssigkeiten über *Bodenventile* (Abb. 108) abgelassen werden.

Mit *Wechselventilen* kann der Durchfluß in beiden Strömungsrichtungen freigegeben werden. Der Ventilteller besitzt daher beiderseits Dichtflächen.

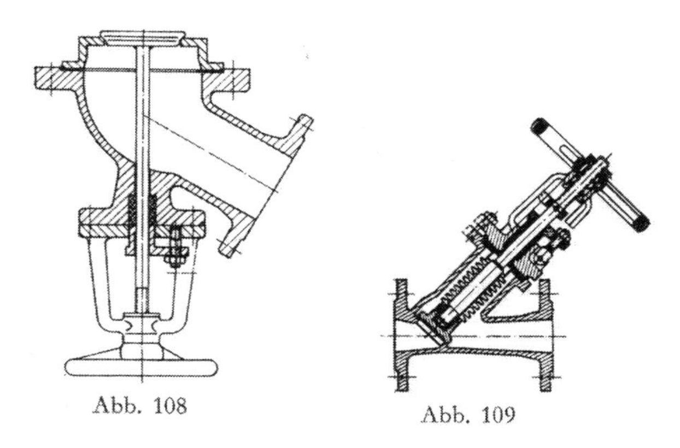

Abb. 108. Bodenventil (Schuf-Armaturen und Apparatebau GmbH, vorm. Schwärzel & Frank, Frankfurt-Sindlingen)

Abb. 109. Schrägsitz-Faltenbalgventil mit Sicherheitsstopfbuchse (Strack Armaturenfabrik GmbH, Troisdorf)

Bei *Faltenbalgventilen* wird die Spindel nach außen durch einen Balg abgedichtet; Vorteil: absolute Dichtheit und leichtgängige Spindel (Abb. 109).

Für korrosive oder verschmutzte Flüssigkeiten werden vorteilhaft *Membranventile* verwendet. Sie haben an Stelle des Ventilkegels eine Arbeitsmembran, die an der Ventilspindel sitzt und zwischen Oberteil und Gehäuse eingespannt ist; sie wird beim Schließen gegen die Dichtkante des Gehäuses gepreßt (Abb. 110).

Dem gleichen Zweck dienen *Schlauchventile* ohne Stopfbuchse (Abb. 111), die auch für schlammartige und pulverförmige Produkte verwendet werden können. Der Schlaucheinsatz ist leicht auswechselbar.

Bei *Kolbenventilen* geschieht das Abdichten durch zwei elastisch-plastische Dichtungsringe, die an die Mantelflächen eines zylindrischen Kolbens angepreßt werden (Abb. 112).

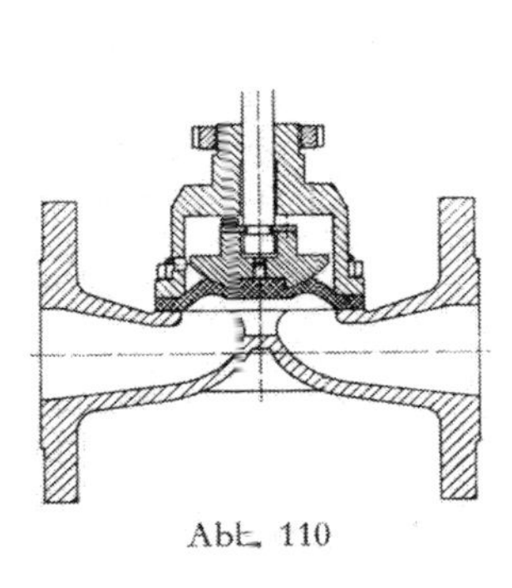

Abb. 110

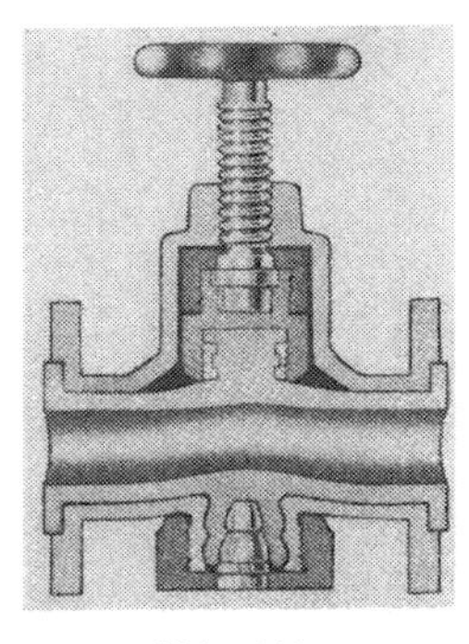

Abb. 111

Abb. 110. Membran-Schaltventil nach Pat. Saunders (Arca-Regler GmbH, Tönisvorst)
Abb. 111. Schlauchventil (Franz Dürholdt KG, Armaturenfabrik, Wuppertal-Barmen)

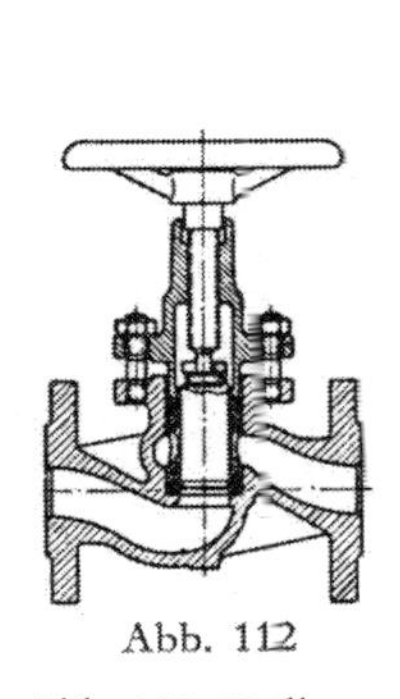

Abb. 112

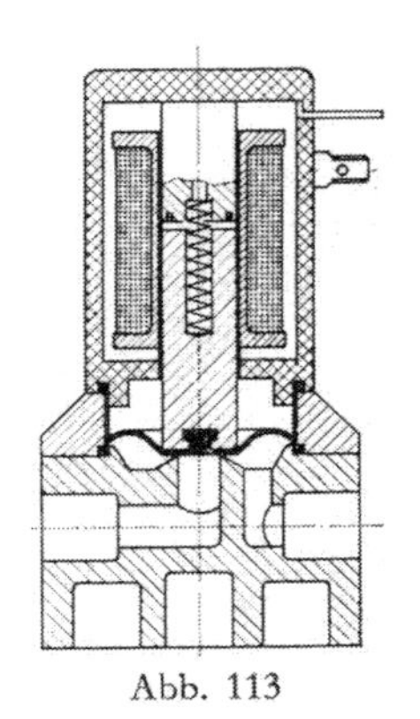

Abb. 113

Abb. 112. Kolbenventil (Rich. Klinger GmbH, Idstein/Ts.)
Abb. 113. Magnetventil 2/2 (Georg Fischer AG, Singen/Hohentwiel)

Die Betätigung der Ventile bzw. ihre Steuerung (Steuerventile) geschieht von Hand, pneumatisch oder elektromagnetisch. Das Beispiel eines direkt gesteuerten *Magnetventils* ist in der Abb. 113 gezeigt. Es besteht aus dem PVC-Strömungskörper und dem Magnetteil, der völlig in Epoxidharz eingebettet ist, so daß eine einwandfreie elektrische Isolation gewährleistet ist. Der Anker ist in einem mit Öl gefüllten Rohr geführt. Die Membran trennt den Magnetteil vom Medium. Als Dichtwerkstoffe werden Fluor-, Nitril- oder Äthylen-Propylen-Kautschuk verwendet. Der Magnetteil ist direkt wirkend. In Ruhelage ist das Ventil durch Federkraft geschlossen. Bei erregter Spule wird der Anker angezogen und das Ventil öffnet.

3. Selbsttätige Ventile. Sie finden Anwendung bei Pumpen, Gebläsen, Kompressoren u. a.

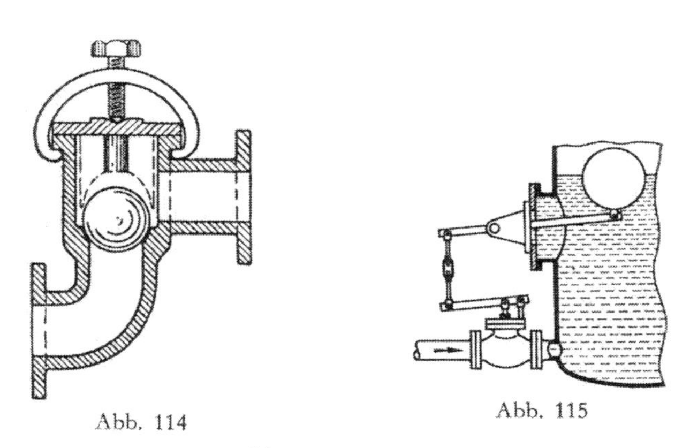

Abb. 114 Abb. 115

Abb. 114. Kugelventil
Abb. 115. Schwimmerventil für Druckbehälter
(Gustav Mankenberg Armaturenfabrik GmbH, Lübeck)

Die Ventilbelastung geschieht durch Gewichte, meist jedoch durch Federn. Für kleinere Leistungen und für Schlämme sind *Kugelventile* geeignet. Bei Kugelventilen ist der Ventilkörper eine Vollkugel aus Hartgummi oder Metall. Die Bewegung der Kugel wird durch seitliche Führungsstege und oben durch einen Kugelfang begrenzt (Abb. 114).

Über Rückschlagklappen s. S. 95.

Rohrbruchventile (z. B. in Dampfleitungen) schließen bei plötzlicher Druckentlastung (Rohrbruch) selbsttätig.

4. Schwimmerventile. Schwimmerventile dienen der Reglung des Zu- und Abflusses von Flüssigkeiten in Behältern. Bei festgelegtem Flüssigkeitsstand wird vom Schwimmer aus über ein Hebelsystem oder einen Seilzug das Ventil betätigt (Abb. 115).

5. Rückschlagventile. Rückschlagventile haben an Stelle der Spindel einen Bolzen. Der Ventilkegel sitzt lose oder er wird zusätzlich mit einer Feder belastet (Abb. 116). Das Ventil wird durch den Druck des strömenden flüssigen oder gasförmigen Stoffes geöffnet. Bei nachlassendem Druck fällt das Ventil auf den Ventilsitz zurück oder es wird durch den Federdruck auf diesen gedrückt.

Rückschlagventile verhindern in Saugleitungen oder als Rückflußsperre hinter Pumpen den Rückstrom der Produkte.

Auch Kugelventile können als Rückschlagventile verwendet werden.

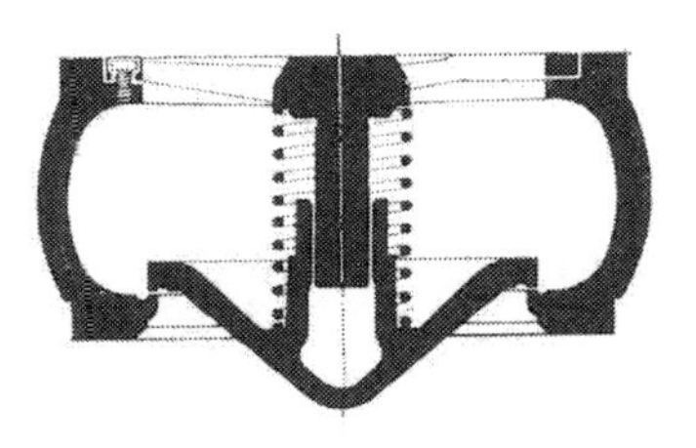

Abb. 116. Disco-Rückschlagventil RK 46 (Gustav F. Gerdts KG, Bremen)

6. Sicherheitsventile. Um Schäden durch auftretenden Überdruck in Kesseln, Behältern oder Rohrleitungen zu verhindern, ist der Einbau eines Sicherheitsventiles vorgeschrieben.

Sicherheitsventile werden durch Gewichts- oder Federbelastung geschlossen gehalten und öffnen sich selbsttätig bei Überschreitung des am Ventil eingestellten, höchstzulässigen Druckes.

Sicherheitsventile sind in bestimmten Zeitabständen auf ihre Betriebsbereitschaft zu überprüfen. Es ist verboten, die Anpressung des Ventilkegels an seinen Sitz durch Verstellen der Gewindespindel oder des Belastungsgewichtes eigenmächtig zu erhöhen oder das Ventil außer Tätigkeit zu setzen.

Für aggressive Stoffe werden Ventile mit Kunststoffsitz verwendet.

a) Bei den *Ventilen mit Gewichtsbelastung* wird die Kraft eines Gewichtes über einen Hebel auf den Ventilbolzen übertragen. Die Größe des zulässigen Druckes wird durch Verschieben des Gewichtes eingestellt.

Bei dem in der Abb. 117 dargestellten Niederhub-Sicherheitsventil geschieht die Stangendurchführung durch eine bewegliche Labyrinthstopfbuchse, die ein seitliches Ausweichen der Stange infolge des Hebelausschlages ermöglicht.

Sicherheitsventile mit Gewichtsbelastung werden wegen ihrer geringen Abblasleistung nur in bestimmten Fällen verwendet.

b) *Federbelastete Sicherheitsventile* sind als Hochhub-, Vollhub- oder Niederhubventile ausgeführt.

Bei den Hochhub-Sicherheitsventilen wird ein Hub erreicht, bei dem der Strömungsquerschnitt am Sitz größer ist als der engste freie Strömungsquerschnitt vor dem Sitz.

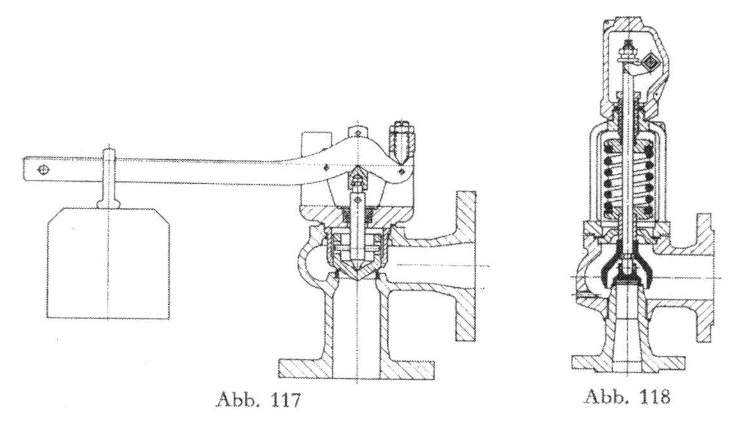

Abb. 117 Abb. 118

Abb. 117. Niederhub-Sicherheitsventil mit Gewichtsbelastung (Friedrich Krombach KG, Dahlbruch/Kr. Siegen)

Abb. 118. Vollhub-Sicherheitsventil mit Federbelastung (Bopp & Reuther GmbH, Mannheim-Waldhof)

Bei Vollhubventilen tritt beim Ansprechen der volle Hub ein. Zur Erreichung des vollen Kegelhubes sind Hubhilfen erforderlich, da diese Bauarten einen konstruktiv begrenzten Kegelhub haben. Eine solche Hubhilfe ist z. B. die Hubglocke über dem Ventilkörper. Sie ist so gestaltet, daß die für den vollen Kegelhub benötigte Kraft durch Umlenkung des ausströmenden Mediums erzielt wird (Abb. 118). Verwendung für besonders große Abblasleistung. Die Sicherheitsventile sind mit senkrecht stehender Spindel einzubauen. Ventile für Wasserdampf und Heißwasser haben an der tiefsten Stelle des Gehäuses einen Entwässerungsanschluß.

Niederhubventile haben einen nur kurzen Ventilkegelhub.

Für sehr große Abblasleistungen werden hilfsgesteuerte Sicherheitsventile verwendet. Dabei werden vorgeschaltete Steuerventile von einer Teilmenge des Mediums beaufschlagt, während das Hauptventil anschließend durch einen Hubkolben geöffnet wird.

c) Zu den Sicherheitseinrichtungen gegen plötzlich auftretenden Überdruck zählen auch die *Berstscheiben* aus Metall, Graphit u. a. Das sind bewußt schwach dimensionierte Scheiben von 0,5 bis 3 mm Stärke (je nach dem Ansprechdruck), die in ein Rohr, das die Verbindung zu dem betreffenden Behälter herstellt, eingebaut sind (Abb. 119). Bei einer Drucksteigerung über den normalen Betriebsdruck der Apparatur geht die Scheibe in Bruch. Über der Scheibe ist eine Auffangvorrichtung (z. B. ein weites Rohr) angebracht, damit

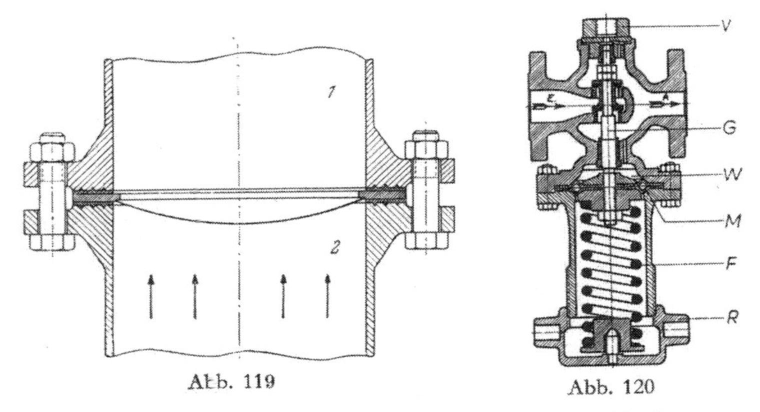

Abb. 119 Abb. 120

Abb. 119. Berstscheibe (Eisenbau Albert Ziefle KG, Kehl/Rh.). *1* Seite mit geringem Druck oder drucklos, *2* Druckseite

Abb. 120. Wasser-, Luft- und Gas-Druckminderer (Dreyer, Rosenkranz & Droop AG, Hannover)

die Bruchstücke der Scheibe keinen Schaden verursachen und das ausströmende Medium in eine bestimmte Richtung gelenkt wird.

7. Druckminderventile. *Druckminderer* (Reduzierventile) wandeln durch Drosselwirkung hochgespannte Dämpfe, Gase oder Flüssigkeiten in solche von geringerer Spannung um. Der veränderliche Drosselquerschnitt paßt sich der jeweiligen Durchflußmenge so an, daß der verminderte Druck konstant bleibt. Die Veränderung des Drosselquerschnittes wird unmittelbar von dem zu mindernden Medium bewirkt.

Ventile mit Gewichtsbelastung eignen sich nur bei gleichmäßiger Entnahmeleistung, Federventile haben eine leichtere Einstellmöglichkeit der Regulierfeder. Kolbenventile bewähren sich gut, müssen aber überwacht werden, während Membranventile keiner besonderen Wartung bedürfen.

In der Abb. 120 ist der Bau eines federbelasteten Doppelsitz-Membranventils im Schnitt gezeigt. Das unter hohem Druck stehende Medium (Dampf, Gas oder Wasser) tritt bei *E* in den Druckminderer ein, vermindert seinen Druck beim Durchströmen des Drosselquerschnittes und tritt mit vermindertem Druck bei *A* aus. Die Austrittsseite steht mit dem Raum *W* in Verbindung, der bei *M* durch eine Membran verschlossen ist. Mit ihr sind die beiden Ventilkegel durch das Gestänge *G* verbunden. Von außen ist die Membran *M* durch

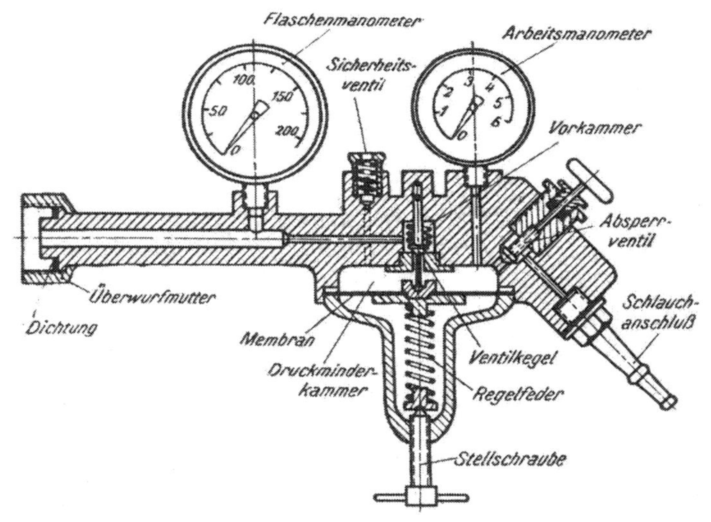

Abb. 121. Druckminderer für Druckgasflaschen

die mittels Reguliermutter *R* vorgespannte Feder belastet. Der Druck auf der Ausgangsseite nimmt einen solchen Wert an, daß die auf *M* ausgeübte Kraft mit der Kraft der Feder *F* im Gleichgewicht steht. Steigt durch verminderte Entnahme der Druck auf der Ausgangsseite an, so wird die auf die Membran ausgeübte Druckkraft größer als die Federkraft und verkleinert damit den Drosselquerschnitt, bis er dem veränderten Verbrauch angepaßt ist und umgekehrt.

Ein Druckminderer ist kein Absperrventil, man sollte daher stets vor den Druckminderer ein Absperrventil in die Leitung einbauen.

Ein *Druckminderer für die Entnahme von Gasen aus Druckgasflaschen* ist in der Abb. 121 wiedergegeben. Mit seiner Hilfe kann der in der Druckgasflasche herrschende hohe Druck auf den Betriebsdruck herabgemindert werden.

Nach Abnahme der Schutzkappe der Druckgasflasche wird das Flaschenventil ganz schwach geöffnet, um vorhandenen Staub aus dem Gewindestutzen herauszublasen. Dann erst wird der Druckminderer aufgeschraubt und fest angezogen. Nach Anziehen der Überwurfmutter überzeuge man sich, ob das Absperrventil geschlossen und die Stellschraube vollkommen gelöst ist. Nun wird das Flaschenventil langsam geöffnet. Das unter hohem Druck stehende Gas, das sich in der Bohrung und in der Vorkammer befindet (Anzeige des Druckes am Flaschenmanometer), wird durch den Ventilkegel in der Vorkammer am Weiterströmen gehindert. Erst wenn der Ventilkegel mit Hilfe der Stellschraube und Regelfeder von seinem Sitz gehoben wird, strömt Gas in die Druckminderkammer, die nach außen durch das Absperrventil und eine Membran abgesperrt ist. Wird der Druck des Gases in der Druckminderkammer größer als der entgegengesetzt gerichtete Druck der Regelfeder, gibt letztere nach und setzt dadurch wieder den Ventilkegel auf seinen Sitz, wodurch Nachströmen des Gases verhindert wird. Erst wenn bei Gasentnahme durch das Absperrventil der Druck in der Druckminderkammer wieder fällt, wird die Regelfeder wieder wirksam und der Ventilkegel wird für weiteren Gasdurchlaß von seinem Sitz abgehoben. Der Arbeitsdruck wird am Arbeitsmanometer abgelesen.

E. Kondensatableiter

1. Allgemeines. Kondensatableiter (früher auch als Kondenstöpfe bezeichnet) haben den Zweck, das sich in einer Dampfleitung, einem Wärmetauscher u. a. ständig bildende Kondensat selbsttätig zu entfernen, ohne daß Dampf selbst austritt, um Wärmeverluste (die eine beträchtliche Höhe erreichen können) auszuschalten.

Mit dem Dampf bzw. dem Kondensat können geringe Luftmengen in den Kondensatableiter gelangen. Die Luft würde sich im Kondensatableiter stauen und den Zufluß des Kondensats behindern und somit das Gerät funktionsunfähig machen. Der Kondensatableiter muß daher in der Lage sein, außer dem Kondensat auch Luft durchzulassen.

Bei Stillstand einer Dampfanlage wird sich stets mehr oder weniger Kondensat ansammeln. Bei Inbetriebnahme muß daher der zuströmende Dampf zuerst viel Luft und Kondensat verdrängen. Es ist angezeigt, eine Umgehungsleitung einzubauen, um die angesammelten Kondensatmengen rasch abzuführen, um bei einer notwendigen Auswechslung des Kondensatableiters keine Unterbrechung der Dampfleitung vornehmen zu müssen.

Die Abb. 122 zeigt als Beispiel die Anordnung einer derartigen Umgehungsleitung (*W* Wärmetauscher, *K* Kondensatableiter, *U* Umgehungsleitung mit Absperrventil, *P* Rohr zur Entnahme von Kondensatproben). Zur Abscheidung der Wasserpartikel, die mit dem Dampf vermischt sind und durch den Kondensatableiter nicht entfernt werden, empfiehlt sich der Einbau eines Dampftrockners vor dem Kondensatableiter.

Horizontal verlaufende Hauptdampfleitungen entwässert man über nach unten gehende T-Stücke in gleicher Dimension. Ein zu enges Abzweigungsrohr nimmt nicht das gesamte Kondensat auf. Kondensatableiter müssen leicht zugänglich aufgestellt sein.

In den Kondensatableiter werden oft Schlamm und Schmutz aus den vorgeschalteten Apparaten mit eingeschwemmt. Es empfiehlt sich daher die Vorschaltung eines Schlammabscheiders oder Schmutzfängers vor den Kondensatableiter.

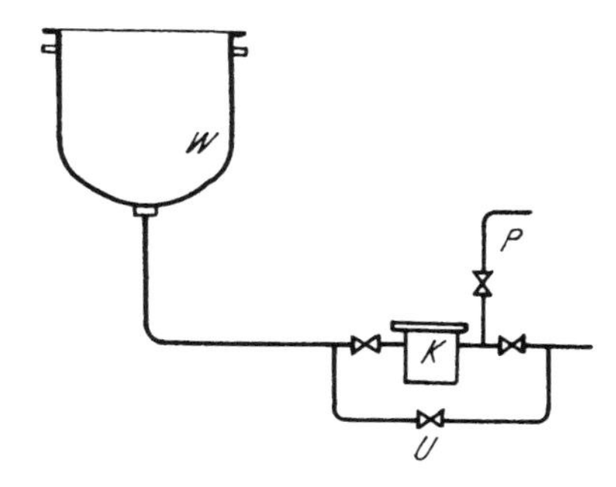

Abb. 122. Schema für die Anordnung eines Kondensatableiters mit Umgehungsleitung

2. Schwimmer-Kondensatableiter. Diese Geräte werden bei temperaturgeregelten Anlagen mit sehr großem Kondensatanfall verwendet sowie dort, wo wegen zu geringem Vordruck oder hohem Gegendruck die Verwendung eines thermodynamischen Ableiters nicht möglich ist.

Arbeitsweise des *Kugelschwimmer-Kondensatableiters* (Abb. 123): Das zulaufende Kondensat hebt eine Schwimmerkugel, die über ein Hebelsystem das Abflußventil (oder einen Schieber) öffnet. Entlüftet wird über ein oben angebrachtes Ventil von Hand aus oder mittels einer einstellbaren Dauerentlüftung.

Bei dem *Glockenschwimmer-Kondensatableiter* ist der Schwimmer als Glocke ausgebildet. Bei Anstellen des Dampfes schiebt sich das gebildete Kondensat nach dem Kondensatableiter hin und drückt die in der Leitung befindliche Luft vor sich her. Da das Ventil des Kondensatableiters geöffnet ist, strömen ankommende Luft und nachströmendes Kondensat ungehindert hindurch. Fließt nach dem Anheizen dem Kondensatableiter weniger Kondensat zu als das Ventil ableitet, tritt Dampf (und die Luft) von unten her in die Glocke und verdrängt das Kondensat, die Glocke wird gehoben und dadurch das Ventil geschlossen (Abb. 124). Der untere Rand der Glocke muß stets unter Wasser sein. Glockenschwimmer-Ableiter sind unempfindlich gegen Wasserschläge und für hohe Drucke geeignet.

3. Thermodynamische Kondensatableiter. TD-Kondensatableiter sind für kleine bis große Leistungen verwendbar, robust, zerfriersicher und sehr klein.

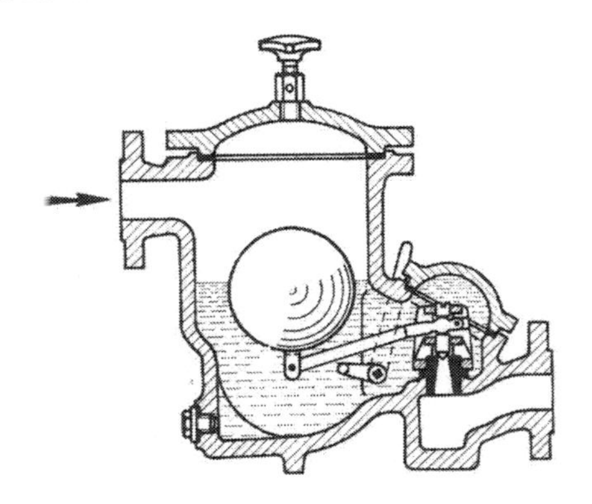

Abb. 123. Kondensatableiter „Niagara"
(Gustav Mankenberg Armaturenfabrik GmbH, Lübeck)

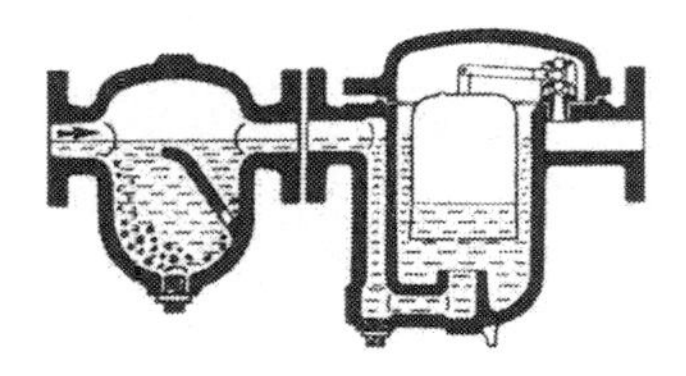

Abb. 124. Glockenschwimmer-Kondensatableiter „Vineta"
mit vorgeschaltetem Schlammabscheider
(Gustav Mankenberg Armaturenfabrik GmbH, Lübeck)

Der Sarco-TD-Kondensatableiter (Abb. 125) besteht aus dem Gehäuse mit Ein- und Austrittskanal und hat oben zwei ringförmige, konzentrische Ventilsitze. Eine Scheibe bildet den gemeinsamen Ventilteller. Kondensat oder Kondensat-Luft-Gemisch hebt den Ventilteller und strömt durch die Ringkammer nach der Austrittsöffnung. Sobald Dampf nachfolgt, dessen Strömungsgeschwindigkeit viel größer ist, wird der Ventilteller infolge des sich darunter bildenden Unterdruckes (hydrodynamisches Paradoxon) an die ringförmigen Ventilsitze gezogen. Der Dampf füllt die obere Kammer, sein Druck preßt den Ventilteller gegen die Sitze (die Druckfläche ist oben viel größer als unten). Der Ableiter öffnet erst wieder, wenn das obere Dampfpolster soweit kondensiert ist, daß die Kraft von unten überwiegt. Das Gerät arbeitet also stoßweise. Vorteilhaft ist es, einen Schmutzfänger vorzuschalten. Das kleine Gerät darf nur nach Kondensatanfall und Druck gewählt werden, nicht nach den Rohrdimensionen. Es wird mittels Verschraubung, Flanschen oder Überwurfmuttern in die Leitung eingesetzt. Auch Geräte mit bereits eingebautem Schmutzfänger sind in Verwendung.

4. Thermisch gesteuerte Kondensatableiter. Bimetall-Kondensatableiter benutzen die Temperaturdifferenz zwischen überhitztem Dampf, Sattdampf und mehr oder weniger unterkühltem Kondensat

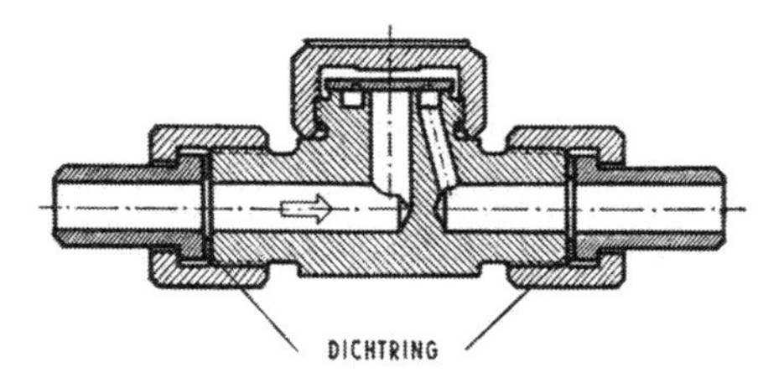

Abb. 125. Thermodynamischer Kondensatableiter Typ TD 1452 (Sarco GmbH, Regel-Apparatebau, Konstanz)

zur Steuerung. Sie werden vor allem zum Entwässern von Begleitheizungen und Mantelleitungen sowie von senkrechten Heizschlangen verwendet, nicht aber bei Wärmetauschern, die wasserfrei gehalten werden müssen.

Unter „Bimetall" versteht man zwei Metallstreifen unterschiedlichen Ausdehnungsvermögens, die zusammengeschweißt sind. Bei Temperaturänderung dehnt oder verkürzt sich einer der beiden Streifen, aus denen das Bimetall zusammengesetzt ist, stärker als der andere, so daß sich beide verbiegen.

Der Bimetall-Kondensatableiter (Abb. 126) enthält ein Paket aus Bimetallplatten, das je nach Temperatur und Druck das Ventil öffnet oder schließt.

5. Düsen-Kondensatableiter. Bei ihnen wird das unterschiedliche Verhalten von Wasser und Dampf beim Ausströmen als Steuerelement benutzt. Ihr Einbau ist in jeder Lage möglich; das Gerät ist für die selbsttätige Ableitung großer Kondensatmengen im Dauerbetrieb geeignet.

Hauptbestandteil ist die Stufendüse, die aus einzelnen hintereinandergeschalteten Düsen (die letzte Düse, in Durchflußrichtung gesehen, besitzt den größten Querschnitt) mit zwischengeschalteten, erweiterten Wirbelkammern (Expansionsräume) besteht, die nacheinander vom Dampf oder Kondensat bzw. einem Gemisch aus Kondensat und sich bildenden Brüdendampf durchflossen werden. Es wird erreicht, daß der Druck des abzuleitenden Kondensats in mehreren Stufen abgebaut wird; eine lebhafte Brüdenbildung in den

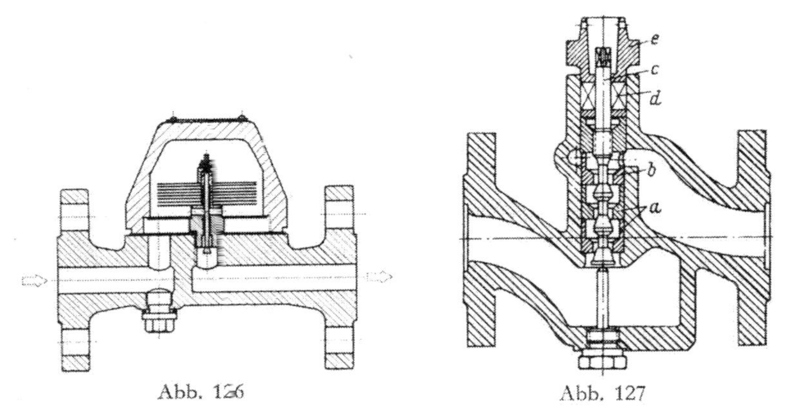

Abb. 126. Bimetall-Kondensatableiter (Sarco GmbH, Regel-Apparatebau, Konstanz)

Abb. 127. Gestra-Stufendüsen-Kondensomat (Gustav F. Gerdts, Bremen). *a* Düsenringe, *b* Austrittsdüsenring, *c* Düsennadel, *d* Stopfbuchsenpackung, *e* Stopfbuchsenbrille

Wirbelkammern ist die Folge. Die Brüdendampfbildung nimmt mit steigender Kondensattemperatur zu. Kondensatmenge und Kondensattemperatur im Ableiter stehen in einem bestimmten Verhältnis zueinander. Dadurch wird der Kondensatabfluß durch den Entspannungsdampf je nach Kondensatanfall mehr oder weniger gedrosselt (Abb. 127). Das Gerät kann während des Betriebes durch Verstellen der Düsennadel stufenlos auf jeden gewünschten Düsenquerschnitt eingestellt, also reguliert werden.

6. Entlüfter. Ist eine Dampfanlage außer Betrieb, so wird sich in der Leitung viel Luft befinden, die entfernt werden muß, damit die Anlage ihre volle Leistung erreicht. Entlüftet wird in der Regel am Ende der Dampfleitung.

Thermostatische Entlüfter arbeiten nach dem Prinzip des Druckausgleichs. Temperaturfühler ist ein allseits geschlossener Metallfaltenbalg, der teilweise mit einer Flüssigkeit gefüllt ist, deren Siedepunkt niedriger liegt als der von Wasserdampf. Da der Druck im Innern des Balges den des umgebenden Wasserdampfes ca. 5 °C vor der Sattdampftemperatur erreicht, schließt das mit dem Balg verbundene Ventil kurz bevor der Balg vom Sattdampf umströmt wird. Das zurückfließende Kondensat kühlt den Balg und der Druck im Innern

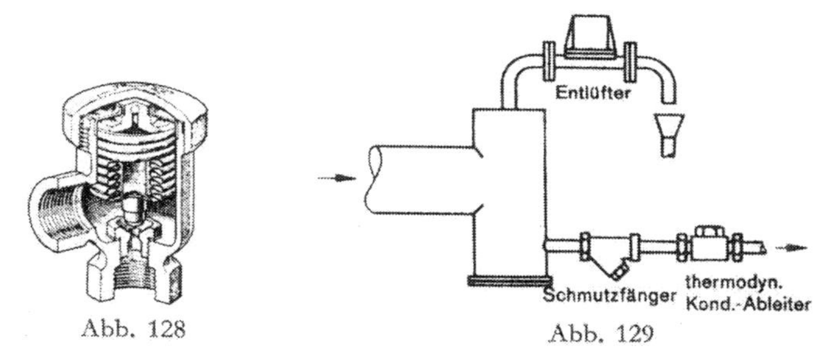

Abb. 128. Thermostatischer Entlüfter (Schnellentleerer)
(Aus Sarco-Leitfaden, Sarco GmbH, Konstanz)

Abb. 129. Einbaubeispiel des automatischen Dampfentlüfters EL 4545
(Sarco GmbH, Regel-Apparatebau, Konstanz)

des Balges sinkt. Der in der Dampfanlage herrschende Druck preßt den Balg zusammen und das Ventil wird geöffnet (Abb. 128). Das Gerät kann auch als Kondensatableiter (Schnellentleerer) verwendet werden.

Entlüfter mit Bimetallsteuerung sind analog den Bimetall-Kondensatableitern (s. S. 107) gebaut. Sie sind für hohe Drucke und überhitzten Dampf verwendbar. Die Abb. 129 zeigt ein Einbaubeispiel.

Entlüfter nach dem Stauerprinzip beruhen auf der Ausdehnung der Flüssigkeit in einem Temperaturfühler, wodurch ein Stab nach außen gedrückt wird und das Ventil schließt.

7. Schmutzfänger. Ventile in Kondensatableitern und Absperr- oder Regelorganen sind schmutzempfindlich, da Schmutzpartikel ein einwandfreies Schließen des Ventils verhindern. Es werden daher vor dem zu schützenden Gerät Schmutzfänger eingebaut, auf derem Sieb sich mitgerissene Fremdkörper und Schmutz ansammeln, während der Dampf ungehindert passiert. Schmutzfänger müssen von

Zeit zu Zeit gesäubert werden. Zu diesem Zweck ist am unteren Ende ein Putzstopfen angebracht. Die Abb. 130 und 131 zeigen Beispiele von Schmutzfängern.

Abb 130

Abb. 131

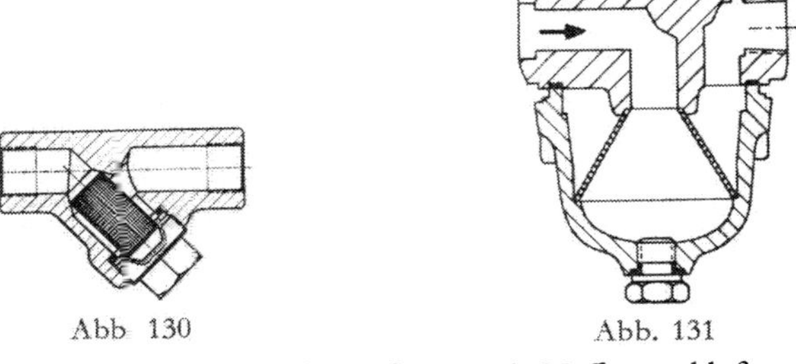

Abb. 130. Sarco-Schmutzfänger mit Muffenanschluß (Sarco GmbH, Regel-Apparatebau, Konstanz)

Abb. 131. Gestra-Schmutzfänger SZ 16 (Gustav F. Gerdts, Bremen)

8. Kondenswasser-Abscheider. Sie dienen der Entwässerung des Dampfes an beliebigen Stellen der Leitung durch Prallwirkung an Flächen und Richtungswechsel des Dampfes. Sie sind gegen Wärmeverluste zu isolieren.

9. Messen, Dosieren und Regeln

In den folgenden Abschnitten wird ein Überblick über die Mengen-, Druck- und Temperaturmessung gegeben. Die Methoden zur Messung der Dichte, Viskosität, des pH-Wertes und der Gasanalyse werden im Rahmen dieses Buches nicht behandelt. (Siehe hierzu: Wittenberger, Chemische Laboratoriumstechnik, 7. Auflage. Wien 1973.)

Unter *Dosieren* versteht man das Zuteilen von Stoffen in festgelegter Menge beim Chargieren bzw. während des Verarbeitungsprozesses oder bei der Herstellung bestimmter Mischungen von Fertigprodukten und beim Abfüllen und Verpacken von Endprodukten. Dabei wird entweder nach Gewicht oder nach dem Volumen dosiert. Dies kann absatzweise oder kontinuierlich geschehen. Um zu einer Vollautomatisierung zu gelangen, werden die Dosiergeräte mit Regeleinrichtungen ausgestattet.

Die Wahl der Dosiereinrichtung hängt maßgeblich von den Eigenschaften der Produkte ab. Vielfach werden die Geräte mit Mischeinrichtungen kombiniert.

A. Mengenmessung und Dosiereinrichtungen

1. Wägeverfahren. Im Chemiebetrieb werden zum absatzweisen Wägen fester Stoffe fast ausschließlich Bodenwaagen mit Zeigerablesung verwendet. Sie sind in der Regel so eingerichtet, daß nach Aufsetzen des Wägegefäßes (= Tara) auf die Waage durch Betätigung eines Hebels der Zeiger wieder auf die Nullstellung zurückgeht, wodurch Fehler bei der Feststellung des Nettogewichtes vermieden werden. Die Schaltwerke können mit Registriergeräten gekoppelt sein.

Eine Waage wird zur Dosiereinrichtung, wenn sie mit einer geeigneten Zuteilvorrichtung versehen ist und für den Abtransport des Wägegutes gesorgt wird.

Bei *selbsttätigen Balkenwaagen* spielt sich der Wägevorgang wie folgt ab: Vom Vorratsbehälter fließt das Wägegut in die Lastschale. Der Zufluß wird gesperrt, wenn die Gleichgewichtslage der Waage erreicht ist; die Lastschale entleert sich selbsttätig und die Wägung wird über ein Zählwerk registriert. Dann geht die Lastschale in ihre Ausgangsstellung zurück.

Für die selbsttätige Wägung ist der letzte Ausgleich von Last und Gewicht wichtig, d. h. eine möglichste Einschränkung oder Konstanthaltung des Nachstromfehlers (es befindet sich noch Wägegut fallend in der Luft). Bei gleichbleibender Schüttgeschwindigkeit kann dieser Fehler durch Einstellen der Waage praktisch ausgeschaltet werden.

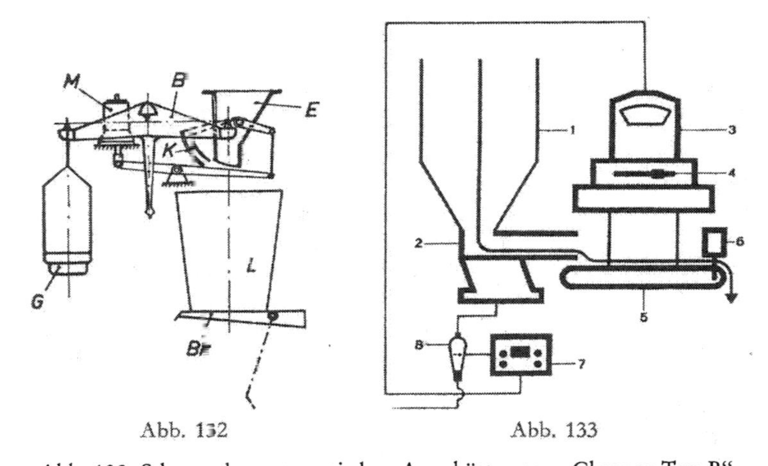

Abb. 132 Abb. 133

Abb. 132. Schema der automatischen Ausschüttwaage „Chronos Typ B“ (Chronos-Werk Reuther & Reisert KG, Hennef/Sieg)

Abb. 133. Dosierwaage, Typ DWE (O. Soder & Cie. AG Maschinen- und Apparatefabrik, Niederlenz/Schweiz)

Die Abb. 132 zeigt den Bau einer *automatischen Ausschüttwaage.* Die Einlaufklappen *K* sind während des Wägens geöffnet, das Wägegut fließt aus *E* in das Wiegegefäß *L.* Nach Beendigung der Wägung werden die Zuführungseinrichtungen (Schnecke, Vibrationsrinne o. a.) stillgesetzt und die Einlaufklappen geschlossen; die Bodenklappe *Bk* des Wiegegefäßes öffnet sich zur Entleerung. Beim Schließen betätigt ein Kontakt an der Bodenklappe den Gleichstrommagnet *M,* der die Einlaufklappen und die Zuführungsvorrichtung für eine neue Wägung wieder öffnet. *B* ist der gleicharmige Waagebalken, *G* die Gewichtsschale zum Aufsetzen der Gewichte.

Soll das Wägegut bereits während des Transportes gewogen werden, wird eine Waagenbrücke in die Fördereinrichtung eingebaut. Durch eine Regelvorrichtung wird ein konstanter Materialstrom erreicht. Solche Waagen arbeiten mit einer Genauigkeit von etwa 1%. Das Arbeitsprinzip geht aus der Abb. 133 hervor. Das Wägegut wird aus dem Vorratssilo *1* durch den elektromagnetischen Austragapparat *2* entnommen, der das in der Plus-Minus-Waage *3* eingehängte Dosierband *5* beschickt. Die Durchsatzleistung wird durch Vorgabe der Bandbelastung mit Grob- und Feingewichten *4* eingestellt. *6* ist der Antriebsmotor mit nichtvariabler Drehzahl, *7* das Auswertungs- und Steuergerät, *8* Stromtor (Thyratron).

Bei *Dosierbandwaagen* (Abb. 134) ist das Förderband in Entnahme-, Wäge- und Abwurfstrecke geteilt. Sie messen laufend das vorhandene Materialgewicht und die Bandgeschwindigkeit. Über eine

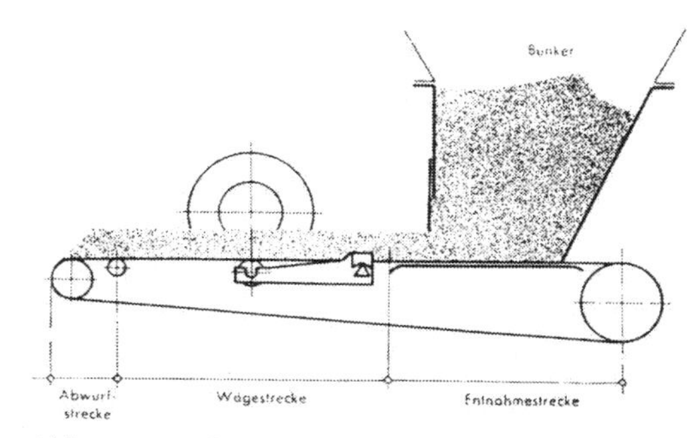

Abb. 134. Aufbauschema einer Dosierbandwaage (C. Schenck GmbH, Darmstadt)

elektronische Regeleinrichtung wird die Bandgeschwindigkeit automatisch verändert, so daß in jedem Augenblick die abgeworfene Materialmenge mit dem eingestellten Sollwert übereinstimmt. Das Materialgewicht wird kontinuierlich durch eine in die Förderstrecke eingebaute Wägerolle praktisch weglos festgestellt. Durch die Dreiteilung des Förderbandes ist erreicht, daß das mechanische Wägesystem außerhalb des Einflusses des Bunkerdruckes und der Änderung des Böschungswinkels liegt. Die Wägerolle überträgt das Gewicht auf einen Wägekopf. Dosierbandwaagen dienen der Beschickung von Drehöfen, der gleichmäßigen Zuteilung in Trockner, Verdampfer, Mischer usw. Beim kontinuierlichen Gewichtsdosieren (Gravidosieren) werden Leistungen von etwa 600 m^3/h erreicht.

Bandwaagen können bis zu einem Neigungswinkel von 22° in das Förderband eingebaut werden. Die Genauigkeit beträgt 0,5 bis 1% der Höchstbelastung.

Eine *Dosierbandwaage mit pneumatischer Regelung* zeigt die Abb. 135. Arbeitsweise: Das Material *1* fließt über einen Zulauftrichter auf ein mit konstanter Geschwindigkeit laufendes Band *2*. Angetrieben wird das Wiegeband durch den Reluktanzmotor *3* mit Getriebe *4*, dessen Zahnräder für verschiedene Leistungen auswechselbar sind. Die in der Mitte unterhalb des Förderbandes befindliche zweiteilige Wiegeplatte *5* überträgt das Gewicht mechanisch auf den Waagebalken *6*. Liegt eine entsprechende Gewichtsdifferenz gegenüber dem eingestellten Gewicht vor, so betätigt ein Luftrelais *7* automatisch über einen Pneumatikregler *8* die Regelschwinge *9*, die die Materialmenge auf dem Band bestimmt. Material-Zulauf und -Ablauf erfolgen über feststehende Auflageplatten *10*, um den Wiegevorgang nicht zu beeinflussen. Das Luftrelais gibt einen, dem dosierten Material proportionalen Meßdruck ab, der zur Steuerung weiterer Dosieranlagen oder zur Registrierung dienen kann.

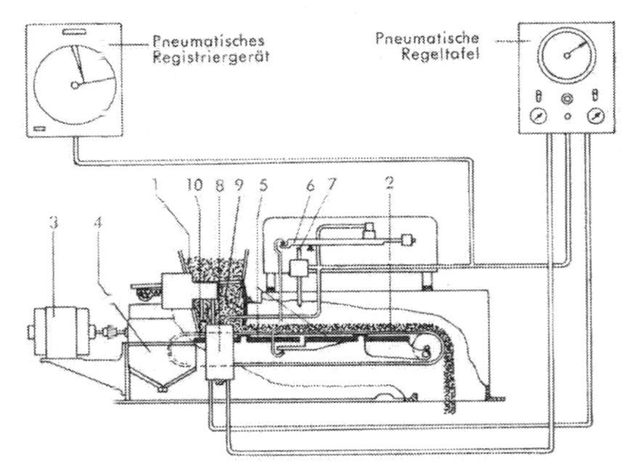

Abb. 135. Schema einer pneumatisch geregelten Dosierbandwaage (Wallace & Tierman-Chlorator GmbH, Grötzingen/Karlsruhe)

Absackwaagen zum dosierten Füllen von Fertigprodukt in Säcke werden in der Regel vollautomatisch betrieben. Die Anlage kann zu einem Absackkarussell kombiniert sein. Das Karussell arbeitet kontinuierlich nach dem Fließbandprinzip und kann von nur einer Person bedient werden, die die Säcke aufsteckt. Die automatische Absackung ist für offene und für Ventilsäcke eingerichtet. Verbunden wird die Anlage mit einer kontinuierlichen Materialzufuhr, staubfreien Einfüllung und Verdichtung des Sackinhaltes. Die Säcke werden mit Hilfe eines Nähschließautomaten oder durch Verschweißen (bei Kunststoffsäcken) geschlossen und auf ein Transportband aufgesetzt. Auf diese Weise können z. B. 1500 Säcke pro Stunde abgefertigt werden.

2. Zuteil- und Dosiervorrichtungen für feste Stoffe. *Dosierschnecken* sind geschwindigkeitsgesteuerte Förderschnecken (s. S. 170), die sich für eine gleichmäßige Zuführung von staubförmigen oder fein- bis grobkörnigen, leicht beweglichen und weichen Produkten eignen. Es handelt sich dabei um eine Volumendosierung mit einer Genauigkeit von 1 bis 2%, falls das Gut der Schnecke gleichmäßig zufließt. Reguliert wird durch Ändern der Schneckendrehzahl. Um ein Verstopfen zu vermeiden, werden z. B. an der Austrittsstelle einige Schneckenwindungen in entgegengesetzter Richtung angebracht. Dosierschnecken können mit Heiz- oder Kühlmantel oder mit einer Hohlwelle zum Heizen oder Kühlen ausgestattet werden.

Für zusammenbackende, brückenbildende und pastöse Stoffe werden selbstreinigende Dosierschnecken mit zwei parallel geführten Schneckenwellen, Druckschnecken u. a. verwendet.

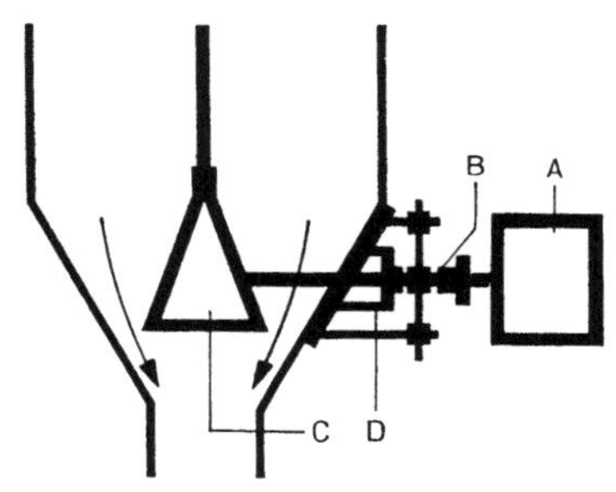

Abb. 136. Vibrationskonus für den Einbau in Silos
(O. Soder & Cie. AG, Maschinen- und Apparatefabrik, Niederlenz/Schweiz)

Bei Verpackungsaufgaben ist es wichtig, das Produkt zu *verdichten*, wodurch eine Verminderung des spezifischen Volumens und Erhöhung des Schüttgewichtes erreicht werden. Die Dosierschnecke läuft dabei in einem Doppelmantel, in dessen äußerem Teil Vakuum erzeugt wird. Dieses setzt sich durch den inneren, perforierten und mit Filterstoff belegten Mantel in die Schneckenzone fort, in der sich das zu verdichtende Pulver befindet. Auf dem Weg durch die Schnecke wird dem Gut ein Teil der in der losen Schüttung enthaltenen Luft entzogen (Gerivac-Verdichter; Gericke, Spezialfabrik für Dosier-, Förder- und Mischanlagen, Singen/Hohentwiel).

Bei *Dosierrinnen* sowie bei Rohr- und Wendelförderern (s. S. 173) ist eine genaue Dosierung nur bei elektromagnetischem Antrieb erzielbar. Für Einzeldosierungen müssen die Geräte mit einer Zeitschaltung versehen sein. Verwendung als Bunkerabzugsvorrichtungen, zur Beschickung von Waagen und Zerkleinerungsmaschinen.

Elektromagnetische Dosierrinnen werden freischwingend an Federn aufgehängt oder auf eine Grundplatte gestellt, wobei die Rinne von Blattfedern gehalten wird.

Den Dosierschnecken und -rinnen muß das Gut aus dem vorgeschalteten Silo gleichmäßig zufließen. Bei „brückenbildenden“ Stoffen werden daher Vibrationskonen in den Silo eingebaut. Die Abb. 136

zeigt schematisch eine derartige Einrichtung. Die Vibration wird vom elektromagnetischen Vibrator *A* über den Einführungsstab *B* (mit Spezialdichtung *D*) an den Konus *C* übertragen.

Für rieselfähige Stoffe mit gleichbleibendem Schüttwinkel können *Tellerzuteiler* verwendet werden. Die Abb. 137 zeigt eine Teilmaschine mit Drehteller. Aus einem Vorratsbunker fällt das Gut in das Zulaufgefäß *1*, das auf Trägern *9* ruht und unten durch einen mit zwei Öffnungen versehenen Vorteller *4* abgeschlossen ist. Durch die senkrechte Welle *2* (angetrieben durch Kegelräder von der Welle *10*) wird das Rührwerk *3* angetrieben. Unter dem Vorteller

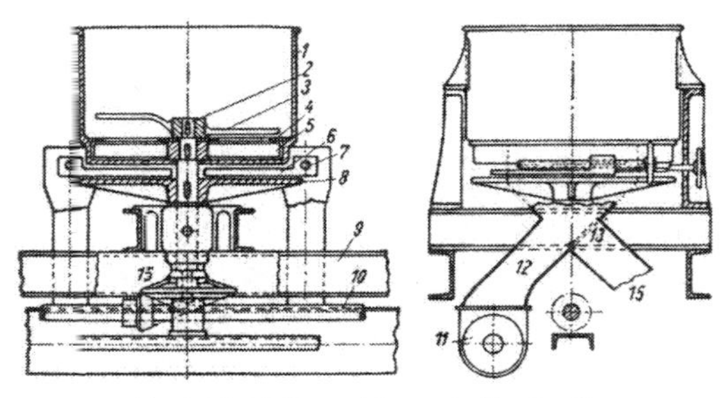

Abb. 137. Teilmaschine mit Drehteller

befindet sich das Sternrad *5*, welches das Gut in die Ausfallöffnung am Boden des Gefäßes *1* bringt (durch einen Schieber abschließ- und verstellbar). Durch diese Öffnung gelangt das Gut auf den Drehteller *8*, von dem es durch die Abstreifer *6* (durch Spindeln *7* verstellbar) in die beiderseits der Maschine liegenden Rohre abgeworfen wird. Von dort rutscht es durch das Rohr *12* in die Schnecke *11*. Die Umstellung auf die Klappe *13* und das Rohr *15* dient zur Kontrolle.

Der *Walzen- oder Zellenradzuteiler* (Abb. 138) besteht aus kleinen, flachen Zellen, die sich ohne Schwierigkeit füllen und entleeren. Das Gut gelangt aus dem Trichter *t* zur Meßwalze *w*, die sich zwischen dem Abschlußstück *c* und dem unteren Teil des Gehäuses *d* dreht und jeweils den Inhalt einer Zelle entleert.

3. Dosieren von Flüssigkeiten. Zum Dosieren von Flüssigkeiten werden in der Hauptsache *Dosierpumpen* verwendet. Das sind Verdrängerpumpen (Kolben- und Zahnradpumpen; siehe dort) mit einstellbarem Dosierstrom für Flüssigkeiten (und Gase). Die Hublänge kann stufenlos durch Stellantriebe (elektrisch, pneumatisch) verstellt werden. Die Dosiermenge kann auch durch Änderung der Drehzahl reguliert werden.

Bei *Abfüllmaschinen* können auch Hohlmaße bis zu einer Marke automatisch (z. B. durch Heber oder Schwimmer mit Potentiometerschaltung) gefüllt und anschließend entleert werden. Dem gleichen Zweck dienen Ringkolbenmesser, Ovalrad- und Turbinenzähler.

4. Volumenmessung. Beim *Trommelzähler* (Abb. 139) tritt das Meßgut durch die Öffnung eines die Achse A konzentrisch umgebenden Rohres R in das Kammersystem ein. Zunächst füllt sich die

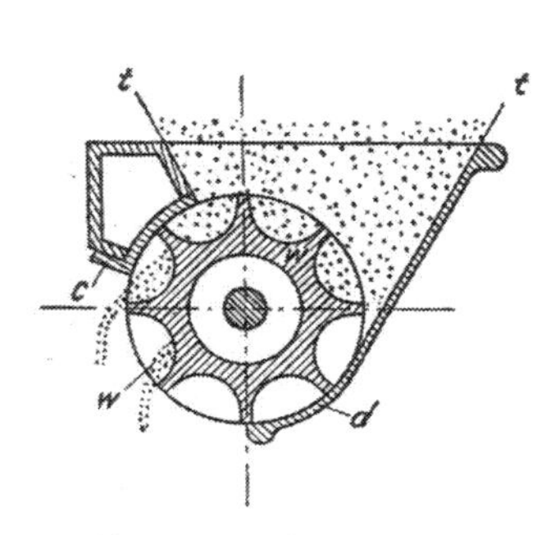

Abb. 138. Zellenradzuteiler

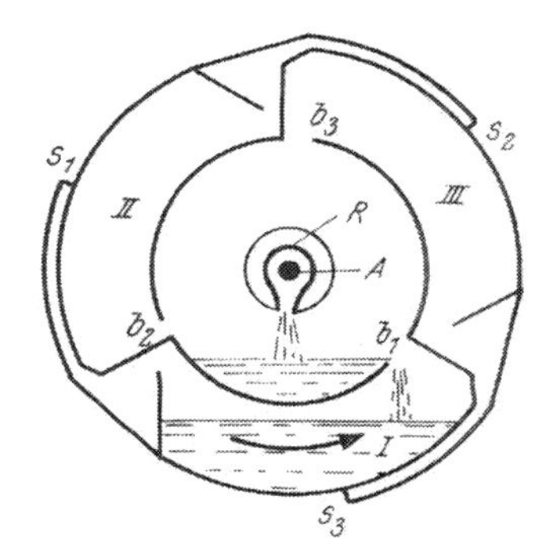

Abb. 139. Trommelzähler

darunterliegende Schale des inneren Trommelrohres. Über die Kante bei b_1 erfolgt dann der Überlauf in die Kammer I. Dadurch verschiebt sich der Schwerpunkt des gesamten Trommelsystems und die Trommel beginnt sich in Pfeilrichtung zu drehen. Der Auslauf aus den Kammern I, II und III geschieht infolge Drehung nacheinander durch die Auslaufschlitze s_1, s_2 und s_3. Die Zahl der Drehungen wird durch ein Zählwerk aufgezeichnet.

Bei den *Verdrängungszählern* werden die Meßkammern vom Meßgut angetrieben.

Die Abb. 140 zeigt das Prinzip des *Einkolbenzählers*. Das eintretende Meßgut bewegt den Kolben nach unten, wodurch das auf der anderen Kolbenseite befindliche Meßgut ausgeschoben wird. Nach Erreichen der Endlage wird der oben befindliche Hahn mechanisch gesteuert und der Verdrängungsvorgang wiederholt sich in umgekehrter Richtung. Kolbenzähler sind verwendbar für zähe, schmutzige Flüssigkeiten und Betriebsdrucke bis 30 bar und Temperaturen bis 150 °C.

Der *Ringkolbenzähler* (Abb. 141) besteht aus einer zylindrischen Ringkammer und einem Meßkolben, der als Hohlzylinder mit einem Mittelsteg und einem axialen Zapfen ausgebildet ist und einen radialen Führungsschlitz besitzt. Durch diesen Schlitz wird der Kolben längs einer radial in die Meßkammer eingesetzten Trennwand *T* geführt. Die zweite Führung des Kolbens erfolgt durch

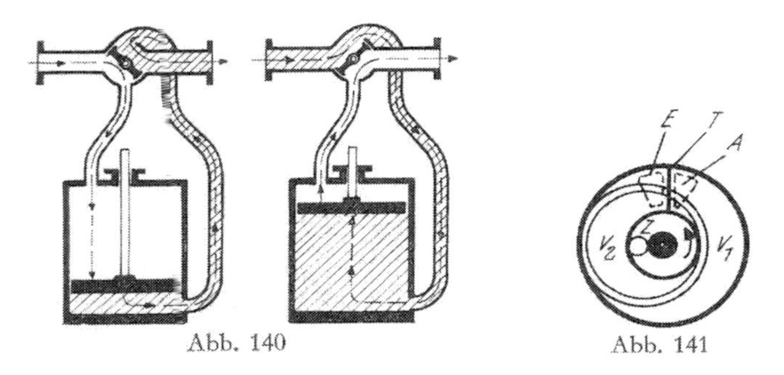

Abb. 140. Kolbenzähler (J. C. Eckhardt AG, Stuttgart-Bad Canstatt)
Abb. 141. Ringkolbenzähler

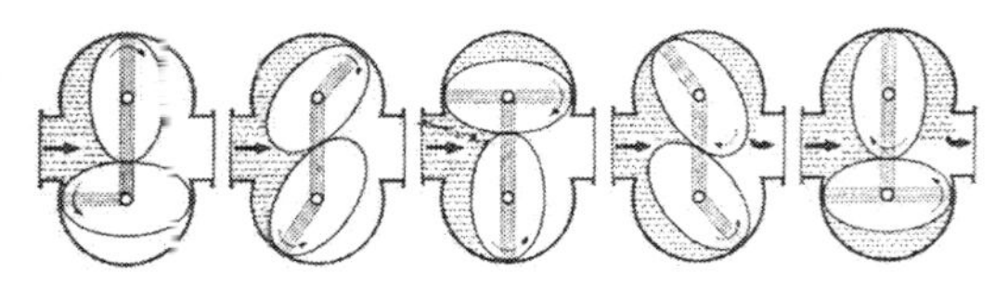

Abb. 142. Wirkungsweise des Ovalradzählers
(Bopp & Reuther GmbH, Mannheim-Waldhof)

seinen Mittelzapfen *Z* innerhalb des inneren Meßkammerzylinders. *E* und *A* sind die Ein- und Auslauföffnungen für das Meßgut. Bei einem Kolbenumlauf werden die Volumen V_1 und V_2 durch die Meßkammer transportiert.

Ovalradzähler. Das Meßelement des Ovalradzählers besteht aus zwei verzahnten Präzisions-Ovalrädern, die, von der Flüssigkeit angetrieben, aufeinander abrollen. Bei jeder Umdrehung der Ovalräder wird eine bestimmte Flüssigkeitsmenge durch den Zähler transportiert, die Anzahl der Umdrehungen ist ein genaues Maß für die durchgeflossene Menge. Die Umdrehungen der Ovalräder werden z. B. über eine Magnetkupplung und ein Getriebe auf ein mechanisches Zählwerk übertragen. Aus der Abb. 142 ist die Wirkungsweise des Ovalradzählers zu erkennen.

Drehkolbenzähler sind im Prinzip wie die Roots-Pumpe (s. S. 157) gebaut. Bei jedem Umlauf wird, ähnlich wie beim Ovalradzähler, viermal ein sichelförmiges Volumen durch die Meßkammer bewegt und die Zahl der Umläufe gemessen. Sie sind empfindlich gegen Verschmutzung.

Der *Turbinenradzähler Rotoquant* (Abb. 143) ist ein mittelbar messender Volumenzähler. Das Flüssigkeitsvolumen wird über die mittlere Strömungsgeschwindigkeit gemessen. Die Zahl der Umdre-

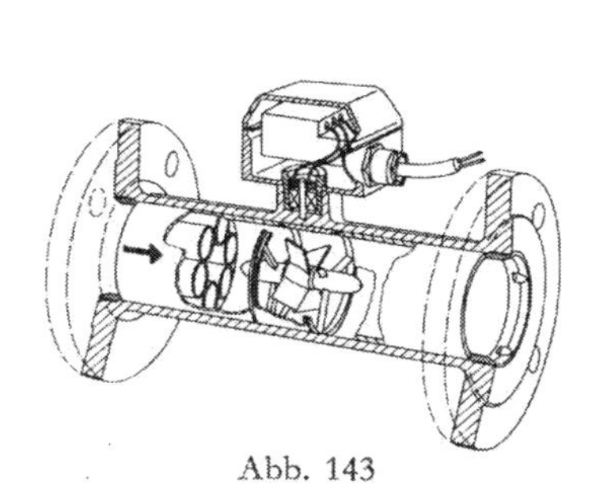

Abb. 143

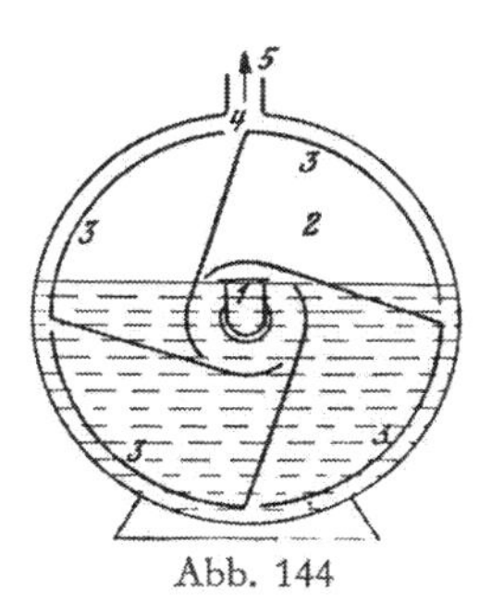

Abb. 144

Abb. 143. Turbinenradzähler Rotaquant I
(Bopp & Reuther GmbH, Mannheim-Waldhof)
Abb. 144. Gasuhr

hungen des Turbinenrades, das von der Flüssigkeit axial angeströmt wird, ist der durchgeflossenen Menge proportional. Die von einem Abtastsystem am Gehäuse des Zählers abgegebenen Impulse werden zunächst einem elektronischen Umwerter zugeführt und dann z. B. in ein Analogsignal umgeformt. Der Turbinenradzähler ist für Flüssigkeiten niedriger Viskosität geeignet.

Zu der Gruppe der Turbinenzähler gehört auch der *Woltmann-Zähler*, der als Meßorgan einen zylindrischen oder stromlinienförmigen Körper enthält, auf dessen Oberfläche Flügelblätter in ebenen Schraubengängen angeordnet sind. Die Meßflügel werden durch den Druck des strömenden Mediums bewegt, die Umdrehungen auf ein Zählwerk übertragen.

Speziell zur Volumenmessung von Gasen werden *Gasuhren* verwendet. Die Abb. 144 zeigt das Prinzip der Gasuhr. Eine sich drehende Trommel ist durch die Schaufeln *3* in vier Kammern geteilt. Das zu messende Gas tritt bei *1* über die Oberfläche der Sperrflüssigkeit (Wasser oder Öl) ein und füllt die Kammer *2*, wodurch diese in der Sperrflüssigkeit gehoben und weitergedreht wird.

Dadurch taucht die Eintrittsöffnung dieser Kammer in die Flüssigkeit und wird abgesperrt, während die nächste Kammer zur Füllung gelangt. Das Gas wird nun aus der bereits gefüllten Kammer durch die Austrittsöffnung *4* gedrängt und verläßt die Gasuhr bei *5*. Die Trommelumdrehungen werden auf einen Zeiger übertragen, der auf einer Skala die durchgeströmte Gasmenge anzeigt. Der Flüssigkeitsstand der Gasuhr muß auf genaue Höhe eingestellt und die Gasuhr genau horizontal gestellt sein.

Die Nachteile nasser Gasuhren (Einfrieren, Gasabsorption) werden bei den *trocken arbeitenden Gasmessern* vermieden. Sie haben jedoch eine geringere Meßgenauigkeit und sind empfindlicher gegen Verschmutzung.

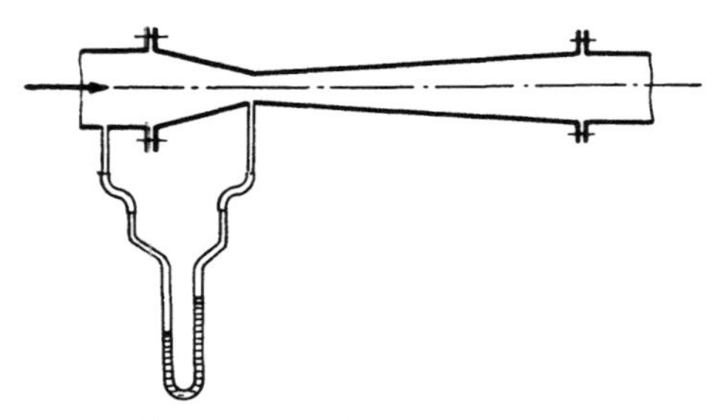

Abb. 145. Prinzip des Venturimessers

Schraubenrad-Gaszähler ähneln im Prinzip den Turbinenradzählern (s. S. 119). In dem röhrenförmigen Gehäuse ist ein zweiteiliger Verdrängungskörper so angeordnet, daß zwischen ihm und der Gehäusewand ein ringförmiger Strömungskanal entsteht. In der Mittelfuge des Verdrängungskörpers befindet sich ein Schaufelrad, das durch das strömende Gas in Drehung versetzt wird. Die Umdrehungen werden auf ein Zählwerk übertragen.

5. Durchflußmeßverfahren. Strömende Gase, Dämpfe und Flüssigkeiten können mengenmäßig durch Messen des Durchflusses pro Zeiteinheit erfaßt werden. Die Geräte arbeiten entweder mit einem Drosselorgan oder einem Schwebekörper.

Wird der Querschnitt eines Rohres verändert (z. B. durch eine Normblende, Düse oder ein Staurohr), so ändert sich auch die Strömungsgeschwindigkeit des durchströmenden Mediums. Sie steigt an, wenn sich der Rohrquerschnitt verengt und es tritt ein plötzliches Druckgefälle auf. Die Druckdifferenz (Wirkdruck) ist proportional dem Quadrat der Durchflußmenge. Geräte mit Drosselorganen müssen geeicht werden.

Normblenden bestehen aus einer glatten Scheibe mit konzentrischer Bohrung. Gemessen wird der Druckunterschied vor und hinter der Blende.

Der *Venturimesser* (Abb. 145) stellt ein Rohr mit einer allmählichen Verengung des Querschnittes und anschließender Erweiterung

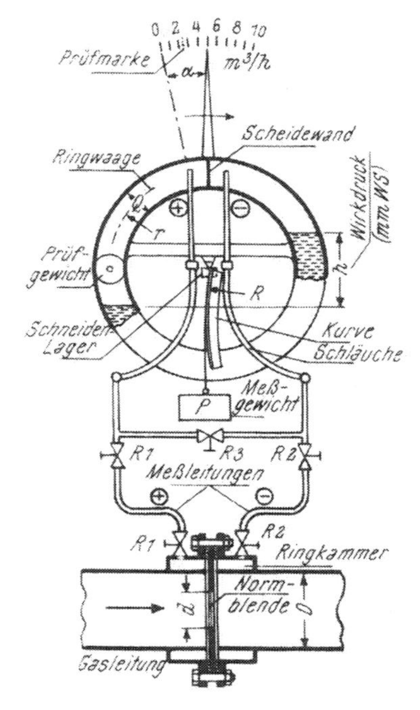

Abb. 146. Durchflußmessung mit Normblende und Ringwaage (Hydro Apparatebauanstalt, Düsseldorf)

bis zur ursprünglichen Abmessung dar. In dem verengten Querschnitt nimmt der Druck des durchströmenden Mediums ab und es tritt höchste Geschwindigkeit auf. Im anschließenden, erweiterten Auslaufrohr verringert sich die Geschwindigkeit wieder, so daß der Druck ansteigt. Der zwischen Eintritt und engstem Querschnitt entstandene Druckunterschied ist ein Maß für die in der Zeiteinheit durchströmende Menge.

Bei der *Ringwaage* sind die Wirkdruckleitungen an einen kreisförmigen Waagekörper angeschlossen, der zur Hälfte mit Sperrflüssigkeit gefüllt ist. Bei Überdruck erfährt die Waage eine Drehung bis Rückstellmoment und Drehmoment im Gleichgewicht sind. Die Drehung der Waage wird auf einer Skala angezeigt.

Die Abb. 146 zeigt die Anordnung einer Durchflußmessung mit Normblende und Ringwaage. Die Meßleitungen sind an die Ringwaage über die Ventile $R_1 = R_2$ angeschlossen; R_3 ist ein Ausgleichsventil. R ist das Radizierschwert, P das Meß- oder Gegengewicht.

Beim *Differenzdruckmeßgerät mit Plattenfeder* (Abb. 147) ist das Meßelement eine zwischen Flanschen eingespannte Plattenfeder,

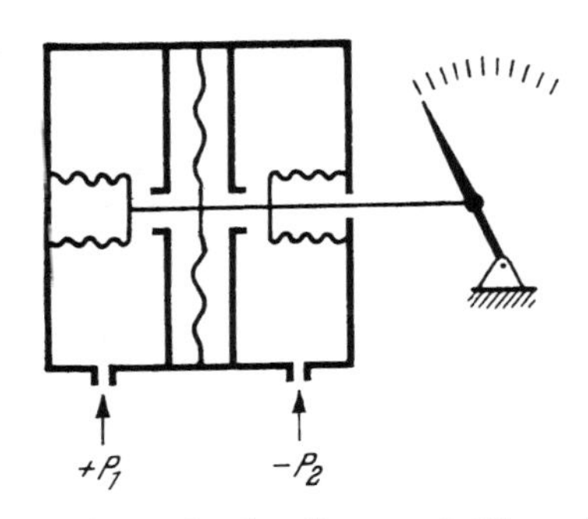

Abb. 147. Differenzdruckmeßgerät mit Plattenfeder (J. C. Eckhardt AG, Stuttgart-Bad Canstatt)

die die Meßzelle in die Druckräume P_1 und P_2 teilt, die durch den Einbau einer Trennwand als Doppelkammern ausgebildet sind. Die Hubbewegung der Plattenfeder wird durch eine Schubstange auf ein Zeigerwerk übertragen.

Der *Durchflußmesser Gardex* (Abb. 148) arbeitet nach dem Wegausschlag-Verfahren. In den Steckring *1* ist eine Platte *2* eingebaut, mit deren Hilfe das durchfließende Medium gestaut wird. Die Platte ist an einem elastisch gelagerten Waagebalken *3* befestigt und wird vom fließenden Medium aus gelenkt. Die Bewegung wird über den Waagebalken mit Hilfe einer Faltenbalgdurchführung *4* in den Anzeigeteil *5* übertragen. Ein Zahntrieb *6* setzt den Ausschlag des Waagebalkens in eine Winkelbewegung des Zeigers *7* um. Die Zeigerbewegung wird durch eine Wirbelstrombremse *8* gedämpft. Die Faltenbalgdurchführung trennt den Steckring vom Anzeigeteil.

Auf dem Prinzip der Schwingungsmessung in strömenden Medien beruht der *Dralldurchflußmesser* (Fischer & Porter GmbH, Meß- und Regeltechnik, Göttingen). Er arbeitet ohne bewegliche Teile mit digitalem Ausgangssignal, das dem Volumenstrom direkt proportional ist. Im Einlauf wird durch einen zykloidisch wirkenden Strömungsrichter ein Wirbel erzeugt. Durch einen Strömungsgleichrichter am Austritt wird der Drall der Strömung wieder aufgehoben.

Schwebekörper-Durchflußmesser. Die Abb. 149 zeigt als Beispiel für die Gattung des Schwebekörper-Durchflußmessers den von der Rota Apparate- und Maschinenbau Dr. Hennig KG, Wehr/Baden, hergestellten Rotamesser. Das Medium strömt von unten nach oben

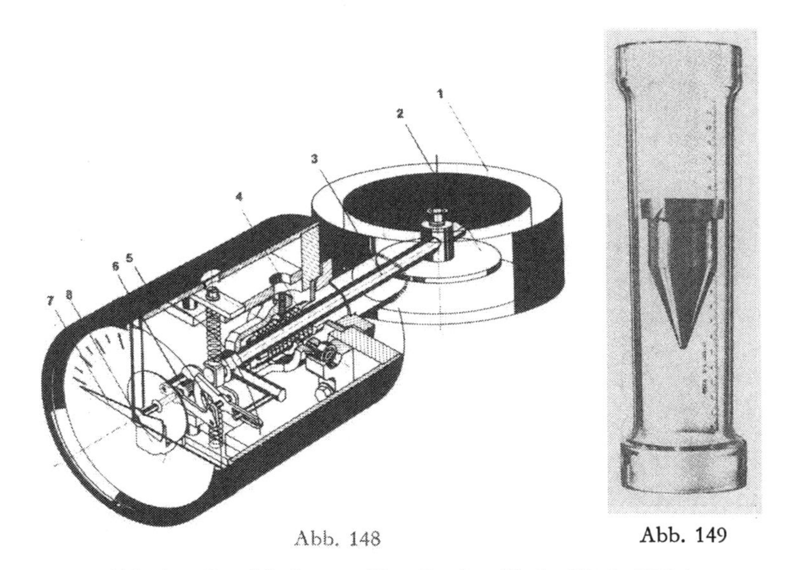

Abb. 148 Abb. 149

Abb. 148. Durchflußmesser Typ Gardex (Turbo-Werk, Köln)

Abb. 149. Rotamesser
(Rota Apparate- und Maschinenbau Dr. Hennig KG, Wehr/Baden)

durch das sich etwas erweiternde Rohr und hebt den kegelförmigen Schwebekörper (der den verengten Querschnitt verursacht) bis zu einer bestimmten Höhe, die ein Maß für die durchgeströmte Menge ist. Da die Anzeige nur die im Augenblick des Ablesens durchströmende Menge wiedergibt, muß die Geschwindigkeit konstant gehalten werden, um auf die Gesamtmenge schließen zu können. Durch Nuten wird dem Schwebekörper eine rasche Rotation gegeben, wodurch die Berührung mit der Rohrwand vermieden wird. Das Gerät, das sich für die Messung von Gasen und Flüssigkeiten eignet, muß auf das jeweilige Medium geeicht werden.

Bei Meßrohren aus Glas kann die Stellung des Schwebekörpers unmittelbar beobachtet werden. Ist das Meßrohr aus Metall, Porzellan oder Kunststoff sind Zusatzeinrichtungen für die Anzeige erforderlich. Für eine magnetische Übertragung wird der Schwebekörper mit einem Permanent-Magnet versehen, in dessen Kraftfeld sich ein kleiner Folgemagnet außerhalb des Rohres so einstellt, daß die Schwebekörperstellung dadurch bestimmt ist. Die Stellung des

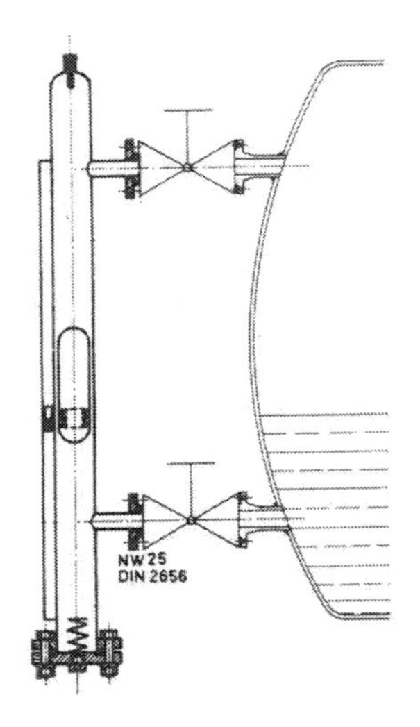

Abb. 150. Meßeinrichtung Typ BM 26 (Ludwig Krohne, Duisburg)

Schwebekörpers kann auch durch induktive Übertragung angezeigt werden. Anordnungen zur Fernanzeige, Registrierung und Regelung sind möglich.

Magnetische Durchflußmessung. Bei diesem Verfahren entfällt die Einengung der Rohrleitung an der Meßstelle. Es entsteht kein Druckverlust, die Messung feststoffhaltiger Flüssigkeiten ist ohne störende Nebenwirkungen möglich.

Der magnetische Durchflußmesser (J. C. Eckardt AG, Stuttgart-Bad Cannstatt) besteht aus einem in die Rohrleitung eingebauten Geber und einem Umformer mit einem eingeprägten Gleichstrom als Ausgangssignal. An den Umformer können Anzeiger, Zähler, Schreiber oder Regler angeschlossen werden. Voraussetzung für ein einwandfreies Meßergebnis sind eine stets gefüllte Rohrleitung und eine Mindestleitfähigkeit des Meßstoffes. Die Meßzone des Geberrohres wird von einem Magnetfeld durchsetzt, erzeugt durch einen am Wechselstromnetz angeschlossenen Elektromagneten.

Durch die Bewegung der Flüssigkeit im Magnetfeld entsteht eine Spannung, die an zwei gegenüberliegenden Elektroden abgegriffen wird. Der Geber besitzt außerdem eine Wicklung im Magnetfeld, in der die Referenzspannung erzeugt wird. Aus dieser Spannung wird im Umformer die Kompensationsspannung abgeleitet, so daß Änderungen der Netzspannung, Netzfrequenz und Temperatur keinen Einfluß auf die Meßgenauigkeit haben.

6. Füllstandsmessung. a) *Meßlatte.* In offenen Gefäßen wird im einfachsten Fall eine mit Skala versehene Meßlatte bis zum Boden des Gefäßes eingetaucht und die Höhe der Benetzung und damit

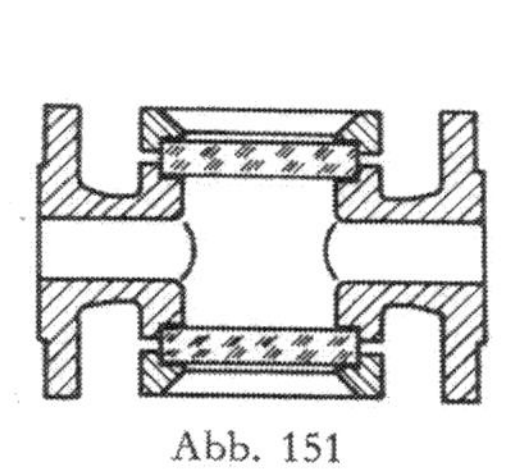

Abb. 151

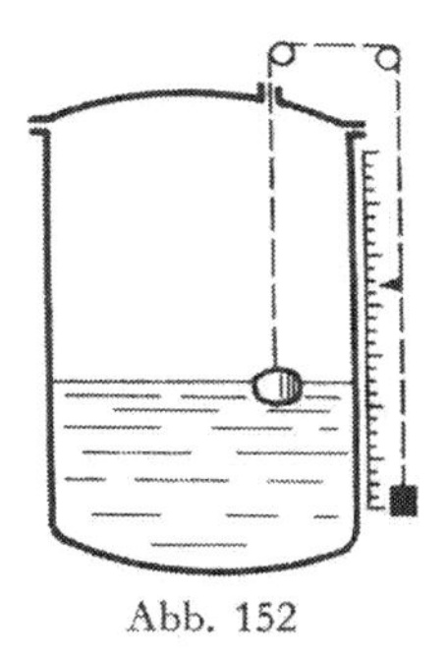

Abb. 152

Abb. 151. Durchflußanzeiger mit zwei Glasfenstern (Gustav Mankenberg Armaturenfabrik GmbH, Lübeck)
Abb. 152. Flüssigkeitsstandanzeiger

des Flüssigkeitsstandes festgestellt. Geeicht werden solche Meßlatten durch Auslitern, d. h. absatzweises Füllen des Behälters mit abgestuften Wassermengen (Messen mit einer Wasseruhr) und Markieren des jeweiligen Flüssigkeitsstandes auf der Meßlatte.

b) *Flüssigkeitsstandgläser.* Die örtliche Niveauanzeige in einem geschlossenen Behälter kann mit Hilfe eines angebauten kommunizierenden Niveaurohres geschehen. Der Flüssigkeitsstand im Niveaurohr ist der gleiche wie im Behälter und kann auf einer dahinter angebrachten Skala abgelesen werden. Das Glasrohr ist beiderseits mit Hähnen abschließbar, um bei Bruch die Verbindung sofort unterbrechen zu können. Es können auch mehrere, kleinere Niveaurohre angebracht werden, die den Flüssigkeitsstand in abgestuften Höhen anzeigen. Zur besseren Sichtbarmachung werden Reflexionsgläser (sie haben einen mit Rillen versehenen Hintergrund) verwendet.

Bei Meßrohren aus Metall muß die örtliche Anzeige durch magnetische Kupplung zwischen einem Schwimmer im Niveaurohr und einem außerhalb liegenden Anzeiger vorgenommen werden (Abb. 150).

Das Gerät arbeitet stopfbuchsenlos. Soll eine Signalisierung erfolgen, werden Grenzwertschalter benutzt.

Soll der Flüssigkeitsfluß in Rohrleitungen beobachtet werden (z. B. beim Füllen von Gefäßen), müssen Schaugläser eingebaut werden (Durchflußanzeiger, Abb. 151).

c) *Schwimmeranzeiger.* Die Flüssigkeitsstandanzeige kann auch mit Hilfe eines Schwimmers vorgenommen werden. Der auf der Flüssigkeit ruhende Schwimmer stimmt mit der jeweiligen Flüssigkeitsoberfläche überein. Die Schwimmerstellung wird z. B. durch ein auf Rollen laufendes Seil (mit Gegengewicht) nach außen übertragen und auf einer Skala abgelesen (Abb. 152).

In der Regel wird die Schwimmeranzeige mit einer Regelung und Signalisierung von Flüssigkeitsständen in offenen oder geschlossenen Gefäßen verbunden (s. Abb. 115, S. 99).

Beim Jola-Schwimmschalter ist der zylindrische Schwimmkörper mit einer bruchsicheren, wasser- und gasdicht vergossenen Quecksilberschaltröhre versehen. Durch das Aufschwimmen und Absinken des Schwimmers mit dem Flüssigkeitsspiegel wird ein Kontakt ein- oder ausgeschaltet. Für eine stufenweise Füllstandsanzeige werden mehrere Geräte (Tauchsonden) eingebaut (Jola-Spezialschalter GmbH, Lambrecht/Pfalz).

d) *Pneumatische Niveauanzeiger mit Verdrängungskörper.* Bei diesen wird von dem Prinzip Gebrauch gemacht, daß ein in eine Flüssigkeit eintauchender Körper soviel an Gewicht verliert, wie die von ihm verdrängte Flüssigkeitsmenge wiegt. Ist der Tauchkörper genau zylindrisch, so ist sein Auftrieb ein Maß für die Tauchtiefe, d. h. bei festgehaltenem Verdrängungskörper ein Maß für den Flüssigkeitsstand. Der Auftrieb wird an einer Waage durch eine entgegenwirkende pneumatische Kraft gemessen und in entsprechenden Luftdruck umgewandelt, der entweder auf ein Anzeigegerät übertragen wird oder ein Regelwerk steuert („Niveauregler").

Die Abb. 153 zeigt das Meßverfahren in schematischer Darstellung. Die Länge des Verdrängungskörpers *a* ist dem zu messenden Niveaubereich angepaßt. Er hängt am Arm eines Waagebalkens. Das Gewicht des Körpers zieht nach unten, der Auftrieb wirkt entgegengesetzt. Die resultierende Kraft (Gewicht minus Auftrieb) ist stets nach unten gerichtet. Das Gewicht ist am anderen Arm des Waagebalkens durch eine Feder *c* ausgeglichen, der Auftrieb wird durch die Kraftwirkung eines Faltenbalges *f* ausgewogen, dessen Luftdruck durch den Waagebalken mittels Düse *e* und Prallplatte *d* selbsttätig gesteuert wird. Die sich in der Düsenleitung ergebenden Druckänderungen werden auf eine als Verstärker wirkende Membran mit Kugelventil geleitet, das den eigentlichen Meßdruck einstellt. Der geringe Ausschlag des Waagebalkens (an den äußeren Enden nur etwa 0,05 mm) ermöglicht es, den Druckraum nach außen in sehr einfacher Weise durch ein dünnwandiges Biegerohr *b* abzuschließen, das auf der einen Seite mit dem Waagebalken, auf der anderen mit der Behälterwand verbunden ist. Das Gerät kann auf die jeweilige Dichte der Flüssigkeit in einem Bereich von 0,5 bis 1,5 eingestellt werden.

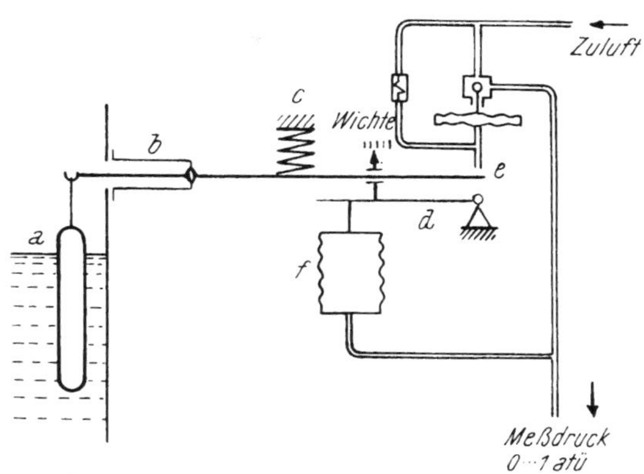

Abb. 153. Anordnung des pneumatischen Niveaugebers mit Verdrängungskörper (Siemens & Halske AG, Wernerwerk, Karlsruhe)

e) *Füllstandsmessung mit Elektroden.* Die kapazitiven Behälterstand-Meßgeräte (Ludwig Krohne, Duisburg) arbeiten mit einer Elektrode, die in den Behälter eingebaut wird und die mit dem Füllgut einen Kondensator bildet, dessen Kapazität sich linear mit dem Höhenstand des Füllgutes ändert. Gemessen wird der Kondensatorstrom, der proportional zur Kapazität und somit zur Füllhöhe ist. Die Anlage besteht aus der Meßelektrode und dem Elektronikteil. Bei der kontinuierlichen Messung kann zusätzlich ein Grenzwertmelder nachgeschaltet werden. Bis 3 m Elektrodenlänge werden Stabelektroden, darüber Seilelektroden mit Gewicht oder Abspann-Isolator verwendet.

f) *Radiometrische Messung.* Die Standmessung mit Gammastrahlen wird z. B. angewandt zur Überprüfung bei Kesselwagen. Der Behälter wird mit Gammastrahlen durchstrahlt und auf der gegenüberliegenden Seite des Behälters in gleicher Höhe mit einem Zählrohr die Ausgangsintensität der Strahlung gemessen. Bewegt man das Präparat und Zählrohr gleichsinnig am Behälter entlang, so ändert sich an der Flüssigkeitsoberfläche die Absorption und damit die Strahlungsintensität sprunghaft.

g) *Der elektro-mechanische Füllstandsanzeiger MBA* dient der Feststellung des Füllstandes fester Stoffe in Siloanlagen.

Ein Synchronmotor treibt über ein Getriebe den in den Bunkerraum hineinragenden Drehflügel an. Der Drehflügel wird behindert und festgehalten, sobald ihn das Füllgut erreicht. Die gehemmte Drehkraft des Motors wird ausgenutzt, um einen Mikroschalter zu betätigen, der den Motor abschaltet und die angeschlossenen Signaleinrichtungen auslöst. Bei sinkendem

Füllstand dreht sich der freiwerdende Drehflügel wieder, der Mikroschalter wird durch eine Feder in seine Ausgangsstellung gebracht, der Motor schaltet sich wieder ein und ein Signal wird gegeben.

Die Abb. 154 zeigt das in einen Silo eingebaute Gerät MBA II, bei dem die Flügelwelle von oben senkrecht in den Silo eintaucht. Die Flügelwellenlänge kann zwischen 200 und 6000 mm gewählt werden, also verwendbar für Voll- und Leeranzeige. Für den Anbau an der seitlichen Silowand eignet

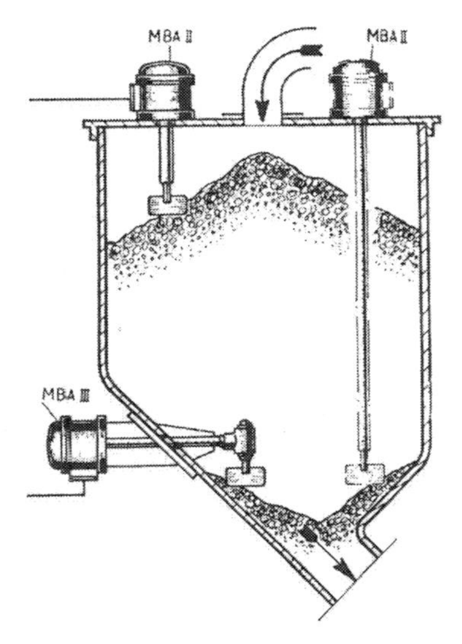

Abb. 154. Elektro-mechanischer Füllstandsanzeiger MBA (H. Maihak AG, Hamburg)

sich der Anzeiger MBA III. Der Silostandanzeiger wird verwendet, wenn die Temperaturen im Innern 60 °C nicht überschreiten. Das Signal wird akustisch oder optisch gegeben.

B. Druckmessung

1. Einheiten. Unter Druck versteht man die auf die Flächeneinheit wirkende Kraft.

Gemäß Gesetz über Einheiten im Meßwesen vom 2. Juli 1969 und Ausführungsverordnung vom 26. Juni 1970 (SI-Basis-Einheiten: SI = Système International d'Unités) gilt als Einheit für den Druck 1 bar.

1 bar = 100 000 Pa
1 Pa (Pascal) = 1 N/m^2
1 N (Newton) = 1 kg · m/s^2

Die alten Einheiten p (Pond), kp (Kilopond), at (Atmosphäre), m WS (Meter Wassersäule), mm Hg und Torr sind nur noch bis zum 31. Dezember 1977 erlaubt. kg als Druckeinheit ist ab sofort unzulässig.

Umrechnung:

			Näherungsfaktor
1 bar	=	1,019716 kp/cm²	1
	=	1,019716 at	1
	=	10,19716 m WS	10
1 mbar (Millibar)	=	0,75006 mm Hg	0,75
	=	0,75006 Torr	0,75
1 at	=	0,98067 bar	1
1 kp/cm²	=	0,98067 bar	1
1 m WS	=	0,098067 bar	0,1
1 mm Hg = 1 Torr	=	1,33322 mbar	1,333

In diesem Zusammenhang einige weitere Einheiten:

Gewichtskraft: 1 N (1 N = 1 kg · m/s²)
Arbeit und Wärmemenge: 1 J (Joule) = 1 N · m = 1 W · s
(= 0,10197 kp · m) = 0,23885 cal
1 cal = 4,18680 J
Leistung: 1 W (Watt) = 1 J/s
1 kW = 1,35962 PS (1 PS, die alte Einheit, ist also = 0,73550 kW)

2. Flüssigkeitsmanometer. Sie sind für niedrige Drucke geeignet. Als Maß dient die Höhendifferenz zweier Flüssigkeitssäulen (U-Rohr-Manometer). Für genaue Messungen müssen der Einfluß der Temperatur und der Oberflächenspannung der Sperrflüssigkeit beachtet werden. Zu den Flüssigkeitsmanometern gehört auch die offene Ringwaage (s. S. 121).

3. Kolbenmanometer. Bei ihnen wird ein Kolben, der genau in einen Zylinder mit kleinstem Spiel eingepaßt ist, mit geeichten Gewichten belastet. Der Druck des belasteten Kolbens wird durch eine Flüssigkeit auf die Meßstelle übertragen.

4. Federelastische Druckmesser. a) *Allgemeines.* Manometer müssen im Gesichtskreis des Wärters liegen. Der höchstzulässige Betriebsdruck des angeschlossenen Apparates muß durch eine Marke (roter Strich) am Manometer gekennzeichnet sein.

Vor der Belastung steht der Zeiger des Instrumentes auf der Nullmarke, d. h. es zeigt nur den sogenannten Überdruck an, um den der zu messende Druck größer ist als der jeweilige Atmosphärendruck.

Zwecks nachträglicher Überprüfung des Druckverlaufes einer Reaktion werden Manometer mit einem selbsttätigen Registriergerät verbunden. Die Übertragung zur Betriebsmeßwarte geschieht vor allem auf elektrischem Wege.

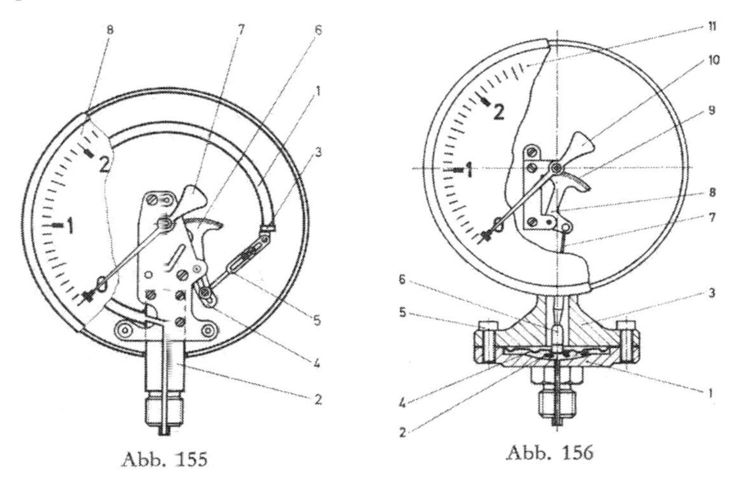

Abb. 155 Abb. 156

Abb. 155. Rohrfedermanometer (Alexander Wiegand, Armaturen- und Manometerfabrik, Klingenberg/Main). *1* Rohrfeder, *2* Federträger, *3* Federendstück, *4* Segment, *5* Zugstange, *6* Segmentverzahnung, *7* Zeiger, *8* Skala

Abb. 156. Plattenfedermanometer (Alexander Wiegand, Armaturen- und Manometerfabrik, Klingenberg/Main). *1* Unterer Meßflansch, *2* Druckraum, *3* oberer Meßflansch, *4* Plattenfeder, *5* Zylinderschraube, *6* Kugelgelenk, *7* Schubstange, *8* Segment, *9* Segmentverzahnung, *10* Zeiger, *11* Skala

b) *Rohrfedermanometer* (Abb. 155). Das elastische Meßglied (Rohrfeder) ist mit dem Federträger verlötet oder verschweißt. Durch eine Bohrung im Anschlußzapfen gelangt das Druckmedium in den Innenraum des Meßgliedes. Bei Druckanstieg ändert sich die Krümmung des Meßgliedes, das Rohr windet sich etwas auf. Die Bewegung, die das verschlossene Federende ausführt, ist das Maß für den zu messenden Druck, sie wird auf ein Zeigerwerk übertragen.

c) *Plattenfedermanometer* (Abb. 156) sind unempfindlicher als Rohrfedermanometer, sie lassen sich leichter gegen Überdruck und aggressive Medien schützen. Sie sind für flüssige und gasförmige Druckmedien verwendbar.

Zwischen zwei Flanschen ist eine konzentrisch gewellte Plattenfeder als Meßglied eingespannt. Durch eine Bohrung im Anschlußzapfen gelangt das Druckmedium in den unter der Plattenfeder liegenden Druckraum, die Plattenfeder wölbt sich nach oben durch. Die Druckwölbung, die ein Maß für den zu messenden Druck ist, wird auf ein Zeigerwerk übertragen.

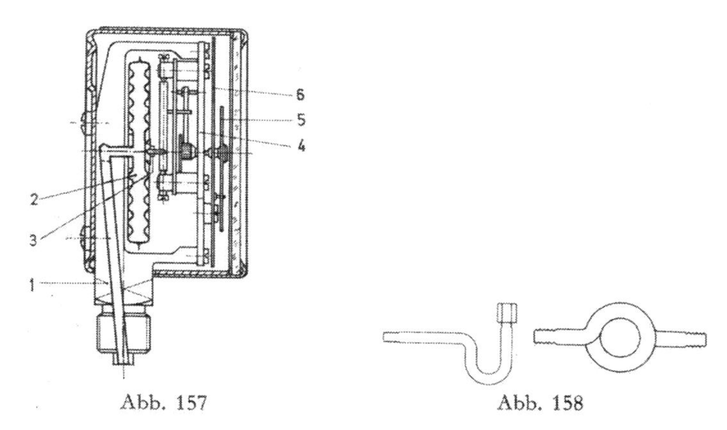

Abb. 157 Abb. 158

Abb. 157. Kapselfedermanometer (Alexander Wiegand, Armaturen- und Manometerfabrik, Klingenberg/Main). *1* Federträger, *2* Kapselfeder, *3* Übertragungshebel, *4* Zeigerwerk, *5* Zeiger, *6* Skala

Abb. 158. Wassersackrohre (Alexander Wiegand, Armaturen- und Manometerfabrik, Klingenberg/Main)

d) *Kapselfedermanometer* (Abb. 157). Die Kapselfeder ist im Gehäuse auf der Rückseite montiert, ihr Innenraum ist mit dem Anschluß verbunden. Das Druckmedium wölbt die Kapselfeder beidseitig auf. Die Geräte werden zum Messen niedriger Drucke verwendet. Sie sind vor allem für gasförmige Medien geeignet.

5. Vakuummeter. Zum Messen von Unterdruck werden Vakuummeter verwendet. Die im Produktionsbetrieb verwendeten Geräte entsprechen in ihrem Bau den Federmanometern.

6. Wassersackrohre (Abb. 158). Wassersackrohre haben die Aufgabe, Druckmeßgeräte vor Pulsationen des Druckmittels und vor zu starker Erwärmung zu schützen.

Das Wassersackrohr wird direkt am Manometeranschlußzapfen oder an dem darunter angebrachten Absperrorgan montiert. Im Wassersackrohr bildet sich ein Kondensat, das ein Eindringen des heißen Druckmediums in das Manometer verhindert. Die U-Form wird bei horizontaler, die Kreisform bei vertikaler Druckabnahme verwendet.

7. Elektrische Druckmeßgeräte. Bei der elektrischen Messung des Druckes wird eine erzeugte mechanische Größe in eine elektrische umgewandelt, meist verstärkt und schließlich angezeigt.

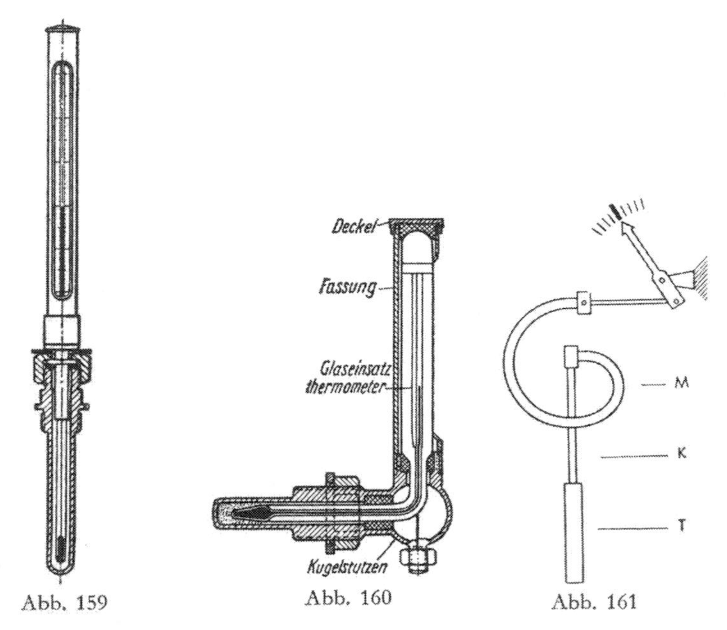

Abb. 159. Thermometer mit Schutzrohr

Abb. 160. Winkelthermometer

Abb. 161. Schematische Darstellung des Meßsystems eines DRD-Zeigerthermometers (Dreyer, Rosenkranz + Droop AG, Hannover). *M* im Gehäuse angeordnete Meßfeder, *K* Kapillare, *T* Taucher oder Temperaturfühler

C. Temperaturmessung

1. Flüssigkeitsthermometer. Bei den gebräuchlichen Quecksilberthermometern ist der Raum über dem Quecksilber luftleer. Ihr Meßbereich erstreckt sich von — 30 bis + 350 °C. Bei Quecksilberthermometern für höhere Temperaturen ist der Raum über dem Quecksilber mit Druckstickstoff gefüllt.

Thermometer mit Toluolfüllung können für Temperaturen von — 70 bis + 100 °C, mit Alkohol von — 120 bis + 50 °C, mit

Pentan von — 200 bis + 20 °C verwendet werden. Bei diesen Thermometern ist die Flüssigkeit zum besseren Sichtbarmachen angefärbt.

In der Regel werden im Betrieb Stabthermometer verwendet. Abgelesen werden Quecksilberthermometer an der höchsten Stelle der Quecksilberkuppe in Augenhöhe.

Beim Einbau eines Thermometers in einen Rührkessel wird es, um ein Zerbrechen durch die in Bewegung befindlichen Massen zu verhindern, in eine Thermometerhülse eingesetzt. Zur rascheren Temperaturübertragung wird die Thermometerhülse mit Glycerin oder Öl gefüllt.

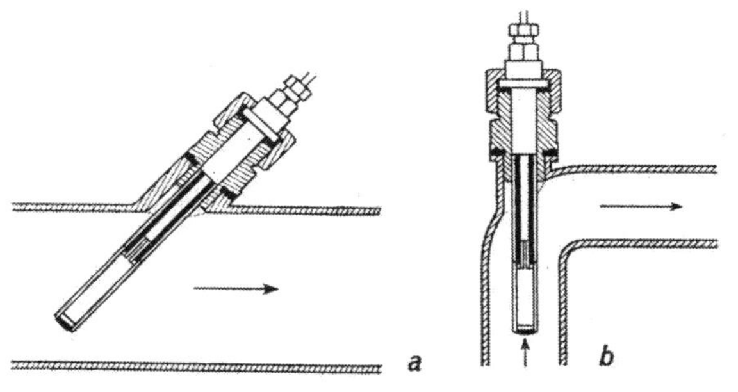

Abb. 162. Einbau eines Temperaturfühlers: *a* in eine weite Rohrleitung, *b* in einen Krümmer (Dreyer, Rosenkranz + Droop AG, Hannover)

Die Abb. 159 zeigt ein Thermometer mit Schutzrohr, die Abb. 160 ein Winkelthermometer.

Flüssigkeits-Federthermometer bestehen aus Temperaturfühler, der dem zu messenden Medium ausgesetzt wird, Kapillare und Anzeigeinstrument (Abb. 161). Der Innenraum des Thermometers ist vollständig mit Flüssigkeit angefüllt. Bei Temperaturerhöhung macht sich die Volumenzunahme als Drucksteigerung bemerkbar, die auf ein Meßgerät (Dehnung einer Rohrfeder) übertragen und auf einer Skala dieses Rohrfedermanometers angezeigt wird. Meßbereich bei Quecksilber als Thermometerflüssigkeit — 30 bis + 500 °C, bei organischen Flüssigkeiten (z. B. Toluol) — 90 bis + 260 °C.

Beim *Einbau des Temperaturfühlers* (Taucher) in ein Rohr, muß dieser gegen das strömende Medium gerichtet sein (Abb. 162 a), bei kleiner Rohrweite ist der Einbau in einen Krümmer vorzunehmen (Abb. 162 b).

2. Dampfdruck-Federthermometer. Bei diesen Geräten ist das Temperaturfühlergefäß nur zum Teil mit einer organischen Flüssigkeit gefüllt, der Raum darüber wird von dem entsprechenden Dampf eingenommen. Der Druck steigt nicht linear, sondern es stellt sich jeweils der der Meßtemperatur entsprechende Sättigungsdruck ein. Als Meß- und Anzeigegerät dient auch hier eine Rohrfeder, deren

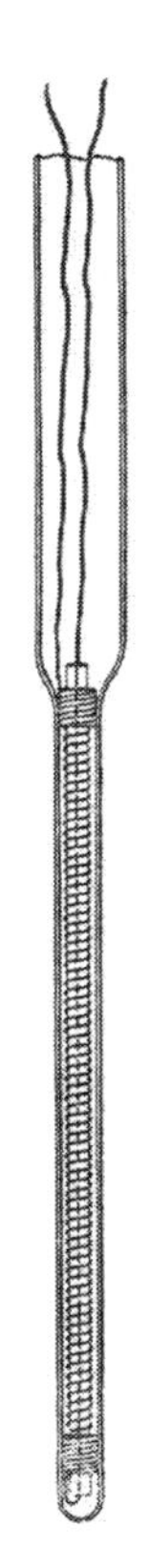

Abb. 163. Widerstandsthermometer

Skala am Anfang eng, später auseinandergezogen ist. Meßbereich bis etwa + 360 °C

3. Bimetall-Ausdehnungsthermometer. Grundlage ist die unterschiedliche Längenausdehnung bei Temperaturänderung zweier Metalle. Ein Streifen aus zwei aufeinander gewalzten Blechen verschiedener Wärmeausdehnungszahl ist spiralig oder schraubenförmig gewickelt. Das eine Ende ist fest eingespannt, das andere krümmt sich mit steigender Temperatur nach der Seite mit der kleineren Ausdehnungszahl. Die Bewegung wird auf ein Zeigerinstrument übertragen. Meßbereich — 50 bis + 400 °C.

4. Widerstandsthermometer. Die Temperaturmessung mit Widerstandsthermometern beruht auf der Eigenschaft aller Leiter und Halbleiter ihren elektrischen Widerstand in Abhängigkeit von der Temperatur zu verändern. Der Meßwiderstand muß also von einem elektrischen Strom durchflossen werden. Der Widerstandsdraht

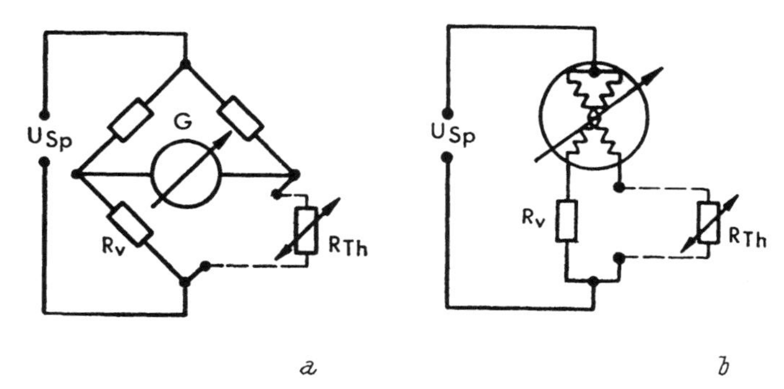

Abb. 164. Schaltung des Widerstandsthermometers.
a mit Wheatstonescher Brücke, *b* Kreuzspul-Schaltung
(Aus Druckschrift der W. C. Heraeus GmbH, Hanau)

(z. B. Pt) ist in Form einer Meßwicklung auf einen Träger aufgebracht (Abb. 163). Um Meßfehler durch Kriechströme auszuschalten, ist eine einwandfreie elektrische Isolation erforderlich. Bei technischen Thermometern (bis 750 °C) wird die Pt-Meßwicklung entweder in Glas eingeschmolzen oder in eine geeignete keramische Masse eingebettet. Zum Schutz gegen mechanische und chemische Beanspruchung sind die Meßwiderstände in Schutzarmaturen (Metall-Schutzrohr) eingebaut. Angeschlossen wird das Thermometer über den Anschlußkopf, Fernanzeige ist möglich.

Meßschaltungen: a) Mit der Wheatstoneschen Brücke (Abb. 164 a). Für technische Messungen, bei denen die Temperatur direkt angezeigt werden soll, läßt man den Vergleichswiderstand R konstant und eicht den Ausschlag des Galvanometers G. Dieser ist jedoch der Speisespannung U_{Sp} direkt proportional und man kann sie z. B. durch einen Regulierwiderstand konstant halten (R_{Th} = Thermometerwiderstand). Der Einfluß des Widerstandes der Zuleitungen wird auf einen vorgegebenen Wert gebracht.

b) Mit Kreuzspul-Meßgeräten. Bei der Kreuzspulschaltung mittels Quotienten-Meßwerk (Abb. 164 b) hat die Speisespannung keinen Einfluß auf den Anzeigewert. Da das System keine mechanische Rückstellfeder hat, wird der Zeiger nach Abschalten der Speisespannung nicht auf den Skalenanfang zurückgeführt. Soll dies geschehen, ist ein Hilfsrelais erforderlich.

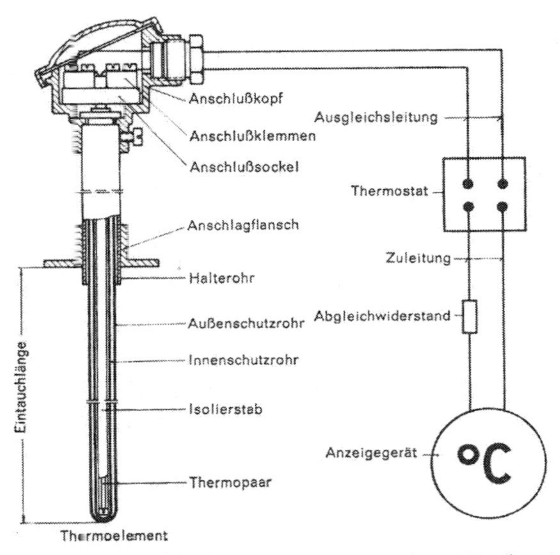

Abb. 165. Thermoelement (Metrawatt GmbH, Nürnberg)

5. Thermoelemente. Thermoelemente bestehen aus einem Thermopaar, also aus zwei an einem Ende miteinander verschweißten Drähten verschiedener Metalle (Meßstelle). Die freien Enden bilden die Vergleichsstelle, die auf einer vorgeschriebenen Temperatur gehalten werden muß. Wird die Meßstelle erwärmt, entsteht an der Vergleichsstelle eine Thermospannung, deren Größe von der Temperaturdifferenz zwischen beiden abhängt. Die Thermospannung wird mit einem Millivoltmeter gemessen, das meist auch auf Temperaturanzeige geeicht ist. Vor Einbau des Meßinstrumentes ist der Nullpunkt zu überprüfen.

Als Metallkombinationen kommen u. a. in Betracht (Plusschenkel/Minusschenkel):

Cu/Konstantan	— 200 bis + 600 °C,
Fe/Konstantan	— 200 bis + 900 °C,

NiCr/Nickel	0 bis + 1200 °C,
PtRh/Pt	0 bis + 1600 °C.

Man sollte jedoch nicht bis zu diesen Höchstgrenzen gehen, bei PtRh/Pt z. B. nur bis 1200 °C.

Die Schutzfassung des Thermoelementes trägt die Anschlußkappe mit den Klemmen. Eine Übertragung auf bestimmte Entfernungen ist auch hier möglich (Abb. 165).

6. Optische Temperaturmessung. Bei den *Strahlungspyrometern* wird die Temperatur auf Grund der von dem zu messenden Körper ausgesandten Strahlung gemessen. Meßbereich + 500 bis 2000 °C.

Die Strahlung wird durch eine Linse auf einen Strahlungsempfänger, z. B. ein Thermoelement, konzentriert. Dieser erwärmt sich und die entstehende Thermospannung wird gemessen.

D. Regeltechnik

1. Allgemeines. Eine Reglung hat die Aufgabe, eine bestimmte physikalische Größe (Regelgröße) auf einen vorgeschriebenen Wert zu bringen und dort zu halten. Diese Größe wird also fortlaufend gemessen (Istwert), mit dem vorgeschriebenen Wert (Sollwert) verglichen und der Istwert solange korrigiert, bis er dem Sollwert entspricht.

Auf den Unterschied zwischen Steuern und Regeln wurde bereits auf S. 4 hingewiesen.

Ein Regelkreis besteht aus der Regelstrecke, dem Meßfühler, dem Regler und dem Stellglied (s. Abb. 2 b, S. 4). Die Regelstrecke ist jener Bereich der Anlage, in dem die Größe durch die Reglung beeinflußt wird. Der Regler nimmt die Regelgröße und den Sollwert auf. Aus dem Vergleich beider ergibt sich die Stellgröße. Im Stellort wird die Stellgröße aufgenommen, um über ein Stellglied auf die Regelstrecke einzuwirken.

Im Chemiebetrieb handelt es sich um die Reglung von Temperatur, Druck, Volumen, Dichte, Viskosität, Leitfähigkeit, Feuchtigkeit, pH-Wert und Gaskonzentration.

Die Übertragung der gemessenen Größe geschieht mechanisch, elektrisch, pneumatisch oder hydraulisch.

2. Arten der Regler. a) In bezug auf die Einstellung des Sollwertes unterscheidet man:

Festwertregler. Am Regler wird ein fester Sollwert eingestellt.

Folgeregler, bei denen der Sollwert durch eine Führungsgröße beeinflußt wird, z. B. wenn eine bestimmte Temperatur in Abhängigkeit von einem Dampfstrom (= Führungsgröße) eingestellt werden muß.

Zeitplanregler. Hier wird dem Regler ein mit der Zeit veränderlicher Sollwert vorgegeben (z. B., wenn die Temperatur einer Reaktion in bestimmten Zeitintervallen gesteigert werden soll).

b) Nach der Art wie die Stellgröße einer Veränderung der Regelgröße folgt, unterscheidet man:

Unstetige Regler. Zu dieser Gruppe zählt der Zweipunkt- oder Auf-Zu-Regler Die Stellgröße kann nur zwei Werte annehmen, und zwar „ganz auf" oder „ganz zu". Bei Überschreitung des Sollwertes wird ein Kontakt, der auf das Stellglied einwirkt, geschlossen; er wird wieder geöffnet, sobald die Regelgröße unter den Sollwert sinkt.

Stetige Regler. Bei einem stetigen Regler kann die Stellgröße innerhalb des Stellbereichs jeden beliebigen Wert annehmen, d. h., er hat die Fähigkeit, seinem Befehl über die Richtung der Veränderung der Stellgröße auch den Wert der Veränderung hinzuzufügen.

Sie arbeiten α) ohne Hilfsenergie und stellen sofort jede beliebige Stellgliedstellung ohne äußere Hilfskraft ein. Beispiele: Durchflußmesser, Temperaturregler (bei denen die Ausdehnung eines Mediums auf einen Ventil-Zylinder wirkt und das Ventil schließt. Beim Zusammenziehen des Mediums, wobei z. B. die Rückstellkraft durch eine Feder verstärkt werden kann, öffnet das Ventil wieder), Füllstandsregler (ein Schwimmer wirkt über ein Hebelsystem auf ein Ventil; s. Abb. 115, S. 99).

β) Mit Hilfsenergie. Zwischen Stellglied und Meßwerk ist ein mit Hilfskraft arbeitender Verstärker eingebaut. Da die Hilfskraftleistung beliebig weit verlegt werden kann, wird es möglich, das Stellglied vom Regler entfernt anzuordnen. Als Hilfsenergie kommen Elektrizität (elektrische Regler), Druckluft oder Druckgas (pneumatische Regler) und Drucköl oder Druckwasser (hydraulische Regler) in Betracht.

c) Nach dem Zeitverhalten. Die Einstellung des Stellgliedes nach einer Veränderung der Regelgröße ist zeitabhängig.

Nach diesem Zeitverhalten unterscheidet man:

α) *P-Regler* (Proportional-Regler). Bei ihnen ist jedem Wert der Regelabweichung ein bestimmter Wert der Stellgröße zugeordnet (z. B. Füllstandsregler, bei dem ein Schwimmer über ein Hebelsystem ein Ventil oder einen Schieber für den Zufluß verstellt; Prinzipbild s. Abb. 166).

β) *I-Regler* (Integral-Regler). Beim I-Regler ist jedem Wert der Regelabweichung eine bestimmte Änderungsgeschwindigkeit der Stellgröße zugeordnet, d. h., nicht der Wert der Stellgröße ist von der

Regelabweichung abhängig, sondern die Änderungsgeschwindigkeit. Die Stellgröße verändert sich also so lange, bis die Regelabweichung null ist (bis also der Sollwert wieder erreicht ist; z. B. Füllstandsreglung mit Hilfe eines Stellmotors). Prinzipbild s. Abb. 167.

Die Verstellung des Zulaufventils geschieht mittels eines Elektromotors, der von einer Gleichstromquelle versorgt wird. Der vom Schwimmer betätigte Hebel sitzt als Schleifer an einem Spannungsteiler. Sitzt der Schleifer genau in der Mitte, dann ist der Motor spannungsfrei (die Abgriffe am Spannungsteiler stehen sich genau gegenüber) und er bewegt sich nicht. Der

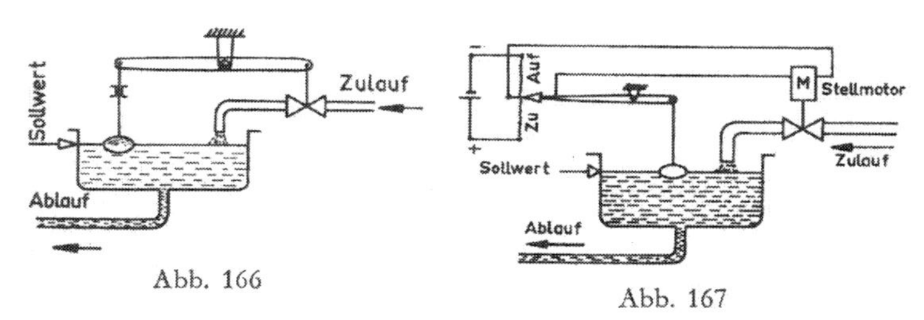

Abb. 166. Prinzip eines mechanischen Proportionalreglers
(Aus „Calorie", Techn. Mitteilungen der Sarco GmbH, Konstanz)

Abb. 167. Prinzip eines elektro-mechanischen Integralreglers
(Aus „Calorie", Techn. Mitteilungen der Sarco GmbH, Konstanz)

Flüssigkeitsstand steht im Sollwert. Wird die Ablaufmenge vergrößert, sinken Flüssigkeitsstand und Schwimmer, der Schleifer bewegt sich nach oben und am Spannungsteiler entsteht eine Differenz-Spannung zwischen den beiden Abgriffspunkten. Infolge dieser Spannung bewegt sich der Stellmotor am Ventil in Richtung „auf", der Zufluß wird größer, Flüssigkeitsspiegel und Schwimmer steigen an. Dadurch bewegt sich der Schleifer wieder nach unten, die am Motor anliegende Spannung wird kleiner und damit auch die Motordrehzahl, bis der Motor schließlich in dem Moment stehen bleibt, in dem der Flüssigkeitsstand die Sollmarke erreicht hat und der Schleifer in der Mitte des Spannungsteilers steht.

γ) *PI-Regler* (Proportional-Integral-Regler) sind eine Kombination von Proportional- und Integral-Regler. Der PI-Regler besitzt eine nachgehende Rückführung, die so gebaut ist, daß sie nach einer bestimmten Zeit aufhört zu wirken. Jede Regelabweichung zieht zunächst eine proportionale Änderung der Stellgröße nach sich. Im Verlaufe einer einstellbaren Zeit geht das proportionale Verhalten in ein integrales Verhalten über.

δ) *PID-Regler* (Proportional-Integral-Regler mit Differentialanteil). Bei ihm setzt die nachgehende Rückführung verzögert ein und das Stellglied wird abhängig von der Regelabweichung verstellt. Diese Abhängigkeit kann durch die Vorhaltzeit eingestellt werden.

3. Stellglieder. Als Stellglieder werden Ventile (Auf-Zu) oder Stellgetriebe verwendet.

Als Ventile kommen Magnetventile, die nur eine Auf-Zu-Stellung haben, in Betracht oder Membran- und Motorventile, bei denen auch Zwischenstellungen eingestellt werden können.

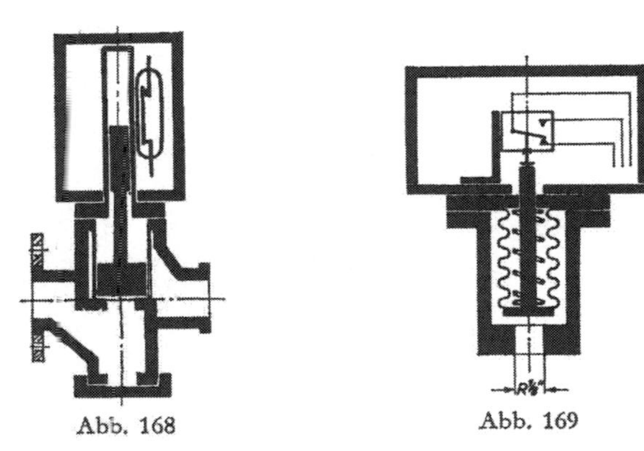

Abb. 168. Strömungswächter für Flüssigkeiten und Gase Typ 31 d (Laaser & Co., Betriebsmeß- und Kontrollgeräte, Berlin-Schöneberg)

Abb. 169. Druckwächter Typ 188 (Laaser & Co., Betriebsmeß- und Kontrollgeräte, Berlin-Schöneberg)

Durch das Regelventil wird stets nur ein Teil des Gesamtstromes (z. B. Dampf, Wasser o. a.) geleitet, die Grundmenge fließt durch einen Umgang.

Mit Hilfe von Stellgetrieben (mit Stellmotor) werden Klappen und Ventile verstellt.

4. Ausführungsbeispiele. Als Wächter bezeichnet man Geräte zum Überwachen eines gewünschten Betriebszustandes (Strömung, Temperatur, Druck, Niveau u. a.). Beim Überschreiten des Maximal- oder Unterschreiten des Minimal-Sollwertes wird ein Kontakt betätigt und dadurch ein optisches oder akustisches Signal gegeben. Sie können aber auch Ventile und Pumpen schalten, um einen Regelvorgang auszulösen.

a) *Strömungswächter,* die in eine Rohrleitung eingebaut werden, dienen zur Überwachung der Strömung flüssiger oder gasförmiger

Medien. Sie betätigen beim Über- oder Unterschreiten des Sollwertes einen Schalter, der z. B. auf eine Membran oder einen Schwebekörper wirkt. Bei der in der Abb. 168 gezeigten Ausführung eines Strömungswächters für Flüssigkeiten und Gase hebt das Medium einen Schwebekörper mit Permanentmagnet, der seinerseits Schutzgasschalter oder induktive Kontakte betätigt.

b) *Druckwächter* überwachen die momentanen Druckverhältnisse in Rohrleitungen, Behältern und Apparaten. Das Prinzip eines Wellrohr-Druckwächters ist in der Abb. 169 dargestellt. Der Druck

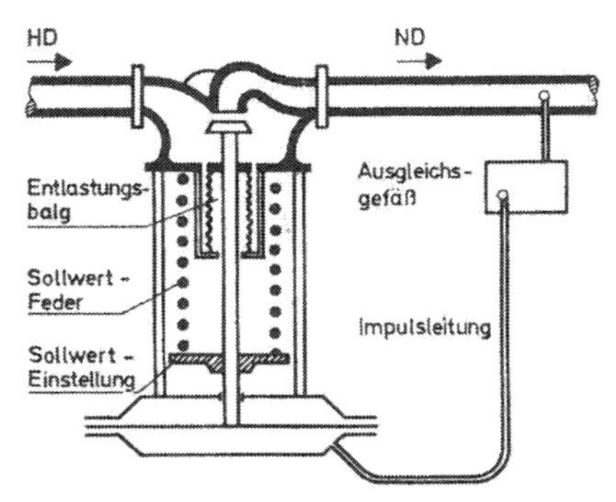

Abb. 170. Dampfdruckreglung. Prinzipbild eines direkt gesteuerten Ventils (Aus „Calorie“, Techn. Mitteilungen der Sarco GmbH, Konstanz)

wirkt auf das einseitig geschlossene Wellrohrsystem, das über einen Stößel den Schalter betätigt. Der Signalkontakt kann ein Alarmsignal auslösen oder als Regelimpuls benutzt werden.

c) *Dampfdruckregler* arbeiten ohne oder mit Hilfsenergie.

Die Geräte ohne Hilfsenergie entnehmen die für ihre Tätigkeit notwendige Energie dem Medium, das sie regeln. In der Abb. 170 ist das Prinzip eines direkt gesteuerten Ventils dargestellt. Der reduzierte Druck wirkt als Regelgröße über eine Impulsleitung direkt auf die Steuermembran. Sie betätigt über eine Ventilstange das Hauptventil. Der hohe Vordruck wirkt zunächst von unten auf das Ventil und gleichzeitig von oben auf den Entlastungsbalg. Der reduzierte Druck wirkt von oben auf das Ventil, die Kraft der Membranfläche von unten auf die Ventilstange und als Gegenkraft hierzu die Kraft der Sollwertfeder. Wird die Kraft der Sollwertfeder vergrößert, so ist ein größerer Druck auf die Unterseite der Membran notwendig, um die Federkraft zu überwinden. Der reduzierte Druck steigt also an. So kann durch Verstellen der Sollwertfeder die Höhe des reduzierten Druckes bestimmt werden.

Bei pilotgesteuerten Ventilen wirkt die Regelgröße nicht direkt auf die Hauptmembran, sondern über eine Steuermembran und ein Pilotventil, das den Steuerdruck sozusagen verstärkt, auf die Hauptmembran.

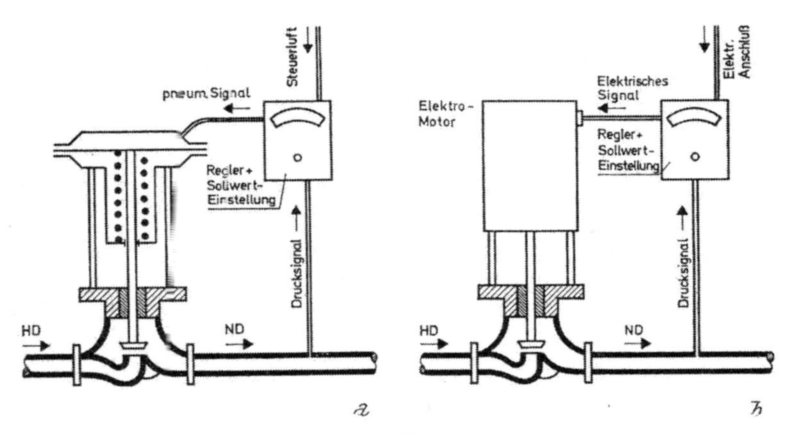

Abb. 171. Prinzip eines Dampfdruckreglers mit Hilfsenergie.
a mit Druckluft, *b* mit Elektrizität
(Aus „Calorie", Techn. Mitteilungen der Sarco GmbH, Konstanz)

Bei den Reglern mit Hilfsenergie wird der Zustand des Steuermediums (z. B. Druck der Steuerluft oder Stellung des Rückführpotentiometers) dazu benutzt, die Stellung eines Ventils an eine zentrale Kommandostelle (Meßwarte) zu melden. Ebenso können von der Meßwarte aus Befehle über ein elektrisches oder pneumatisches Signal an das Regelventil erteilt werden. Sie gestatten, den Produktionsablauf zu automatisieren oder zu programmieren. Die Abb. 171 zeigt das Prinzip von Reglern mit Hilfsenergie.

d) *Temperaturregler.* Als Beispiel zeigt die Abb. 172 einen Sarco-Temperaturregler, der als Proportionalregler und ohne Hilfsenergie arbeitet. Er wird zum Konstanthalten von Flüssigkeits- oder Gastemperaturen in dampf- oder wasserbeheizten Wärmetauschern und zur Regelung bei Kühlvorgängen verwendet. Der Regler besteht aus dem Temperaturfühler mit Sollwerteinstellung, Steuerkolben und Kapillarrohr. Der Temperaturfühler ist mit der Anzeigeflüssigkeit gefüllt.

e) Über *Füllstandsregler* s. S. 126.

5. Registriergeräte. Registriergeräte erfüllen gegenüber anzeigenden Geräten den Zweck, Betriebszustände zeitabhängig aufzuzeichnen. Die Aufzeichnung gibt also nicht nur den momentanen Betriebszustand (Druck, Temperatur oder andere Größen) wieder, sondern auch Aufschluß über den Betriebszustand zu einem zurückliegenden Zeitpunkt.

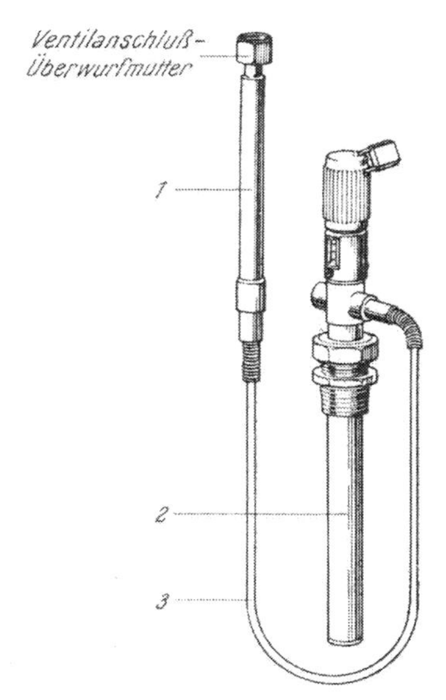

Abb. 172. Temperaturregler Typ 128 (Sarco GmbH, Regel-Apparatebau, Konstanz). *1* Steuerkolben, *2* Temperaturfühler, *3* Kapillarrohr

a) *Trommel- und Kreisblattschreiber.* Bei den Trommelschreibern ist das Diagrammblatt auf einer Trommel aufgespannt, die durch ein Uhrwerk oder einen Synchronmotor angetrieben wird. Die Aufzeichnung hat die Form einer Linie (Linienschreiber) oder einer Fläche (Flächenschreiber; der Schreibstift zeichnet jeweils eine senkrechte Linie, so daß das Gesamtdiagramm flächenhaft erscheint).

Während bei den Trommelschreibern jeweils nur ein Teil des Schreibstreifens im Gesichtsfeld liegt, ist bei den Kreisblattschreibern (Abb. 173) der gesamte Verlauf der Aufzeichnung sichtbar.

Trommel- und Kreisblattschreiber werden in der Hauptsache für zeitlich begrenzte Verfahren (Chargen-Prozesse) verwendet. Das Schreibpapier wird nach einer Umdrehung (24 Stunden) ausgewechselt.

b) *Bandschreiber* (Abb. 174) sind für längere Aufzeichnungsperioden (Gangdauer z. B. 7 Tage) verwendbar. Der Registrierstreifen hat eine bestimmte Vorschubgeschwindigkeit (z. B. 20 mm/h), eine Wiederaufwickelvorrichtung ist vorhanden.

c) Bei den *Punktschreibern* drückt ein Fallbügel den freispielenden Zeiger in gleichen Zeitabständen (z. B. 10 oder 60 Sekunden) auf ein Farbband und druckt dabei einen Punkt auf den Schreibstreifen.

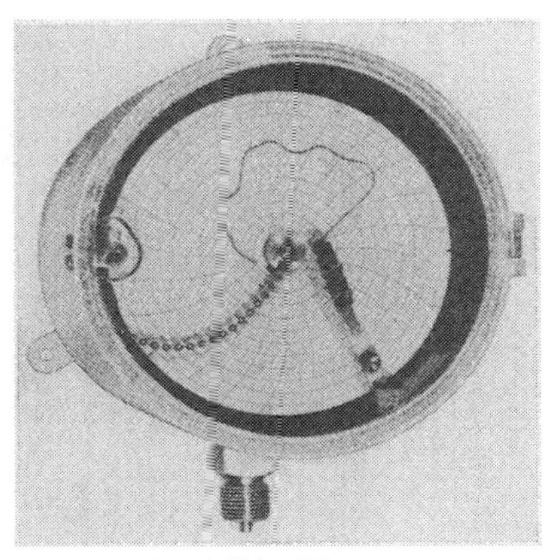

Abb. 173

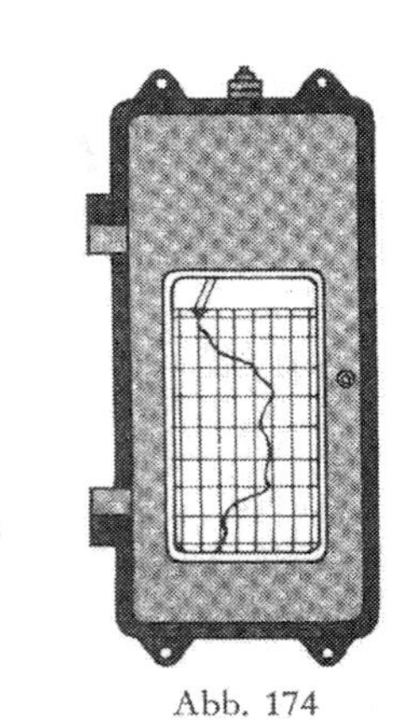

Abb. 174

Abb. 173. Kreisblattschreiber für Druck und Temperatur
(Dreyer, Rosenkranz + Droop AG, Hannover)
Abb. 174. Einfach-Bandschreiber
(Dr. E Henschen, Fabrik Techn. Meßinstrumente, Sindelfingen)

Die einzelnen Punkte lassen sich leicht zu einer Kurve verbinden. Sollen mehrere Meßstellen auf einem Streifen aufgezeichnet werden, verwendet man Mehrfarben-Punktschreiber. Sie besitzen eine Einrichtung zum Umschalten des Meßwerkes auf die einzelnen Meßstellen, wobei jeweils das Farbband selbsttätig wechselt.

10. Energien

Die Energieversorgung eines Chemiebetriebes fällt in der Regel in das Aufgabengebiet der „Technischen Abteilung". Aber auch der im Chemiebetrieb Beschäftigte sollte über die wichtigsten Energiequellen Bescheid wissen, da er mit diesen Energien arbeiten muß.

A. Wasser

1. Allgemeines. Für ein Betriebswasser lassen sich keine allgemeingültigen Anforderungen aufstellen, sie sind je nach Fabrikationszweig sehr verschieden.

Flußwasser muß einer Filtration unterzogen werden (Sand- und Kiesfilter).

2. Enthärten und Entsalzen. Die *Härte* des Wassers wird durch den Gehalt an Salzen des Calciums und Magnesiums verursacht. Die Carbonathärte ist durch den Gehalt an Hydrogencarbonaten bedingt, die bereits beim Kochen des Wassers ausfallen. Die Nichtcarbonathärte beruht auf dem Gehalt an Calcium- und Magnesiumsulfat, der z. B. durch Zusatz chemischer Stoffe zur Ausscheidung gebracht werden kann. Beide zusammen bilden die Gesamthärte.

1 deutscher Härtegrad entspricht 10 mg CaO im Liter.

Beim *Ätzkalk-Soda-Verfahren* wird die Carbonathärte durch Kalk, die bleibende Härte durch Soda beseitigt.

Beim *Trinatriumphosphat-Verfahren* wird, nachdem der Hauptteil der Härte mit Soda und Ätznatron entfernt wurde, die Resthärte mit Trinatriumphosphat beseitigt.

Die Enthärtung nach dem *Ionenaustausch-Verfahren* verläuft an der Oberfläche von Stoffen, die ihre Alkali-Ionen gegen Calcium- und Magnesium-Ionen auszutauschen vermögen. Als „Filtermaterial" werden Zeolithe (natürliche, hydratisierte Alkali-Tonerde-Silikate) und Permutite (künstlich hergestellte Zeolithe) verwendet.

Die Regeneration des verbrauchten Filters geschieht durch Spülen mit Kochsalzlösung.

Zur Vollentsalzung werden vielfach Kunstharze vom Typ der Phenoplaste bzw. Aminoplaste verwendet. Das vorfiltrierte Rohwasser durchfließt dabei zuerst Filter mit einem Kationenaustauscher. Dieser bindet Ca, Mg und Na und gibt dafür Wasserstoffionen ab. Das erhaltene säurehaltige Wasser fließt durch ein Filter, das einen Anionenaustauscher mit austauschfähigen OH-Gruppen enthält. Dadurch werden die Säurereste gebunden. Kationenaustauscher werden mit verdünnter Säure, Anionenaustauscher mit verdünnten Alkalien regeneriert. (Schwach basische Anionenaustauscher tauschen nur Cl-, SO_4- und NO_3-Ionen aus, während stark basische Anionenaustauscher zusätzlich auch SiO_2, CO_2 u. a. binden.)

3. Kondenswasser. Wird anfallendes Kondenswasser in der Produktion verwendet, ist zu beachten, daß es ölhaltig sein kann. Entölt wird es durch Filtrieren über Aktivkohle.

4. Abwasser. Bezüglich des Ablassens von Abwässern in die Kanalisation sind die gesetzlichen Vorschriften streng einzuhalten. Oftmals ist eine chemische Behandlung erforderlich. Die mechanische Reinigung geschieht in Kläranlagen. Im Hinblick auf die Erhaltung des biologischen Gleichgewichtes der Flüsse ist eine biologische Abwasserreinigung einzurichten.

Über die Rückkühlung gebrauchten Kühlwassers s. S. 268.

5. Druckwasser. Druckwasser wird zum Betrieb hydraulischer Pressen, Aufzügen und zum Wegschaffen von Schlamm u. a. benötigt. Erzeugt wird es, indem Wasser mit Hilfe von Pumpen auf den geforderten Druck gebracht wird.

B. Dampf

Der in Kesselanlagen erzeugte Dampf wird für Heiz- und Kraftzwecke verwendet.

Sattdampf oder Naßdampf ist mit Wasserdampf gesättigt. Bei Verminderung der Spannung verliert er einen Teil seiner Nässe als Kondenswasser. Gesättigter Dampf ist für Heizzwecke geeignet.

Die Abb. 175 zeigt in graphischer Darstellung den Zusammenhang zwischen Druck (oder Spannung) und Temperatur des Sattdampfes. (Umrechnung in die alten Einheiten: 1 bar = 1,0197 at; Umrechrechnungsfaktor ~ 1.)

In der Regel wird Niederdruckdampf in Trocken- und Heizanlagen verwendet. Man kommt meist mit Dampf von 2 bis 3 bar Überdruck aus und geht nicht über 12 bar Überdruck hinaus. Muß Niederdruckdampf auf weitere Entfernungen geleitet werden, sind zur Vermeidung des Druckgefälles große Leitungsquerschnitte erforderlich. Es kann daher von Vorteil sein, Hochdruckdampf (60 bzw. 120 bar) bis zum Verbraucherbetrieb zu leiten und ihn erst dort zu reduzieren. (Über Druckminderer s. S. 102, über Kondensatableiter S. 104.) Der Energiebetrieb liefert den Produktionsstätten den Dampf bis einschließlich zum Hauptdampfmesser am Betriebseingang.

Für den Betrieb von Dampfkraftanlagen verwendet man trockenen, *überhitzten Dampf*. Zu diesem Zweck wird dem Sattdampf Wärme zugeführt, wodurch das enthaltene Wasser völlig in Dampf

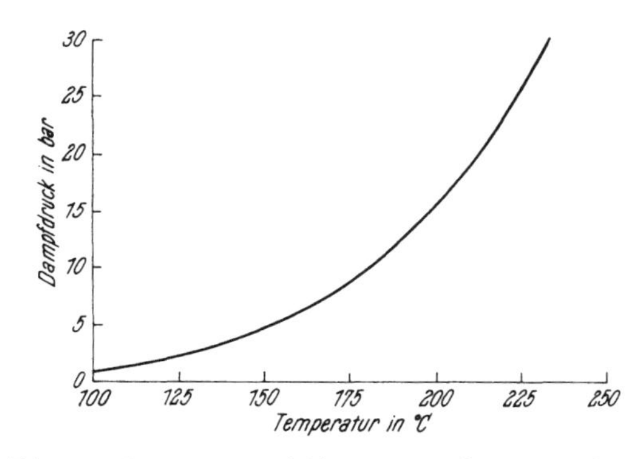

Abb. 175. Spannung und Temperatur des Wasserdampfes

übergeführt wird, der Dampf wird trocken. Durch weitere Überhitzung wird der Dampf auf eine höhere Temperatur gebracht ohne Erhöhung seines Druckes. Überhitzter Dampf hat eine schlechte Wärmeleitfähigkeit und wird daher nicht als Heizdampf verwendet.

C. Kälte

1. Kühlmittel. Man arbeitet vorteilhaft mit stufenweiser Kühlung, z. B. Herabkühlen von hoher Temperatur mit Wasser und wendet erst anschließend andere Kühlmittel an.

Wasser kommt für nicht zu tiefe Temperaturen in Frage. Die Kühlwassertemperatur soll nach Verlassen des Kühlers 50 °C nicht übersteigen. Über die Rückkühlung s. S. 268.

Eis ist beim Transport Schmelzverlusten ausgesetzt. Es wird dort angewendet, wo eine direkte Kühlung (Einwerfen von Eis in die Reaktionsmischung) möglich ist. Am günstigsten ist Schuppeneis, es kann durch pneumatische Förderung an den Betrieb herangebracht werden.

Feste Kohlensäure (Trockeneis), in Blöcke gepreßt, läßt sich auf große Entfernungen ohne wesentliche Verluste transportieren. Große

Mengen Kohlensäure werden in Tankanlagen für die Entnahme gasförmiger oder flüssiger Kohlensäure bereitgehalten (s. S. 164).

Kühlsolen, die für Temperaturen von + 10 bis — 30 °C verwendet werden, sind wäßrige Lösungen von Natrium-, Calcium- oder Magnesiumchlorid, mit einem unter dem Gefrierpunkt des Wassers liegenden Erstarrungspunkt. Gegen ihre korrodierende Wirkung werden sie mit korrosionshemmenden Zusätzen versetzt. Kühlsole wird normalerweise im Kreislauf geführt. Sie wird in Verdampfern von Kältemaschinen rückgekühlt und wieder in den Kühlprozeß zurückgepumpt.

Wichtig ist die gute Isolierung von Soleleitungen. Auf der Isolation niedergeschlagenes und in sie eindringendes Wasser gefriert und wirkt zerstörend.

2. Kältemaschinen. In *Kompressions-Kältemaschinen* wird eine niedrig siedende Flüssigkeit verdampft und der Dampf oder das Gas wieder verflüssigt (NH_3, SO_2, CO_2, Chlorkohlenwasserstoffe). Im Verdampfer wird die Sole, die nach dem Gebrauch warm aus dem Betrieb zurückkommt, abgekühlt, indem das verflüssigte Gas beim Verdampfen der Umgebung (also der Sole) die Wärme entzieht. Das Gas gelangt nun in den Kompressor und wird schließlich im Kondensator verflüssigt. Das verflüssigte Gas wird in den Verdampfer geführt.

In den *Absorptions-Kältemaschinen* wird eine wäßrige Ammoniaklösung erhitzt, das entstandene NH_3-Gas in einem Kondensator durch Wasserkühlung unter eigenem Druck verflüssigt. Das flüssige NH_3 wird durch ein Regelventil entspannt und im Verdampfer unter Wärmeentziehung aus der Umgebung (Sole) zum Verdampfen gebracht. Von der abgekühlten, armen Lösung werden die Dämpfe im Absorber absorbiert, um dann aus der angereicherten Lösung wieder ausgetrieben zu werden usw.

Bei den *Strahlverdichter-Kältemaschinen* wird die aus dem Reaktionsapparat strömende warme Sole einem Entspannungsgefäß zugeführt, in dem mit Hilfe eines Dampfstrahl-Luftsaugers Vakuum erzeugt wird. Die warme Sole kühlt sich in diesem Vakuum infolge Verdampfung ab und fließt als kalte Sole wiederum dem Reaktionsgefäß zu.

D. Druckluft

1. Allgemeines. Druckluft wird zum Abdrücken (Fördern) von Flüssigkeiten, zum Rühren, Durchlüften sowie zum Fördern fester Stoffe benötigt. In den meisten Fällen kommt man mit 3 bar Überdruck aus. Bei Verwendung von Druckluft zum Rühren ist eine möglichst feine Verteilung erforderlich. Druckluft wird auch zum „Trockenblasen von Filterpressen“ verwendet (das Verfahren ist jedoch unwirtschaftlich).

2. Erzeugung von Druckluft. Druckluft wird in Kolben- oder Turbokompressoren erzeugt. In ihnen wird atmosphärische, also feuchte Luft angesaugt. Daher enthält auch die erzeugte Druckluft

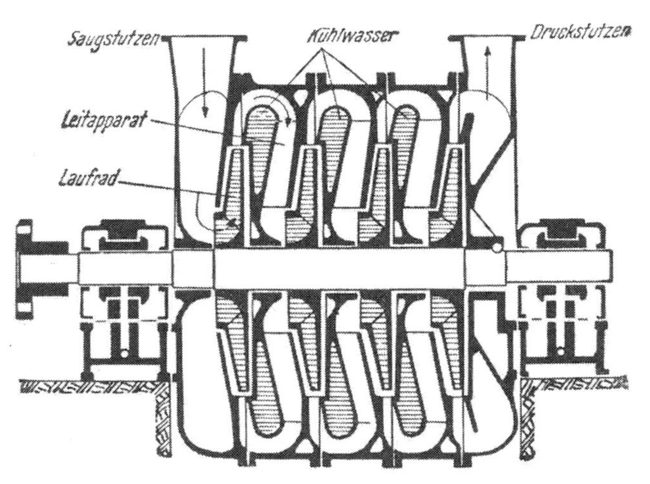

Abb. 176. Bauprinzip eines mehrstufigen Turbokompressors

stets Feuchtigkeit und ist außerdem schwach mit Öl verunreinigt, da die Verdichter mit Öl geschmiert werden.

Druckluftleitungen neigen bei Frost infolge der in der Druckluft enthaltenen Feuchtigkeit zum Einfrieren.

Kolbenkompressoren bestehen aus einem Zylinder, in dem die Luft angesaugt und durch die Bewegung des Kolbens verdichtet wird. Für Spannungen über 5 bar werden die Kompressoren mehrstufig gebaut. In der ersten Stufe gelangt die Luft in einen Zylinder von großem Durchmesser, dann in den Kühler und von hier in einen zweiten Zylinder mit kleinerem Durchmesser zur weiteren Kompression (s. auch Abb. 233, S. 192).

Turbogebläse dienen der Verdichtung großer Gasmengen (z. B. über 4000 m^3/h). Die Druckerhöhung wird durch die Fliehkraftwirkung in schnellumlaufenden Schaufelrädern erreicht. Die Abb. 176 zeigt das Bauprinzip eines mehrstufigen Turbokompressors.

3. Reinigen der Druckluft. Die Temperatur der Druckluft soll möglichst gleich der Temperatur des Raumes sein, in der sie verwendet wird, um weitere Selbstabkühlung und damit Wasserabscheidung zu vermeiden. Öl- und Wasserabscheider sind an der kältesten Stelle der Leitung anzubringen.

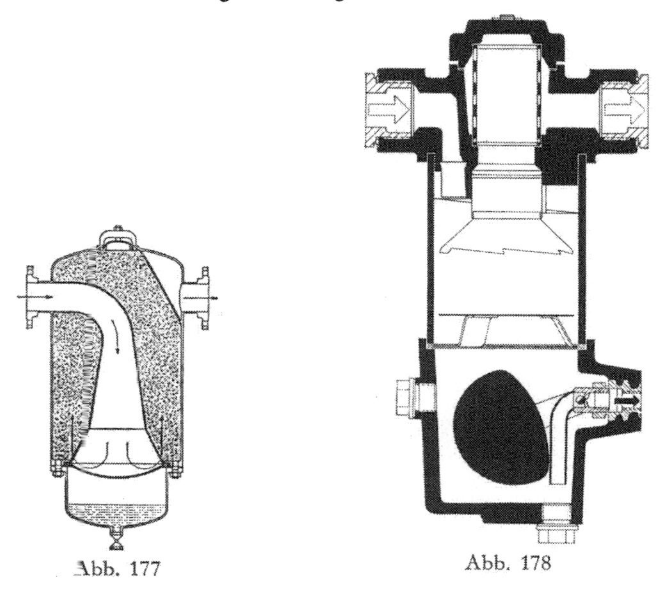

Abb. 177 Abb. 178

Abb. 177. „Rekord"-Abscheider (Hundt & Weber GmbH, Geiswind/Kreis Siegen)

Abb. 178. Rifox Vollautomatik Feintrockner und Feinfilter Typ TG (Rifox — Hans Richter GmbH, Bremen)

Wird Druckluft als „Instrumenten-Luft", die zur automatischen Schaltung von Absperr- und Regelorganen dient, verwendet, muß sie auf jeden Fall entwässert und entölt werden.

Prinzip der Abscheider: Verringerung der Strömungsgeschwindigkeit durch plötzliche Querschnittserweiterung der Leitung, Prallwirkung, Erzeugen schraubenförmiger Bewegungen (Prinzip des Zyklons), Filtration durch feinporige Filter, Adsorption. In der Regel sind in den Abscheidern mehrere dieser Prinzipien kombiniert.

Beispiele von Abscheidern. Beim „Rekord"-Abscheider (Abb. 177) wird die Strömungsgeschwindigkeit des Druckluftstromes im Umlenkrohr (Querschnittserweiterung) stark vermindert und so die größeren Öl- und Wassertröpfchen ausgeschleudert. Nun gelangt die Luft in den Adsorptionsraum (Aktivkohle), in dem die noch enthaltenen tropfen- und nebelförmigen Wasser- und Ölbestandteile aufgenommen werden. Das im Gehäuseunterteil anfallende Kondensat wird durch den Ablaßhahn oder durch einen Kondensatableiter entfernt.

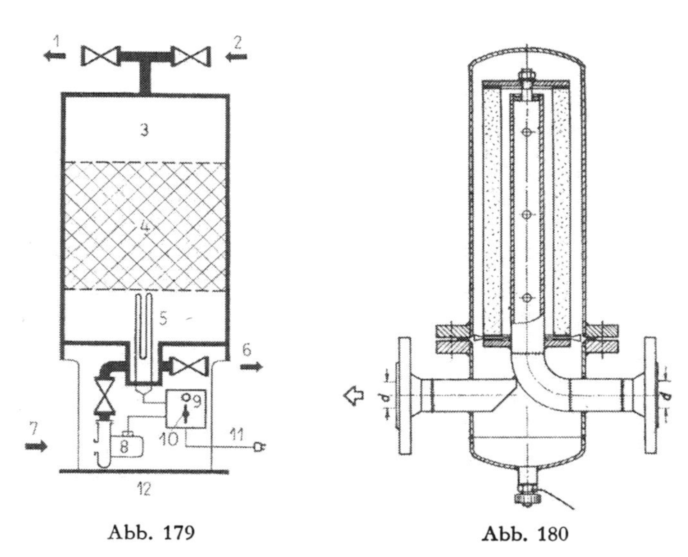

Abb. 179 Abb. 180

Abb. 179. Schema eines Universal-Gastrockners (Silica Gel GmbH, Berlin-Charlottenburg). *1* Aktivationsluft-Austritt, *2* Feuchtluft-Eintritt, *3* Adsorber, *4* Silicagel-Füllung, *5* Elektrischer Lufterhitzer, *6* Trockenluft-Austritt, *7* Aktivationsluft-Eintritt, *8* Aktivations-Gebläse, *9* Aktivations-Kontroll-Lampe, *10* Aktivations-Schalter, *11* Stromanschlußkabel, *12* Fundamentplatte

Abb. 180. Schuler-Druckfilter Type 25 St und 50 St (Wilhelm Schuler, Filtertechnik GmbH, Eisenberg/Pfalz)

Der vollautomatische Rifox-Feintrockner und Feinfilter besitzt eine Tangential-Schleuderdüse, ein Feinfilter und eine Entwässerungsautomatik. Die Schleuderdüse stellt sich automatisch auf die jeweils durchströmende Luft- oder Gasmenge ein und zentrifugiert Schmutz und Feuchtigkeit aus. Der Düse ist ein Feinfilter zur Abscheidung von Staub nachgeschaltet. Durch die Entwässerungsautomatik (Schwimmersteuerung) wird das Kondensat abgeleitet (Abb. 178).

Der Universal-Gastrockner (Abb. 179) verwendet Silicagel als Adsorptionsmittel. Es empfiehlt sich, die Luft vor dem Eintritt durch ein Aktivkohlefilter zu entölen. Die Apparatur ist auch mit einem Regenerationssystem ausgestattet.

Für eine kontinuierliche Druckluft- oder Druckgastrocknung werden Anlagen verwendet, die zwei Adsorber besitzen. Die beiden Adsorber stehen abwechselnd in Trockenbetrieb und Regeneration.

Bei der Reinigung in Druckfiltern (Abb. 180) strömt die Druckluft in den Filterbehälter, in dem sie sich verteilt und durch Einbauten und Minderung der Strömungsgeschwindigkeit ein großer Teil der Feststoffe und Kondensat abgeschieden wird. Anschließend durchströmt die Druckluft den Filterzylinder von außen nach innen, wodurch der Rest der Feststoffteile auf der Außenfläche des Filters zurückgehalten wird. Die feinen Öl- und Wassertröpfchen werden durch Prallwirkung im Innern des verzweigten Porenraumes des Filtersteines zu größeren Tröpfchen vereinigt. Die im Filterstein abgeschiedene Flüssigkeitsmenge wird, wenn sich ein bestimmter Sättigungsgrad eingestellt hat, kontinuierlich aus den Poren herausgepreßt. Die gereinigte Druckluft durchströmt einen Nachabscheider.

E. Schutzgas

Schutzgase sind Gase oder Gasgemische, die unerwünschte Reaktionen vermeiden sollen (z. B. Oxidationen und Explosionsverhütung). Die Zusammensetzung des Schutzgases muß dem Verwendungszweck angepaßt sein.

Schutzgase werden in Generatoren hergestellt (J. F. Mahler, Apparate- und Ofenbau KG, Esslingen; Caloric, Gesellschaft für Apparatebau, Gräfelfing). Die hauptsächlichsten Verfahren sind:

a) Die Verbrennung (Oxidation) von Kohlenwasserstoffen, wie Erdgas, Propan-Butan-Gemische, leichte Heizöle, Methan und Kohlenmonoxid-Methan-Gemische. Erhalten wird ein Schutzgas mit ca. 85 Vol% N_2 und 10 bis 15 Vol% CO_2, mit geringen Anteilen an $H_2 + CO$ (~ 1 Vol%), O_2 (~ 10 ppm) und Wasserdampf.

Durch Auswaschen des CO_2 aus diesem Schutzgas wird reines N_2 gewonnen.

b) Thermische Spaltung von Ammoniak in $N_2 + H_2$; reines N_2 wird durch Verbrennung dieses Spaltgases zu einem N_2/Wasserdampf-Gemisch und anschließendes Trocknen erhalten.

Die thermische Spaltung von Methanol liefert $CO + H_2$ (Endogas, Verwendung in der Metallbehandlung).

Das *Schema einer Anlage zur Erzeugung von Schutzgas* mit 86,5% N_2, 13% CO_2, 0,25% H_2 und 0,01% O_2 (alles in Vol%), ist aus der Abb. 181 ersichtlich.

Im Verbrennungssystem (*V*) werden Kohlenwasserstoffe (*B*) mit Luft (*L*) verbrannt. Beim Kühlvorgang wird die fühlbare Wärme der Verbrennungsgase im Waschkühler (*WK*) an Kühlwasser (*W*) abgeführt. Durch Kompression (*K*) wird der Druck des Schutzgases erhöht. Diese Druckerhöhung dient in erster Linie der Trocknung oder Speicherung. Durch katalytische Nachreinigung (*KN*) wird der aus der Verbrennung verbliebene Restgehalt oder aus dem Kühlwasser in das Schutzgas eingeschleppte Sauerstoff durch Katalysatoren auf wenige ppm herabgesetzt (Cu, Ni oder Edelmetallkatalysatoren). An Stelle des Sauerstoffs können auch CO und H_2 bis auf wenige ppm entfernt werden. Der Temperaturanstieg durch die Verdichtung und katalytische Reinigung macht in der Regel eine Nachkühlung (*N*) erforderlich. Im Adsorber (*Ad*) wird der noch verbliebene Wasserdampf entfernt.

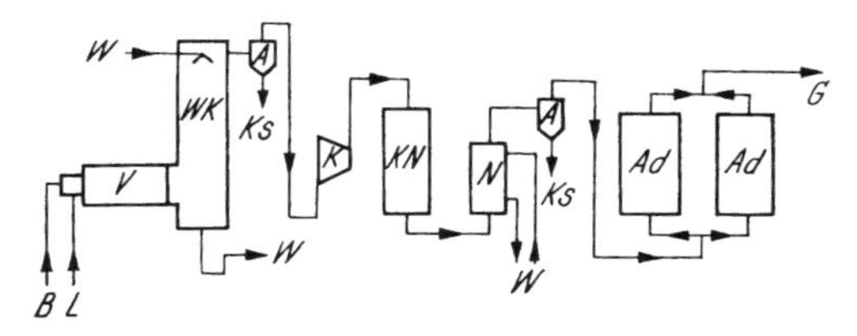

Abb. 181. Schema einer Anlage zur Erzeugung von Schutzgas (Caloric, Gesellschaft für Apparatebau, Gräfelfing)

Für manche Verwendungszwecke ist auch der Gehalt an CO_2 unerwünscht. Er wird in kleineren Anlagen durch Molekularsieb entfernt, bei größeren Leistungen auf naß-chemischem Wege (durch organische Laugen als Adsorptionsmittel). Das erhaltene Schutzgas (*G*) ist dann CO_2-frei und trocken. *A* sind Abscheider zur Entfernung der Kondensate.

F. Vakuum

Als Grobvakuum bezeichnet man Drucke herab bis 1,33 mbar, als Feinvakuum Drucke von 1,33 bis $1{,}33 \cdot 10^{-3}$ mbar und als Hochvakuum solche von $1{,}33 \cdot 10^{-3}$ bis $1.33 \cdot 10^{-6}$ mbar. (Umrechnung in die alten Einheiten: 1,33 mbar = 1 Torr = 1 mm Hg; 1 mbar = 0,75 Torr.)

Grundsätzlich kann jeder Druckerzeuger auch zur Vakuumversorgung benutzt werden.

1. Vielschieberluftpumpen (Turboverdichter, Rotationskompressoren). Bei der Vielschieberluftpumpe (Abb. 182) dreht sich im Gehäuse *c* ein mit vielen Schlitzen versehener, exzentrisch gelagerter Kolben *b*. In den Schlitzen gleiten Schieber *e*, die den Sichelraum in einzelne Zellen *d* aufteilen. Die Luft wird durch den Kanal *f* angesaugt, in den Zellen durch Drehen des Kolbens komprimiert und durch den Stutzen *g* ausgestoßen. Der Abschluß der Druckseite im unteren toten Punkt *h* wird durch den Kolben und die um wenige hundertstel Millimeter herausragenden Schieber bewirkt, die ein

Überströmen in den Saugkanal und einen Druckabfall verhindern. Das Rückschlagventil *k* verhindert bei Stillstand ein Zurückströmen gepreßten Gases aus der Druckleitung. Vielschieberpumpen geben einstufig 13,3 mbar (17 000 m³/h), zweistufig 0,13 mbar (5000 m³/h). Die Pumpen müssen vor Kondensat geschützt werden.

2. Kolbenpumpen. Kolbenpumpen gehören wie die Turboverdichter zu den Trockenluftpumpen. Kondensierbare Anteile müssen daher vorher durch Kondensationseinrichtungen (Einspritz- oder Oberflächenkondensation) abgetrennt werden.

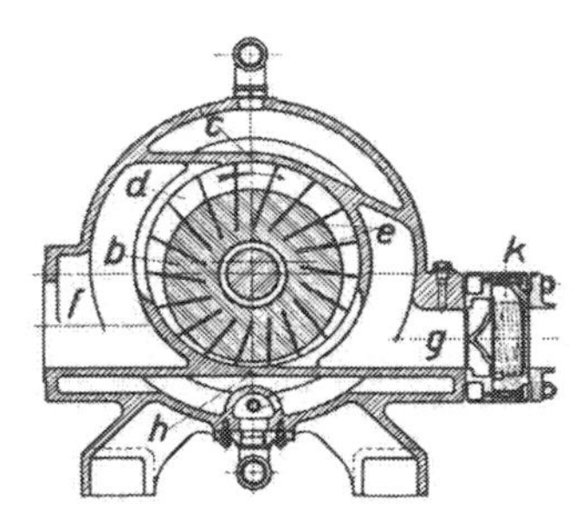

Abb. 182. Vielschieberluftpumpe (Rotations-Kompressor)
(Klein, Schanzlin & Becker AG, Frankenthal/Pfalz)

Mit einstufigen Kolbenpumpen erzielt man Leistungen bis 7000 m³/h und ein Vakuum von etwa 13,3 mbar, mit zweistufigen 3000 m³/h und 0,13 mbar.

Die Abb. 183 zeigt eine liegende Kolbenpumpe, bestehend aus dem Zylinder mit Ansaug- und Ausstoßöffnung und dem Kolben. Bei der Hin- und Herbewegung des Kolbens wird der Luftinhalt jedesmal durch die Ausstoßöffnung hinausgedrängt und die Luft aus dem zu entlüftenden Raum abgesaugt.

3. Drehkolbenpumpen (Verdrängerpumpen). Bei den Verdrängerpumpen wird das zu fördernde Gas mit Hilfe von Kolben, Rotoren, Schiebern o. a. angesaugt, eventuell verdichtet und dann ausgestoßen.

a) *Drehschieberpumpen.* Das Funktionsschema einer einstufigen Drehschieberpumpe soll an Hand der Abb. 184 gezeigt werden. In dem zylindrischen Gehäuse *1* dreht sich ein exzentrisch gelagerter, geschlitzter Rotor *2*. Er enthält meist durch Federn auseinandergedrückte Schieber *13,* die an der Gehäusewand entlang gleiten und dabei an der Saugöffnung *4* vom Saugstutzen *7* über den Schmutzfänger *6* und das Saugstutzenventil *5* eingedrungene Luft vor sich

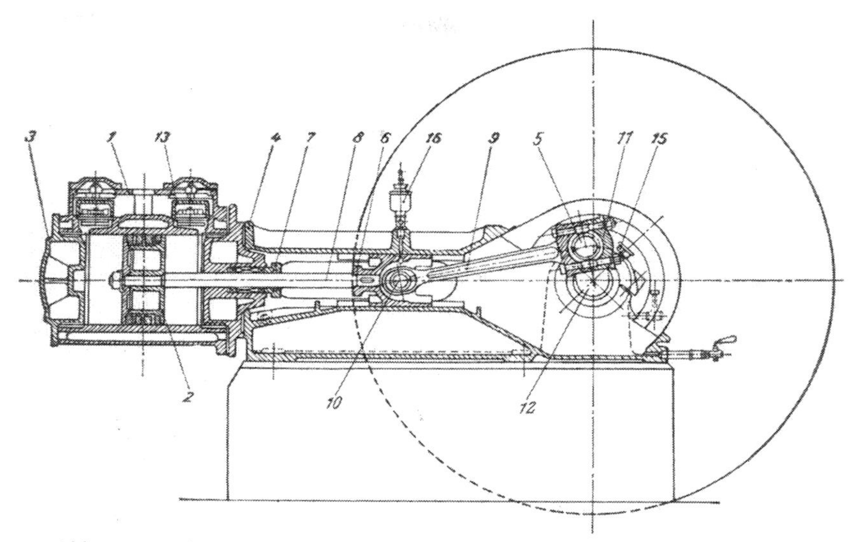

Abb. 183. Liegende Kolbenluftpumpe. *1* Luftzylinder mit Kühlmantel, *2* Kolben mit Kolbenringen, *3* Hinterer Zylinderdeckel mit Kühlung, *4* Gabelrahmen mit Geradführung, *5* Kurbelzapfenlager, *6* Kreuzkopf, *7* Stopfbuchse, *8* Kolbenstange, *9* Pleuelstange, *10* Kreuzkopfbolzen, *11* Kurbelwellenlager, *12* Kurbelwelle, *13* Druckventile (zwei), links die Saugventile, *15* Schmierlochdeckel, *16* Kreuzkopfschmierung

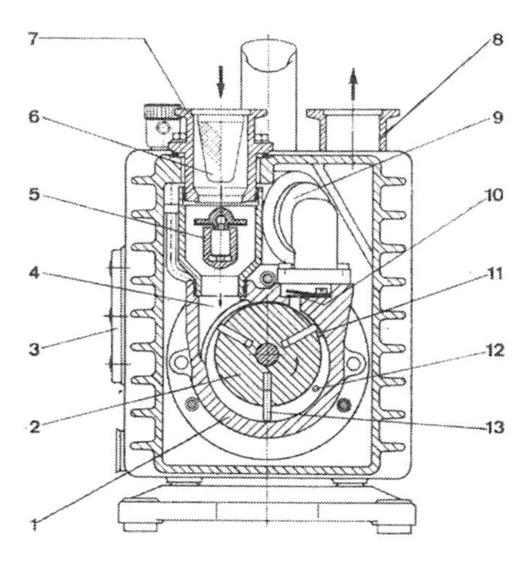

Abb. 184. Schnitt durch eine einstufige Drehschieberpumpe (trivac-Pumpe) (Leybold-Heraeus GmbH & Co. KG, Köln-Bayenthal)

herschieben, um sie schließlich durch das ölüberlagerte Auspuffventil *10* und über den Ölfänger *9* durch den Auspuffstutzen *8* aus der Pumpe auszustoßen. Die Ölüberlagerung dient gleichzeitig als Ölvorrat für die Schmierung, zum Abdichten und Ausfüllen des schädlichen Raumes unter dem Ventil. *3* ist ein Ölstand-Schauglas, *12* der Öleintritt. Der Gasballast tritt durch den Kanal *11* ein.

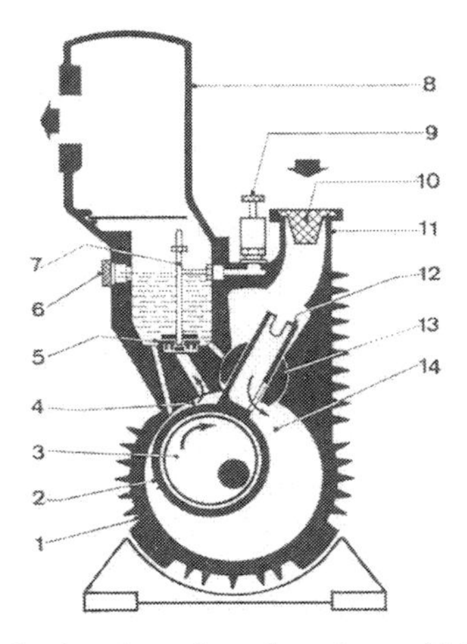

Abb. 185. Schnitt durch eine einstufige Sperrschieberpumpe (Leybold-Heraeus GmbH & Co. KG, Köln-Bayenthal). *1* Gehäuse, *2* zylindrischer Kolben, *3* Exzenter, *4* Kompressionsraum, *5* Ölüberlagertes Druckventil, *6* Ölstandsglas, *7* Gasballastkanal, *8* Auspufftopf, *9* Gasballastventil, *10* Schmutzfänger, *11* Ansaugstutzen, *12* Sperrschieber, *13* Sperrschieberlager, *14* Schöpfraum

Die Gasballasteinrichtung nach Gaede verhindert eine mögliche Kondensation von mitabgesaugten Dämpfen in der Pumpe. Nach Abschluß der Ansaugperiode, aber noch vor Beginn der Kompression, wird Gasballast (z. B. Frischluft von außen) in den Pumpenraum eingelassen. Unter dauerndem Einlaß von Gasballast wird nun komprimiert, bis das Auspuffventil aufgedrückt und die Dampf- und Gasteilchen ausgestoßen werden. Der hierzu erforderliche Überdruck wird durch die zusätzliche Gasballastluft schon so früh erreicht, daß es nicht zur Kondensation der Dämpfe kommt. Wichtig ist, daß die angesaugten Dämpfe mit einer niedrigeren Temperatur in die Pumpe eintreten als im Pumpeninnern herrscht. Bei Dämpfen, die eine höhere Temperatur haben, muß ein Kondensator vorgeschaltet werden.

Drehschieberpumpen werden bis zu einem Nennsaugvermögen von 60 m³/h gebaut.

b) *Sperrschieberpumpen.* Sperrschieberpumpen (Abb. 185) werden für größere Förderleistungen verwendet.

Bei der Sperrschieberpumpe gleitet der Kolben, der von einem in Pfeilrichtung sich drehenden Exzenter mitgenommen wird, längs der Gehäusewand. Das abzusaugende Gas strömt durch den Ansaugstutzen in die Pumpe und gelangt durch den Saugkanal des Sperrschiebers in den Schöpfraum. Der Schieber bildet mit dem Kolben eine Einheit und gleitet zwischen den im Gehäuse drehbaren Lamellen

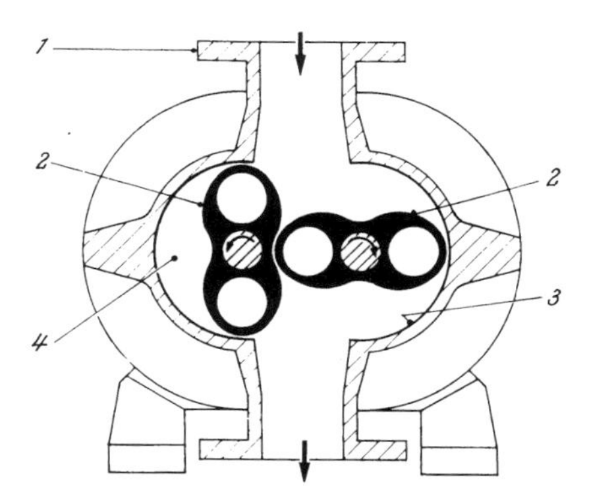

Abb. 186. Schnitt durch eine einstufige Wälzkolbenpumpe (Leybold-Heraeus GmbH & Co. KG, Köln-Bayenthal). *1* Ansaugflansch, *2* Rotoren, *3* Gehäuseinnenwand, *4* Schöpfraum (Schöpfvolumen)

hin und her. Das abgesaugte Gas befindet sich schließlich im Kompressionsraum. Bei der Drehung komprimiert der Kolben diese Gasmenge, bis sie durch das ölüberlagerte Ventil ausgestoßen wird.

Drehschieber- und Sperrschieberpumpen werden in ein- und zweistufiger Ausführung gebaut. Die zweistufigen Pumpen (Duplex-Pumpen) haben ihr volles Saugvermögen bei noch wesentlich niedrigeren Drucken als einstufige.

c) *Wälzkolben-Pumpen.* Mit Wälzkolben- oder Roots-Pumpen können Einheiten sehr hohen Saugvermögens (über 100 000 m³/h) gebaut werden. Sie werden in Kombination mit Vorpumpen (Sperrschieberpumpen, Wasserringpumpen u. a.) verwendet, so daß Feinvakuum erreicht werden kann.

Die Wälzkolben-Vakuumpumpe oder Roots-Pumpe (Abb. 186) ist eine Drehkolbenpumpe, bei der sich im Pumpengehäuse zwei symmetrisch gestaltete Rotoren gegenseitig abwälzen. Die Rotoren haben einen ungefähr achtförmigen Querschnitt und sind durch ein Zahnradgetriebe so synchronisiert, daß sie sich ohne gegenseitige Berührung an der Innenwand des Pumpengehäuses vorbei bewegen. Die Spaltbreite zwischen Kolben und Gehäusewand und zwischen den Kolben untereinander beträgt wenige Zehntel Millimeter. Daher können die Pumpen ohne mechanischen Verschleiß mit hoher Drehzahl laufen. Die beiden Kolben drehen sich in entgegengesetzter Richtung. Von jedem der Kolben wird bei einer Umdrehung eine bestimmte Gasmenge erfaßt und darauf vom anderen Kolben verdrängt.

Wälzkolbenpumpen sind gegen Verschmutzung so gut wie unempfindlich.

4. Flüssigkeitsring-Pumpen. Ein exzentrisch gelagertes Laufrad rotiert im Gehäuse, ohne die Wandung zu berühren. Die Steuer-

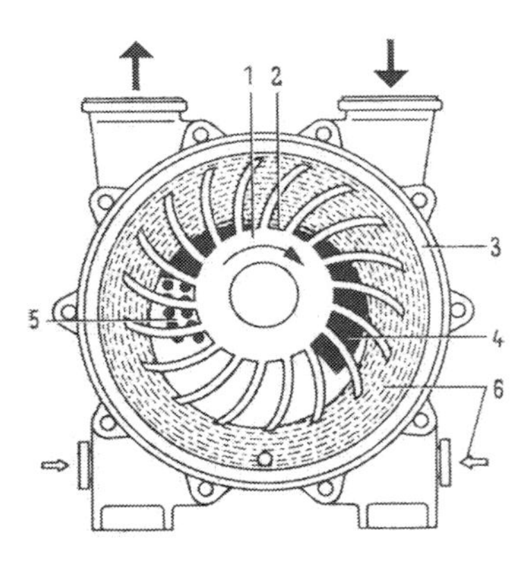

Abb. 187. Wirkschema einer Elmo-Gaspumpe (Siemens Aktiengesellschaft, Erlangen). *1* Laufrad, *2* Laufradnabe, *3* Gehäuse, *4* Saugschlitz, *5* Druckschlitz, *6* Betriebsflüssigkeit

scheiben mit Saug- und Druckschlitzen begrenzen die Stirnflächen, die ebenfalls vom Laufrad nicht berührt werden. Die Betriebsflüssigkeit im Gehäuse bildet mit dem Laufrad einen mitumlaufenden Ring, der am oberen Scheitelpunkt die Laufradzelle voll ausfüllt, sich dann von der Laufradnabe abhebt und das Fördergas durch den Saugschlitz eintreten läßt. Auf der Druckseite nähert sich der Flüssigkeitsring wieder der Nabe, verdichtet das Gas und schiebt es über den Druckschlitz aus (Abb. 187).

Die Betriebsflüssigkeit als Energieträger steht in direktem Kontakt mit dem Fördermedium. Überwiegend wird Wasser als Betriebsmittel verwendet, aber aus verfahrenstechnischen Gründen können z. B. auch dünnflüssige Paraffinöle, Alkohol, Butanol, Glycol, Essigsäure und Schwefelsäure verwendet werden.

Elmo-Gaspumpen haben je nach den Betriebsbedingungen ein

Saugvermögen bis 16 000 m³/h. Als Vakuumpumpen können sie im Dauerbetrieb für alle Ansaugdrucke zwischen 800 und 33 mbar (mit Wasser von 15 °C als Betriebsflüssigkeit) verwendet werden. Sie sind geeignet zum Fördern von Gasen, die Dämpfe enthalten, Flüssigkeiten mitreißen oder Feststoffteilchen enthalten. Korrosive Gase können ebenfalls gefördert werden.

5. Strahlpumpen. *Wasserstrahlpumpen* sind die einfachsten und billigsten Vakuumpumpen. Der Endtotaldruck in einem Behälter, der durch eine Wasserstrahlpumpe evakuiert wird, ist durch den Dampfdruck des Wassers bestimmt.

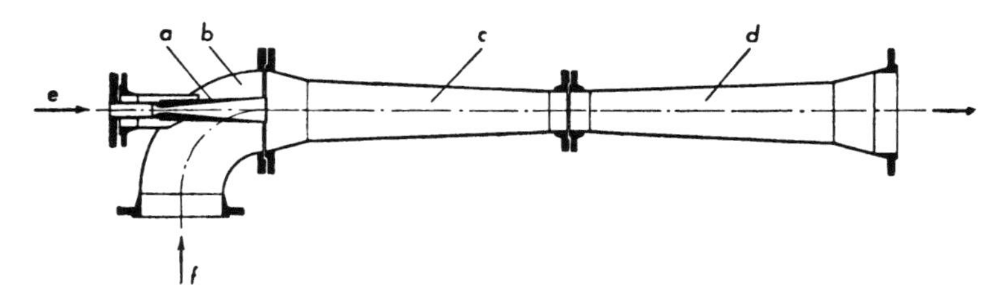

Abb. 188. Dampfstrahlapparat
(Standard-Messo Gesellschaft für Chemietechnik mbH & Co., Duisburg)

Ein höheres Saugvermögen und niedrigerer Enddruck werden durch *Dampfstrahlpumpen* erreicht.

Prinzip einer Dampfstrahlpumpe (Abb. 188): Der Betriebsdampf tritt bei *e* in das Gehäuse *b* durch eine Düse *a* ein. Er dehnt sich dort adiabatisch aus und tritt aus der Düse mit großer Geschwindigkeit (300—1400 m/s; das Wasser bei Wasserstrahlpumpen 10 bis 50 m/s) aus, reißt den zu fördernden Stoff (Luft) durch den Saugstutzen *f* mit und mischt sich mit ihm in der Mischdüse *c*. Das entstandene Gemisch tritt mit einer Geschwindigkeit, die kleiner ist als die Geschwindigkeit des aus der Düse strömenden Dampfes, in den Diffusor *d* ein, wo die Geschwindigkeit in Druck umgewandelt wird, d. h. das Gemisch wird komprimiert und durch den Druckstutzen ausgepreßt.

Mit Dampfstrahlpumpen kann ein Vakuum von etwa 1,33 mbar erzeugt werden, bei einer Leistung von 100 kg Luft/h. Durch Hintereinanderschalten von Dampfstrahlpumpen kann ein Grenzvakuum von mehr als 96% erreicht werden.

Korrosionsfeste Strahlpumpen werden auch aus Porzellan oder Kunststoffen (z. B. mehrstufige Dampfstrahl-Vakuumpumpen aus Epoxidharz; Körting AG, Hannover-Linden) gefertigt.

G. Elektrischer Strom

Motoren dienen zum Antrieb von Arbeitsmaschinen. Dabei ist jeder Apparat mit einem eigenen Motor ausgestattet (Einzelantrieb). Die angegebenen Bedienungsvorschriften sind zu beachten! In vielen Fällen müssen explosionsgeschützte Motoren verwendet werden.

Die Wartung elektrischer Anlagen (Installation, Sicherung gegen Überlastung und Kurzschluß) darf nur von ausgebildetem Personal vorgenommen werden.

Elektrische Energie wird außerdem zur Durchführung elektrochemischer Verfahren (Elektrolyse, Oberflächenbehandlung von Metallen u. a.) verwendet.

11. Lagern

A. Lagern fester Stoffe

1. Freilager. Große Mengen fester Stoffe werden im Freien gespeichert. Freilager sind vorteilhaft mit einer niedrigen Mauer umgeben, der Grund ist betoniert. Wichtig ist der richtig gewählte Schüttwinkel des aufgeschütteten Gutes (Verhinderung des Rutschens). Eingespeichert wird z. B. mit Waggonkippern, Greifern, pneumatischen Förderanlagen u. a.

2. Gebäudelager. In *Bodenspeichern,* das sind Gebäude mit mehreren Stockwerken, werden lose Schüttgüter, Fässer, Kisten und Säcke gelagert. Fördereinrichtungen sind eingebaut. Die zulässige Höchstbelastung jeder Lagerfläche muß an sichtbarer Stelle angeschrieben sein und eingehalten werden.

Bei *Regalstapelanlagen* ist eine rationelle Warenbewegung zum Lager, im Lager und aus dem Lager gewährleistet. Extrem schmale Gangbreiten bei hohen Regalen ergeben eine optimale Ausnutzung des Lagerraumes. Die Bewegung des Lagergutes geschieht durch Stapler.

3. Siloanlagen. Silos sind hohe, in Zellen unterteilte Behälter, die von oben durch Becherwerke, Bandförderer oder pneumatisch gefüllt werden. Die einzelnen Zellen laufen unten spitz zu und sind am unteren Ende durch einen Verschlußkegel, Flach- oder Schwingschieber verschlossen. Das über eine Austragvorrichtung entnommene Fördergut wird durch ein Fördermittel weitertransportiert.

Die Abb. 154, S. 128, zeigt eine Silostandsanzeige.

Kleinere Silos werden auch aus Polyesterharz gefertigt.

Für schwierige Schüttgüter werden *Gummibunker* empfohlen (Carl Schenck, Maschinenfabrik GmbH, Darmstadt). Ein Stahlgerippe mit Gummiwänden ist in Einzelschüsse von 1100 bzw. 2200 mm Höhe unterteilt, so daß eine rasche Montage möglich ist. Die Gummiwände sind innen völlig glatt. An den Bunkerauslauf ist eine Wuchtrinne (oder andere Austragsorgane) angeschlossen. Zur Abstützung des Bunkers sind Pratzen zum Aufsetzen auf eine Tragkonstruktion oder Bühne vorgesehen.

4. Lagern von Fässern und Säcken. Fässer und Säcke werden mit Hilfe von *Pallets* (Abb. 189) gestapelt. Pallets oder Paletten sind Stapelplatten aus Sperrholz, die das Einfahren der Gabeln eines Staplers ermöglichen. Die Fässer bleiben auf den Pallets liegen und können so in mehreren Lagen übereinander gestapelt und mit ihnen transportiert werden.

Für eine gute Abstandsstapelung werden Paletten mit einsteckbaren Rohrbügeln verwendet, die an Stelle fester Regale eine Stape-

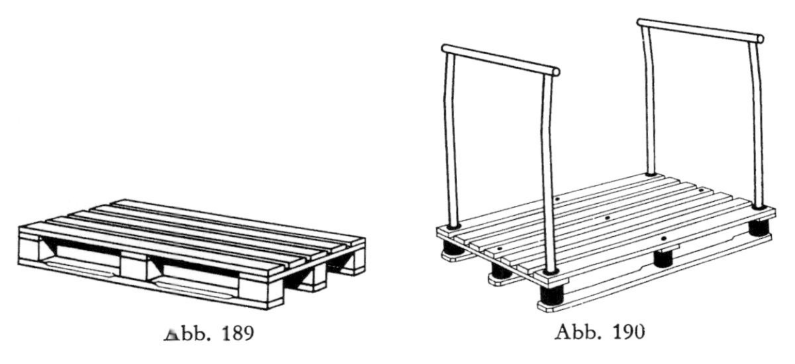

Abb. 189 Abb. 190

Abb. 189. Vierwegflachpalette Typ 92 (Thyssen Industrie GmbH, Düsseldorf)

Abb. 190. Palette mit Stapelbügel Typ 97 (Thyssen Industrie GmbH, Düsseldorf)

lung in mehreren Etagen gestatten (Abb. 190). Das Stapelgut, z. B. Säcke, wird durch die Bügel arretiert.

Fässer sind Kleingebinde in zylindrischer oder bauchiger Form. Je nach Verwendungszweck ist die Innenfläche der Fässer roh, verzinkt, lackiert oder mit Aluminiumfolie oder Kunststoff ausgekleidet. Auch das Einstellen eines Kunststoffsackes in das Faß wird vielfach angewendet. In der Regel sind Fässer mit einer Bereifung versehen (Rollreifen) oder gefalzt (Rollsicken).

Gebrauchte Fässer werden in Faßreinigungsanlagen gesäubert und gegebenenfalls frisch auslackiert.

Gelagert werden Fässer auf Böcken, die ein Abrutschen verhindern. Mit Hilfe von *Lagergestellen* (Abb. 191) können Behälter mit rundem Querschnitt in mehreren Lagen übereinander gestapelt werden. Die Gestelle können mit den aufgesetzten Fässern durch Stapler transportiert werden.

Entleert werden Fässer mit Hilfe von *Faßkippern* (Abb. 192), von denen das Faß hochgehoben und anschließend so geneigt wird, daß der Faßinhalt in das Reaktionsgefäß einlaufen kann.

Fässer für feste Stoffe haben in der Regel einen abnehmbaren, mit Dichtring versehenen Deckel. Aus Rollsickenfässern und Blechtrommeln muß jedoch der ganze Deckel bei Bedarf herausgetrennt werden. Dazu verwendet man ein Schneidgerät (Faßknacker; Faß-Sauer, Wiesbaden), das ähnlich einem Büchsenöffner den Deckel gefahrlos herausschneidet.

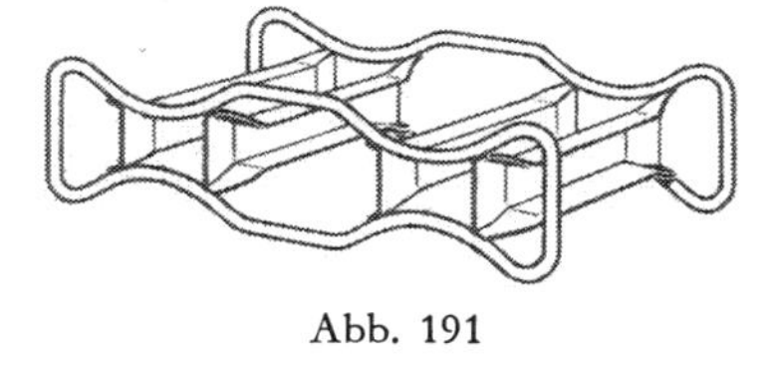

Abb. 191

Abb. 192

Abb. 191. Faßtransport- und Lagergestell (Thyssen Industrie GmbH, Düsseldorf)

Abb. 192. Faßkippgerät (Will & Hahnenstein GmbH, Siegen/Westf.)

Die Kontrolle, ob ein Faß vollständig entleert ist, wird mit einer Sicherheits-Faßleuchte vorgenommen.

Gefüllte Fässer müssen einwandfrei bezeichnet werden. Von Waren, die zum Versand kommen, ist ein Kontrollmuster zurückzuhalten (Kontrolle bei eventuellen Reklamationen).

Zum Entleeren von Säcken stehen automatische Sackentleerungseinrichtungen mit Aufschneide- und Klopfwerk zur Verfügung.

B. Lagern von Flüssigkeiten

Flüssigkeiten werden in geschlossenen, meist zylindrischen Behältern (Tanks) gelagert. Vielfach sind mehrere Tanks in einem Tanklager untergebracht. Für die Lagerung von Flüssigkeiten sind bestimmte Sicherheitsvorschriften zu befolgen. Eine Überwachung ist vorgeschrieben. Um Schäden beim Undichtwerden und Auslaufen des Inhaltes zu vermeiden, werden die Tanks in Untertassen gestellt. Brennbare Flüssigkeiten werden gegebenenfalls auch in unterirdischen Tanks gelagert. Auch Kugelbehälter sind in Verwendung. Über die Gefahrenklassen brennbarer Flüssigkeiten s. S. 277.

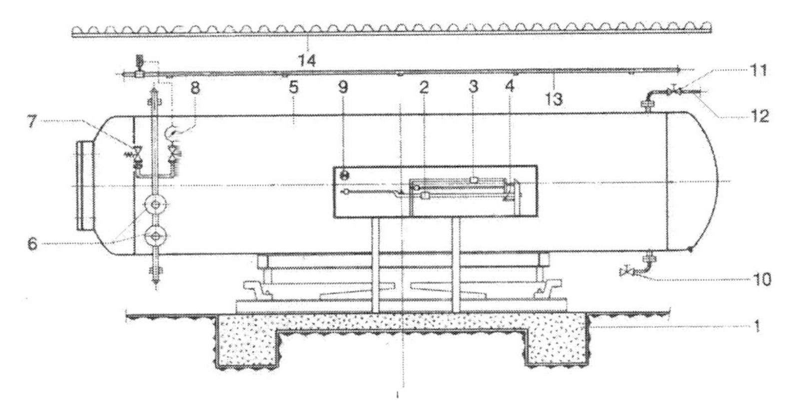

Abb. 193. Kohlensäure-Tankanlage, System Buse (Kohlensäure-Werke Rud. Buse Sohn, Bad Hönningen). *1* Fundament, *2* Verwiegeeinrichtung, *3* Reservegewicht, *4* Kontaktgeber, *5* CO_2-Tankbehälter, *6* Füllanschlüsse, *7* Sicherheitsventil, *8* Kontaktmanometer, *9* Kontroll-Lampe, *10* Entnahmeanschluß für flüssiges CO_2, *11* Entnahmeanschluß für gasförmiges CO_2, *12* Flexible Leitung, *13* Sicherheitskühlung, *14* Witterungsschutz

Die Abb. 193 zeigt als Beispiel eine *Zylindertankanlage für flüssige Kohlensäure*. Sie enthält neben Sicherheitsventil und Manometer eine Verwiegeeinrichtung, die in einem verschließbaren Gehäuse untergebracht ist, damit Unbefugte keine Veränderungen vornehmen können. Bei Erreichen einer einstellbaren Reservemenge spricht ein Kontaktschalter an, der ein optisches oder akustisches Signal auslöst.

Bei *Reinigungs- und Schweißarbeiten* in Behältern, die Materialreste enthalten können (z. B. brennbare oder giftige Dämpfe entwickelnde Stoffe), sind besondere Vorsichtsmaßnahmen einzuhalten (Auskochen mit Dampf, Befahren mit Sauerstoffgeräten, steter Kontakt mit einem außenstehenden Arbeitskameraden, Anseilen).

Lagertanks aus glasfaserverstärkten Kunststoffen sind zunehmend in Verwendung. Temperaturgrenze und Chemikalienbeständigkeit sind durch den Werkstoff bestimmt (s. dazu S. 39).

Stapeltanks bestehen aus einem Traggestell und dem herausnehmbaren Behälter (Abb. 194). Die Tankpalette ist mit einem

Stapler, Gabelhubwagen oder Kran transportierbar und kann gefüllt dreifach gestapelt werden. Der Bodenauslauf ist z. B. mit einem Schrägsitzventil verschlossen. Ein Absaugen des Behälterinhaltes kann von der verschraubbaren Reinigungsöffnung aus vorgenommen werden. Die Be- und Entlüftung befindet sich neben der Einfüllöffnung. Inhalt 500 bis 1250 Liter.

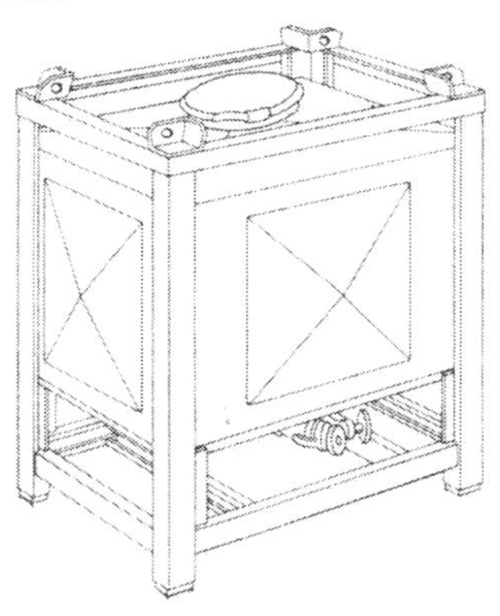

Abb. 194. Stapeltank (Mannesmann-Stahlblechbau GmbH, Düsseldorf)

Abb. 195. Ballonkipper

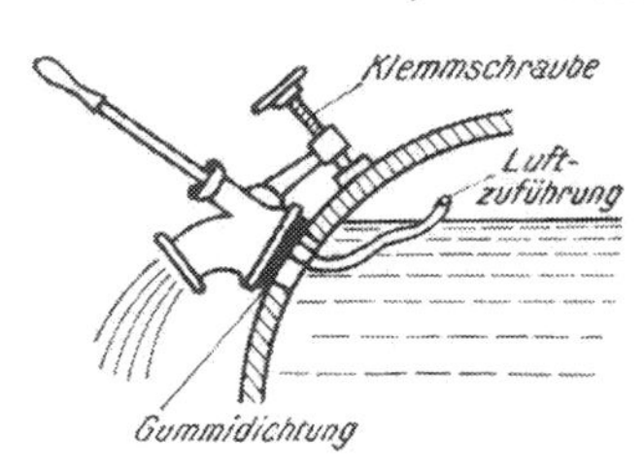

Abb. 196. Faßausgießer

Zum Lagern kleiner Flüssigkeitsmengen dienen *Metallfässer, Glasballons* in Schutzbehältern und *Plastikbehälter.* Das Entleeren muß vorsichtig geschehen (Schutzbrille!). Vorgeschrieben sind Ballonkipper (Abb. 195). Der Ballon wird in das Kippgestell eingesetzt, die Sicherungskette eingehakt und dann mittels der Kippstange gekippt. Der Standort beim Kippen ist seitlich zu wählen. Zur Vermeidung des stoßweisen Austretens der Flüssigkeit beim Entleeren, steckt man einen Ballonausgießer über den Ballonkopf.

Auf Metallfässer, die gegen Weiterrollen gesichert sein müssen (Auflegen auf einen Bock!) werden Hähne oder Faßausgießer (Abb. 196) aufgeschraubt.

Eine gefahrlose *Flüssigkeitsentnahme* aus Ballons oder Fässern wird mit Hilfe von Hand- oder Fußpumpen, automatischen Saughebern, Druckluftentleerern, Motorpumpen u. dgl. vorgenommen. Ausführlichere Angaben siehe: Wittenberger, Chemische Laboratoriumstechnik, 7. Auflage, 1973.

C. Lagern von Gasen

Kleinere Gasmengen werden in verdichtetem Zustand in *Druckgasflaschen* bezogen. Ihr Inhalt ist durch Farbanstrich gekennzeichnet. Die Flaschen sind liegend aufzubewahren, während des Gebrauchs

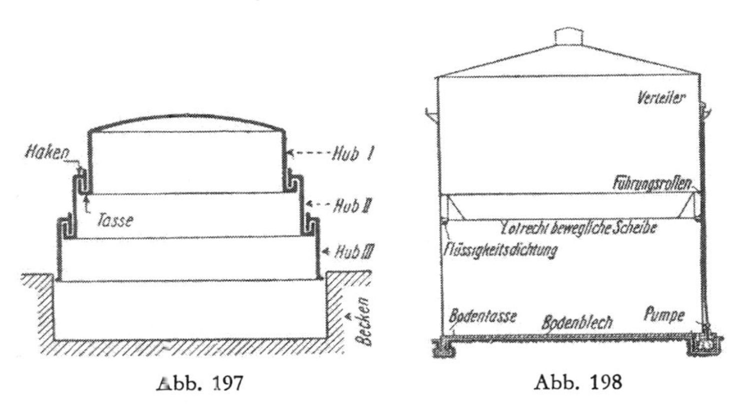

Abb. 197 Abb. 198

Abb. 197. Dreihübiger Glocken-Gasbehälter
Abb. 198. Scheiben-Gasbehälter
(M.A.N. Maschinenfabrik Augsburg-Nürnberg AG)

sind sie durch Ketten oder Rohrschellen gegen Umfallen zu sichern. Gefüllte Flaschen sind vor Erwärmung und scharfem Frost zu schützen. Zur Gasentnahme wird die Verschlußkappe abgeschraubt und ein Druckminderer angesetzt (Betätigung s. S. 104). Die Anschlußmuttern des Flaschenventils haben bei brennbaren Gasen Links-, bei nicht brennbaren Rechtsgewinde, um verkehrte Füllungen, die zu Explosionen führen können, zu vermeiden. Ventile für Gase mit oxidierender Wirkung dürfen nicht mit Öl oder Fett geschmiert werden. Ausführliche Angaben über die Entnahme von Gasen aus Druckgasflaschen siehe: Wittenberger, Chemische Laboratoriumstechnik, 7. Auflage, 1973.

Der *mehrhübige Glockenbehälter* (Abb. 197) hat eine teleskopartig zusammengesetzte Glocke. Die unteren Enden der Glocken sind nach oben umgebogen und bilden Tassen, in der sich die Sperrflüssigkeit befindet und die einzelnen Glocken abdichtet. In die Tassen greifen die umgebogenen Ränder (Haken) des nächstfolgenden Glockenteiles (Hubmantel) so ein, daß diese beim Steigen des inneren Hubteils (beim Füllen des Gasbehälters) mit hochgehoben werden.

Der *Scheibengasbehälter* (Abb. 198) besteht aus einem zylindrischen Mantel, abgedeckt durch ein leichtes Dach. Im Mantel bewegt sich eine am Rand abgedichtete Scheibe auf und ab. Als Dichtmittel dient Teer. Die durchlaufende Teermenge sammelt sich in der Bodentasse und wird von dort wieder auf den Scheibenrand zurückgepumpt.

Für Gase unter einem Druck von 4 bis 8 bar können *Kugelbehälter* verwendet werden, für höhere Drucke zylindrische Druck-

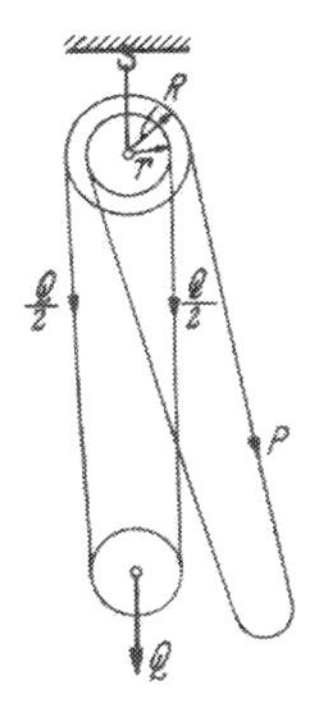

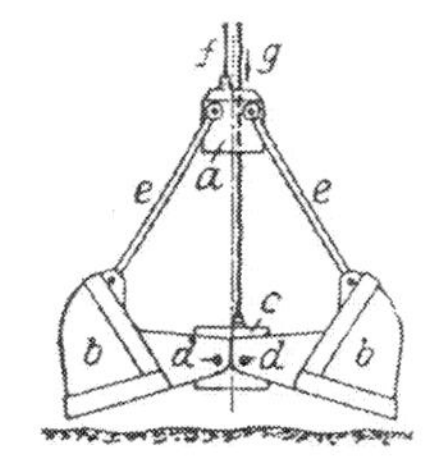

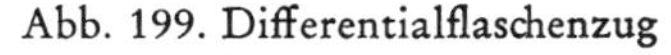
Abb. 199. Differentialflaschenzug

Abb. 200. Selbstgreifer

behälter. Auch *Gasspeicherballons* in Zylinder- oder Kugelform aus einem Spezialstoff mit Außenaluminierung in Größen bis etwa 200 m³ Inhalt dienen zum Speichern von Industriegasen.

D. Transporteinrichtungen

1. Hebezeuge. *Flaschenzüge* werden zum Heben von Lasten, z. B. bei der Montage oder beim Auswechseln von Apparateteilen verwendet. Der Differentialflaschenzug (Abb. 199) besteht aus einer beweglichen Rolle (Anhängen der Last Q) und zwei oberen, verschieden großen, drehbaren Rollen. Die Last wird durch Ziehen an der endlosen Kette (Kraft P) gehoben. Die anzuwendende Kraft

$$P = \frac{Q \cdot (R - r)}{2\,R}.$$

Zum Heben großer Lasten dienen Schrauben- und Elektroflaschenzüge.

Für kleinen Hub (bis 0,5 m) sind *Zahnstangenwinden, Schraubenwinden* und *hydraulische Winden* in Gebrauch.

Große Lasten werden mit *Kranen* transportiert, die sich auf einer Schiebebühne waagrecht verschieben lassen (Laufkrane); Drehkrane sind um die vertikale Achse drehbar.

Selbstgreifer verwendet man in Verbindung mit Kranen zum Be- und Entladen von Waggons oder Lastkraftwagen. Der Selbstgreifer (Abb. 200) besteht aus dem Greiferkopf *a*, den Schaufeln *b* (drehbar im Drehpunkt *d*), dem auf und ab bewegbaren Querstück *c*, den Lenkern *e*, dem Entleerseil *f* und dem Hub- und Schließseil *g*.

2. Stapler. Mit Staplern kann der Transport von Stückgut innerhalb des Werkes mit der Staplung verbunden werden. Die Stapler haben Diesel- oder Elektroantrieb.

Stapler sind je nach Einsatzzweck mit verschiedenen Einrichtungen ausgestattet, z B. mit Gabeln (Gabel-Stapler), Klammerarmen (zum Heben von Kisten und Fässern), Schüttgutschaufeln, Schwenkvorrichtungen u. a.

3. Lastfahrzeuge. Für Kleintransporte werden *Elektrokarren* verwendet. Zum Transport größerer Mengen dienen *Hydraulik-Hubfahrzeuge*, bei denen sich die ganze Ladepritsche des Fahrzeuges absenken läßt, wodurch das Be- und Entladen erleichtert wird.

Der *Portalhubwagen* vereinigt die Vorteile eines Staplers und die eines Lkw. Das Fahrzeug fährt über die Last, die hydraulische Hubeinrichtung (bestehend aus zwei Greiferarmen) nimmt die Last auf. Die Bauhöhe kann bis 4 m betragen.

4. Kesselwagen. Kesselwagen dienen zum Versand großer Flüssigkeitsmengen. Sie müssen mit den vorgeschriebenen Armaturen (Ventile, Druckausgleichseinrichtung, Explosionssicherung usw.) ausgestattet sein und unterliegen der Überwachung.

Für bestimmte Zwecke werden innen gummierte Kesselwagen verwendet.

Kesselwagen sind festzustellen (Radschuhe, Bremsen) und gegen das Auflaufen anderer Fahrzeuge zu sichern (Gleissperren). Zum Abfüllen wird der Abfüllstutzen mit dem Anschluß des Aufnahmebehälters dicht verbunden. Druckschläuche müssen an beiden Enden mit je einem fernbedienbaren Schnellschlußventil versehen sein.

Transporttanks mit 2 bis 5 m³ Inhalt werden oftmals kurzfristig als Lagertanks (Abstelltank mit Aufsetzgestell) verwendet und ihr Inhalt unmittelbar in die Reaktionsgefäße übergeführt. Dies geschieht in der Regel durch „Abdrücken“ mit Druckluft oder Schutzgas.

Kesselwagen und Transporttanks sind Druckgefäße! Die entsprechenden Verordnungen sind streng einzuhalten.

5. Rollen- und Gurtförderer. Für den Transport im Gebäude werden *Rollenbahnen* verwendet, auf die Fässer, Kisten, Säcke u. a. gestellt werden. Die sich drehenden zylindrischen Rollen transportieren die Güter in waagrechter und schräger Richtung, auch in Kurven (schwach konische Rollen). Die einzelnen Rollen sind auf Gerüststützen in geringem Abstand angeordnet.

Die gleiche Aufgabe erfüllen *Drahtgurtförderer*. Sie dienen in erster Linie zum Transport heißer und scharfkantiger Güter.

Teleskopbänder können zur Verladerampe ausgefahren werden, wobei auch zwei Teleskopbänder im rechten Winkel zueinander angeordnet sein können.

12. Fördern

A. Fördern fester Stoffe

1. Schneckenförderer. In einem offenen oder geschlossenen Trog (Rohrschnecken) läuft eine Welle mit aufgeschweißtem Schneckengewinde. Die Schnecke bewegt das durch einen Trichter aufgegebene Fördergut in Pfeilrichtung (Abb. 201). Je nach Bauweise des Schnekkenförderers wird das Gut an beliebigen Stellen zu- und abgeführt.

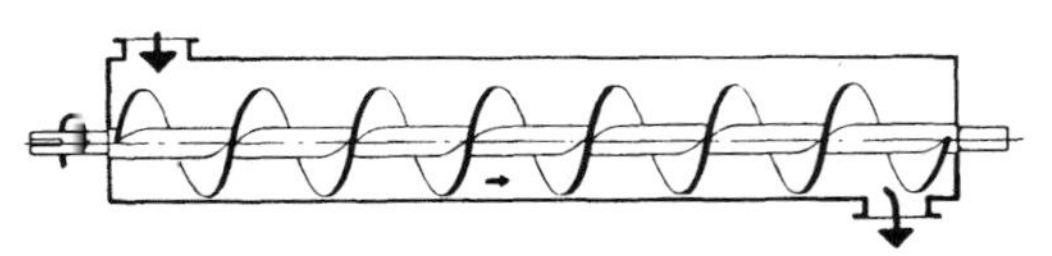

Abb. 201. Prinzip des Schneckenförderers (Rhewum Rheinische Werkzeug- und Maschinenfabrik GmbH, Remscheid-Lüttringhausen)

Die Fördermenge ist abhängig vom Durchmesser, der Steigung und Drehzahl der Schnecke, dem Schüttgewicht des Fördergutes und dem Füllungsgrad. Eine unter 15° ansteigende Förderschnecke bewältigt nur etwa 75%, bei 25° Steigung nur etwa 50% ihrer waagrechten Förderleistung.

Mit Förderschnecken ist auch eine Senkrechtförderung möglich. Die Abb. 202 zeigt eine solche Anlage. Das Schüttgut wird vom Einfülltrichter durch ein Austragsrührwerk der Senkrechtschnecke zugeführt. Diese fördert das Gut nach oben und wirft es mittels Schlägerblechen aus. Eine Reinigung ist durch Öffnen der Reinigungsklappe am Fuße der Schnecke und Rückwärtslauf derselben (Wendeschalter) leicht möglich. Förderleistung 15 m³/h, stufenlos einstellbar. Förderhöhe mit einer Schnecke bis 6 m.

Für rieselförmige Güter bis zu einer bestimmten maximalen Korngröße können auch biegsame Förderschnecken in einem Rohrsystem verwendet werden.

Da Förderschnecken eine gute Mischwirkung des Materials erzielen, können verschiedene Komponenten im gewünschten Verhältnis zudosiert werden.

2. Schwingförderer. Schwingförderer sind nahezu wartungsfrei und für extreme Temperaturbedingungen geeignet.

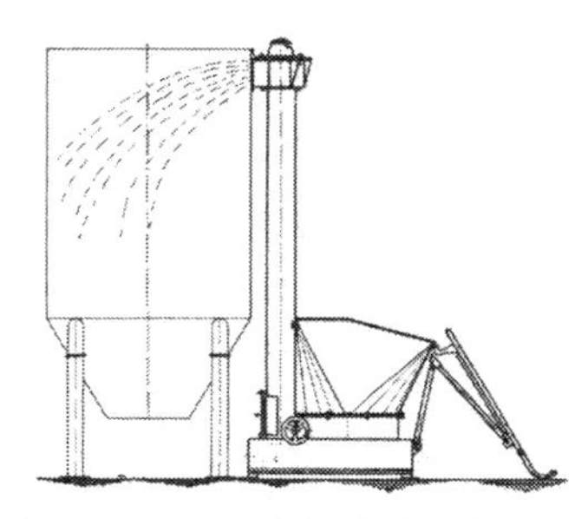

Abb. 202. Senkrechtförderer mit Schleuderkopf zum Beschicken eines Silos (Maschinenfabrik Adolf Zimmermann, Osterburken)

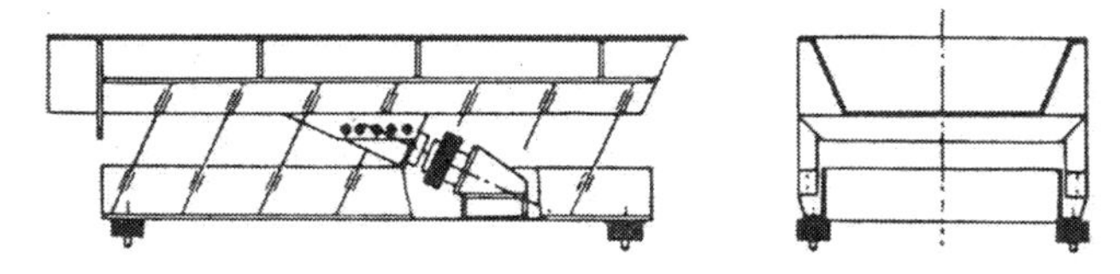

Abb. 203. Offene Schwingförderrinne mit stufenlos regelbarem Schwingantrieb (Jöst GmbH, Schwingungstechnik, Münster/Westf.)

a) *Förderrinnen.* Bei der offenen Schwingförderrinne (Abb. 203) führt der Trog schräg nach oben gerichtete Bewegungen aus, wodurch das Gut forthüpft oder der Trog wird langsam vorgestoßen und rasch zurückgezogen, so daß das Gut ruckweise fortschnellt.

Die Rinne ist freischwebend an Federn aufgehängt oder auf einer Grundplatte montiert. Durch eine Kunststoffauskleidung der Rinne wird bei feuchten Gütern ein Anbacken vermieden. Förderrinnen sind einfach zu warten und schonen das Fördergut. Sie sind für Massenleistungen verwendbar.

In der Abb. 204 sind verschiedene Arten von *Vibrationsantrieben* schematisch dargestellt. Bild I zeigt einen massenkompensierten Antrieb, bei dem durch den synchronen Gegenlauf zweier Unwuchtmassen nur in der gewünschten Antriebsrichtung freie Massenkräfte auftreten. Bei der Ausführung II (für kleinere Anlagen) übertragen

Blattfedern die Unwuchtkraft in der Schwingrichtung in voller Größe und dämpfen sie in der Richtung senkrecht dazu fast völlig ab. Bei dem elektromagnetischen Vibrationsantrieb III bildet die

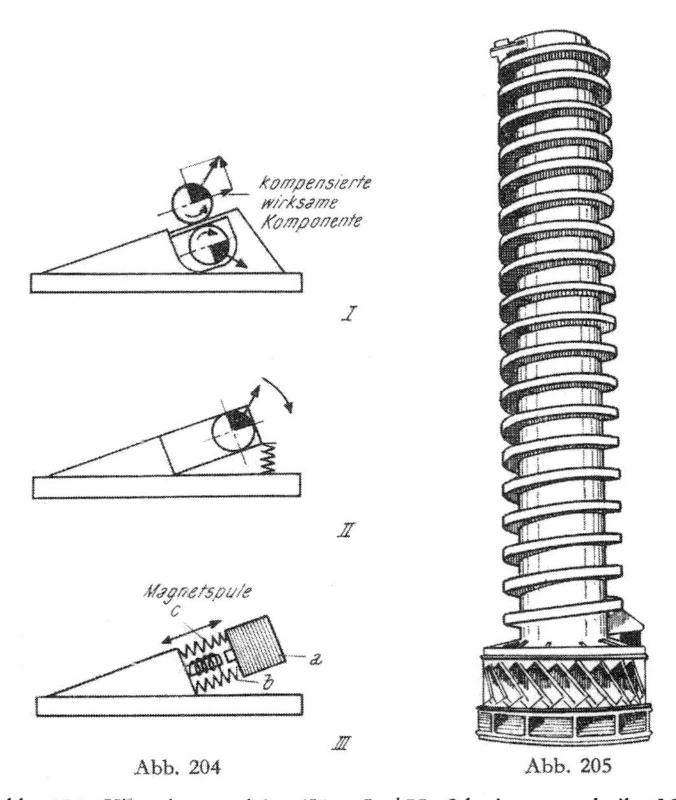

Abb. 204 Abb. 205

Abb. 204. Vibrationsantriebe (Jöst GmbH, Schwingungstechnik, Münster/Westfalen). *I* Massenkompensierter Unwuchtantrieb, *II* durch Blattfedern gerichteter Unwuchteinzelantrieb, *III* Magnetvibrator: *a* Gegenschwingmasse, *b* Federung, *c* Elektromagnet

Abb. 205. Wendelförderer (Jöst GmbH, Schwingungstechnik, Münster/Westf.)

Gegenschwungmasse mit dem Nutzgerät und den Federn (potentieller Energiespeicher) ein Schwingsystem. Durch den Elektromagneten wird das System in erzwungene Schwingungen gebracht. Dieser Antrieb ist stufenlos regelbar.

Ähnlich wie die Schwingförderrinnen arbeiten *Schwingförderrohre.*

Schwingungen können auch mit Hilfe von *Außenrüttlern* erzeugt werden, die an eine Apparatur angesetzt, die Schwingungen auf diese übertragen (pneumatische Klopfer, elektromagnetische Vibratoren, Pendelrüttler). Bei den Kugelvibratoren (Webac Gesellschaft für Maschinenbau mbH, Euskirchen) wird eine Stahlkugel durch Druckluft mit hoher Geschwindigkeit in einer gehärteten Kugellauffläche angetrieben. Die Kugel bewirkt starke, hochfrequente Vibrationen in allen Richtungen.

Vibriertische werden zum Verdichten von pulverförmigen und körnigen Gütern in Behältern sowie zum Einrütteln beim Verpacken und Einfüllen in Säcke, Dosen und Kartons verwendet. Unter der Tischplatte ist ein Vibrationsmotor mit Unwuchtgewichten oder ein elektromagnetischer Antrieb angeordnet.

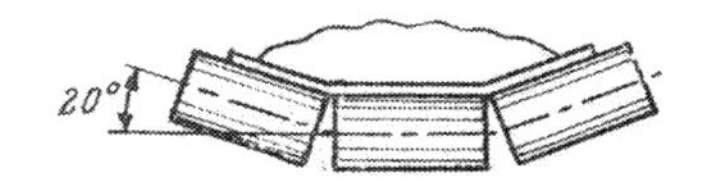

Abb. 206. Muldenförmiges Band

b) *Vibrations-Wendelförderer.* Wendelförderer (Abb. 205) dienen dem Vertikaltransport bis etwa 8 m Förderhöhe; durch Hintereinanderschalten ist jedoch die Überwindung beliebiger Förderhöhen möglich. Die Förderwendel ist als Rinne mit eckigem oder rundem Querschnitt oder als Rohrschlange ausgeführt. Das Fördergut wird nach dem Mikrowurf-Prinzip (massenkompensierter Unwucht- oder elektromagnetischer Antrieb) bewegt. Solche Einrichtungen sind auch zum Erhitzen, Kühlen und Trocknen von Fördergütern geeignet.

3. Bandförderer. *Bandförderer* oder Förderbänder sind endlose, flache oder muldenförmige Bänder (Abb. 206) oder Gurte aus Baumwolle, Kunststoffen, Gummi oder Stahl (ohne oder mit Kunststoffbelag), die durch Rollen unterstützt auf ihnen ablaufen und so das daraufliegende Gut in horizontaler oder schräger Richtung fördern. Sie sind für längere Transportwege bei großer Leistungsfähigkeit zu verwenden und werden bis zu 2 m Bandbreite gebaut. Bandförderer können auch fahrbar oder schwenkbar eingerichtet sein.

Die Abb. 207 zeigt das Schema eines Bandförderers. Das endlose Band *a* wird durch die Rolle *b* angetrieben. Die Spannung des Bandes wird durch die waagrecht verschiebbare Rolle *c* bewerkstelligt; *d* sind Tragrollen, die beim fördernden Trum in kleineren, beim leeren Trum in größeren Abständen angeordnet sind. Das Fördergut soll zwecks Schonung der Bänder nur aus geringer Höhe aufgegeben werden. Abgegeben wird entweder am Ende des Bandes oder, wie in der Abbildung gezeigt, durch verschiebbare Abwurfwagen *e*. Streifer sollten möglichst nicht verwendet werden, weil durch die damit verbundene stärkere Beanspruchung des Bandes Beschädigungen eintreten können. Die Laufgeschwindigkeit des Bandes ist regulierbar.

Trogkettenförderer (Abb. 208) sind vor allem für den Transport von pulvrigen, körnigen und kleinstückigen, nicht klebenden Gütern geeignet. Durch ihre geschlossene Bauweise wird eine größere Staubentwicklung unterbunden. Förderlängen bis 60 m sind möglich. Die Abgabe des Fördergutes kann an beliebiger Stelle im Trogboden er-

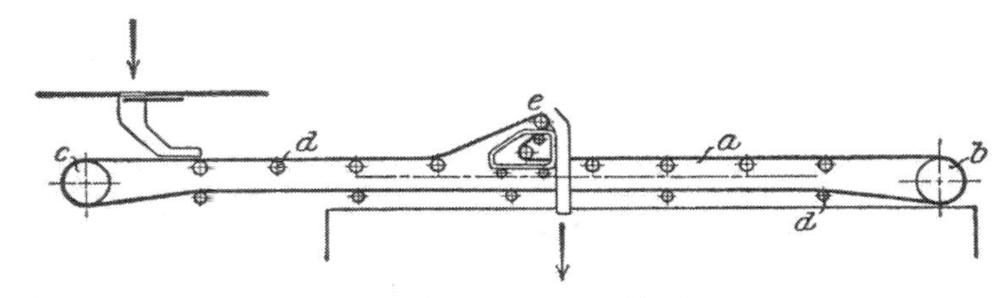

Abb. 207. Schema eines Bandförderers

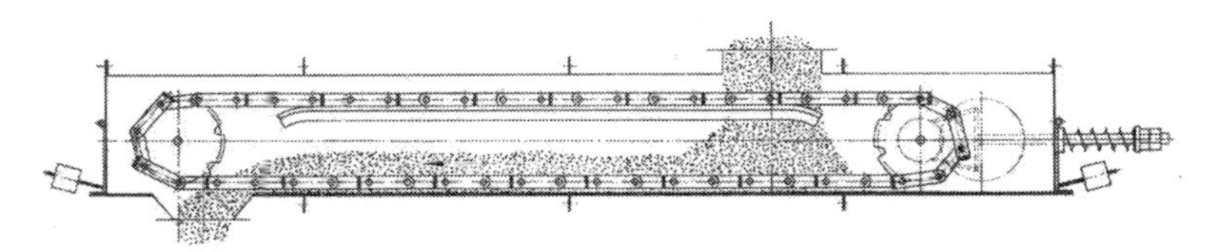

Abb. 208. Trogkettenförderer
(Friedrich Segler, Maschinenfabrik, Quakenbrück)

folgen. Bei mehreren Abgabestellen werden Schieber eingebaut. Förderguttemperaturen bis 500 °C sind zulässig. Angetrieben wird durch Getriebemotor über einen Kettentrieb.

Der *Floveyer* (Gericke Spezialfabrik für Dosier-, Förder- und Mischanlagen, Singen/Hohentwiel) fördert das Gut in einem Rohr durch in Abständen auf ein Stahlseil aufgesetzte, leicht auswechselbare Kunststoffscheiben. Diese nehmen das Gut in der Einlaufzone mit, es wird in Paketen mit geringer Seitenreibung getragen. Vertikalförderung bis etwa 15 m.

4. Kratzerförderer. In Kratzerförderern (Abb. 209) wird das Gut bei *a* einer Rinne *b* zugeführt, in der es durch Schaufeln oder Kratzer *c*, die an einer endlosen Gelenkkette *d* befestigt sind, fortgeschoben wird. Abgegeben wird das Gut bei *e* durch Öffnen eines Bodenschiebers. Die Schaufelkette wird mit Hilfe von Tragrollen *f* geführt (*g* angetriebener, *h* nachstellbarer Kettenstern). Geeignet für Förderstrecken von 15 bis 30 m, bei einer Leistung bis zu 150 t/h.

Kratzerförderer sind starkem Verschleiß ausgesetzt; das Fördergut wird zwischen den Kratzern und der Rinne zerrieben und zerquetscht.

5. Becherwerke. Becherwerke oder Elevatoren fördern bis zu einer Höhe von 25 m. Die an einer Kette befestigten Becher schöpfen aus einem Trog das Fördergut und geben es im Oberteil durch Umkippen der Becher wieder ab. Die Abb. 210 zeigt das Prinzip eines Becherwerkes. Die Kette wird über die beiden Kettenräder *a* und a_1

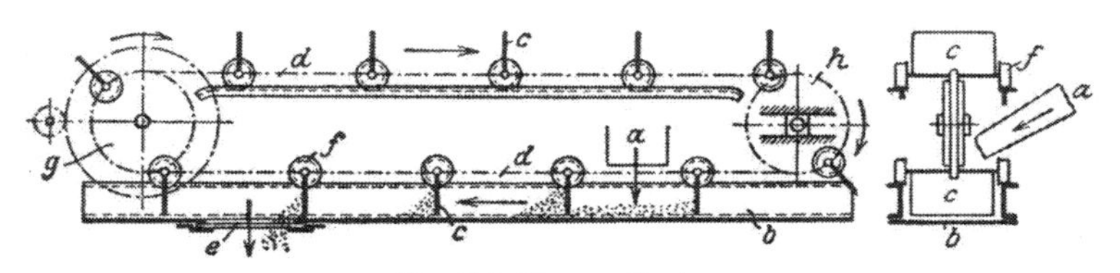

Abb. 209. Kratzerförderer

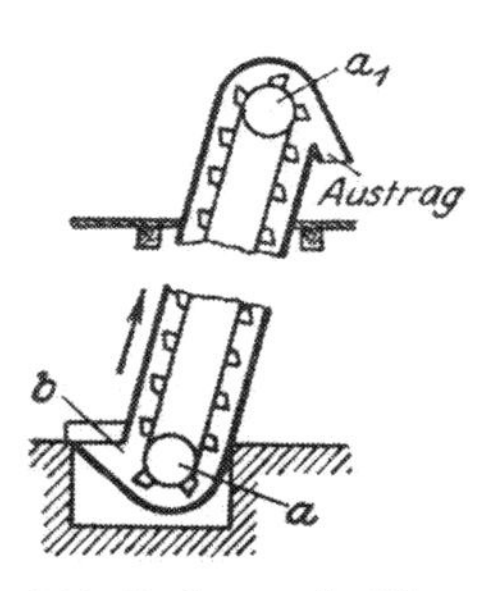

Abb. 210. Becherwerk (Elevator)

geführt. Zur Materialaufnahme dient der Schöpftrog *b*. Häufig ist der ganze Elevator in ein Gehäuse eingebaut. Geeignet für sehr große Leistungen, für Lotrecht- und Schrägförderung. Schräge Becherwerke werden auch fahrbar eingerichtet. Eintretende Übelstände betreffen die ungenügende Becherfüllung und mangelhaftes Ausschütten der Becher.

Der Elevator „Sanfon" (Ulrich Walter, Maschinenbau, Erkrath/Bez. Düsseldorf) hat Becher ohne Boden. Er erlaubt daher ein Fördern in einer kontinuierlichen Säule bei normaler oder geringer Gurtgeschwindigkeit (schonendes Fördern brüchiger Produkte). Die Becher sind aus Stahl oder Kunststoff hergestellt.

6. Pneumatische Förderer. Pneumatische Förderer, die zum Fördern feinkörniger, kleinstückiger oder staubförmiger Produkte verwendet werden, sind als Saug- oder Druckluftförderanlagen gebaut. Soll das Fördergut von einer oder mehreren Stellen zu einer Sammelstelle gefördert werden, wendet man im allgemeinen Saugluftanlagen an, wird das Gut von einer Stelle nach mehreren Orten verteilt, haben Druckluftanlagen den Vorrang. Das Fördergut soll nicht zum Zusammenbacken neigen und trocken sein, das Schüttgewicht darf nicht zu hoch sein. Bei Saugluftanlagen soll der Förderweg 400 m nicht überschreiten, während bei Druckluftanlagen leicht 700 m bewältigt werden. Die Fördergeschwindigkeit liegt bei 20 bis 30 m/s.

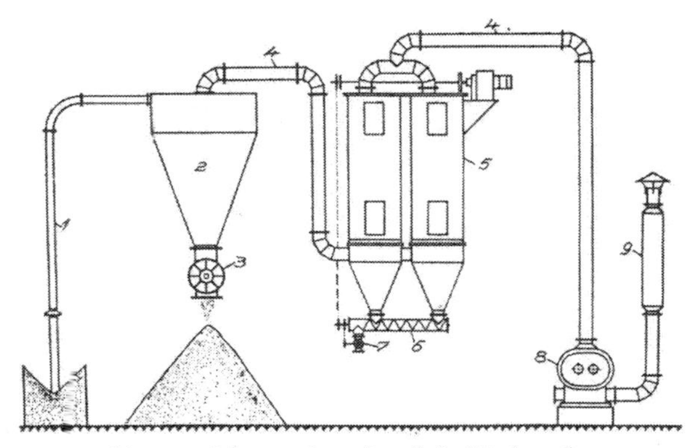

Abb. 211. Schema einer Saugluft-Förderanlage (Maschinenfabrik Hartmann AG, Offenbach/Main)

Je nach dem Fördergut kann die Abluft durch Trockenentstauber oder Naßfilter gereinigt werden.

Das Schema einer *Saugluftförderanlage* ist in der Abb. 211 wiedergegeben. Die Drehkolbenpumpe *8* saugt durch die Rohrleitungen *4* und die Schlauchfilter *5* Luft aus dem Einsaugbehälter *2* und bläst sie über den Schalldämpfer *9* ins Freie. In das auf diese Weise im Einsaugbehälter geschaffene Vakuum strömt die Luft durch die Förderleitung *1* mit großer Geschwindigkeit nach und nimmt dabei das Gut mit in den Behälter. Dort wird es durch Fliehkraftwirkung aus dem Luftstrom ausgeschieden und durch eine Zellenradschleuse *3* ausgetragen. *6* ist eine Förderschnecke, *7* eine Staubschleuse.

In der *Druckluftförderanlage* (Schema Abb. 212) saugt das Gebläse *1* über den Schalldämpfer *2* die Luft an und drückt sie durch die Leitung *3* zur Aufgabestelle *4*. Das Fördergut wird von oben in die Druckluft eingespeist und durch die Förderleitung *5* weggeführt. Es kann nun z. B. in einem Lager frei ausgeblasen oder in einem Zyklonabscheider *7* aus dem Luftstrom herausgenommen werden.

Durch Umstellhähne 6 läßt sich die Förderleitung nach verschiedenen Abgabestellen verzweigen.

Das nacheinanderfolgende Füllen von Eisenbahnwaggons u. a. geschieht mit Förderleitungen, bei denen die Fördereinrichtung

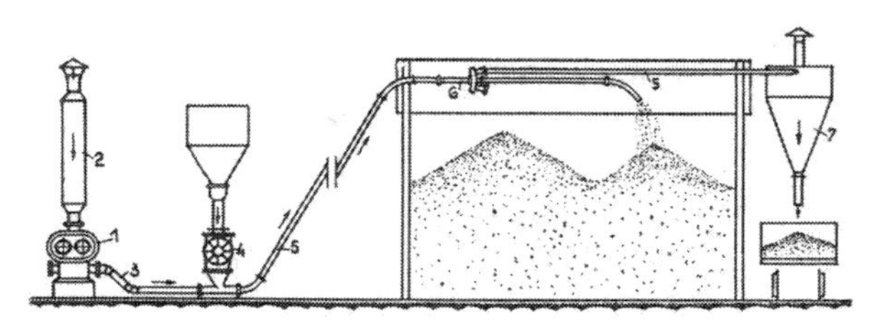

Abb. 212. Schema einer Druckluft-Förderanlage (Maschinenfabrik Hartmann AG, Offenbach/Main)

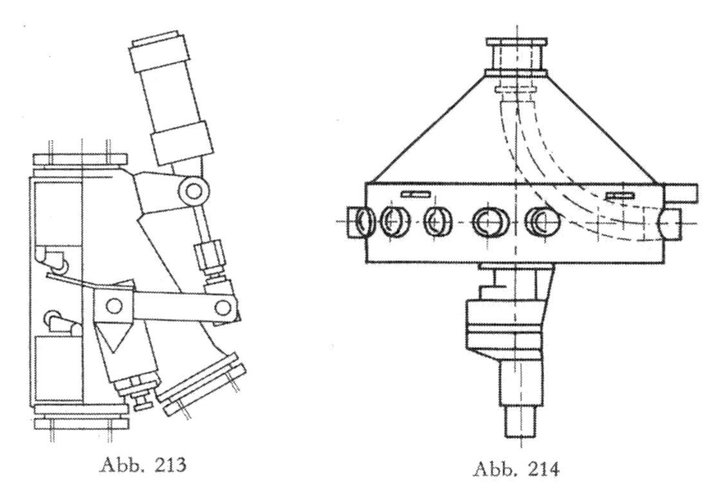

Abb. 213. Rohrweiche, pneumatisch betätigt (Gebrüder Bühler AG, Maschinenfabrik, Uzwil/Schweiz)

Abb. 214. Drehrohrverteiler, Type DMVB (Gebrüder Bühler AG, Maschinenfabrik, Uzwil/Schweiz)

während des Förderns umgestellt werden kann. Handelt es sich nur um eine Abzweigung, wird eine *Rohrweiche,* die von Hand oder pneumatisch betätigt wird (Abb. 213), verwendet.

Drehrohrverteiler (Abb. 214) haben dagegen bis zu zwanzig seitlich oder am Bodenblech des Mantelkörpers angeordnete Austrittsöffnungen, die vorwiegend vollautomatisch gesteuert mit dem im Mantelkörper befindlichen und um 360° schwenkbaren Drehrohr verbunden werden können. Eine Anpreßvorrichtung sorgt für eine einwandfreie Abdichtung.

Bei dem *pneumatischen Fördersystem Gattys* ist in das Förderrohr eine perforierte Förderluftleitung eingelegt. Dieser Innenschlauch aus elastischem Material ist in Längsrichtung gelocht und am Ende verschlossen (Abb. 215). Der Druck der Luft im Innenschlauch muß höher sein als der Druck der Förderluft, damit das Fördergut mit Sicherheit gelockert wird. Das Fördern kann beliebig unterbrochen und bei voll gefüllter Leitung wieder aufgenommen werden. Die geringe Fördergeschwindigkeit erlaubt auch, empfindliche Schüttgüter ohne Zerstörung der Kristalle zu fördern.

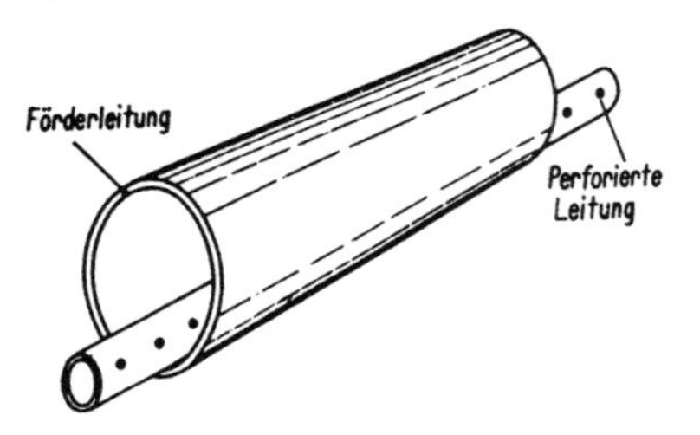

Abb. 215. Pneumatisches Fördersystem Gattys (F. J. Gattys, Ingenieurbüro für chem. Maschinen- und Apparatebau, Frankfurt/Main)

Die *pneumatische Pulse-Phase-Förderung* ist ein Schubfördersystem zum Fördern haftender, bruch- und abriebempfindlicher, pulverförmiger Güter. Das System besteht aus dem Sender (Druckbehälter), dem Pulsator, der Förderleitung und dem Steuergerät und arbeitet in einem sehr niedrigen Druckbereich (Gericke, Spezialfabrik für Dosier-, Förder- und Mischanlagen, Regensdorf-Zürich). Das Fördergut fließt aus dem unter Druck gesetzten Sender dem Pulsator zu, der durch einen Zeitschalter die Förderluft in einstellbaren Luftstößen in die Förderleitung abgibt. Dadurch wird der Produktstrom in Pfropfen mit dazwischenliegenden Lufträumen aufgeteilt und gleichzeitig gefördert. Der gesamte Förderzyklus wird vollautomatisch gesteuert. Der Luftbedarf ist gering, daher sind Abscheider und große Luftfilter nicht erforderlich. Pro 1 kg Luft können 200 bis 300 kg Produkt gefördert werden. Förderleistungen bis ca. 20 m^3/h bei Förderwegen bis 100 m sind möglich.

Kleinfördergeräte. Materialtrichter von Verarbeitungsmaschinen werden mit Kleinfördergeräten befüllt. Das Gerät wird über dem zu füllenden Behälter angeordnet (Abb. 216). Nach dem Einschalten läuft das Gebläse bei geschlossener Auslaufklappe saugend an. Nach beendeter Saugperiode drückt das im Gerät befindliche Gut durch sein Eigengewicht die Auslaufklappe auf und gelangt in freiem Fall in den zu befüllenden Behälter. Beim Öffnen der Auslaufklappe wird das Förderluftfilter durch kurzzeitiges Reversieren des Gebläses zurückgespült, es ist dann für die folgende Saugperiode vollkommen abgereinigt. Nach Entleeren des Materialbehälters schließt die Klappe automatisch und schaltet die nächste Saugperiode ein. Dieser Vorgang wiederholt sich, bis der Behälter so weit gefüllt ist, daß sich die Klappe nach der letzten Entleerung im Schüttkegel des Materials

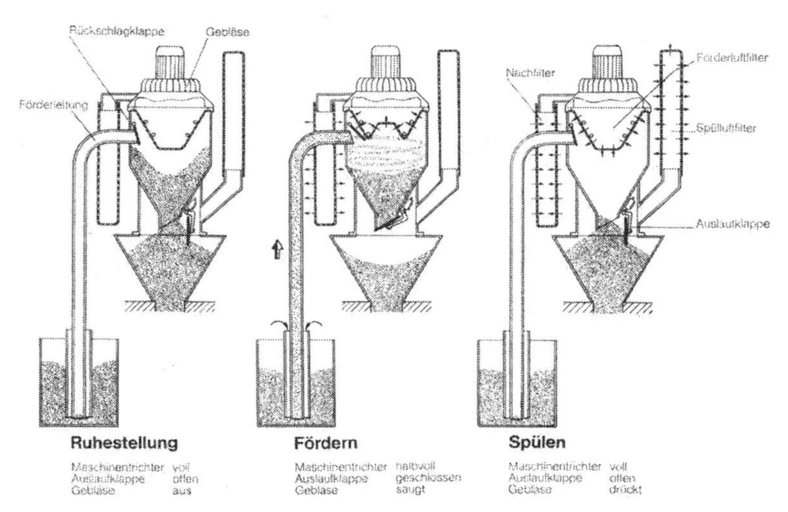

Abb. 216. Kleinfördergerät Typ KFP 4
(Filterwerk Mann & Hummel GmbH, Ludwigsburg)

befindet. Die Klappe wird solange in dieser Lage festgehalten, bis der Materialspiegel im Behälter durch Entnahme so weit gesunken ist, daß die Klappe wieder schließen kann. Erst dann wird eine neue Saugperiode eingeleitet. Auf diese Weise wird der Materialspiegel in dem zu füllenden Behälter konstant gehalten.

Für den pneumatischen Transport über kürzere Strecken (z. B. 5 t/h Flugstaub bei 40 m Länge und 5—10 m Höhenunterschied) wird auch das Injektorprinzip angewendet (*Düsenförderer*, Abb. 217).

B. Fördern von Flüssigkeiten

1. Heber. Aus kleineren Behältern (Ballons oder Fässer) wird der Inhalt abgehebert oder abgepumpt. Groß ist die Zahl der empfohlenen Einrichtungen, die ein gefahrloses Abhebern oder Abpumpen gestatten (Automatische Saugheber, Druckluftentleerer, Hand- und Fußpumpen, Motorpumpen). Siehe dazu auch S. 166.

2. Druckfässer. Druckfässer dienen zum Fördern von Flüssigkeiten mit Hilfe von Druckluft oder Schutzgas. Die Verordnungen über Druckgefäße sind streng einzuhalten! Die Abb. 218 zeigt das

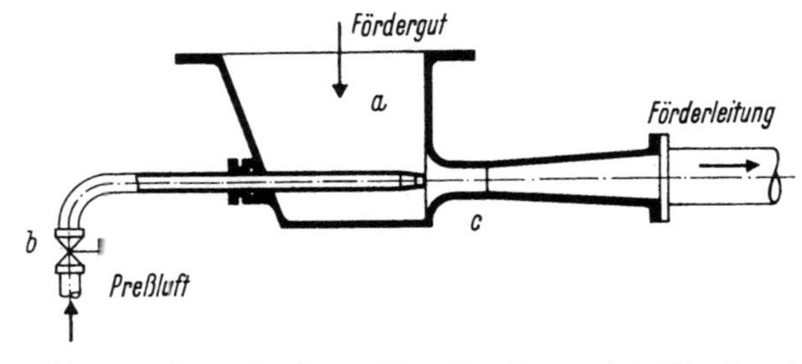

Abb. 217. Düsenförderer (Claudius Peters AG, Hamburg). *a* Einlaufgehäuse, *b* verstellbare Düse, *c* Diffusor

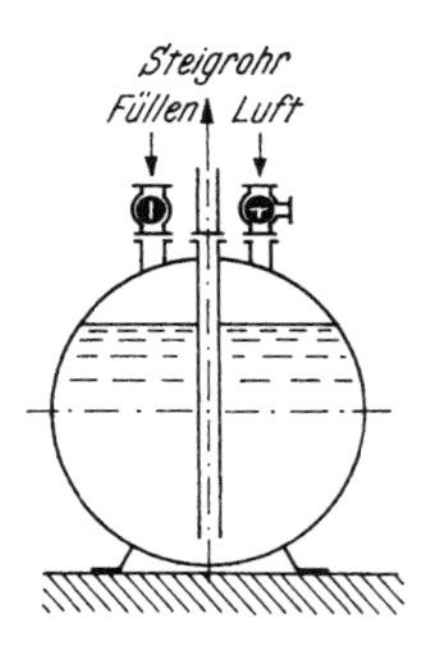

Abb. 218. Prinzip eines Druckfasses

Prinzip eines Druckfasses. Der Behälter wird mit der zu fördernden Flüssigkeit gefüllt. Durch Eindrücken von Druckgas (Luft oder Schutzgas) wird der Inhalt durch das bis nahe zum Boden reichende Steigrohr in den angeschlossenen Apparat gefördert. Die Zulaufleitung enthält ein Rückschlagventil; Manometer, Sicherheitsventil, Abblasventil, Absperrvorrichtungen müssen vorhanden sein.

In Gruben eingebaute Druckfässer haben den Nachteil, daß Undichtheiten oft nicht rechtzeitig erkannt werden.

Für spezielle Zwecke werden Druckfässer mit Rührwerk, Heiz- oder Kühlmantel ausgestattet.

Beim Öffnen von Druckfässern sind alle Vorsichtsmaßnahmen zu beachten. Vor dem Lösen der Schrauben des Mannlochdeckels muß man sich überzeugen, daß kein Überdruck im Gefäß vorhanden ist; das Abblasventil ist zu öffnen, auch wenn das Manometer keinen Druck anzeigt. Dann erst wird der Deckel, der allseitig noch von mehreren Schrauben gehalten sein muß, leicht angelüftet. Nur wenn jetzt kein Überdruck mehr zu erkennen ist, darf der Deckel voll geöffnet und abgehoben werden.

Druckproben und Dichtigkeitsprüfungen an Druckfässern sind möglichst mit kaltem Wasser vorzunehmen. Die Höhe des Probedruckes beträgt im allgemeinen das 1,3- bis 1,5fache des höchstzulässigen Betriebsdruckes. Die Druckprüfung kann z. B. mit hydraulischen Probierpumpen durchgeführt werden.

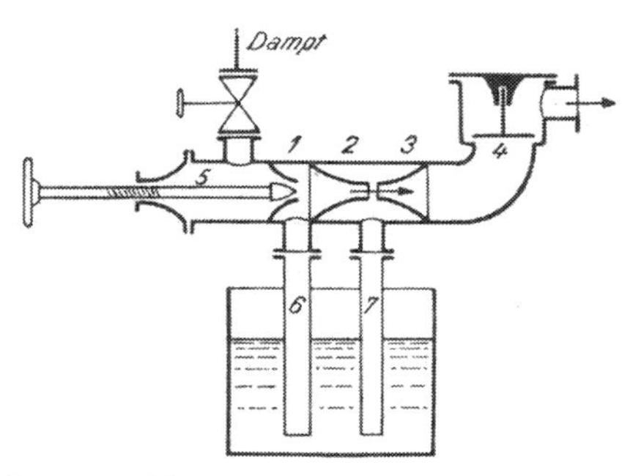

Abb. 219. Wirkungsweise einer Dampfstrahlpumpe

3. Strahlpumpen. Strahlpumpen entsprechen in Bau und Wirkungsweise den Strahlverdichtern (S. 159) und verwenden als Treibmittel gespannten Dampf oder Wasser. Das Fördergut mischt sich mit dem Treibmittel.

Das Treibmittel tritt aus einer Düse aus und reißt die vor der Düse stehende Luft mit, wodurch in der Saugleitung ein Unterdruck entsteht. Dadurch tritt die zu fördernde Flüssigkeit in die Pumpe ein und wird mitgerissen. Die Abb. 219 zeigt die Wirkungsweise einer Dampfstrahlpumpe. Der Dampfstrahl saugt beim Austritt aus der Düse *1* das z. B. abzusaugende Wasser durch die Saugleitung *6* an, treibt es in die Düse *2*, wobei der Dampf kondensiert wird. Anfänglich tritt das Wasser durch die Schlabberleitung *7* zurück. Erst wenn es die nötige lebendige Kraft erreicht hat, geht es weiter in die Düse *3* und durch das Ventil *4* in die Druckleitung. Die, auch als Injektoren bezeichneten Strahlpumpen hören bei Eintritt von Luft in die Saugleitung oder bei Veränderung des Dampfdruckes auf zu arbeiten und müssen dann durch die Anstellspindel *5* neu angelassen werden.

Strahlpumpen können auch verschmutzte Flüssigkeiten fördern. Die Leistung beträgt bis 15 m³/h bei 4 bar Betriebsdruck.

4. Kolbenpumpen. a) *Einfach- und doppeltwirkende Kolbenpumpen.* In einem Zylinder bewegt sich ein Kolben mit der Hubweite *s* hin und her (Abb. 220). Der Kolben erzeugt bei seiner Rückwärtsbewegung im Pumpenraum Unterdruck, so daß infolge des äußeren Luftdruckes *A* die Flüssigkeit durch die Saugleitung und das

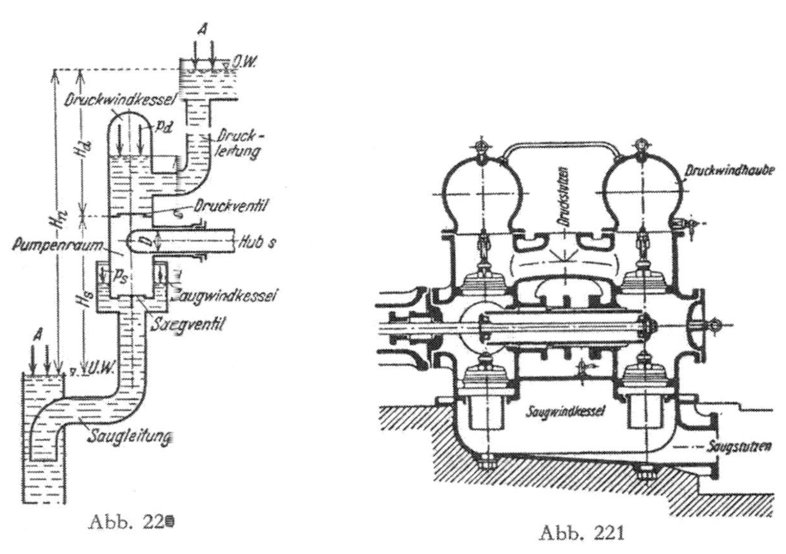

Abb. 220. Prinzip der Kolbenpumpe
Abb. 221. Doppeltwirkende liegende Kolbenpumpe

Saugventil in den Pumpenraum gesaugt wird. Bei der Vorwärtsbewegung des Kolbens wird das Saugventil automatisch geschlossen und die im Pumpenraum befindliche Flüssigkeit über das Druckventil in die Druckleitung gedrückt. Die Förderhöhe *Hn* (= Unterschied zwischen Unterwasserspiegel *UW* und Oberwasserspiegel *OW*) setzt sich zusammen aus der Saughöhe *Hs* und der Druckhöhe *Hd*. Die Saughöhe beträgt etwa 7 m, bei heißen Flüssigkeiten ist sie geringer.

Eine Pumpe, die beim Hin- und Hergang des Kolbens abwechselnd saugt und drückt, nennt man einfach wirkend. Wird bei jedem Hub auf der einen Seite gesaugt und auf der anderen gedrückt, dann ist sie doppelt wirkend; sie hat dann je zwei Saug- und Druckventile. Dadurch fließt ein stetiger Strom durch die Pumpe und Stöße werden vermieden (Abb. 221). Geht der gemeinsame Kolben nach links, so wird rechts angesaugt und links gedrückt und umgekehrt.

Die Pumpen werden in der Saug- und Druckleitung mit Windkesseln ausgestattet. Der Windkessel auf der Saugseite verhindert die „Wasserschläge", die dadurch zustande kommen, daß bei zu großer Kolbengeschwindigkeit die Flüssigkeit nicht rasch genug folgen kann. Der Windkessel auf der Druckseite dient zur Beseitigung der stoßweisen Förderung, da die in ihm vorhandene Luft als Puffer und

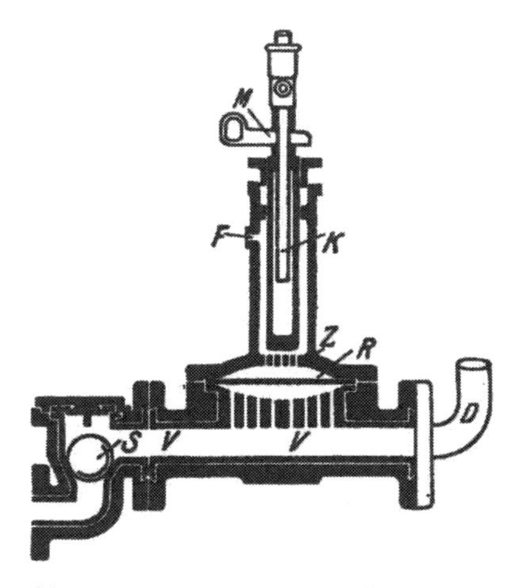

Abb. 222. Prinzip einer Membranpumpe

ausgleichend auf die von der Pumpe ausgehende stoßweise Förderung wirkt. („Schlagen" der Leitung kann zu ihrer Zerstörung führen.)

Die Pumpen können als *Scheibenkolbenpumpen* oder für verunreinigte Flüssigkeiten als *Tauchkolbenpumpen* (Plungerpumpen) gebaut sein.

b) *Membranpumpen.* Diese Abart der Kolbenpumpe kann für aggressive Flüssigkeiten oder solche, die größere Mengen Feststoffe enthalten, verwendet werden, da Tauchkolben *K* und Zylinder *Z* durch eine zwischengeschaltete, elastische Membran *R* vom eigentlichen Pumpenraum getrennt sind (Abb. 222, Prinzip der Membranpumpe). Die Gummimembran bewegt sich in einem flachen, linsenförmigen Raum, gegen den sie oben und unten anschlägt. Dieser Raum steht durch Öffnungen mit dem Zylinder *Z* und dem Ventilgehäuse *V* in Verbindung. Beim Heben des Kolbens wird Unterdruck erzeugt, die Membran hochgezogen, wodurch Unterdruck im Ventilgehäuse entsteht und Flüssigkeit angesaugt wird. Beim Niedergehen des Kolbens überträgt sich der im Zylinder entstehende Druck auf die Membran, sie wird gegen die untere Wölbung der Kammer gedrückt, so daß die in V befindliche Flüssigkeit über das Druckventil in die Förderleitung gedrückt wird. Saugventil *S* und Druckventil *D* sind Kugelventile. Die Pumpe hat eine Füllvorrichtung (angeschlossen bei *F*, die bei Inbetriebnahme mit Wasser gefüllt wird). *M* ist die Einrück- bzw. Abstellvorrichtung.

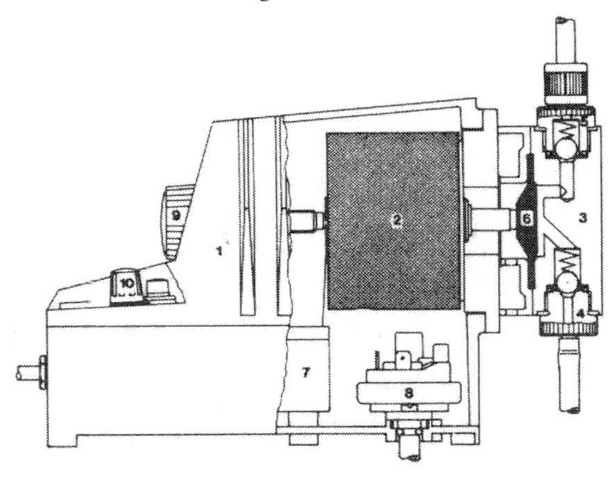

Abb. 223. Regeldosierpumpe ProMinent electronic (Chemie und Filter GmbH, Verfahrenstechnik KG, Heidelberg). *1* Gehäuse, *2* Kurzhub-Elektromagnet, *3* Dosierkopf, *4* Saugventil, *5* Druckventil, *6* Spezialmembran, *7* Elektronische Steuerung, *8* Höhenstandsschalter, *9* Hubhöhenregelknopf, *10* Hubfrequenzregelknopf

c) *Dosierpumpen.* Da Kolbenpumpen auch bei wechselndem Gegendruck konstante Flüssigkeitsmengen fördern, sind sie für Dosierzwecke geeignet. Sie haben meist einen einfachwirkenden Tauchkolben, die Reglung wird durch stufenloses Verstellen der Kolbenhublänge oder der Antriebsdrehzahl vorgenommen. Auch Membranpumpen finden als Dosierpumpen Anwendung.

Als Beispiel wird in der Abb. 223 eine Regeldosierpumpe gezeigt. Es handelt sich um eine Kurzhubmagnet-Membranpumpe mit elektronischer Steuerung. Der extrem kurze Hub des in Teflon-Verbundlagern geführten Magnetankers garantiert eine hohe Verschleißfestigkeit. Die Dosiermembran aus Hypalon oder Gummi mit Teflonauflage hat einen massiven Stahlkern. Als Förderleistung wird bei diesem Modell je nach Type 6 bis 15 000 cm^3/h erreicht, bei einem zulässigen Gegendruck von 4 bzw. 25 bar. Die Förderleistung ist im Verhältnis 1 : 250 stufenlos regelbar.

Über weitere Dosierpumpen s. S. 116.

5. Verdrängerpumpen. Die Wirkung der *rotierenden Kreiskolbenpumpen* beruht auf dem Verdrängerprinzip. Zwei Förderkolben, die zwangsläufig durch ein außenliegendes Stirnradgetriebe gegeneinander in Bewegung gesetzt werden, kreisen in einem Gehäuse. Es findet eine stetige Raumvergrößerung und -verminderung statt, wodurch eine Saug- bzw. Druckwirkung hervorgerufen wird.

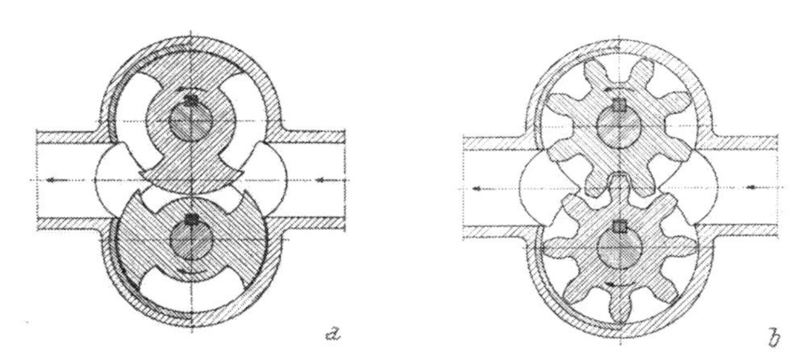

Abb. 224. Kreiskolbenpumpe Type KRL: *a* mit Doppelkolben, *b* mit Mehrflügelkolben (Lederle KG, Pumpen- und Maschinenfabrik, Freiburg i. Br.)

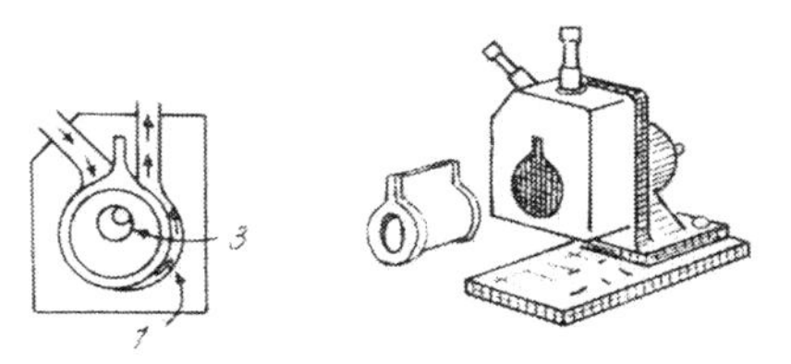

Abb. 225. Vanton-„Flex-i-Liner"-Pumpe (Vanton Pumpen AG, Fribourg/Schweiz)

Die berührungslose Arbeitsweise der Verdränger ist maßgebend für die weitgehende Unempfindlichkeit gegen Trockenlauf. Kreiskolbenpumpen sind selbstansaugend und für verschieden viskose und schäumende Medien verwendbar. Leistung bis 100 m³/h. Die Abb. 224 zeigt zwei Ausführungsformen (*a* mit Doppelkolben, *b* mit Mehrflügelkolben, bekannt als „Zahnradpumpe"). Die selbstansaugenden Zahnradpumpen werden auch als Dosierpumpen verwendet.

Bei der *Vanton-„Flex-i-Liner"-Pumpe* (Abb. 225) wird die Pumpenwirkung durch einen auf der Exzenterwelle sitzenden Rotor *3* erzielt, der das Fördergut *1* abquetscht und es wirblungsfrei in die Ausstoßleitung drückt. Die Pumpe ist selbstschmierend. Das rechte Bild zeigt die Pumpe mit herausgezogenem Flex-i-Liner.

In den *Schnecken- oder Spindelpumpen* (Abb. 226, Mohno-Pumpe) rotiert ein Rotor *3*, der die Form einer eingängigen Schnecke hat, in dem zweigängigen Stator *2*. In jedem Moment der Drehbewegung wird der Saugraum vom Druckraum dichtend abgeschlos-

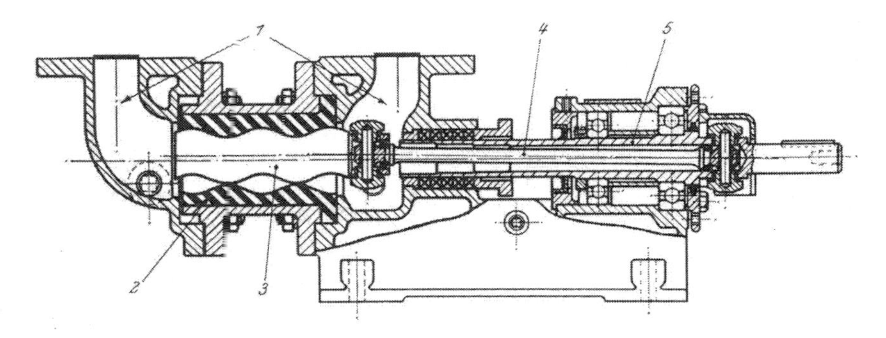

Abb. 226. Schnitt durch eine Mohno-Pumpe
(Netzsch-Mohnopumpen GmbH, Waldkraiburg/Obb.)

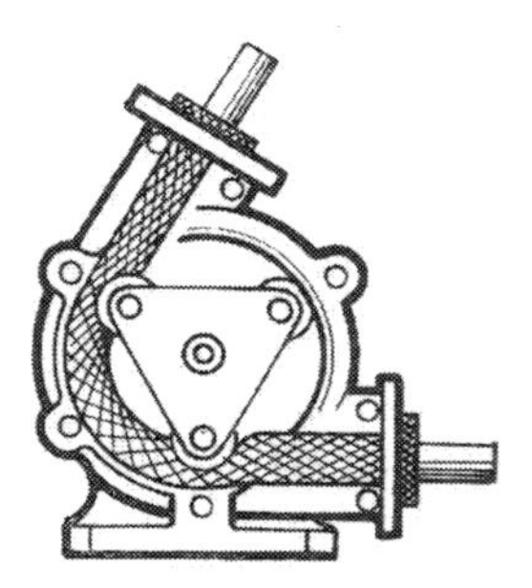

Abb. 227. Delasco-Pumpe (Ponndorf Handelsgesellschaft KG, Kassel-B.)

sen, so daß die Pumpe selbstansaugend und selbstdichtend wirkt. Der von der „dichtenden Linie" zwischen Rotor und Stator eingeschlossene Förderraum bewegt sich stetig vom Saug- zum Druckraum. *1* ist der Saug- bzw. Druckstutzen, *4* die Kuppelstange mit Universalgelenk, *5* die Antriebswelle. Mit der Pumpe können dünn- bis dickflüssige Medien mit und ohne Feststoffgehalt gefördert werden.

Doppelspindelpumpen haben zwei nebeneinander angeordnete gleichläufige Spindeln.

Schlauchpumpen werden zum Fördern aggressiver Medien verwendet. Die in der Abb. 227 gezeigte Delasco-Pumpe besitzt drei rotierende Rollen, die abwechselnd den eingelegten Schlauch zusammenpressen, so daß vor der Rolle eine Pressung und hinter der Rolle ein Vakuum erzeugt wird. Dadurch wird im Einlaufstutzten ständig Ansaugung, Weiterförderung durch den gebogenen Schlauch und Auslauf durch den Ausgangsstutzen in die Förderleitung bewirkt. Die Pumpe arbeitet ohne Stopfbuchse, sie wird für Leistungen bis 15 000 Liter/h gebaut. Die schiebende Arbeitsweise verhindert ein Schäumen der Flüssigkeit.

6. Kreiselpumpen. Im Gehäuse *1* der Kreisel- oder Zentrifugalpumpe dreht sich mit hoher Drehzahl das Schaufelrad *4* und schleudert die Flüssigkeit vom Zentrum (Saugstutzen *2*) infolge der Zentrifugalkraft nach außen in das Gehäuse und damit in den Druck-

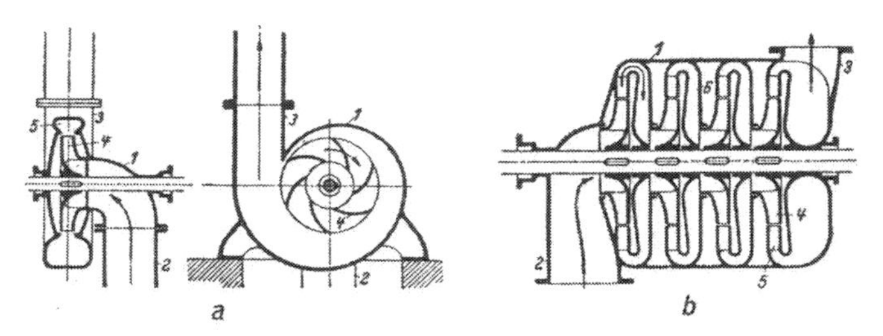

Abb. 228. Prinzip der Kreiselpumpe. a) einstufig, b) mehrstufig

stutzen *3*. Die Leitvorrichtung *5* besteht aus einem besonderen Leitrad mit Schaufelkranz, das bei größeren Förderhöhen einen höheren Wirkungsgrad bewirkt (Abb. 228 a). Kreiselpumpen müssen, soweit es sich nicht um selbstansaugende Typen handelt, zur Inbetriebnahme mit Flüssigkeit gefüllt werden.

Einstufige Kreiselpumpen haben eine Förderleistung von 10 bis 100 und mehr m³/h bei Förderhöhen bis 20 m bei einseitigem Einlauf. Bei größeren Pumpen wird das Fördergut von beiden Seiten in der Achsgegend eingeführt. Die Welle muß durch den Saugstutzen geführt und durch eine Stopfbuchse abgedichtet werden.

Für sehr große Förderhöhen wird die Pumpe mehrstufig ausgeführt (Abb. 228 b). Zwischen je zwei Stufen ist ein Zwischenstück *6* erforderlich, in dem die Flüssigkeit radial nach innen zugeführt wird. Die Förderhöhe dieser Hochdruck-Kreiselpumpen beträgt etwa 60 m und ist abhängig von der Drehzahl.

Die Kreiselpumpe hat gegenüber der Kolbenpumpe folgende Vorteile: geringerer Platzbedarf, direkte Kupplung mit dem Motor, geringere Instandhaltungs- und Betriebskosten, gleichmäßige Förderung und die Möglichkeit, verunreinigte Flüssigkeiten zu fördern.

Die Kreiselpumpe ist gegen Abstellen der Druckleitung während des Betriebes unempfindlich, die Fördermenge ist durch Drehzahländerung regulierbar. Nachteile sind der geringere Wirkungsgrad und das schlechte Ansaugvermögen.

Als Werkstoff für Kreiselpumpen kommen die verschiedensten Metalle, aber auch Email, Steinzeug, Elektrographit und Kunststoffe zur Anwendung.

Ein Beispiel einer *selbstansaugenden Hochdruck-Kreiselpumpe* aus säurefestem Spezial-Steinzeug s. Abb. 229. Die Pumpe hat die

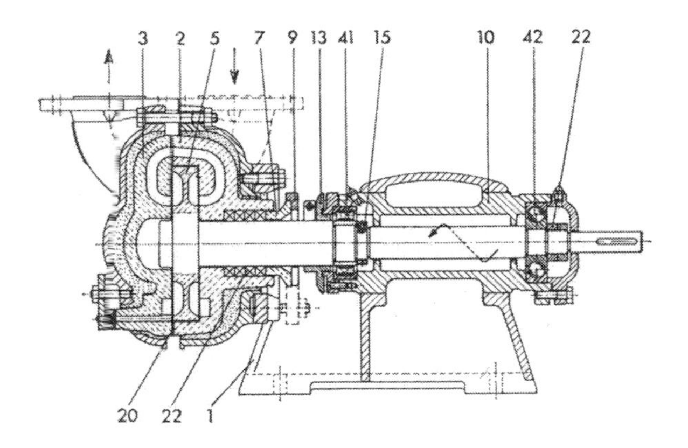

Abb. 229. Selbstansaugende Hochdruck-Kreiselpumpe Typ SRD 30 (Deutsche Steinzeug- und Kunststoffwarenfabrik, Mannheim). *1* Lagerbock, *2* Gehäuse mit Panzer, *3* Deckel mit Panzer, *5* Kreiselrad mit Welle, *7* Stopfbuchse, *9* Stopfbuchsbrille, *10* Lagergehäuse, *13* Spritzring, *15* Lagermutter, *20* Gehäusedichtung, *22* Stopfbuchspackung, *41* Zylinderrollenlager, *42* Kugellager

Saugeigenschaft einer Kolbenpumpe und ist gasmitfördernd. Sie soll nicht mit Zulauf arbeiten. Auf der Saugseite der ersten Stufe herrscht Vakuum, dadurch ist die Stopfbuchse entlastet und tropfdicht. Gedrosselt wird die Pumpe saugseitig. Das Fördermedium muß schlammfrei in die Pumpe gelangen. Fördermenge bis 80 Liter/min.

Kreiselpumpen, die wegen ihres gleichmäßigen und stoßfreien Förderns und der einfachen Regelbarkeit für den Chemiebetrieb besonders geeignet sind, wurden in bezug auf Korrosionsfestigkeit und Betriebssicherheit zu den sogenannten *Chemiepumpen* entwickelt. Diese Pumpen arbeiten stopfbuchslos, also ohne Wellenabdichtung. Pumpe und Antriebsmotor sind eng zusammengebaut und in einem nach außen völlig abgeschlossenen Gehäuse untergebracht. Der gemeinsame Rotor dreht sich somit in der Förderflüssigkeit. Damit die Wicklung des Motors keinen Schaden nimmt, wird sie durch ein Spaltrohr gegen die Einwirkung der Flüssigkeit geschützt. Das Spaltrohr übernimmt also die Trennung zwischen dem mit dem Pumpendruckraum verbundenen, flüssigkeitsgefüllten Rotor und dem nicht benetzten Statorraum, in dem sich die Wicklung befindet (Spaltrohrpumpe).

Arbeitsweise (Abb. 230): Das Fördermedium gelangt durch den Saugraum *1* in das Laufrad *2* und wird von diesem zum Druckstutzen *3* gefördert. Über einen selbstreinigenden Aufbaufilter wird ein Teil der Flüssigkeit abgenommen und durch die Gehäusebohrung *4* in den Rotorraum geführt.

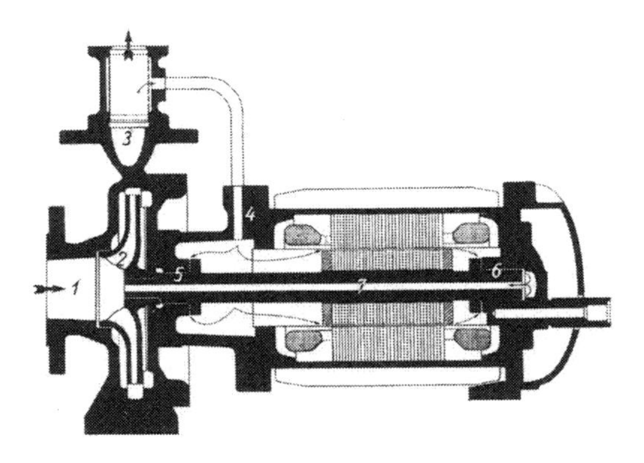

Abb. 230. Hermetic-Pumpe CN
(Guß- und Stahlveredlung GmbH, Sindelfingen bei Freiburg i. Br.)

Im Rotorraum verzweigt sich dieser Kühl-/Schmierstrom, und zwar in einen Teil, der durch die pumpenseitigen Lager *5* zu den Rückenschaufeln des Laufrades geführt wird und in einen anderen Teil, der zum einen die vom Motor ins Produkt abgegebene Wärme abführt, und zum andern durch das pumpenferne Lager *6* und durch die Hohlwelle *7* zum Saugraum *1* zurückgeführt wird.

Befindet sich jedoch die Flüssigkeit im Siedezustand, dann geschieht die Rückführung des Teilstromes nicht in den Saugraum, sondern durch eine getrennte Leitung in den Zulaufbehälter. Die Hohlwelle ist in diesem Fall verschlossen.

Die Pumpe kann zum Fördern aggressiver, giftiger, feuergefährlicher und leichtflüchtiger Medien verwendet werden.

Die *Chemie-Wirbelpumpe CWK* (Klein, Schanzlin & Becker AG, Nürnberg) ist für kleine Förderströme und große Förderhöhen konstruiert. Dies wird durch ein Laufrad erreicht, das auf beiden Seiten einen Schaufelkranz mit vielen kurzen Schaufeln hat. Das Laufrad wird beiderseits von einem Ringkanal umschlossen und dadurch von zwei Seiten beaufschlagt. Die Förderflüssigkeit zirkuliert während einer Umdrehung des Laufrades mehrfach zwischen Ringkanal und Schaufeln, es entsteht eine „innere Mehrstufigkeit“. Verwendet wird die Pumpe zum Fördern, Dosieren und Einspritzen von Flüssigkeiten. Leistung bis 8 m³/h bei Förderhöhen bis 240 m und Betriebsdrucken bis 30 bar und Temperaturen von — 10 bis + 120 °C.

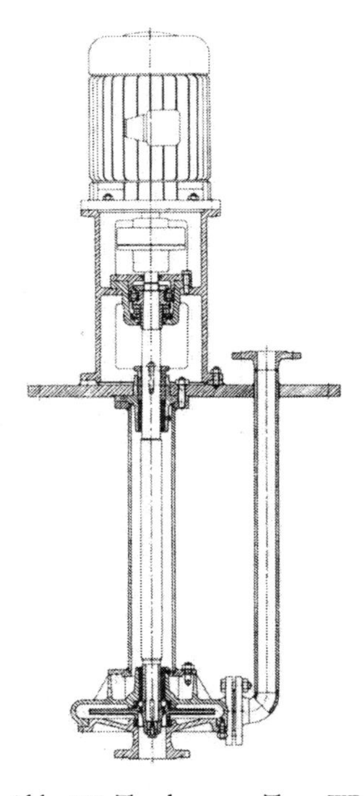

Abb. 231 Tauchpumpe Type WNT
(A Gentil, Maschinen- und Pumpenfabrik, Aschaffenburg)

Tauchpumpen dienen zum Verpumpen von Flüssigkeiten aus Behältern und Gruben. Aus der Abb. 231, die eine Tauchpumpe zum Fördern aggressiver Medien zeigt, sind die einzelnen Bauteile, wie Laufrad, Saugstutzen mit Flansch und Wellenabdichtung mittels Stopfbuchse zu erkennen. Die Gleitlager werden durch Fremd- oder Eigenflüssigkeit geschmiert.

Mohno-Tauchpumpen (Netzsch Mohno-Pumpen GmbH, Waldkraiburg) haben als Pumpelement Rotor und Stator (Wirkungsweise s. Abb. 226, S. 186).

Goratoren fördern alle fließfähigen Stoffe unter gleichzeitigem Zerkleinern, Zerfasern, Mischen und Mahlen (Abb. 232). In einem Gehäuse rotiert eine auf einer Welle schräg angeordnete Scheibe. Sie führt gleichzeitig eine Taumelbewegung in axialer Richtung aus. Durch die Zentrifugalbeschleunigung erhält man eine Pumpwirkung ähnlich einer Kreiselpumpe. Infolge der überlagerten Bewegungen entsteht eine räumliche Strömungs- und Schubverteilung, die den Mischeffekt bewirkt. Verzahnungen an der Rotorscheibe und im Gehäuse bewirken die Zerkleinerung von in der Trägerflüssigkeit enthaltenen Fasern und Klumpen.

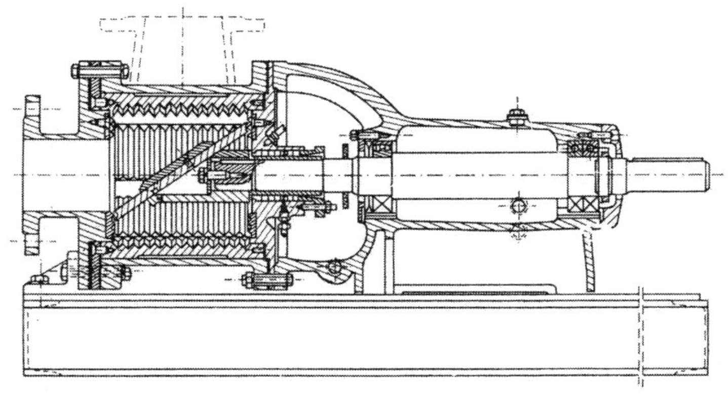

Abb. 232. Gorator (Hoelschertechnic GmbH, Herne/Westf.)

7. Wasserringpumpen. Diese, in der Hauptsache als Vakuumpumpen verwendeten Apparate, können auch zum Fördern von Flüssigkeiten benutzt werden. Wirkungsweise s. S. 158.

C. Fördern von Gasen

Im allgemeinen können Einrichtungen zur Erzeugung von Unterdruck (Vakuumpumpen) auch zum Verdichten und Fördern von Gasen verwendet werden.

In den Fördereinrichtungen wird der gasförmige Stoff verdichtet (komprimiert), und er strömt infolge der erreichten Druckdifferenz durch Leitungen zur Abnahmestelle. Kompressoren verdichten auf 3 bis 1000 bar, Gebläse auf 1,1 bis 3 bar. Durch Ventilatoren werden Drucke zwischen 1 und 1,1 bar entwickelt.

1. Kolbenkompressoren. Kolbenkompressoren (Kolbengebläse) bestehen aus einem Zylinder, in den das Gas angesaugt und durch die Bewegung des Kolbens verdichtet wird. Das komprimierte Gas gelangt in den Sammelbehälter (Windkessel), der als Ausgleich für das stoßweise Arbeitstempo dient. Für Spannungen von über 5 bis mehrere tausend bar werden die Kompressoren mehrstufig gebaut (Kühlung erforderlich). Die Abb. 233 zeigt die Arbeitsweise eines dreistufigen, liegenden Kolbenkompressors. Das Gas wird durch die Saugleitung *S* vom Niederdruckzylinder *N* angesaugt, auf 3 bis 4 bar verdichtet und im Zwischenkühler *ZK* auf die Anfangstemperatur heruntergekühlt. Von hier strömt das Gas in den Mitteldruckzylinder

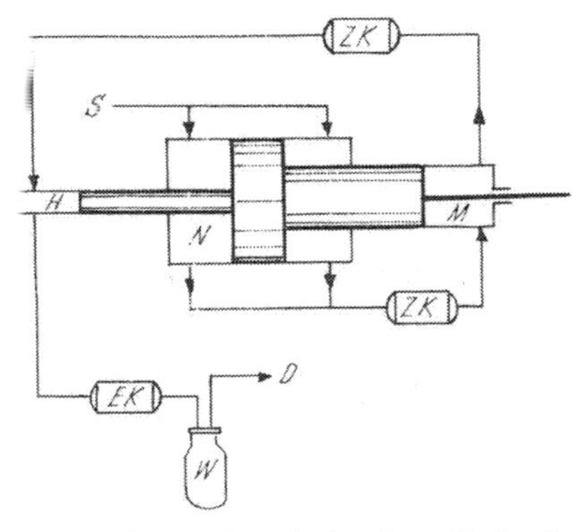

Abb. 233. Schema eines dreistufigen Kolbenkompressors

M, wo es auf 9 bis 12 bar verdichtet wird, anschließend durch den Kühler *ZK* in den Hochdruckzylinder *H*, in dem auf mehr als 30 bar verdichtet wird. Nach erneuter Kühlung (Endkühler *EK*) strömt das Gas durch einen Abscheider (Wasser- und Ölspuren) über den Windkessel *W* in die Druckleitung *D*.

2. Turbokompressoren. Turbokompressoren (Turbo- oder Zentrifugalgebläse) arbeiten nach dem Prinzip der Kreiselpumpe. Sie besitzen eine Reihe hintereinander geschalteter Schaufelräder. Das Gas wird im Laufrad beschleunigt und strömt mit hoher Geschwindigkeit in einen Ringkanal, die Geschwindigkeit sinkt und der Druck steigt. Nun wird das Gas durch Kanäle umgelenkt und der nächsten Stufe wieder axial zugeführt usw. Mit Turbokompressoren können große Gasmengen (100—1200 m³/min) verdichtet werden.

3. Rotationskompressoren. In der Abb. 182, S. 154, wurde bereits ein Vielzellenverdichter dargestellt und beschrieben.

Mit dem Kapselgebläse nach Roots (Abb. 186, S. 157) können

Drucke von 0,2 bis 0,6 bar (~ 2—6 m Wassersäule) erreicht werden. Es arbeitet nach dem Prinzip der Zahnradpumpe.

Mit Wasserringpumpen (s. Abb. 187, S. 158) werden Drucke bis 20 bar erreicht.

4. Ventilatoren. Ventilatoren werden dann verwendet, wenn es sich nur um das Fortbewegen großer Gasmengen handelt. Sie fördern Luft oder Gase durch Kanäle oder Rohrleitungen unmittelbar aus einem Raum in den anderen, in dem der gleiche Druck herrscht.

Ein Ventilator besteht aus einem Schaufelrad, das in einem Spiralgehäuse läuft. Das Schaufelrad saugt die Luft (oder das Gas) in Richtung der Drehachse ein und drückt sie senkrecht zur Welle in das Gehäuse und in den Ausblasestutzen.

5. Strahlgebläse. Strahlgebläse (Injektoren) dienen zur Winderzeugung in Feuerungen und zur Entfernung von Gasen aus Apparaturen. Sie arbeiten als Wasserstrahl-, Dampfstrahl- oder Luftstrahlgebläse (Prinzip s. S. 159).

13. Zerkleinern

Zerkleinern ist das Zerteilen eines Körpers ohne Änderung seines Aggregatzustandes. Die Gesamtoberfläche des Körpers wird erheblich vergrößert. Dies ist oft ausschlaggebend für die einwandfreie Durchführung einer Reaktion. Auch Fertigprodukte werden durch Mahlen auf eine bestimmte Korngröße gebracht. Zweckmäßig geschieht das Zerkleinern stufenweise, also Grobzerkleinerung (Stücke) — Feinzerkleinerung (Grießmehl) — Mahlung (Feinpulver).

Zerkleinerungsmaschinen sind einem großen Verschleiß ausgesetzt, die wichtigsten Teile müssen möglichst auswechselbar sein.

Die Wahl der Zerkleinerungsmaschine hängt von der Art und Härte des zu zerkleinernden Stoffes, vom verlangten Feinheitsgrad und von der Menge ab. Zum Brechen dienen Backen- und Rundbrecher, Walzen- und Hammerbrecher, zum Vorschroten Walzenmühlen, Kollergänge, Glockenmühlen, Schlagkreuzmühlen, Schleuder- und Ringmühlen, zum Feinmahlen Mahlgänge, Stiftmühlen, Pendelmühlen, Kugel- und Rohrmühlen, Schwingmühlen und Kolloidmühlen. Zum Naßmahlen werden vor allem Kugelmühlen, Schwingmühlen, Rührwerksmühlen, Walzenstühle und Kolloidmühlen verwendet.

Um möglichst wirtschaftlich zu arbeiten, muß für eine gleichmäßige Beschickung der Mahleinrichtung gesorgt werden. Bei manchen Konstruktionen wird das erhaltene Feinkorn mit Hilfe eines Sichters ausgetragen, während zu grob gebliebenes Material automatisch in den Zerkleinerungsprozeß zurückgeführt wird. Einfüll- und Entleerungsöffnungen an den Maschinen müssen während des Ganges durch Schutztrichter, Schutzroste oder zwangsläufige Verschlußdeckel gesichert sein. Einrichtungen, die ein unbeabsichtigtes Ingangsetzen der Maschine verhindern, müssen vorhanden sein.

A. Brechen

1. Backenbrecher. Backenbrecher werden zum Grobbrechen harter Stoffe (Gestein, Erze) verwendet. Eine bewegliche Backe, die oben in einem Drehpunkt aufgehängt ist, schwingt gegen eine feststehende

Backe. Zwischen beiden findet die Zerkleinerung durch Druck, Schlag und Quetschen statt. Bei Aufwärtsbewegung der schwingenden Backe öffnet sich unten zwischen den Backen ein Spalt bis zur eingestellten Weite.

Beim *Kniehebelbrecher* hängt an der Antriebswelle eine exzentrisch gelagerte Zugstange. Ihre Auf- und Abbewegung wird durch ein Kniehebelsystem in eine hin- und hergehende Bewegung umgewandelt und auf die Brechschwinge übertragen.

Abb. 234

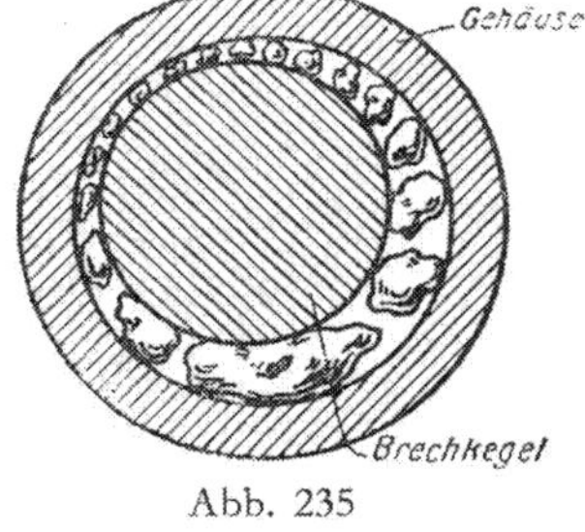

Abb. 235

Abb. 234. Einschwingenbrecher (geöffnetes Kleinmodell) (Werkfoto Siebtechnik GmbH, Mülheim/Ruhr)
Abb. 235. Wirkungsweise eines Rundbrechers

Beim *Einschwingen-Backenbrecher* (Abb. 234) wird die Schwinge durch eine im oberen Teil gelagerte Exzenterwelle angetrieben und unten über eine Druckplatte gegen die Gehäusewand abgestützt. Dadurch ergibt sich im Brechraum eine elliptische Brechbackenbewegung.

Bei den hydraulischen Backenbrechern wird die Brechschwinge hydraulisch angetrieben.

2. Rundbrecher (Kegelbrecher). An die Stelle der schwingenden Backe tritt eine Rundbacke (stumpfer Konus mit Riffelung an der Oberfläche), die exzentrisch in einer kegelstutzähnlichen äußeren Rundbacke läuft. Das Material wird beim Drehen der Welle in den Keilspalt hineingezogen und zerkleinert (Abb. 235). Für hohe Mengenleistungen (bis 1000 t/h) geeignet.

Beim *Mantelbrecher* steht der Brechkegel fest, während sich der Brechmantel dreht und sich dabei periodisch dem Brechkegel nähert.

3. Hammerbrecher. In Hammerbrechern (Abb. 236) werden mittelharte Stoffe (Kalk, Kohle, Knochen, Schlacke, Salze) durch rasch aufeinanderfolgende Schläge von Hämmern zerkleinert. Die Hämmer oder Schläger sind auf dem Umfang eines Rotors gelenkig (in mehreren Reihen nebeneinander) angebracht. Infolge der Zentrifugalkraft nehmen die Hämmer eine radiale Lage ein.

Im Aufgabetrichter wird grobstückiges Gut durch Roststäbe zurückgehalten. Die Hämmer greifen zwischen diese Roststäbe und

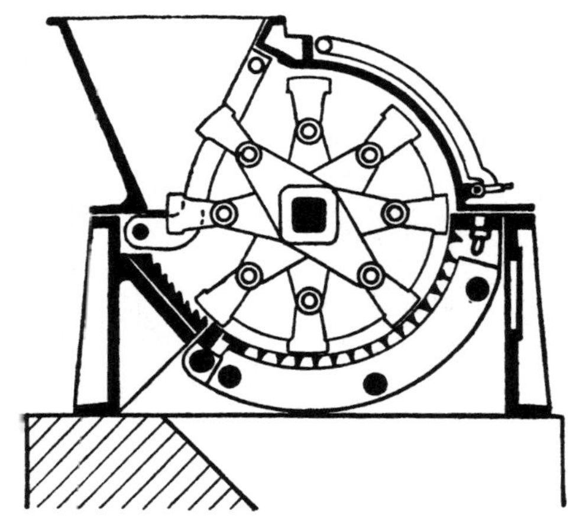

Abb. 236. Hammerbrecher

vorzerkleinern das Gut bevor es in den eigentlichen Mahlraum fällt. Dort wird es weiter zerschlagen und fällt durch den Bodenrost nach unten. Leistung bis 200 t/h.

Bei der *Hammer-Prall-Mühle* ist der Mahlraum über den Schlägern vergrößert und mit Prall-Leisten ausgestattet. Die Siebflächen befinden sich an den Seitenwänden der Mühle, so daß sie der unmittelbaren Beanspruchung während des Mahlens entzogen sind. Ein Luftstrom kühlt das Mahlgut und trägt das durch die Siebflächen tretende Feingut tangential aus.

4. Walzenbrecher (Walzenmühlen). Das Aufgabegut wird zwischen zwei gegenläufig umlaufenden Walzen zerkleinert (Abb. 237). Die Aufgabestückgröße bestimmt den Walzendurchmesser, da ein bestimmter Einzugswinkel nicht überschritten werden darf. Von entscheidender Bedeutung ist die Aufgabe des Gutes, wobei besonders die Fallhöhe zu beachten ist. Wichtig ist auch die gleichmäßige Aufgabe auf die gesamte Breite der Walzen.

Eine der beiden Glattwalzen ist als Festwalze, die andere als Loswalze montiert, so daß bei Eintritt von Fremdkörpern in den Walzenspalt die Loswalze ausweichen kann. Antrieb durch Elektromotor und Keilriemen oder unter Zwischenschaltung eines Getriebes. Walzenbrecher werden zum Brechen mittelharter Stoffe verwendet.

Abb. 237. Aubema-Glattwalzwerk
(Aulmann & Beckschulte, Maschinenfabrik, Bergneustadt)

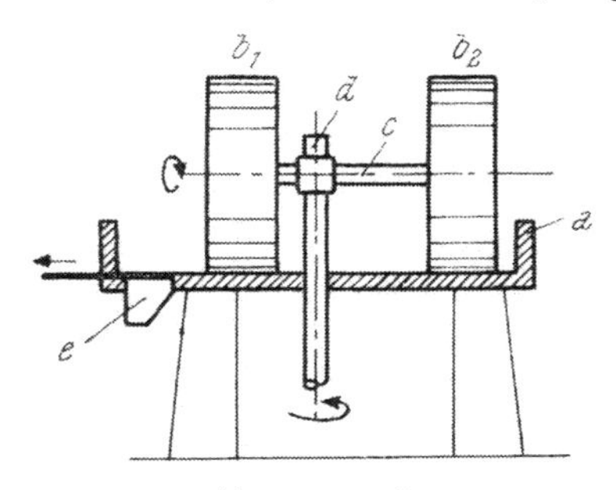

Abb. 238. Kollergang

Stachelwalzenbrecher, bei denen die Walzenmäntel mit Stacheln oder Zähnen versehen sind (die auch das Einziehen größerer Stücke in den Walzenspalt erleichtern), dienen vor allem zum Vorbrechen weicherer Stoffe, z. B. Kunststoffpreßmassen u. a.

B. Mahlen

1. Kollergänge. Kollergänge werden zum Mahlen großer Stücke bis zu Feinmehl, und zwar für Trocken- und Naßmahlung, nur noch wenig verwendet. Die Abb. 238 zeigt das Prinzip eines Kollerganges mit feststehender Mahlbahn. Auf einem ringförmigen Mahlteller a rollen zwei bis vier schwere Laufsteine b_1 und b_2, angetrieben über Kegelzahnräder die Welle d und die Schleppkurbel c. Diese Läufer üben durch ihr Gewicht und die Drehbewegung eine reibende Wirkung aus. Der Läufer b_1 ist näher an der Welle als b_2, so daß der Mahlvorgang auf der ganzen Mahlbahn stattfindet. Zum Verteilen auf der Mahlbahn dienen Schaber, die das Gut auch zum Auslauf e, in den ein Sieb eingesetzt ist, fördern. Kollergänge haben

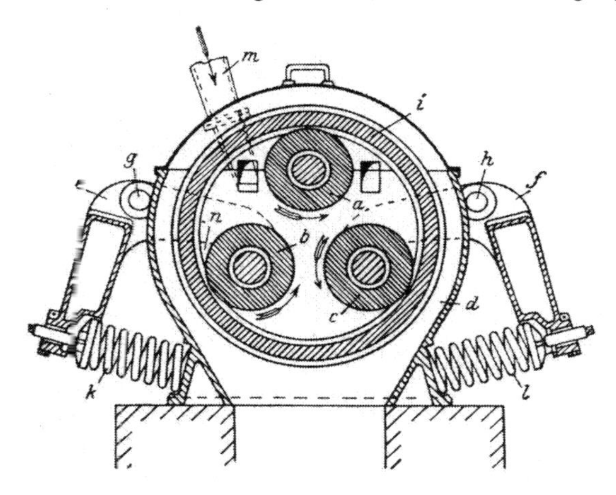

Abb. 239. Ringmühle. *a* Angetriebene Walze, Walzen *b* und *c* über *g-e* bzw. *h-f* mit den Spiralfedern *k* und *l* verbunden, *d* Gehäuse, *i* Mahlring, *m* Einlauf

Läuferdurchmesser von 1 bis 2 m und eine Läuferbreite von 0,3 bis 0,5 m. Durchsatzleistung 1—5 t/h.

Für größere Leistungen werden Kollergänge mit umlaufender Mahlbahn und um die vertikale Achse unbeweglichen Läufern verwendet.

2. Glockenmühlen. Auch diese Mühlen werden nur noch selten zum Grobmahlen mittelharter bis weicher Stoffe verwendet. Sie haben einen Mahlkegel mit scharfkantigen Zähnen, der im Mahlmantel eine zentrische, drehende Bewegung ausführt. Die Zähne wirken scherend auf das Mahlgut. Durch Heben oder Senken des Innenkegels kann die Spaltbreite und damit der Zerkleinerungsgrad eingestellt werden.

3. Ringmühlen. Die Ringmühle (Kentmühle) hat einen Mahlring, an dessen Innenfläche sich drei ortsfeste Mahlwalzen abwälzen (Abb. 239). Der Mahlring wird von einer der Walzen, die angetrieben wird, in Umlauf versetzt. Innerhalb der Mühle auftretende Stöße werden durch die Federn ausgeglichen.

Ringmühlen werden zum Vorschroten mittelharter Stoffe verwendet, sind Siebe oder Windsichter eingebaut auch zum Feinmahlen.

4. Pendelmühlen. Pendelmühlen besitzen einen Mahlring, der konzentrisch zur vertikalen Mittelachse der Mühle angeordnet ist. Die vertikale Achse trägt ein Armkreuz mit zwei bis drei drehbaren Pendeln, an denen Rollen hängen. Diese Rollen werden bei Drehung der Vertikalachse durch

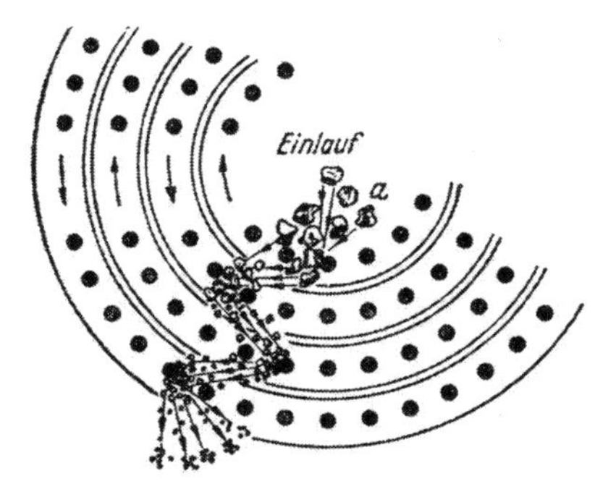

Abb. 240. Wirkungsweise eines Desintegrators (Klöckner-Humboldt-Deutz AG, Köln)

die Zentrifugalkraft an den Mahlring gepreßt und rollen auf ihm ab. Das Gut wird zwischen den Rollen und dem Mahlring zerkleinert und tritt über einen Windsichter oder ein Sieb aus.

Pendelmühlen werden nur noch wenig (zum Mahlen mittelharter Stoffe, wie Kohle und Kalkstein) verwendet.

5. Schleudermühlen. *Schlagstiftmühlen* benutzen die Schlagwirkung rasch umlaufender Stifte gegen feststehende oder ebenfalls (in entgegengesetzter Richtung) umlaufende Stifte. Das Mahlgut wird im Flug durch Schlag und Aufprall zerkleinert und ein gleichmäßiges Korn erhalten.

Der *Desintegrator* ist eine gegenläufige Stiftmühle (Abb. 240).

Bei der *Perplex-Mühle* (Abb. 241) arbeitet eine mit Nocken oder Stiften besetzte, rotierende Scheibe gegen einen ähnlich ausgerüsteten Mahlring. Für die Siebeinsätze wählt man Rundlochung für trockene Stoffe, rundkonische für die Feinstmahlung faseriger und zäher Stoffe, Schlitzlochung für etwas feuchte Stoffe.

In der *Ultraplex-Querstrommühle* (Alpine AG, Augsburg) zum Feinmahlen, Auflockern und Zerfasern von Stoffen wird das Mahlgut quer zum rotierenden Schlägerwerk gefördert. Mit der Diagonallage der Prallrippen wird die Verweilzeit der Produktteilchen im Bereich der Mahlzone so gesteuert, daß ein Abfließen quer zur Mahlrichtung bzw. das Austragen durch den Luftstrom erst dann erfolgt, wenn die Schleppkraft der Luft die kinetische Energie der Rückprallwirkung überwiegt. Das Feingut wird nach dem Zerkleinerungsvorgang durch einen Ringspalt oder eine Siebanlage abgezogen. Das Mahlgut wird in gleichmäßiger Dosierung in den Mahlraum geführt, zentral

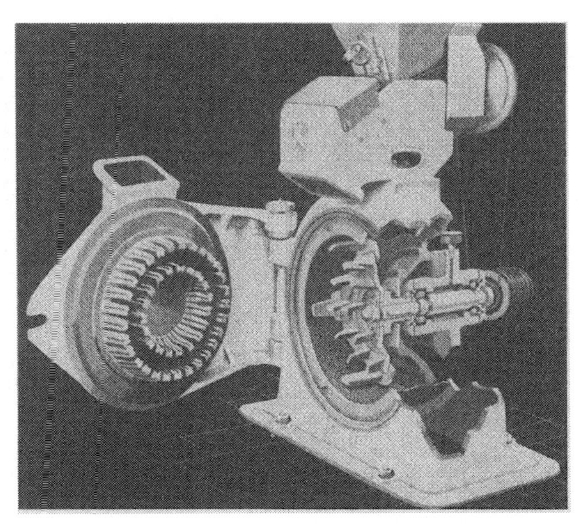

Abb. 241. Perplex-Universalmühle (Alpine Aktiengesellschaft, Augsburg)

vom Schlägerwerk erfaßt und unter voller Ausnutzung der Prallwirkung zwischen den rotierenden Schlägern und den feststehenden Prallrippen zerkleinert.

Die *Biplex-Querstromsichtmühle* (Abb. 242) beruht auf dem Prinzip der kombinierten Mahlsichtung. Das Mahlgut wird durch einen Einlaufschacht zentral in den Bereich des mit zwölf Schlagarmen ausgerüsteten Mahlrotors angesaugt. Vorzerkleinerungsnocken erfassen das Mahlgut, beschleunigen es und schleudern es zwischen Schlagplatten und Prallrippen. Mit der Sichtluft wird das zerkleinerte Gut zum Umfang des angebauten Spiralwindsichters geführt. Das Feingut wird vom Sichter (der mit einem Ventilator den notwendigen Druck für den Sichtvorgang liefert) abgetrennt und durch den Auslauf ausgetragen. Zu grobes Gut fließt über den Rücklaufkonus und die Prallrippen zurück in die Zerkleinerungszone.

Die Mühle ist stufenlos für mittlere bis höchste Feinheiten einstellbar und für mittelharte, trockene Stoffe geeignet.

Bei der *Zentrifugal-Planscheibenmühle* (Abb. 243) wird das Mahlgut über einen Einfülltrichter mit Dosiergerät axial auf die raschrotierende Mahlscheibe aufgegeben, die im Zentrum mit Einzugsflügeln und an der Peripherie mit einem Mahlring versehen ist. Das Mahlgut wird von den Einzugsflügeln gleichmäßig verteilt und in-

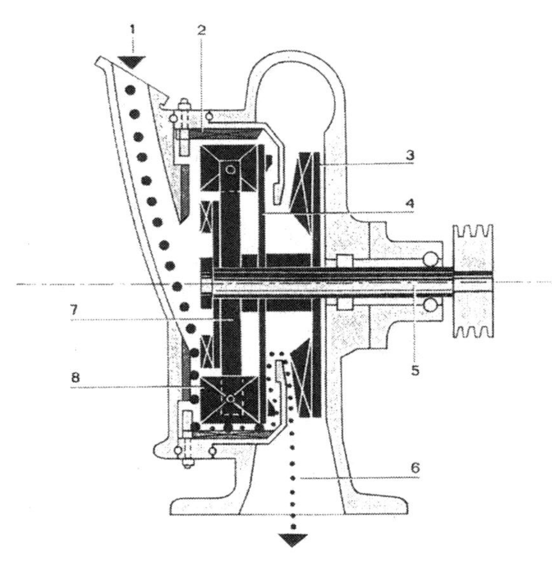

Abb. 242. Schnitt durch die Biplex-Querstromsichtmühle (Alpine Aktiengesellschaft, Augsburg). *1* Aufgabegut, *2* Prallrippenmahlbahn, *3* Ventilator, *4* Sichtrad, *5* Antriebswelle, *6* Feingut, *7* Mahlrotor, *8* Schlagplatten

folge der Zentrifugalkraft durch den Mahlring geschleudert. Der Mahlspalt (0—15 mm einstellbar) kann während des Mahlvorganges und im Stillstand reguliert werden. Das gemahlene Gut wird von Ausräumern zum Austrag befördert.

Weitkammermühlen. Die Mahlung erfolgt im freien Flug zwischen den ineinanderkämmenden Stiften, mit denen zwei, mit hoher Drehzahl entgegengesetzt umlaufende Mahlscheiben besetzt sind. Um das Ankleben des aus den Stiftscheiben mit sehr hoher Mahlfeinheit austretenden Mahlgutes zu verhindern (die Mühle würde „zubauen“), ist das Gehäuse weiträumig und strömungsgünstig ausgeführt (Weitkammerprinzip). Das Mahlgut verliert bis zum Erreichen der

Gehäusewandung so viel an Geschwindigkeit, daß es keinen störenden Ansatz mehr bilden kann (Abb. 244). Die Mühle arbeitet sieblos. Beschickt wird normalerweise durch einen schnellaufenden Schüttelspeiser und einen Eisenabscheider. Die Mahlluft entweicht über Staubfilter.

Bei den *Schlagkreuzmühlen* wird das Mahlgut von den Schlägern eines rasch umlaufenden Schlagkreuzes zertrümmert. Verwendung zum Vor- und Feinmahlen mittelharter Stoffe.

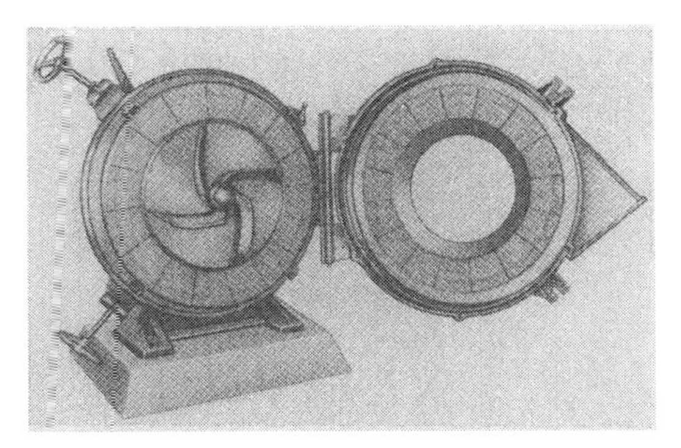

Abb. 243. Zentrifugal-Planscheibenmühle (Maschinenfabrik Gustav Eirich, Hardheim/Odenw.)

In *Pralltеller-Mühlen* (L. Pallmann KG, Zweibrücken) wird das Gut durch ein Schleuderrad mit großer Geschwindigkeit gegen einen tellerartigen Konus geschleudert, der sich im entgegengesetzten Sinn dreht und mit Riffel- oder Nockensegmenten besetzt ist.

Kolloidmühlen. Mit Kolloidmühlen zum Vermahlen von Suspensionen (Emulgieren und Dispergieren) wird eine Feinheit erreicht, die in der Nähe des Kolloidbereiches liegt.

Bei den Schlägerkolloidmühlen bewegen sich mehrere axial nebeneinander angeordnete, raschlaufende Schläger kammartig zwischen am Gehäuse angebrachten Gegenstücken. Endfeinheit 3—30 μm.

Die sieblose *Prall-Stiftmühle Kolloplex* (Alpine AG, Augsburg) hat eine feststehende und eine rotierende Stiftscheibe. Der Ansaugluftstrom im Einlaufschacht der Mühlentür führt das Material durch die feststehende Stiftscheibe zentral in die Mahlzone. Die rotierende Stiftscheibe erfaßt das Mahlgut und verteilt es gleichmäßig nach allen Seiten. Es wird im freien Flug durch Prallwirkung zerkleinert.

In der *PUC-Kolloidmühle* läuft in einem konischen, verzahnten Stator ein ebenfalls konischer, ähnlich verzahnter Rotor. Durch die schwach voneinander abweichende Konizität der Kegelmahlflächen von Rotor und Stator entsteht ein in Flußrichtung zum Austrittsquerschnitt hin enger werdender, einstellbarer Ringspalt (Abb. 245).

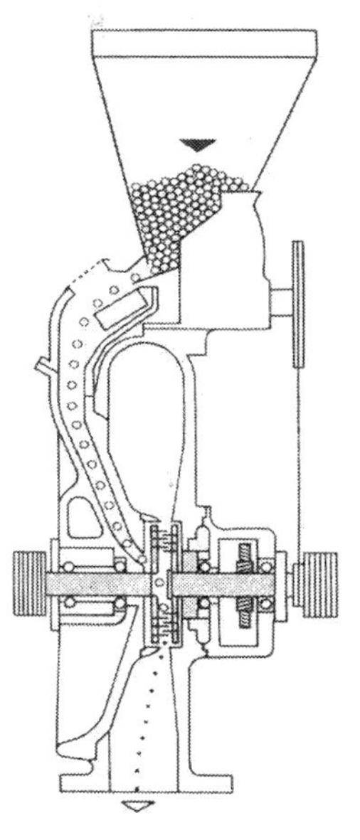

Abb. 244. Contraplex-Weitkammermühle (Alpine Aktiengesellschaft, Augsburg)

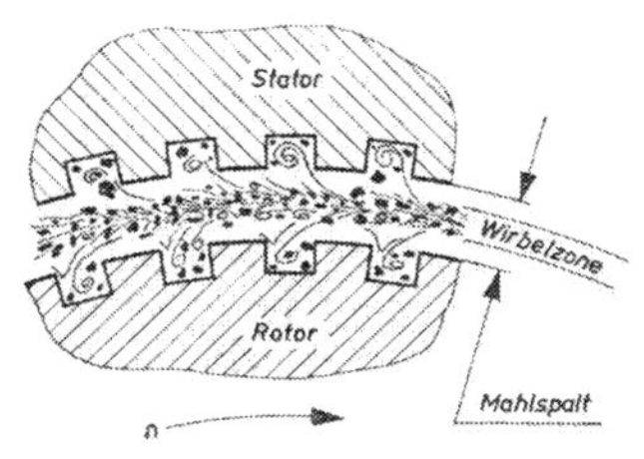

Abb. 245. Arbeitsprinzip der PUC-Kolloidmühle (Probst & Class, Maschinenfabrik, Rastatt)

Zwischen den Mahlflächen wird das Mahlgut Scher-, Schub-, Reibungs- und Schlagkräften ausgesetzt. Daneben treten hydrodynamische Effekte, Druckwellen hoher Frequenz und in Verbindung damit Kaviation (Hohlraumbildung) und Wirbelbildung sowie hochgradige Beschleunigungskräfte auf. Die Kompressibilität der Beigabeflüssigkeiten (z. B. Wasser) spielt eine wichtige Rolle. Es können sehr dünne bis dickpastöse Stoffe dispergiert werden.

6. Kugelmühlen. In Kugelmühlen wird das Mahlgut durch Schlag und Rollreibung von Kugeln gleicher oder verschiedener Größe, mit

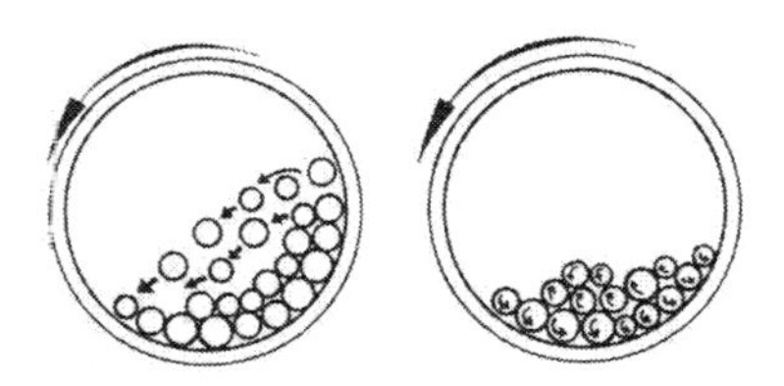

Abb. 246. Kugelfall bzw. Rutsch- und Rollreibung
(Aus Druckschrift der Alpine Aktiengesellschaft, Augsburg)

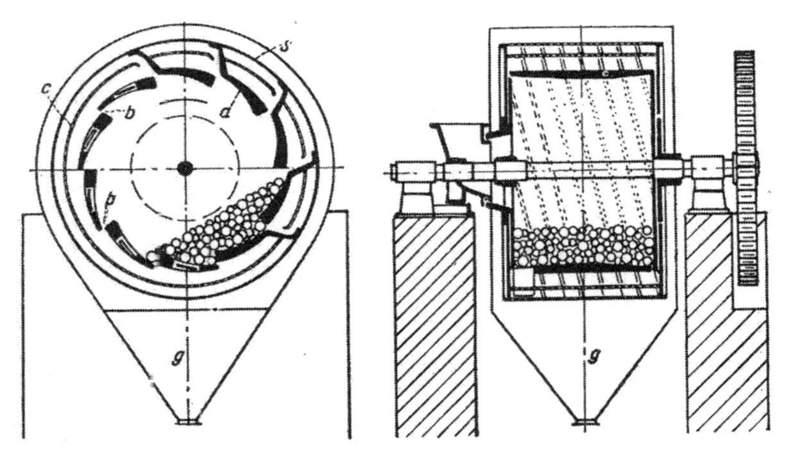

Abb. 247. Siebtrommel-Kugelmühle (nach Naske)

denen der zylindrische Mahlraum zu 20—45% gefüllt ist, zerkleinert (Abb. 246). Die Mahlkugeln werden bei langsamen Umlauf der Mahltrommel angehoben und fallen oder rollen ab. Kugelmühlen werden zur Feinmahlung verwendet.

In der Abb. 247 sind Bau und Wirkungsweise einer *Siebtrommel-Kugelmühle* dargestellt. Der Einlauf des Mahlgutes erfolgt zentral. Die Mahltrommel besteht aus den Mahlplatten *a*, die durch Schlitze *b* zwischen ihren Längskanten das zerkleinerte Mahlgut durchtreten lassen; *c* ist ein Vorsieb, *s* ein Feinsieb, beide drehen sich mit der Trommel. Ausgetragen wird durch den Gehäusestutzen *g*.

Zumeist verwendet man jedoch *sieblose Kugelmühlen*, auch in Kombination mit einem Sichter. Für besondere Fälle werden die Kugelmühlen ausgemauert oder mit einem Kühlmantel versehen.

In schnellaufenden Kugelmühlen hat sich die Anbringung von drehbar gelagerten, zickzackförmig angeordneten Mitnehmerstäben bewährt. Sie begünstigen die Kugelbewegung und verhindern, daß der Kugelhaufen entlang der Trommelwanderung wegrutscht (Abb. 248).

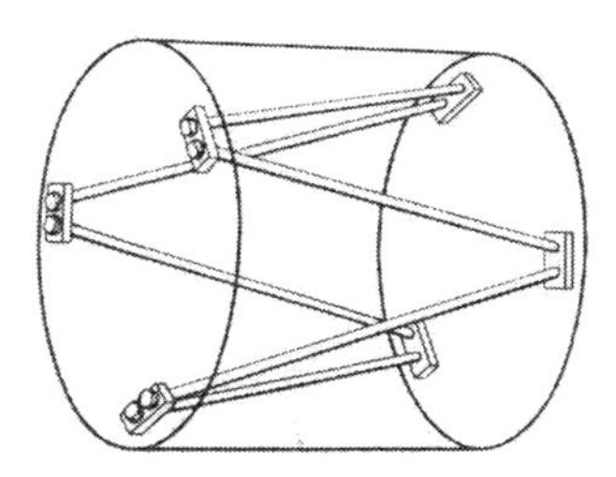

Abb. 248. Anordnung der Mitnehmer-Stäbe in der Schnell-Kugelmühle Drais-Rotator (Draiswerke GmbH, Mannheim-Waldhof)

Rohrmühlen haben eine im Verhältnis zum Trommeldurchmesser größere Länge. Enthalten sie nur eine Mahlkammer, sind sie in ihrer Wirkungsweise den sieblosen Trommelmühlen vergleichbar (Naß- und Trockenmahlung). Das Mahlgut bewegt sich stetig vom Einlauf zum Austrag.

Bei den *Mehrkammer-Rohrmühlen* (Verbundmühlen) ist die Mahltrommel durch Zwischenwände in Kammern unterteilt und mit Mahlkugeln abnehmender Größe beschickt, so daß nacheinander eine Grob- und Feinmahlung stattfindet. Die Feinmahlkammer kann zur besseren Energieausnutzung durch Einbauten in mehrere kleinere Kammern aufgeteilt werden.

7. Schwingmühlen. Schwingmühlen haben einen oder mehrere geschlossene kreis- oder trogförmige Mahlbehälter, die an Federn aufgehängt sind und in Kreisschwingungen versetzt werden. Sie werden zur Feinstmahlung verwendet.

Bei der *Schwingmühle Vibratom* (Abb. 249) wird der mit frei beweglichen Mahlkörpern (z. B. Kugeln von 12 mm Durchmesser) gefüllte Behälter durch einen Unwuchtantrieb in Kreisschwingungen senkrecht zur horizontalen Behälterachse versetzt. Die Schwingungen werden durch die Behälterwand auf die Mahlkörper übertragen, so daß jede einzelne Mahlkugel während der Dauer einer ganzen Schwingung immer die gleiche Wurfbewegung und gleichzeitig die

Mahlkörpermasse eine langsame Umlaufbewegung entgegen dem Drehsinn der Kreisschwingung ausführt, wodurch eine gute Durchmischung des Mahlgutes bewirkt wird. Die Aufgabekorngröße soll kleiner als 1 mm sein. Bei Trockenmahlung werden Endfeinheiten unter 30 bis 40 μm erreicht, bei Naßmahlung bis unter 1 μm. Entleert wird durch Kippen der Mühle (Kurbel mit Zahnradvorgelege).

Abb. 249. Schwingmühle Vibratom (Siebtechnik GmbH, Mülheim/Ruhr)

Die *Rohrschwingmühle* besteht aus zwei horizontalen, gleichgerichteten Mahlrohren von 200 bis 650 mm Durchmesser und 1300 bis 2050 mm Länge, die übereinander in zwei Stegblechrahmen starr verspannt sind und von einem mittig zwischen ihnen liegenden Unwuchtantrieb in Kreisschwingungen quer zur Achsrichtung versetzt werden (Abb. 250, Querschnitt durch die Palla-Schwingmühle). Das Mahlrohr ist zu 60—70% mit Mahlkörpern gefüllt. Jeder Mahlkörper erhält in rascher Folge eine Vielzahl richtungsändernder Schlagimpulse, die etwas seitlich der Mahlkörpermitte auftreffen. Daher wälzt sich die ganze Füllung langsam im Gegensinn der Schwingung um. Das Mahlgut durchläuft das Mahlrohr in langer, schraubenförmiger Bahn und wird gleichzeitig durchmischt.

Die Metallrohre sind mit muldenförmigen Einlagen aus hochverschleißfestem Legierungsstahl oder für eisenfreie Mahlungen mit Aluminiumoxidsteinen oder Kunststoff ausgekleidet. Als Mahlkörper werden Kugeln aus Stahl oder Aluminiumoxid sowie Stahlstäbe verwendet.

8. Rührwerksmühlen. Rührwerksmühlen werden zum Dispergieren, Feinmahlen (Naßzerkleinern) und Homogenisieren fließender, pastöser oder hochviskoser Produkte verwendet. Das Mahlen geschieht in einem Arbeitsgang durch Druck- und Scherwirkung zwischen Mahlkugeln mit einem Durchmesser von einigen Zehntel bis zu einigen Millimetern.

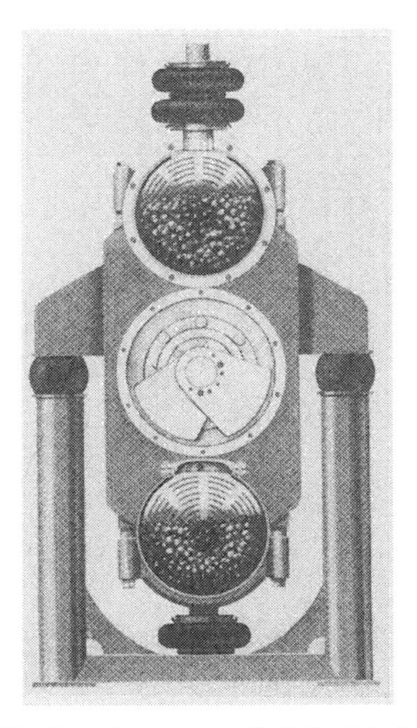

Abb. 250. Querschnitt durch die Palla-Schwingmühle (KHD Industrieanlagen AG Humboldt Wedag, Köln-Kalk)

Die *Perl-Mill* (Abb. 251) besteht aus dem senkrechten, zylindrischen Mahlbehälter, in dem ein zentrisch angeordnetes Rührwerk rasch rotiert. Das Rührwerk besitzt eine Anzahl Rührscheiben, die die Antriebsenergie auf das Gemisch von Mahlgut und Mahlperlen übertragen. Die Mahlgutsuspension wird unten zugepumpt und fließt am oberen Behälterende, von den Mahlperlen getrennt, wieder ab. Wird die Mühle mit einer gemischten Perlenfüllung unterschiedlicher Perlengröße beschickt, sammeln sich beim Mahlen infolge der Vertikalströmung die größeren Perlen im unteren, die kleineren im oberen Behälterbereich.

Mahlgut und Mahlperlen werden durch ein Sieb (Abb. 251 a) oder durch einen Trennspalt zwischen feststehenden und laufenden Elementen (Reibspalt-Trennung, Abb. 251 b) getrennt. Die einstellbare Spaltweite ist gleich oder kleiner als der halbe Durchmesser der kleinsten Mahlperle. Die Verweilzeit des Mahlgutes im Mahlbehälter kann mit Hilfe der Speisepumpe gesteuert werden.

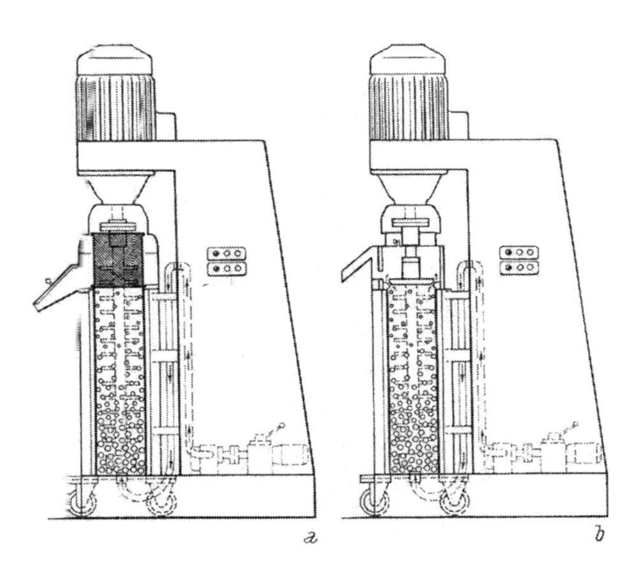

Abb. 251. Schema der Perl-Mill: *a* mit Siebtrennung, *b* mit siebloser Reibspalttrennung (Draiswerke GmbH, Mannheim-Waldhof)

Der Mahlbehälter der Perl-Mill ist ausfahrbar und damit auswechselbar. Für Großprodukte im Dauerbetrieb wird die Bauart mit stationärem Mahlbehälter (der vertikal oder horizontal angeordnet sein kann) bevorzugt.

In der Regel wird das Mahlgut in getrennten Behältern suspendiert und die Suspension der Kugelreibmühle zugeführt. Bei entsprechender Anordnung ist es aber auch möglich, das trockene Pulver durch eine Schnecke aufzugeben und die Suspensionsflüssigkeit einzudosieren (Drais Perl-Mill zum Direktmahlen).

9. Strahlmühlen. In den Strahlmühlen werden die Mahlgutteilchen, die in einem Gasstrom suspendiert sind, mit diesem durch Düsen in schräger Richtung eingeblasen. Durch die hohe Geschwindigkeit und Turbulenz im zylindrischen Raum prallen die Festteilchen gegeneinander.

In der *Bauermeister-Turbo-Selektoranlage* (Abb. 252) werden durch einen mit hoher Geschwindigkeit umlaufenden Turbo starke Luftwirbel erzeugt, in denen die Teilchen im Mahlgut-Luft-Gemisch aufeinanderprallen und sich selbst zerreiben. Nach dieser Vormahlung werden die Mahlgutteilchen durch die Schlagleisten des Turbos gegen die Mahlbahn geschleudert. Zwischen den Schlagleisten des Turbos und der Mahlbahn findet ein weiterer,

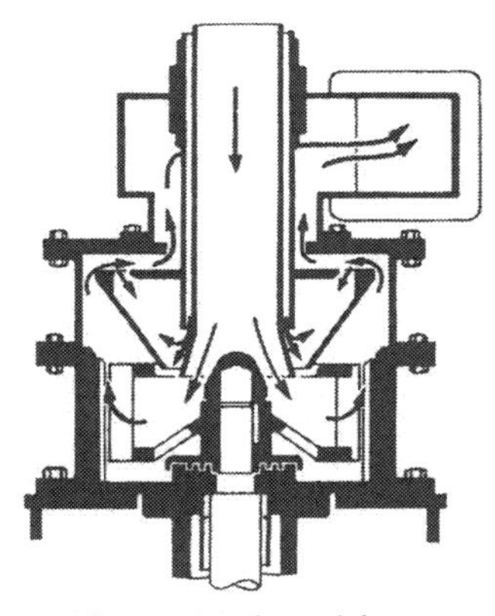

Abb. 252. Turbo-Selektor
(Hermann Bauermeister Maschinenfabrik GmbH, Hamburg-Altona)

intensiver Mahlprozeß statt. Das Staub-Luft-Gemisch wird nun in den Selektor geleitet, die gröberen Teilchen werden kontinuierlich in den Mahlraum zurückgeführt, während das Feingut in einem Abscheider und Filter vom Luftstrom getrennt wird.

C. Verreiben und Schneiden

1. Walzenmühlen (Walzenstühle). Zum Feinreiben und Homogenisieren niedrig- bis hochviskoser Suspensionen (z. B. Anreiben von Pasten) werden Walzenmühlen verwendet.

Die in der Abb. 253 gezeigte *Dreiwalzenmaschine Variomill* hat drei in einer Ebene schräg angeordnete, glatte Walzen. Die Aufgabe- und Abnahmewalze werden hydraulisch gegen die feststehend gelagerte Mittelwalze angepreßt. Die Walzen rotieren jeweils in gegenläufiger Richtung mit unterschiedlichen Drehzahlen. Durch Adhäsionskräfte wird eine Mahlgutschicht von der Walzenoberfläche zum Mahlspalt mitgenommen. Der Mahlgutstau vor dem Walzenspalt führt zu einer Gegenströmung, die eine intensive Mischung bewirkt.

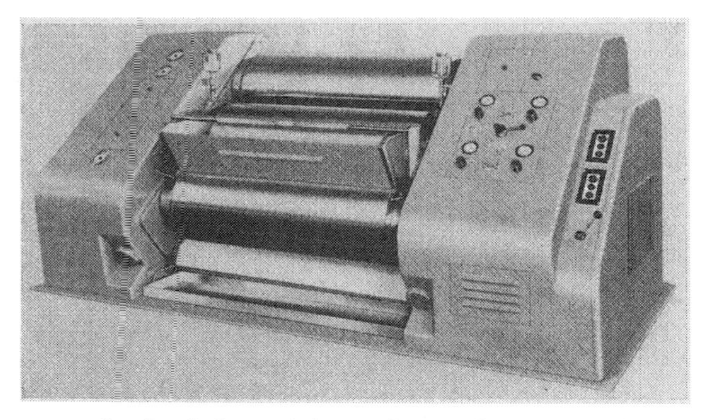

Abb. 253. Vollhydraulische Drais-Dreiwalzenmaschine Variomill DSGH 1250 (Draiswerke GmbH, Mannheim-Waldhof)

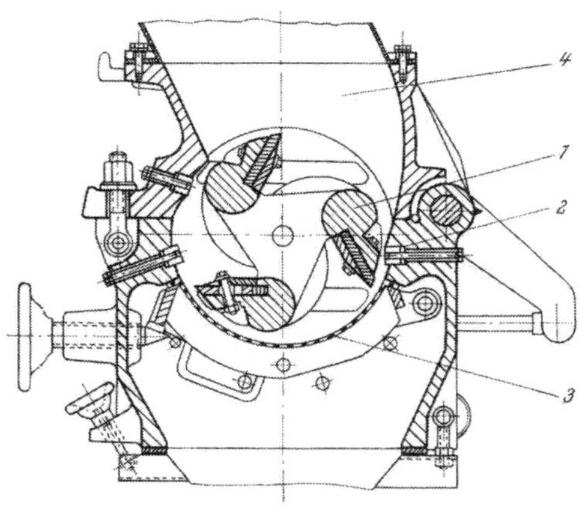

Abb. 254. Rotoplex-Schneidmühle B 32/40 (Alpine Aktiengesellschaft, Augsburg)

Das Mahlgut wird durch ein hydraulisch angepreßtes Abstreifmesser abgenommen.

2. Schneidevorrichtungen. *Schneidmühlen* werden u. a. zum Zerkleinern kompakter und voluminöser Kunststoffe oder anderer schneidfähiger Materialien verwendet.

In der Schneidkammer der Rotoplex-Schneidmühle (Abb. 254) befinden sich die quadratischen Statormesser *2*. Die Rotormesser *1* rotieren (je nach Größe der Mühle) mit 400—710 U/min. Der Oberteil des Gehäuses *4* ist aufklappbar, daher die Schneidkammer leicht zugänglich. Während des Betriebes ist die Schneidkammer durch Sperrschlösser verriegelt. Das auswechselbare Sieb liegt auf dem Siebträger *3*.

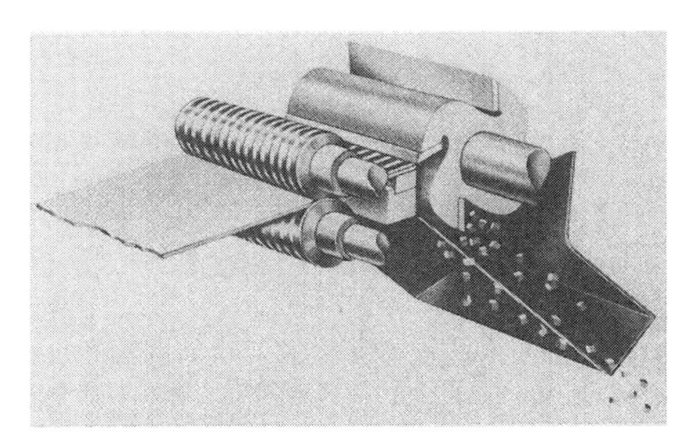

Abb. 255. Arbeitsablauf im Condux-Bandgranulator (Condux-Werk, Herbert A. Merges KG, Wolfgang bei Hanau)

Zur Herstellung würfelförmigen Granulats aus thermoplastischen Kunststoffbändern werden *Bandgranulatoren* verwendet (Abb. 255). Zwei übereinanderliegende Schneidmesserwellen teilen das zugeführte Band zunächst in Streifen. Sie werden in unmittelbarer Folge durch einen Querschneider, der gegen ein im Gehäuse eingebautes Festmesser arbeitet, zu Würfeln geschnitten.

Bei den *Schneidwölfen* wird das Produkt durch eine Förderschnecke gegen eine feststehende, gelochte Scheibe gedrückt, vor der sich ein Kreuzmesser dreht (Prinzip der Fleischmaschine).

14. Klassieren

Klassieren ist das Trennen eines Haufwerks nach Kornklassen.

A. Sieben

1. Allgemeines. Durch Sieben wird ein Haufwerk mit Hilfe eines Siebes in zwei Kornklassen aufgeteilt. Als *Siebunterlauf* bezeichnet man den durch die Siebfläche fallenden Anteil des Aufgabegutes. Er soll möglichst alles Unterkorn enthalten, das kleiner ist als die Maschenweite. Der *Siebüberlauf* ist der auf dem Sieb zurückbleibende Teil des Haufwerks.

Als *offene Siebfläche* versteht man das Verhältnis der Größe aller Öffnungen zur Gesamtfläche des Siebes.

Bei zu starker Beauflagung des Siebes kann ein Teil des Unterkorns im Überlauf bleiben. Ungeeignete Sieböffnungen können dazu führen, daß Überkorn in den Siebunterlauf tritt (es können z. B. größere längliche Teilchen durch Langloch- oder Spaltsiebe treten). Durch all dies kann der *Siebgütegrad,* das ist das Verhältnis von Feinkorn im Siebunterlauf zum Feinkorn im Aufgabegut, beeinflußt werden. In der Praxis liegt er bei 0,7—0,95.

Die Kornzusammensetzung wird durch eine *Siebanalyse* ermittelt. Die Drahtgewebe für Prüfsiebe sind hinsichtlich lichter Maschenweite und Drahtdurchmesser genormt (DIN 4188).

2. Siebmittel. Als Werkstoffe für Siebe kommen Edelstähle, Messing, Phosphorbronze und Kunststoffe (z. B. Polyamid, Polyester u. a.) in Betracht.

Die Wahl des Siebbodens ist für den Klassiereffekt entscheidend. Siebgewebe aus Draht werden verwendet, wenn das Siebgut weich und leicht bröcklig und frei von harten, verschleißenden Bestandteilen ist. Sie haben die größtmögliche freie Siebfläche.

a) *Siebböden.* Anwendungsbeispiele: Quadratmaschensiebe (Abbildung 256 a) für Flachsiebmaschinen und Siebtrommeln. Ähnlich sind Langmaschensiebe. Welldrahtsiebe, bestehend aus wechselweise nebeneinanderliegenden glatten und horizontal gewellten Drähten (Abb. 256 b) für schwierige Siebgüter, die zum Verstopfen neigen, in Form von Siebplatten und als spannbare Siebböden. Spaltsiebböden mit verschieden gestalteten Profilstäben zum Filtern, Sieben, Entwässern und in Trockenanlagen (Abb. 256 c).

b) *Lochplatten.* Rundlochung (Abb. 257 a) für trockene Stoffe möglichst gleichmäßiger Korngröße. Schlitzlochung (Abb. 257 b) bei

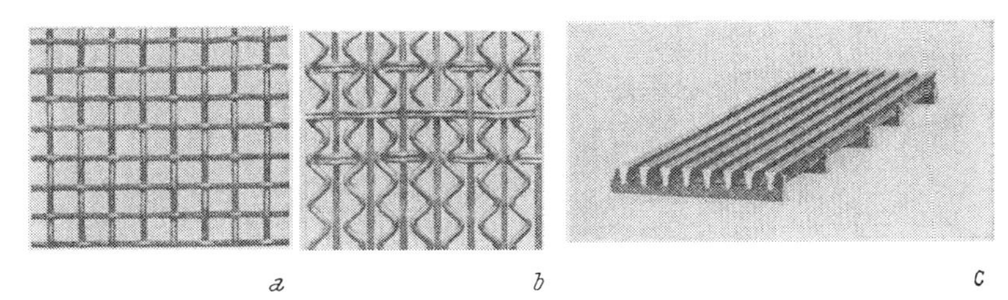

Abb. 256. Siebbodenarten (Siebtechnik GmbH, Mülheim/Ruhr)
a Quadratmaschensieb, *b* Welldrahtsieb, *c* Spaltsiebboden

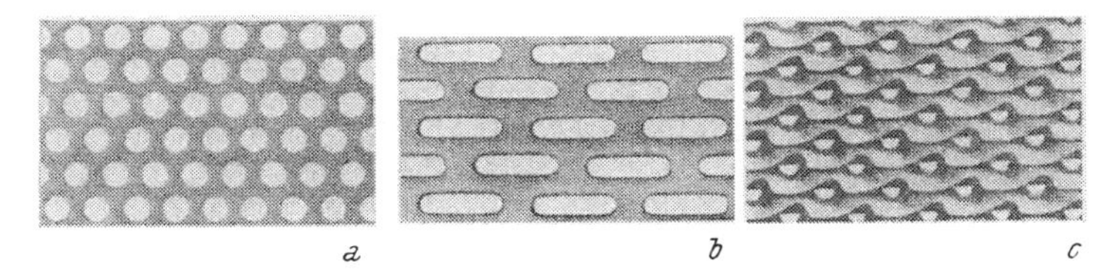

Abb. 257. Lochplatten (Alpine Aktiengesellschaft, Augsburg)
a Rundlochung, *b* Schlitzlochung, *c* Riffeltrapez

der Vermahlung und Auflockerung trockener oder etwas feuchter Stoffe auf mittlere bis gröbere Mahlfeinheit. Riffeltrapeze (Abb. 257 c) haben tangential gerichtete, trapezförmig ausgebildete Durchlaßöffnungen. Die raspel- bzw. nockenartig aufgerauhte Oberfläche ist für das Verarbeiten zäh-elastischer Stoffe besonders wirksam.

Bei Sieben mit Feinstlochungen werden Stützsiebe mit großer Lochweite untergelegt.

c) *Siebroste* dienen zum Abtrennen grober Stücke z. B. vor Zerkleinerungsmaschinen. Die Roststäbe haben trapezförmige Querschnitte, die Spalten erweitern sich nach unten und können daher nicht so leicht zusetzen. Für kontinuierlichen Betrieb verwendet man Rollenroste, die, von Ketten angetrieben, gleichsinnig rotieren.

3. Flachsiebmaschinen. *Flachsiebe* haben eine ebene Siebfläche, die fest oder beweglich eingerichtet und waagrecht oder geneigt angeordnet ist.

Bei der *Spannwellen-Siebmaschine* (Abb. 258) besteht der elastomere Siebbelag aus einer Reihe perforierter Gummi- oder Kunst-

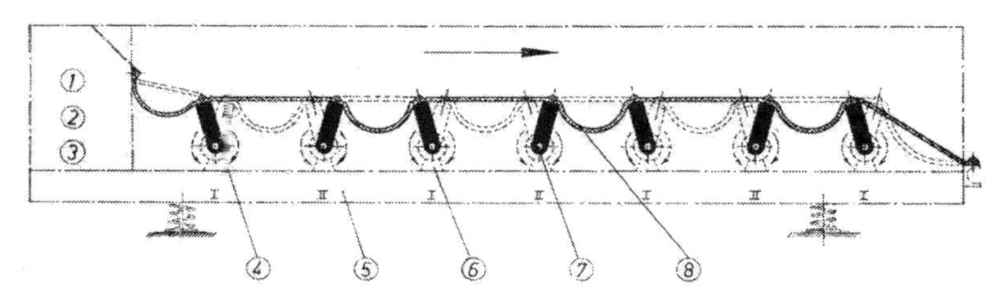

Abb. 258. Spannwellen-Siebmaschine Typ T
(Hein, Lehmann AG, Düsseldorf)

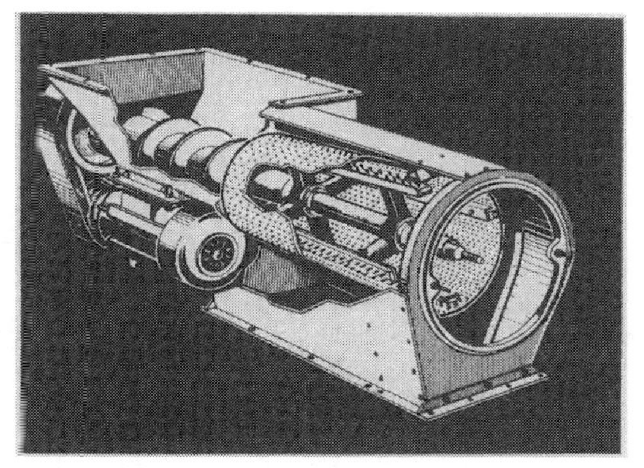

Abb. 259. Le Coq-Korbsichter
(Ulrich Walter, Maschinenbau, Erkrath/Bez. Düsseldorf)

stoffmatten, die abwechselnd gespannt und entspannt werden. Dadurch werden die Matten von Steck- und Grenzkorn gereinigt und ein Anbacken verhindert.

Arbeitsweise: Die einzelnen Siebmatten *8* werden von Kippträgern *4* zonenweise gewölbt und gestrafft, die mittels Drehbolzen *7* und Stehlagern *6* auf dem Grundrahmen *5* montiert sind. Die gegenläufig kippenden Träger *4* gehören abwechselnd zu den Systemen *I* und *II*. Beide Systeme werden von einem Drehstrommotor *1* über einen Keilriementrieb *2* und eine Exzenterwelle *3* angetrieben. Die Schwingungsisolierung geschieht durch Schraubenfedern. Die Siebfläche beträgt je nach Typ 2,2 bis 6,0 m². Die Maschine wird für siebschwierige Schüttgüter verwendet.

4. Siebtrommeln. Die als Zylinder ausgebildete Siebfläche führt eine drehende Bewegung aus. Die Trommeln werden geneigt aufgestellt, so daß sich das Siebgut von der höhergelegenen Aufgabestelle zum Auslaufende fortbewegt. Die Siebtrommel ist in der Regel in mehrere Zonen mit Lochblechen immer größer werdender Lochweite aufgeteilt, wodurch eine Trennung in mehrere Korngrößen-

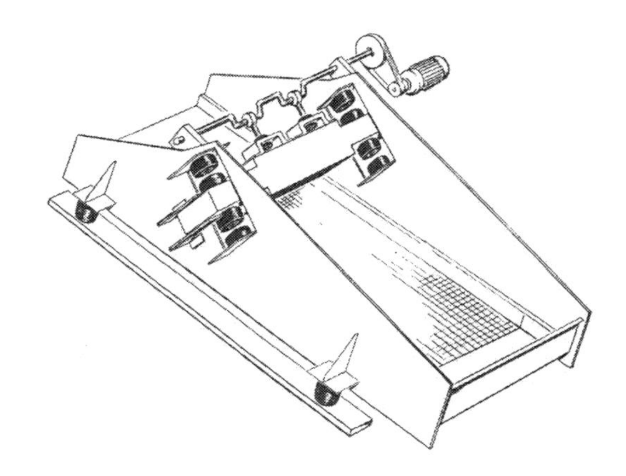

Abb. 260. Schematische Darstellung des Resonanzsiebes STB (Siebtechnik GmbH, Mülheim/Ruhr)

klassen erfolgt. Die Trennwirkung von Siebtrommeln ist geringer als die von Flachsieben, sie werden daher nicht zum Feinsieben verwendet.

Der *Le-Coq-Korbsichter* (Abb. 259) ist eine Siebmaschine, bei der das vom Einlauftrichter aufgenommene Produkt durch eine Förderschnecke in das Innere des konischen Siebes gebracht wird, in dem ein Schlagkreuz (ausgerüstet mit Leisten und Bürsten) rotiert. Der Grobanteil, der das Sieb nicht passieren kann, geht zum Auslauf, während der Feinanteil durch das Sieb tritt.

5. Schwingsiebe. Bei den Schwingsieben führen die ebenen, horizontal oder geneigt angeordneten Siebflächen Schwingungen aus, wodurch das Aufgabegut in eine vorwärtshüpfende Bewegung versetzt wird, so daß die Teilchen die Sieböffnungen möglichst häufig treffen. Bei zu kleinen Wurfhöhen treten längliche Teilchen nicht durch das Sieb. Schwingsiebe haben eine hohe spezifische Siebleistung.

Beim *Resonanzsieb* (Abb. 260) ist der Siebkasten auf Federn aufgestellt. Die Gegenschwingmasse aus verschweißtem Stahlblech ist quer zum Siebkasten verlagert und über Lenkerfedern mit ihm verbunden. Zwischen Siebkasten und Gegenschwingmasse sind als Energiespeicher Gummifedern eingebaut. Siebkasten und Gegenschwingmasse werden durch einen Exzenterantrieb über Koppelfedern zum Schwingen gebracht. Die Siebfläche hat eine Breite von 1400 bis 2400 mm und eine Länge von 2850 bis 7600 mm je nach Maschinentyp.

Abb. 261

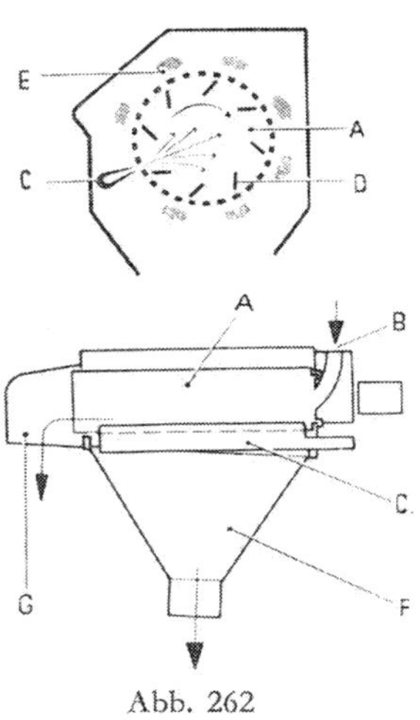

Abb. 262

Abb. 261. Allgaier-Taumelsiebmaschine Typ TSM 2000-Doppeldecker (Allgaier-Werke GmbH, Uhingen/Württ.)

Abb. 262. Bau und Wirkungsweise des Alpine-Luftstrahlsiebes 32/100 (Alpine Aktiengesellschaft, Augsburg)

Vibrationssiebe haben einen oben aufgehängten Schwingrahmen, der den Siebkasten trägt. Der Schwingrahmen wird durch einen Elektromotor mit einer Unwucht in Schwingungen versetzt. Mit Vibrations-Siebmaschinen ist eine Siebung von Korngrößen ab etwa 0,06 mm möglich. In Fällen, bei denen eine Vibrationssiebung nicht wirkungsvoll genug ist, werden Feinsiebmaschinen mit Siebhilfen (Bürsten oder Schallfrequenzschwingungen) verwendet (Vibra-Maschinenfabrik Schultheis & Co. KG, Offenbach/Main).

6. Taumelsiebe. In der Taumelsiebmaschine (Abb. 261) führt das Siebgut eine räumliche Bewegung aus. Der Siebzylinder wird durch einen schräg auf der rotierenden Exzenterplatte aufsitzenden Zapfen und Ausgleichsfedern mit eingebauten Stoßdämpfern in eine Taumelbewegung versetzt. Dadurch wird das Siebgut selbsttätig umgeschichtet und auseinandergezogen. Es verteilt sich in spiralig kreisender und hüpfender Bewegung über die Siebfläche. Das Feingut tritt durch das Sieb, das Grobgut „schwimmt" auf der Siebgutmatte zu den seitlichen Ausläufen. Bis zu drei runde Siebböden können übereinander im Zylindergehäuse angeordnet sein, so daß ein kontinuierliches Klassieren bis zu vier Fraktionen in einem Durchgang möglich ist. Durch rotierende Flach- oder Rollbürsten können die Siebböden freigehalten werden.

7. Schallsiebe. Das Siebgewebe wird unmittelbar durch einen elektromagnetischen Schwingungserzeuger angetrieben. Die Schallanstoßköpfe sind punktförmig mit dem Siebboden verbunden. Eine genaue Fixierung der Antriebspunkte garantiert eine gleichmäßige, kräftige Wellenbewegung über die ganze Siebfläche. Der geneigt angeordnete Siebboden verbleibt dabei in Ruhe. Schallsiebmaschinen sind zum Trocken- und Naßsieben geeignet.

8. Luftstrahlsiebe. In der Abb. 262 sind Bau und Wirkungsweise des Alpine Luftstrahlsiebes schematisch dargestellt. Das Gut wird bei *B* kontinuierlich einer mit Siebgewebe bespannten Siebtrommel *A* zugeführt. Ein scharfer, durch die Langschlitzdüse *C* gerichteter Luftstrahl durchspült die leicht geneigte, rotierende Siebtrommel von außen nach innen in ihrer ganzen Länge, so daß die Maschen des Gewebes laufend freigespült und das Siebgut aufgewirbelt wird. Unterstützt wird dieser Vorgang durch die längs der Trommel eingebauten Hubschaufeln *D*, die das Gut immer wieder anheben und in den Bereich des Luftstromes bringen. Die Feinanteile, die kleiner als die Siebmaschenweite sind, werden durch die Schleppkräfte der Luft auf dem Umfang der Siebtrommel ausgetragen (*E*). Abgeschieden wird das Feingut im Gehäuse *F* und in einem nachgeschalteten Filter. Das Grobgut tritt bei *G* aus.

Verwendung für Siebungen im höheren Feinheitsbereich (Maschenweite zwischen 0,04 und 0,3 mm) ohne gleichzeitige Zerkleinerungswirkung.

9. Siebähnliche Verfahren. *Mogensen Sizer* sind Klassiermaschinen für alle Schüttgüter und Trennkorngrößen von 0,05 bis 100 mm (Leistung bis 800 t/h).

In der Regel sind fünf Gewebeböden untereinander angeordnet, deren Neigungen von oben nach unten zunehmen (Abb. 263 a). Die Abstufungen der Maschenöffnungen der einzelnen Gewebeböden sind so gewählt, daß sie immer größer sind als alle Körner, die auf das betreffende Gewebe auftreffen. Dadurch wird vermieden, daß sich Grenzkörner in den Maschenweiten aufhängen und verklemmen. Der Rahmen ist an Federn aufgehängt, das Siebgut wird am hinteren oberen Ende des Sizers aufgegeben. Durch die hochfrequente lineare Vibration der Maschine wird das Gut fluidisiert und zusammenklebende Stoffe werden durch die oberen groben Gewebe aufgelockert und zerrissen. Wenn die Neigung der Beläge nach unten größer wird

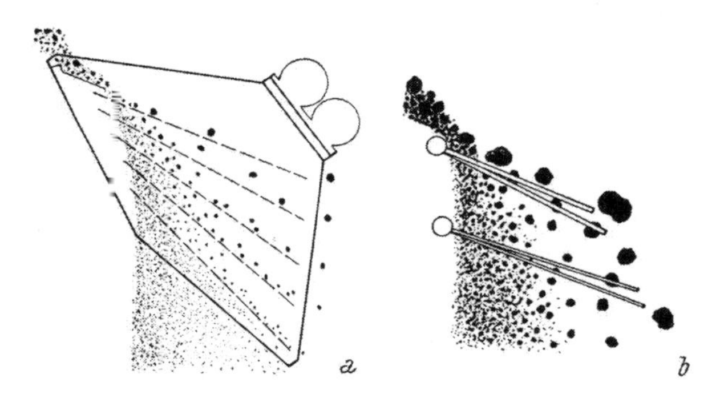

Abb. 263. Mogensen Sizer: *a* mit Maschengewebe, *b* mit Stangen (Mogensen GmbH & Co. KG, Wedel/Hamburg)

(ihre projizierte Öffnung wird kleiner), werden die relativ groben Partikel aus der Maschine ausgetragen. Das Feingut fällt immer senkrecht durch. Der unterste Belag hat Maschenöffnungen, die zwei- bis viermal so groß sind wie das Trennkorn.

Zur Grobtrennung werden Mogensen Sizer mit Stangen (Abb. 263 b) verwendet. Die Stangen verschiedener Stärke und Neigung ersetzen das Maschengewebe. Die Öffnungen der Stangen werden zum Auslauf hin breiter.

B. Sichten

Unter Sichten (Aeroklassieren) versteht man die Trennung eines Haufwerks mit Hilfe bewegter Luft (oder Schutzgas) in Anteile unterschiedlicher Korngröße oder unterschiedlicher Dichte. Die Trenngrenze liegt im Bereich von 2 bis 1000 μm.

Macht bei feinkörnigem Material die Siebtrennung Schwierigkeiten, wendet man die sieblose Windsichtung an.

1. Schleudersichter. Der Luftstrom wird im Sichter selbst erzeugt. Der *Schleudersichter* (Abb. 264) besteht aus einem zylindrischen staubdichten Oberteil *A* und dem kegelförmigen Unterteil *U* mit dem Mehlaustrag *r*. Das Sichtgut fällt durch den Aufgabetrichter *a* auf den sich rasch drehenden Streuteller *s*, der es gleichmäßig verteilt und gegen einen konischen Trichter *t* schleudert. Mit dem Streuteller fest verbunden dreht sich das Windrad *w*, das einen Luftstrom erzeugt, der die feinsten Teilchen mitnimmt und gegen

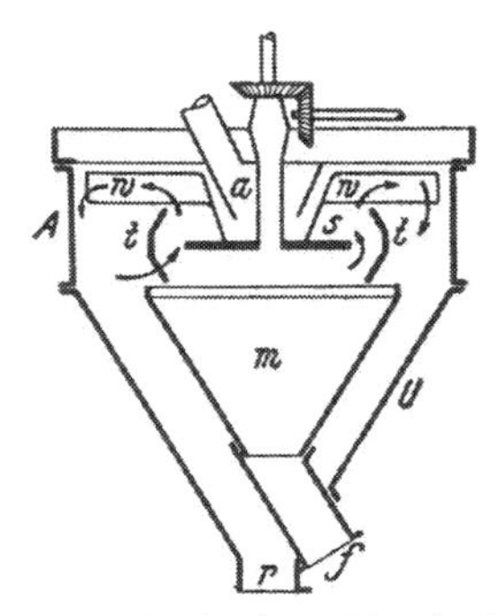

Abb. 264. Prinzip des Schleudersichters

die Innenwand des Gehäuses *U* wirft, von dort rutscht das Mehl nach *r* ab. Die groben Teilchen fallen aus *t* durch den Trichter *m* in den Stutzen *f*.

Beim *Spiralwindsichter* wird ein flachzylindrischer Raum von Luft oder einem anderen Gas in spiraliger Bahn von außen nach innen durchströmt. In diesen Luftstrom eingeführte Teilchen werden zwei entgegengesetzt wirkenden Kräften ausgesetzt, und zwar der nach innen gerichteten Schleppkraft der Luft und der nach außen gerichteten Fliehkraft des Teilchens. Für eine ganz bestimmte Teilchengröße (Trenngrenze) stehen beide Kräfte im Gleichgewicht. Größere oder schwerere Teilchen gehen als Grobgut nach außen, die kleineren oder leichteren werden von der Luft als Feingut nach innen mitgenommen.

Wirkungsweise des Mikroplex-Spiralwindsichters Typ MP (Abb. 265): Der Ventilator *1*, der mit den rotierenden Sichtwellen auf einer gemeinsamen Welle sitzt, erzeugt die Sichtluftströmung. Das zu sichtende Gut gelangt über den Fallschacht *3* in den Sichtraum *4*. Die Sichtluft tritt durch die Öffnungen zwischen den Leitschaufeln *5* ein. Das Sichtgut bewegt sich im Sinne der Strömung entlang des Leitschaufelkranzes, es wird dabei laufend von der eintretenden Luft durchspült und Agglomerate werden aufgelöst. Die feinen und leichten Teilchen folgen der nach innen gerichteten Spiralströmung und verlassen zusammen mit der Sichtluft den Sichtraum durch die zentrale Austrittsöffnung *6*, werden nach Passieren des Ventilators durch die Austrittsspirale *7* ausgeblasen und in einen Staubabscheider transportiert. Die groben bzw. schweren Teilchen werden entlang des Leitschaufelkranzes weiterbewegt, von der scharfen Kante *8* abgeschält und über die Grobgutschnecke *9* aus dem Sichtraum entfernt.

2. Pneumatische Sichter. Pneumatische Sichter arbeiten mit einem durchgehenden Luftstrom. Das Gut tritt mit Luft vermischt von unten in den Apparat ein. Unter Einfluß der Schwerkraft fallen

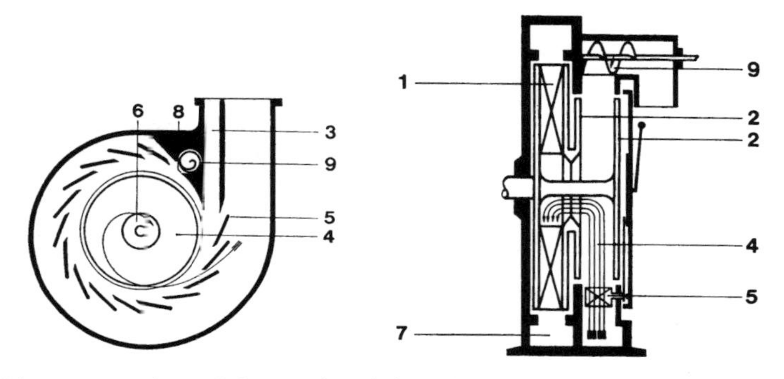

Abb. 265. Schematisches Schnittbild des Mikroplex-Spiralwindsichters Typ MP (Alpine Aktiengesellschaft, Augsburg)

die groben Teile in den sich erweiternden Ringraum (Geschwindigkeitsabnahme!) nach unten in den Austrag. Am oberen Ende strömt die Luft mit dem Feingut durch Leitschaufeln und erhält dort eine Tangentialströmung. Das Feingut fällt unter der Einwirkung der Fliehkraft nach unten in einen zweiten Austrag. Die feinsten Teilchen werden mit dem Luftstrom abgesaugt und in einem Zyklon abgeschieden.

Beim *Querstromsichter* wird das Gut von der Seite in den Luftstrom eingebracht. (Über die Querstromsichtmühle s. Abb. 242, S. 201.)

Flugbettsichter. Im Multi-Plex Zickzacksichter (Abb. 266) wird das zu sichtende Material in der Flugbettrinne unter den zickzackförmigen Sichtrohren hindurchgeführt, durch die von unten nach oben Luft (oder ein anderes Gas) strömt. Jedes Sichtrohr nimmt soviel Produkt an, wie es nach der eingestellten Trenngrenze verarbeiten kann. Überflüssiges und zu grobes Gut fließt weiter zu den folgenden Sichtrohren bis am Ende der Flugbettrinne nur Grobgut übrigbleibt und nach unten austritt. Das Sichtgut bildet in jedem

Glied der Sichtrohre eine Wirbelwalze, die den Luftstrom an jedem Knick durchquert, wobei jedesmal eine Sichtung stattfindet. Das Feingut wandert nach oben, das Grobgut fällt nach unten.

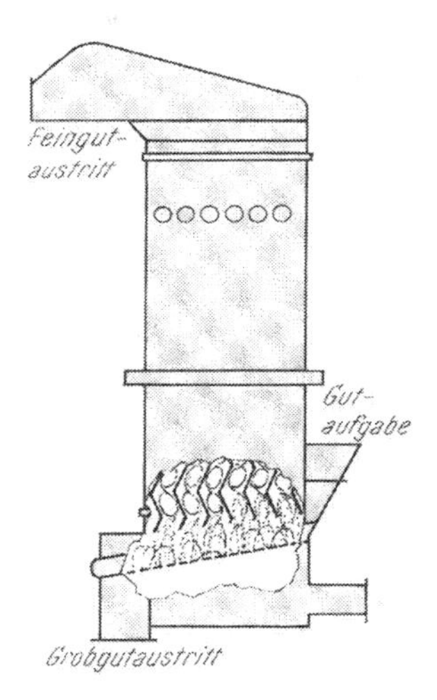

Abb. 266. Multi-Plex Zickzacksichter (Alpine Aktiengesellschaft, Augsburg)

C. Hydroklassieren und Flotieren

1. Stromklassierer. *Naßklassierer* nutzen die unterschiedliche Fallgeschwindigkeit grober und feiner Körner in Wasser. Wirkt gleichzeitig eine horizontale Wasserströmung auf die fallenden Gemengeteile ein, so werden die groben, rasch fallenden Teilchen nur wenig mit dem Wasser abgetrieben und sich dicht an der Eintrittsstelle absetzen, während die Feinanteile weiter fortschwimmen und erst in einiger Entfernung zum Absitzen kommen.

Der *Rechenklassierer* besteht aus einem rechteckigen Kasten mit ansteigendem Boden. Die Trübe wird nahe am unteren Ende des Behälters durch eine Verteilungsrinne (in Höhe des Wasserspiegels) zugeführt. Die gröberen Bestandteile sinken zu Boden und werden durch einen mechanisch bewegten Rechen, der das Grobe bei der Aufwärtsbewegung (nahe am Boden) mitnimmt, zum Austrag gebracht. Der in Schwebe bleibende feine Schlamm fließt durch die Überlaufkante des Behälters ab. Rechenklassierer werden meist in Verbindung mit Zerkleinerungsanlagen verwendet.

Aufstromklassierer. Dorr-Oliver-Sizer arbeiten nach dem Prinzip der behinderten Sedimentation in stationären Wirbelschichten, die aus dem zu klassierenden Gut gebildet werden. Das Aufstromwasser wird mit konstantem, hydrostatischem Druck von unten aus einer Wasserkammer durch eine Lochplatte oder düsenbesetzte Verteiler-

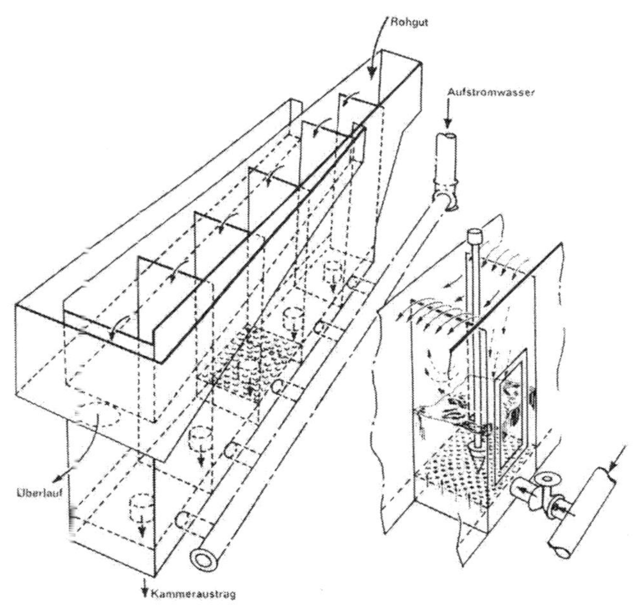

Abb. 267. Schema des Dorr-Oliver-Hydrosizers
(Dorr-Oliver GmbH, Wiesbaden)

rohre zugeführt. Oberhalb der Düsenrohre bildet sich eine Wirbelschicht, die mit Hilfe des Aufstromes in lockerem Zustand gehalten wird. Alle Teilchen, die sich rascher absetzen als der Aufstrom emporsteigt, sinken zu Boden und bilden dort die Wirbelschicht, die eine Entmischung bewirkt.

Die Abb. 267 zeigt das Schema des Dorr-Oliver-Hydrosizers. Verwendung: Klassieren von Sanden, in der Glasindustrie, Gießereibetrieben u. a.

Das *DSM-Bogensieb* (Abb. 268) wird zum Klassieren organischer und anorganischer Produkte, zur Voreindickung von Kristallisaten und Granulaten (vor dem Zentrifugieren und Trocknen) und zum Klären von Lösungen und Abwässern verwendet.

Die Suspension wird über ein Wehr oder durch Düsen in tangentialer Anströmung auf den oberen Teil des gekrümmten Siebbelages geleitet. Beim weiteren Überströmen des Siebbelages wird durch den sich ergebenden Auftreffwinkel zwischen den Profilstäben die Grenzschicht des Strömungsbandes abgelenkt und tritt durch die Spaltöffnungen. Ist die Spaltweite so gewählt, daß mit der Flüssigkeit noch Feststoffe hindurchtreten können, so erfolgt eine Klassierung. Die Spaltweite des Siebes kann wesentlich größer gewählt werden als die gewünschte Trennkorngröße. Erreichbare Durchsatzleistung: 300 m^3 Suspension/$m^2 \cdot h$. Die Klassierung ist trennscharf im Bereich von 50 bis 2000 µm.

2. Setzmaschinen. Das zu trennende Gemisch (Erze, Kohle) liegt auf einem Setzrost. In einer vom Setzrost teilweise abgetrennten

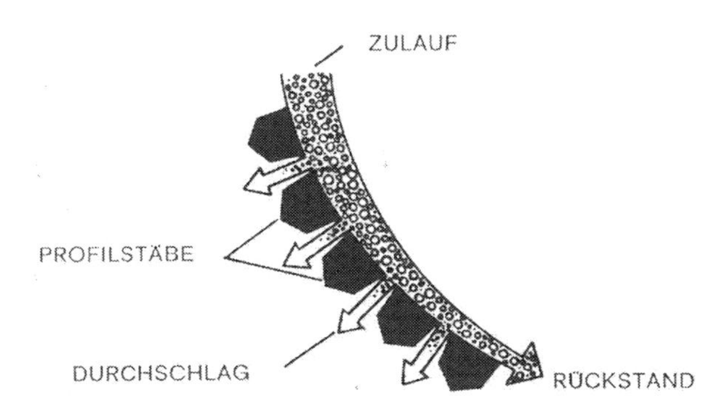

Abb. 268. Prinzip des Bogensiebes (Dorr-Oliver GmbH, Wiesbaden)

Kammer befindet sich ein auf- und abgehender Kolben, der auf das Wasser pulsierende Schläge überträgt, so daß dieses in ständigem Wechsel das Setzsieb von unten durchströmt. Dadurch wird die aufliegende Masse angehoben. Die kleineren und leichteren Teilchen werden dabei nach oben getrieben. Beim Nachlassen des Wasserstromes sinken die Körner wieder ab, und zwar die groben und schweren zuerst. Der schwere Anteil schichtet sich also zuunterst, von wo er abgezogen werden kann, während im Überlauf die metallarmen Berge ausgetragen werden. An Stelle des Kolbens kann die Pulsation auch durch Druckluft bewirkt werden.

3. Hydrozyklone. Der Hydrozyklon ist ein Zentrifugalabscheider. Die Flüssigkeitsströmung wird durch tangentiales Zuführen der Trübe unter Druck erreicht. Dabei wird die potentielle Energie in kinetische umgewandelt und es bildet sich eine Wirbelströmung aus. Unter der Wirkung der Zentrifugalkräfte geschieht dann die Trennung (Abb. 269). Liegt die Trennkorngröße des Zyklons (abhängig vom Durchmesser) unterhalb des Kornspektrums der Suspension, so tritt am Überlauf geklärte Flüssigkeit aus, während der Feststoff eingedickt im Unterlauf in noch pumpfähiger Konsistenz austritt (Wirkung als Kläreindicker). Wird das Kornband von der Trenngröße geteilt, dann arbeitet der Hydrozyklon als Stromklassierer, wobei die Feinfraktion, durch die Trägerflüssigkeit stark verdünnt, als Trüblauf im Überlauf austritt.

4. Eindicker. Siehe S. 330.

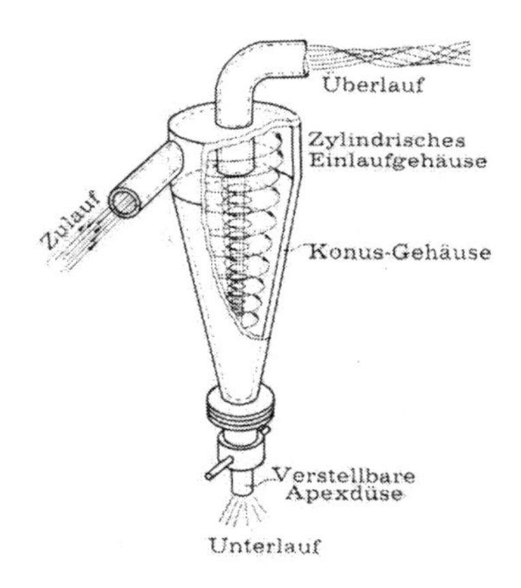

Abb. 269. Hydrozyklon DorrClone (Dorr-Oliver GmbH, Wiesbaden)

5. Flotation. Die Flotation oder Schwimmaufbereitung beruht auf dem verschieden großen Schwimmvermögen fein zerkleinerter Mineralien, Erze und Salze. Die zerkleinerten Stoffe steigen durch Einwirkung von Gasblasen aus einer Trübe empor. Den gleichen Erfolg erzielt man, wenn die Teilchen mit grenzflächenaktiven Stoffen in Dispersion (Flotationsöl) benetzt werden. Die damit versetzte Trübe wird durch kräftiges Rühren und Einführen von Luft zum Schäumen gebracht. Der Schaum steigt an die Oberfläche und nimmt die Teilchen mit. Ausgenutzt wird die unterschiedliche Benetzbarkeit der im Gemenge enthaltenen Feststoffe.

Flotationsapparate. Druckluftzellen werden kaum mehr verwendet.

Rührwerkszellen bringen größere Trennleistungen. Sie arbeiten entweder ohne Druckluftzuführung oder mit Druckluftzusatz (Unterluftzelle) bzw. mit selbsttätiger Luftansaugung durch Rührer (Fahrenwald-Zelle).

Bei den Doppelkreiselzellen ist der Rührer als Doppelkreisel ausgebildet oder in ein doppelt wirkendes Flügelrad umgestaltet. Der Doppelkreisel saugt mit dem oberen Laufrad Luft über ein von oben kommendes Rohr ein, der untere Laufradteil zieht die Trübe aus dem Bodenkanal. Trübe und Luft werden an der Peripherie des Turbinenrührers innig gemischt. Die durch die Sammlerzusätze hydrophobierten Teilchen schwimmen, haftend an den Luftbläschen, auf. Ein Abstreifer trägt den Schaum aus. Die Trübe wird durch ein Rohr der nachfolgenden Zelle zugeleitet.

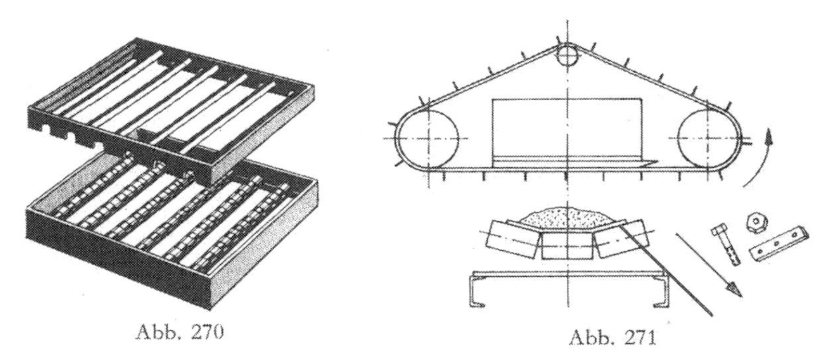

Abb. 270 Abb. 271

Abb. 270. Permanentmagnetischer Filterrost WFR (Ulrich Walter, Maschinenbau, Erkrath/Bez. Düsseldorf)
Abb. 271. Querband-Scheider (Friedr. Krupp GmbH, Maschinen- und Stahlbau, Rheinhausen)

D. Magnetscheider

Um Metallteile (Nägel, Schrauben u. a.) aus einem Mahlgut zu entfernen (Schutz der Mühle vor Beschädigung; Explosionsgefahr durch Funkenbildung), wird vor Mühlen ein Magnetabscheider angeordnet.

Permanentmagnetische Filterroste (Abb. 270) bilden durch die Bündelung von Magnetrohren ein starkes Magnetfeld, das von dem Produkt passiert werden muß. Ein darüber angeordneter Leitrost ist abhebbar.

Bei dem elektromagnetischen oder permanentmagnetischen *Überbandabscheider* (Abb. 271) wird das Fördergut unter dem Magnetkörper hindurchgeführt und kräftigen, weitreichenden Magnetfeldern ausgesetzt. Die im Fördergut enthaltenen magnetischen Eisenteile werden nach oben herausgezogen. Das um den Magneten laufende, mit Stollen besetzte Band trägt sie zur Seite oder über den Abwurf hinaus. Der Magnet berührt das Fördergut nicht. Bandgeschwindigkeit von normal 1,5 bis maximal 2,0 m/s.

Bei der *Elektro-Magnetrolle* (Abb. 272) wird das zwischen dem

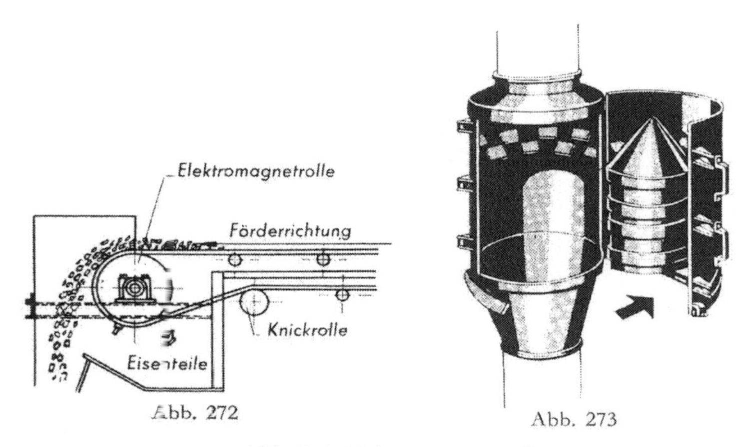

Abb. 272. Elektro-Magnetrolle
(Friedr. Krupp GmbH, Maschinen- und Stahlbau, Rheinhausen)
Abb. 273. Walter-Rohrmagnet WRM
(Ulrich Walter, Maschinenbau, Erkrath/Bez. Düsseldorf)

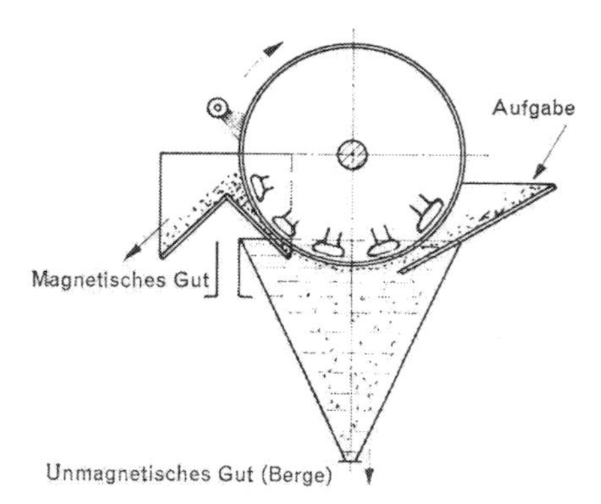

Abb. 274. Permanent-Naßmagnettrommelscheider
(Friedr. Krupp GmbH, Maschinen- und Stahlbau, Rheinhausen)

Fördergut liegende Eisen, sobald es in die Nähe der Magnetrolle kommt, an das Förderband herangezogen und auf ihm so lange festgehalten, bis es an der Ablaufstelle des Bandes allmählich aus dem

Bereich der Magnetfelder gelangt und vom Band in einen Sammelbehälter fällt.

Rohrmagnete aus amagnetischem Stahl werden in ein Laufrohrsystem eingebaut. Eine Hälfte des Magnetmantels mit dem Magnetkern ist ausschwenkbar, so daß anhaftende Metallfremdkörper außerhalb des Laufrohres entfernt werden können (Abb. 273). Die Durchflußleistung ist auf den Zulaufrohrquerschnitt abgestimmt.

Durch magnetische Abscheidung können auch Mineralien mit stark magnetischen Eigenschaften (z. B. Magnesit) aus einem Gemisch abgetrennt werden.

Im *Permanent-Naßmagnettrommelscheider* (Abb. 274) zum nassen Aufbereiten magnetischer Eisenerze befindet sich die Magnettrommel mit feststehendem Magnetsystem und rotierendem Trommelmantel in einem Behälter aus unmagnetischem Werkstoff. Die Erz- oder Schwerflüssigkeitstrübe wird an die Trommel heran- und unter ihr weggeführt. Dabei werden die magnetischen Teilchen von der Trommel aus der Trübe herausgehoben, bei der Drehung mitgenommen und getrennt von der zurückbleibenden unmagnetischen Trübe unter Zuhilfenahme von Brausen abgeführt.

15. Mischen und Verteilen

A. Mischen fester Stoffe

1. Allgemeines. Mischen ist das gleichmäßige Vereinigen verschiedener Stoffe mit Hilfe mechanischer Kräfte.

Die Wahl des Mischers ist abhängig von der Beschaffenheit des Mischgutes bzw. seiner Bestandteile. Es ist zu beachten, daß das Mischgut während des Mischens Veränderungen erleiden kann, z. B. durch Agglomerieren feinpulveriger Stoffe. (Bei Flüssigkeiten kann eine Änderung der Viskosität eintreten.)

Mischmaschinen müssen so eingerichtet sein, daß sie in geöffnetem Zustand nicht in Gang gesetzt und während des Laufes nicht geöffnet werden können. Auch die Werkstoff-Frage ist ausschlaggebend. Dabei stellt sich die Frage, ob der Mischer vor dem Mischgut oder das Mischgut vor dem Werkstoff des Mischers zu schützen ist.

Beim Mischen tritt als Nebenwirkung eine Reibung der Gutteilchen ein, der Mischvorgang kann daher eine Mahlwirkung verursachen. Gewollt ist gleichzeitiges Zerkleinern und Mischen in Kugelmühlen, Kollergängen u. a.

In bestimmten Fällen muß die Mischmaschine beheizt oder gekühlt werden, ein Mischen unter Vakuum kann erforderlich sein.

Wichtig ist die gute Reinigungsmöglichkeit einer Mischmaschine, ebenso eine richtige Beschickung und Entleerung.

2. Mischtrommeln. Mischtrommeln in zylindrischer oder sechskantiger Form sind Fallmischer, in denen das Mischgut durch die Drehung der Trommel angehoben wird und dann von oben herabfällt, wobei die Durchmischung stattfindet. Unterstützt wird das Mischen durch im Innern angebrachte Hubleisten oder Spiralbleche, die das Gut durcheinanderwerfen. Mischtrommeln werden vorzugsweise zum Mischen einzelner Chargen verwendet.

Die Abb. 275 zeigt schematisch den Querschnitt durch eine *Hubleisten-Mischtrommel.* Die Mischgutfüllung soll 20 bis 30% des Rauminhaltes ausmachen. Entleert wird durch eine eingebaute Schnecke oder durch Schaufeln.

Beim *Taumelmischer* liegt die Drehachse schräg zur Trommelachse (gleiches Prinzip wie beim Taumeltrockner, Abb. 461, S. 392). Auch tetraederförmige Mischtrommeln, die keinerlei Einbauten besitzen, sind in Verwendung. In ihnen wird das Gut abwechselnd auf eine Dreieckseite und in eine Dreikantspitze geworfen.

Im *Doppelkonus-Taumelmischer* führt das Gut bei jeder Umdrehung des Gehäuses eine spiralartige Bewegung aus, und zwar einmal nach links und zum zweitenmal nach rechts. Der Mischer hat keine Einbauten, er wird auch als Mischtrockner eingesetzt (siehe Abb. 462, S. 393).

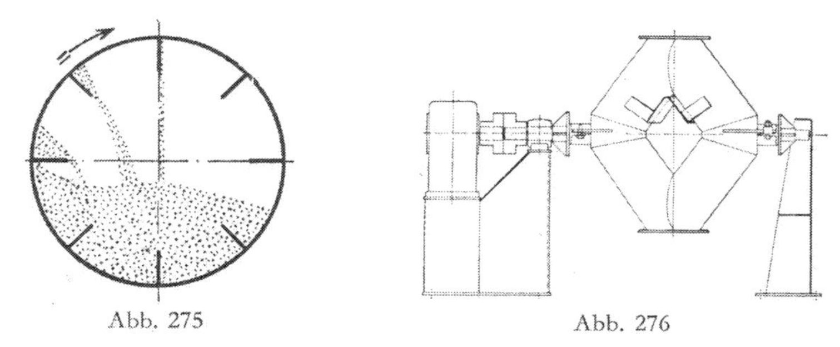

Abb. 275 Abb. 276

Abb. 275. Hubleisten-Mischtrommel
Abb. 276. Karohr-Mischer (Netzsch Maschinenfabrik, Selb/Bayern)

Auch der *Karohr-Mischer* (System Locke) ist ein Fallmischer ohne innere Organe. Der Mischvorgang findet in einem Mischgehäuse statt, das aus V-förmig angeordneten Rohren besteht. Durch dauerndes Teilen des Mischgutes unter nachfolgender Wiedervereinigung, während gleichzeitig auf Grund der versetzten Aufhängung des Gehäuses eine kontinuierliche spiralförmige Bewegung erzielt wird, tritt Mischung ein (Abb. 276). Die Mischer werden in Größen von 11 bis 500 Liter Nutzinhalt gebaut, mit 25 bis 6 U/min, je nach Größe des Mischers.

3. Schaufelmischer. In Schaufelmischern wird das Mischgut durch Mischwerkzeuge nach verschiedenen Richtungen bewegt, wodurch ein dauernder Wechsel im Zusammentreffen der Gemischbestandteile eintritt.

Beim *Gegenstrom-Mischer* (Abb. 277) führt der Mischteller eine kreisende Bewegung aus, während die in verschiedener Höhe schräg angeordneten, exzentrisch zum Tellermittelpunkt gelagerten Mischwerkzeuge in entgegengesetzter Richtung rotieren („Tellermischer"). Das Gut wird zusätzlich durch ortsfeste Abstreifer von der Wand abgedrängt und dem Mischprozeß immer wieder zugeführt. Chargengrößen 50—4000 Liter.

Der *Lödige-Mischer* arbeitet nach dem Schleuder- und Wirbelverfahren. In einem horizontalen, zylindrischen Behälter rotieren pflugscharähnliche Schleuderschaufeln. Die axialen und radialen Flugbahnen der Partikel kreuzen sich, die Partikel prallen teilweise

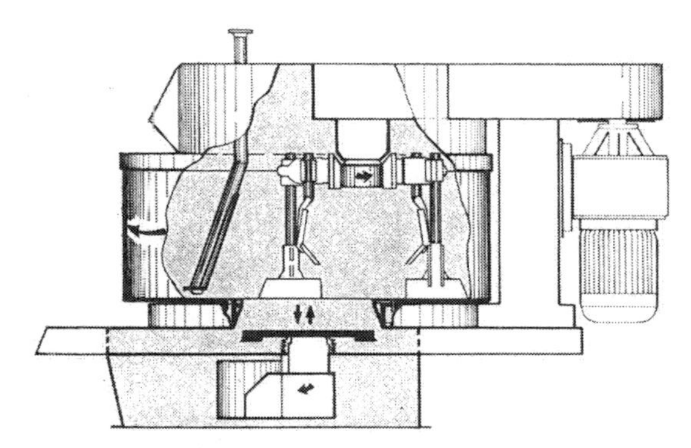

Abb. 277. Schnitt durch den Gegenstrommischer Typ DE 18 (Maschinenfabrik Eirich, Hardheim)

Abb. 278. Lödige-Chargenmischer (Gebr. Lödige, Maschinenbau GmbH, Paderborn)

aneinander und werden dadurch in ihrer Flugbahn abgelenkt. Sie reflektieren häufig an der Trommelwand und den Mischwerkzeugen, so daß eine ständige Turbulenz entsteht. Der optimale Nutzinhalt der Mischtrommel beträgt bei Chargenmischern ca. 70%, bei Durchflußmischern 50% des Trommelvolumens. Die Mischzeit ist kurz (1—5 Minuten).

Der Mischeffekt wird durch separat angetriebene, hochtourig rotierende *Messerköpfe*, die Agglomerate und Ballungen im Mischgut zertrümmern, gesteigert (Abb. 278).

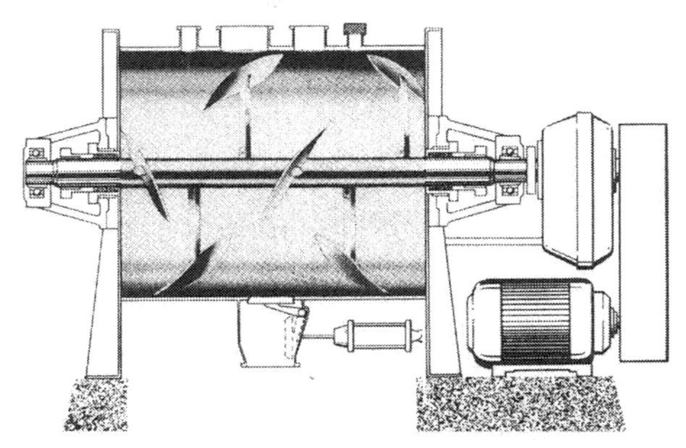

Abb. 279. Drasi-Turbulent-Schnellmischer (Draiswerke GmbH, Mannheim-Waldhof)

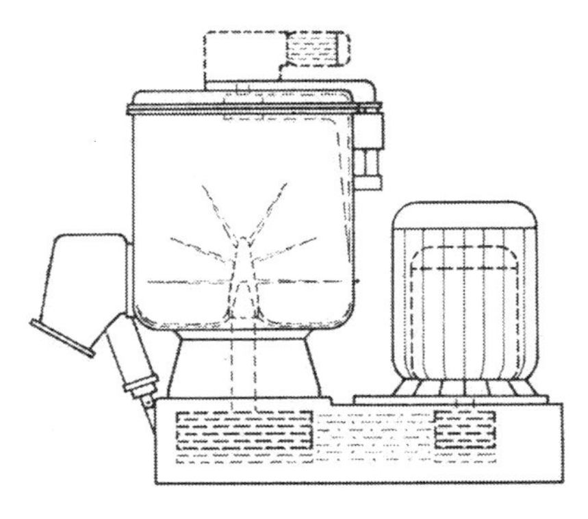

Abb. 280. Hurrikan-Schnellmischer (Draiswerke GmbH, Mannheim-Waldhof)

Ein ähnlicher Misch-Mahl-Effekt wird durch *eingebaute Stiftmühlen* erreicht (Drais-Werke GmbH, Mannheim-Waldhof).

Der *Drais-Turbulent-Schnellmischer* ist mit austauschbaren Mischwerkzeugen ausgestattet: Flügelmischwerkzeuge für mittlere bis hohe Drehzahlen unabhängig von Korngröße und Viskosität (Abb. 279);

Rundscharmischwerke für Feststoffmischungen im hohen Drehzahlbereich; Schneckensegmentmischwerke für niedrige Drehzahlbereiche.

Im Zusammenhang mit der Misch-Mahl-Aufbereitung sei der *Hurrikan-Schnellmischer* (Abb. 280) erwähnt, der zum Mischen und Aufbereiten von Thermoplasten durch Mischreibungswärme, zum Oberflächen-Einfärben von Schneidgranulat, Aufarbeiten von Folienschnitzeln u. a. dient. Seine Mischwerkzeuge sind messerartig ausgebildet (Messerstern). Infolge der hohen Aufprallenergie wird durch die Mischwerkzeuge eine sehr hohe Turbulenz erzeugt. Ein Wandabstreifer wird getrennt angetrieben. Baugrößen bis 1000 Liter Inhalt.

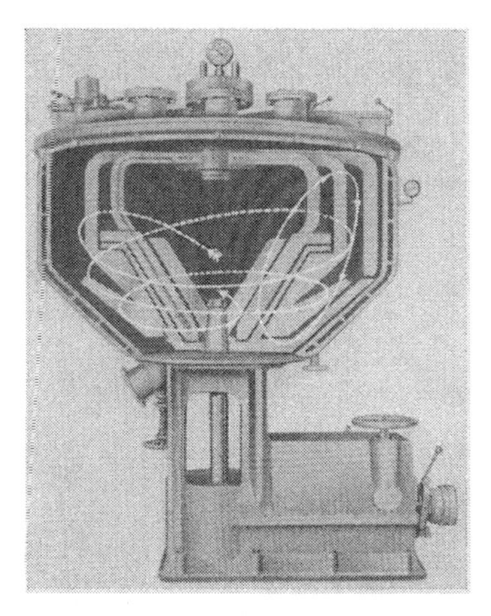

Abb. 281. Kreiselmischer (Maschinenfabrik J. S. Petzholdt, Frankfurt/Main)

4. Kreiselmischer. Kreiselmischer sind schnellaufende Mischmaschinen. Ein im Behälter umlaufender Hauptkreisel mit Untenantrieb schlägt mit seinem Armgitter durch die Arme des oberen Gegenkreisels. Die in der Abb. 281 eingezeichneten Pfeillinien zeigen den Weg des Mischgutes. Die Komponenten werden in kurzer Zeit vermischt, gleichgültig ob es sich um feste oder flüssige Stoffe gleicher oder unterschiedlicher Dichte handelt. Kreiselmischer werden bis 2500 Liter Nutzinhalt gebaut.

5. Schneckenmischer. Die Tatsache, daß beim Fördern fester Stoffe in Förderschnecken auch eine Mischwirkung eintritt, hat man sich bei den Schneckenmischern zunutze gemacht.

Die Mischer sind in horizontaler oder schräger Bauweise ausgeführt und als Einfach- oder Doppelschneckenmischer gebaut.

Bei den *Doppelschneckenmischern* sind Schneckensegmente mit zwei verschiedenen Radien auf Trägern montiert. Sie arbeiten im Gegenstrom und bewegen das Gut gleichzeitig in horizontaler und vertikaler Richtung, wobei die äußere Schnecke zur Trogmitte, die innere zu den Trogstirnwänden fördert. Das Material wird locker durcheinandergeschoben. Baugröße bis 50 m³ Inhalt, bei kontinuierlich arbeitenden Maschinen bis 20 m³ Inhalt.

Abb. 282. Schräglage-Mischer VIS
(Aachener Misch- und Knetmaschinen-Fabrik, Peter Küpper, Aachen)

Das Beispiel eines Schneckenmischers ist in der Abb. 282 mit dem *Schräglage-Mischer* wiedergegeben. Seine Wirkung beruht auf der Ausnutzung des freien Falles in Verbindung mit einem intensiv wirkenden Mischwerkzeug. Der als unterbrochene Ringschnecke ausgebildete Mischflügel transportiert das Gut stufenweise in den freien Raum. Der Mischflügel ist einzeitig gelagert, Stopfbuchsen sind nicht erforderlich. Die Mischzeiten betragen 5 Minuten; Nutzinhalt 2000 Liter, als Zweiflügelmaschine 4000 Liter.

Beim *Nauta-Blitzmischer* wird eine sich drehende Schnecke entlang der Wand eines konischen Behälters bewegt. Das Mischgut wird durch die Schnecke hochgezogen und fällt durch sein Eigengewicht wieder nach unten. Diese Bewegung in vertikaler Ebene wird in jedem Teil des Mischers von horizontalen Strömen gekreuzt, die durch die Kreiselbewegung der Schnecke entlang der Behälterwand entstehen. Durch Kombination von zwei Mischern (Abb. 283) erhält man Apparate mit 35 m³ Nutzinhalt.

6. Wirbelschichtmischer. Der *Henschel-Fluid-Mischer* (Abb. 284) benutzt das Wirbelschichtprinzip in Verbindung mit hochtourigen Mischwerkzeugen zum Trockenmischen und Benetzen pulver- und

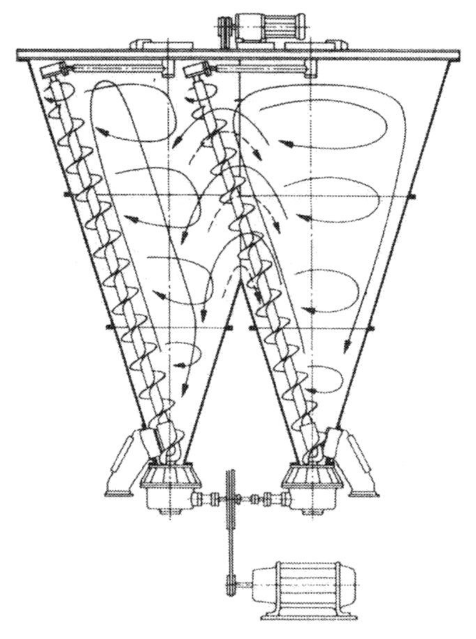

Abb. 283. Nauta-Kombimischer (Nautamix N.V., Haarlem/Holland)

feinkörniger Stoffe. Während des Mischvorganges wird das Mischgut durch durchströmende Luft aufgelockert und in lebhafte Bewegung versetzt. Die bis fast an die Behälterwand reichenden, horizontal umlaufenden Mischwerkzeuge verursachen ringförmige Wirbelkanäle. Die auf diese Weise belüftete Pulvermischung verhält sich ähnlich einer Flüssigkeit und kann deshalb wie diese gerührt und im Behälter umgewälzt werden. Zur Bildung der Wirbelschicht dient das im Behälter vorhandene Luftpolster, so daß Einblasen von Fremdluft nicht erforderlich ist.

7. Luftstrommischer. Pulverförmige Güter können auch mit Hilfe eines gerichteten Materialwirbels, der durch Düsen am Mischkopf

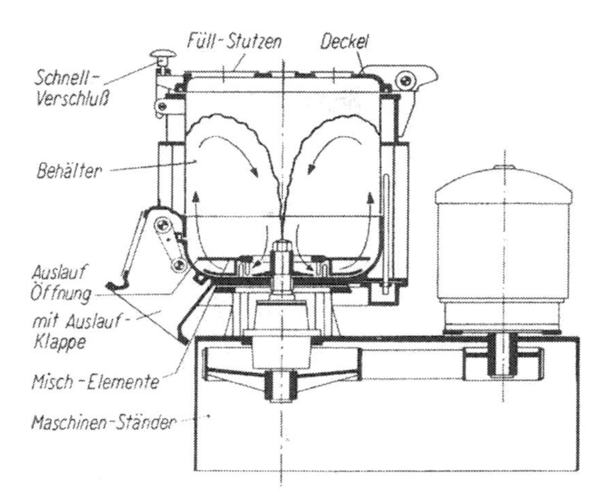

Abb. 284. Henschel-Fluid-Mischer (Henschel-Werke, Kassel)

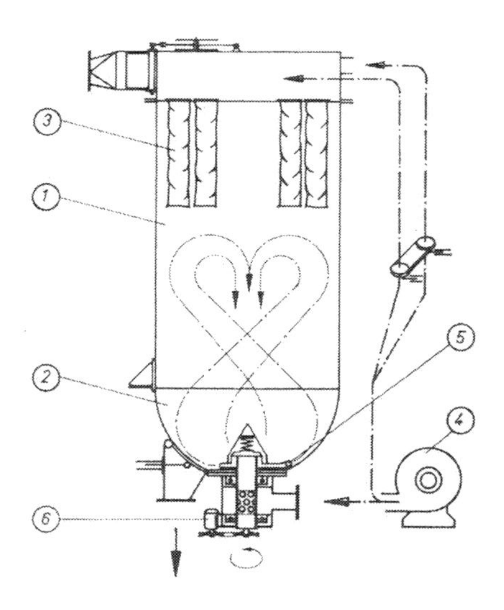

Abb. 285. Funktion des Luco-Mix
(Luco-Technic GmbH, Büdingen-Düdelsheim)

der Apparatur erzeugt wird, gemischt werden. Die Mischluft wird über Staubabscheider oder Filter entstaubt, der Staub automatisch in den Mischbehälter zurückgeführt. Die Mischzeit beträgt 10 bis 60 Sekunden.

Das Beispiel eines Luftmischers ist der *Luco-Mix* (Abb. 285). Das zylindrische Gehäuse *1* ist oben durch ein Zweikammerspülluftfilter *3*, unten durch den Kugelboden *2* abgeschlossen. Zum Mischen strömt über das Gebläse *4* Luft in das Düsensystem *5*, das durch den

Abb. 286. Rhönrad-Mischer
(J. Engelsmann AG, Maschinen- und Apparatebau, Ludwigshafen/Rh.)

Getriebemotor *6* in Drehung versetzt wird. Der aus den Düsen austretende Luftstrahl setzt die Gesamtfläche des Mischgutes in wirbelnde und sprudelnde Bewegung. Die Düsen sind gleichzeitig als Räumerarme ausgebildet und werden nach beendetem Mischen als Materialaustragorgane verwendet. Die Filterabreinigung geschieht ebenfalls mit der Gebläsestation *4*. Es ist auch möglich, im Dauerstrom zu mischen und während des Mischens Flüssigkeit einzudüsen.

8. Mischen in Fässern. Das Mischen kann durch Einsenken eines Mischwerkzeuges in das Feststoff enthaltende Faß vorgenommen werden.

Beim *Rhönrad-Mischer* wird das eingespannte Faß in eine taumelnde und kreisende Bewegung versetzt (Abb. 286). Der Mischer ist u. a. auch zum Einfärben von Kunststoffen und zur Faßreinigung verwendbar.

B. Kneten

Durch Kneten werden flüssige, plastische und feste Stoffe zu zähen Massen vereinigt.

1. Schaufelkneter. In dem aus zwei Halbzylindern bestehenden Trog laufen zwei horizontal, parallel zueinander angeordnete Knetschaufeln mit verschiedener Umdrehungszahl entlang der Trogwand. Sie pressen das Gut gegen den Sattel des Troges, teilen es dort, so daß Teile des Knetgutes von der anderen Schaufel erfaßt werden

Abb. 287. Doppelschaufelige Knet- und Mischmaschine CBSK 14 (Draiswerke GmbH, Mannheim-Waldhof)

(Abb. 287). Je nach der Einbaustellung ergeben sich folgende Möglichkeiten: a) Beide Schaufeln arbeiten nach außen. Das Mischgut wird an die Seitenwand gepreßt und es resultiert eine Knetwirkung. b) Beide Schaufeln arbeiten nach innen. Das Mischgut wird aneinander vorbeigeschoben und es entsteht eine reine Mischwirkung. c) Eine Schaufel läuft nach außen, die andere nach innen. Das Mischgut wird geknetet und gemischt. Dabei ist noch zu unterscheiden, ob die schnellerlaufende Schaufel nach außen (mehr Knetwirkung) oder nach innen (mehr Mischwirkung) arbeitet. Zum Entleeren wird der Trog gekippt. Die Knetmaschine kann mit Heizung oder Kühlung und für das Arbeiten unter Druck oder Vakuum ausgerüstet sein.

Beim *IKA-Hochleistungskneter* sind die Schaufeln so konstruiert, daß ihre Vorder- und Rückflächen durch die Schneiden der entgegengesetzten Schaufeln von der Mischmasse gereinigt werden. Boden und Wände des Troges werden gleichzeitig vom Aufgabegut befreit und dieses rasch von den Wänden zur Mitte bewegt (Abb. 288). Das Schaufelpaar *1—2* bewegt sich so rasch wie das Schaufelpaar *3—4*.

Trogkneter arbeiten in der Regel chargenweise und haben einen Nutzinhalt bis 2 m^3 (Großraumschaufelkneter bis 15 m^3).

2. Schneckenkneter. Schneckenkneter oder Knetpumpen sind nach dem Prinzip der Schraubenpumpen gebaut. Die eingespeisten Pasten oder Teige werden auf dem Förderweg starken Scher- und Quetschwirkungen unterworfen. Das wird dadurch ermöglicht, daß man den

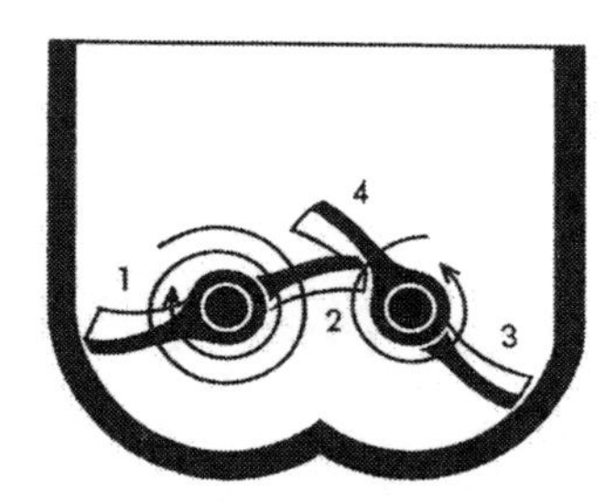

Abb. 288. Schematisches Schnittbild des IKA-Hochleistungskneters K 250 (Janke & Kunkel KG, Staufen i. Br.)

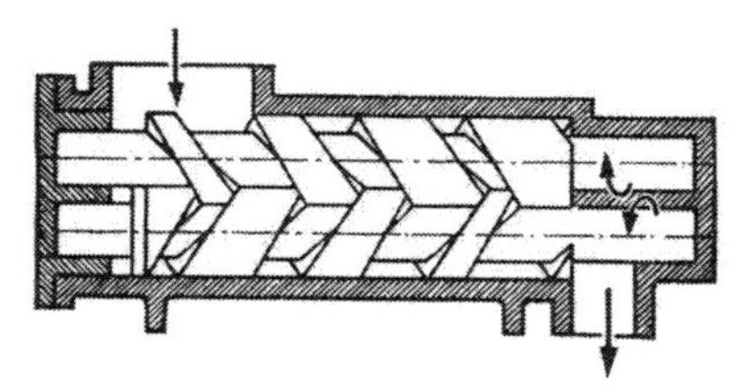

Abb. 289. Schema der Knetpumpe Z (Paul Leisteritz GmbH, Nürnberg)

auf den rechteckigen starken Gewindebalken sitzenden rechts- und linksgängigen Schnecken linear zusammenlaufende Profile gegeben hat. Die beiden Flanken einer Schnecke erhalten zwei unterschiedliche Steigungen. Das Gehäuse hat eine „8"-förmige Gestalt.

In der Abb. 289 ist das Schema eines *Doppelschneckenkneters* wiedergegeben. Die obere Hauptspindel saugt das Gut in die größte Schneckenkammer ein. Die unten liegende Nebenspindel greift dicht profiliert in die Hauptspindel ein, ihr Fördergang erweitert sich in Pumprichtung, während die Hauptspindel umgekehrt im gleichen Verhältnis an Gangvolumen abnimmt. Infolgedessen wird das Gut auf dem Weg durch die selbstansaugende und gegen hohen Druck fördernde Maschine durch die engen Profilflanken von der Haupt- zur Nebenspindel durchgeschert und dabei homogenisiert.

Der *Buss-Ko-Kneter* (Buss AG, Pratteln/Schweiz) besitzt als Arbeitswerkzeug eine Schnecke und im Gehäuse befestigte Knetzähne (Einschnecken-Kneter). Die Schneckengänge sind in einer bestimmten Anordnung durch Lücken unterbrochen. Zu jeder Lücke korrespondiert ein Knetzahn. Das eingefüllte Mischgut wird von der Schnecke erfaßt und stetig vorwärts geschoben, bis es an einen Knetzahn stößt. Die Produktteilchen kommen bei der Vorwärtsbewe-

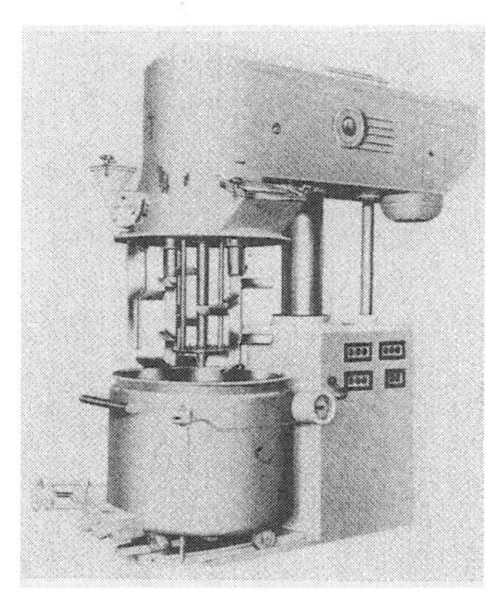

Abb. 290. Vakuum-Planeten-Mischkneter Drais-Torrmat FH 300 (Draiswerke GmbH, Mannheim-Waldhof)

gung der Schnecke durch die zugehörige Lücke in den nächst hinteren Schneckengang zurück, so daß ein Materialaustausch eintritt.

3. Planeten-Mischkneter. Vertikal angeordnete Flügel- oder Stab-Mischwerkzeuge bewegen sich nach dem Planetenprinzip entlang der Kesselwand und rotieren dabei gleichzeitig mit höherer Drehzahl um die eigene Achse. Ein Kesselwandabstreifer unterstützt die Mischorgane. Der Mischkessel ist z. B. auf Rollen ausfahrbar und somit rasch auswechselbar. Der Maschinentopf mit dem Mischwerk kann hochgefahren werden, so daß das Kesselinnere gut zugänglich ist. Betriebsgröße bis 1000 Liter Inhalt.

In der Abb. 290 ist der Vakuum-Planeten-Mischkneter Drais-Torrmat FH 300 (mit Doppelmantel für Heizung oder Kühlung) mit Flügelmischwerk gezeigt.

4. Walzenstühle. Die auf S. 209 beschriebenen Walzenstühle können im weiteren Sinne ebenfalls als Knetmaschinen betrachtet werden.

5. Rohrmischer. Rohrmischer werden zum kontinuierlichen Mischen fließfähiger Produkte verwendet.

Die Mischwirkung des Ross ISG-Mischers ohne bewegte Teile beruht auf dem Aufteilen und Wiederzusammenführen von Massenströmen. Die Mischelemente (Abb. 291) haben an ihren beiden Enden Einkerbungen von 120°, die am Ausgang gegenüber dem Eingang um 90° versetzt sind. Beim Zusammenfügen der Elemente bilden diese Einkerbungen tetraederförmige Hohlräume. Jeweils zwei dieser Hohlräume werden durch vier Bohrungen in jedem Element verbunden. Ein aus zwei Komponenten bestehender Massestrom teilt sich im ersten Element auf vier Bohrungen auf. In den ersten Tetraederraum gelangen bereits acht Schichten, die um 90° gedreht werden und sich wieder in vier Teilströme aufteilen. Im zweiten Tetraederraum sind bereits 32 Schichten vorhanden. Die Mischwirkung ist unabhängig von der Durchflußmenge.

Abb. 291. Ross ISG-Mischer
(Aachener Misch- und Knetmaschinen-Fabrik Peter Küpper, Aachen)

C. Rühren

1. Allgemeines. Flüssigkeiten können durch *Einblasen von Luft*, Dampf oder Gasen gemischt werden, z. B. mit Hilfe von Mischdüsen.

Durch *mechanisches Rühren* werden Flüssigkeiten gleichmäßig vermischt sowie Feststoffe in Flüssigkeiten verteilt oder gelöst. Oft aber hat das Rühren nur den Zweck, eine Flüssigkeitsbewegung aufrechtzuerhalten (thermischer Ausgleich, Verbesserung der Wärmeübertragung).

Durch Rühren wird eine ständige Verschiebung der einzelnen Teilchen erreicht. Dabei soll nicht nur eine örtliche Mischung durch Wirbelbildung eintreten, sondern es soll sich auch die Gesamtmenge des Reaktionsgutes im Gefäß dauernd verschieben, um einen möglichst raschen und ständigen Ausgleich der Eigenschaften des Gefäßinhaltes zu gewährleisten.

Um die Wirbelbildung zu vergrößern, werden *Strombrecher* im Gefäß angebracht, die dem bewegten Gefäßinhalt Widerstand entgegensetzen. Beim Rühren einer Flüssigkeit kann der Fall eintreten, daß sie sich im gleichen Drehsinn mitdreht, wodurch der Mischeffekt absinkt. Gegen ein solches „Mitrotieren“ der Flüssigkeit wirken die Strombrecher.

Rührwerke werden durch Einzelantrieb betätigt (direkt gekuppelter Motor unter Zwischenschaltung eines Getriebes zur Reduzierung der Umlaufzahl).

In Gefäßen mit Rührwerk dürfen keinesfalls Thermometer oder Rohre stehengelassen oder vergessen werden, die bei Inbetriebsetzung zu Bruch und damit Stillstand und Unfällen führen könnten.

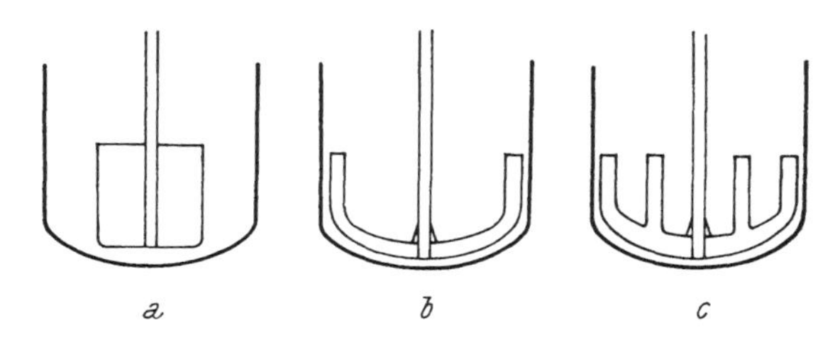

Abb. 292. Einfache Rührerformen.
a Blattrührer, *b* Ankerrührer, *c* Fingerrührer

Bei Reinigungsarbeiten in Rührgefäßen sind entsprechende Sicherheitsmaßnahmen gegen unerwartetes Ingangsetzen zu treffen (Abklemmen des Motors oder Herausnehmen der Sicherung, Anhängen von Warnschildern).

2. Rührerformen. Einige einfache Rührerformen sind in der Abb. 292 dargestellt. Der *Blattrührer* (*a*) ist in der Regel quadratisch mit einer Kantenlänge von der Hälfte des Behälterdurchmessers. Durch den Einbau von Leitblechen wird die Mischwirkung gesteigert. Er wird zum Vergleichmäßigen, zum Wärmeaustausch und für Kristallisationen verwendet. Umfangsgeschwindigkeit zwischen 0,5 und 5 m/s. Der *Ankerrührer* (*b*) ist der Gefäßwand angepaßt, der Abstand von der Behälterwand beträgt 1—5% des Behälterdurchmessers. Umfangsgeschwindigkeit 0,5—5 m/s. Anwendung zum Vergleichmäßigen, Lösen und für den Wärmeaustausch. *Fingerrührer* (*c*) haben mehrere nach aufwärts gerichtete Arme. Wandabstand und Umdrehungsgeschwindigkeit wie bei *b;* die Wirkung ist jedoch verstärkt.

Beim *Mehrstufen-Impuls-Gegenstromrührer* (Abb. 293) sind auf der Rührwelle mehrere Arbeitsstufen versetzt befestigt. Je nach Anordnung entstehen an den einzelnen Blättern radiale oder axiale Strömungen. Für höhere Viskositäten geeignet.

Der *Impellerrührer* (Abb. 294) mit drei entgegen der Drehrichtung

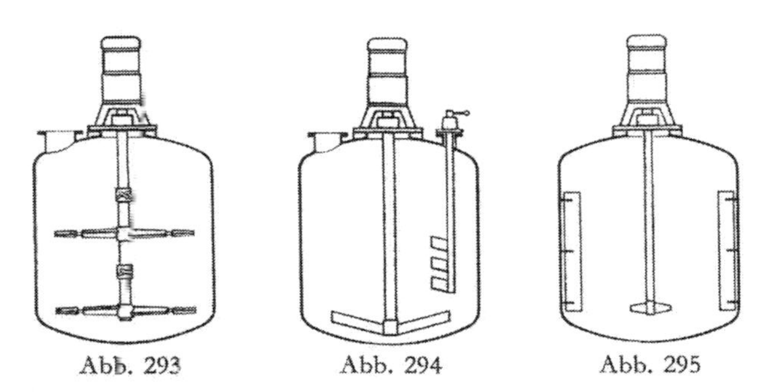
Abb. 293 Abb. 294 Abb. 295

Abb. 293. Mehrstufen-Impuls-Gegenstromrührer
(Ekato Rühr- und Mischtechnik GmbH, Schopfheim)
Abb. 294. Impellerrührer (Ekato Rühr- und Mischtechnik GmbH, Schopfheim)
Abb. 295. Propellerrührer
(Ekato Rühr- und Mischtechnik GmbH, Schopfheim)

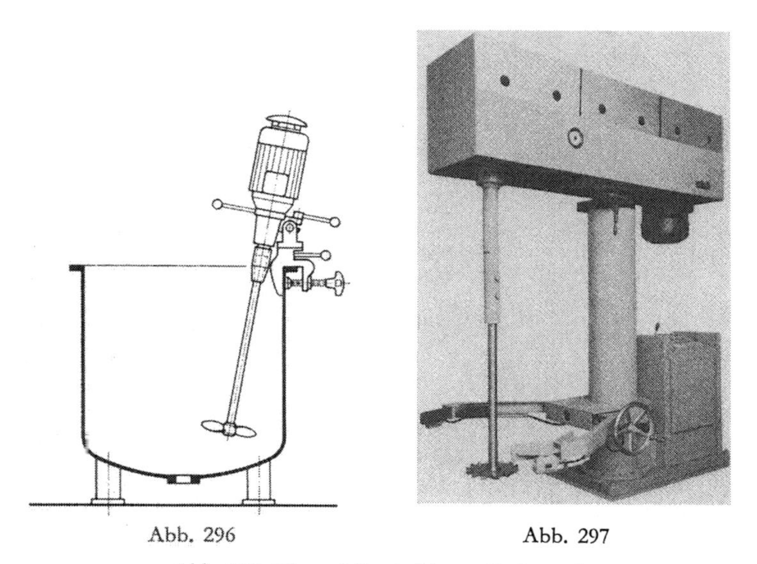
Abb. 296 Abb. 297

Abb. 296. Ekato-Mix-Anklemm-Rührwerk
(Ekato Rühr- und Mischtechnik GmbH, Schopfheim)
Abb. 297. Dissolver (Paul Vollrath, Maschinenfabrik, Köln)

gewölbten senkrechten Blättern saugt das Rührgut axial an und wirft es radial aus. Zur Verhinderung von Rührgutrotation und Trombenbildung sowie zum Erzielen vertikaler Strömungskomponenten sind drehbare Leitbleche am Behälterdeckel befestigt. Umfangsgeschwindigkeit 0,5—10 m/s. Anwendung zum Vergleichmäßigen von Chargen, Herstellen von Dispersionen und zum Wärmeaustausch.

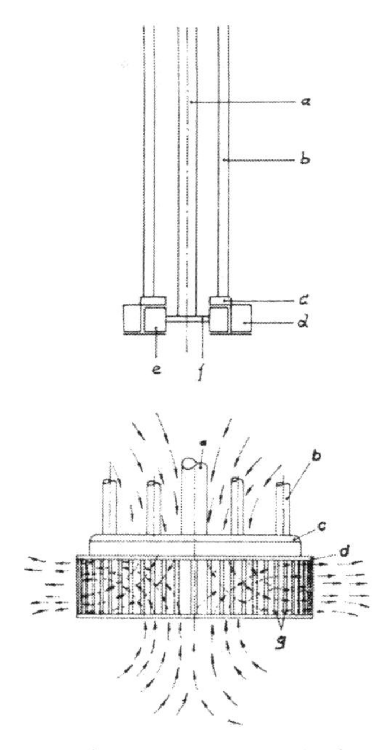

Abb. 298. Arbeitsweise der Kotthoff-Mischsirene
(Hans Kotthoff, Apparate- und Maschinenbau, Rodenkirchen)

Propellerrührer arbeiten mit einer Umfangsgeschwindigkeit von 3 bis 15 m/s. Der Propeller ist in der Behälterachse angeordnet. Auch hier können Leitbleche zum Verhindern der Rührgutrotation bei Niveauständen zwischen der vollen und halben Behälterhöhe angeordnet werden. Der Propeller bewirkt eine sehr gute Umwälzung mit Scherwirkung (Abb. 295).

Solche Rührer werden auch als transportable *Einbaurührer*, z. B. zum Aufsetzen auf das Mannloch eines Behälters oder als *Anklemmrührer* an der Behälter- oder Faßwand verwendet (Abb. 296).

Die Rührer können auch seitlich in den Behälter eingebaut sein (*Umwälzpropeller;* A. Gentil, Aschaffenburg).

Zum Dispergieren, Emulgieren und Lösen werden die als *Dissolver, Disperser* und *Emulsoren* bezeichneten Einrichtungen verwendet. An der Rührwelle befindet sich eine Zahnscheibe, die bei ihrer Rotation im Mischgut Strömungen erzeugt (Drehzahl je nach Maschinentyp bis 2000 U/min). Der Maschinenkopf mit dem Rührwerk ist hydraulisch heb- und schwenkbar, so daß die (fahrbaren) Mischbehälter rasch ausgewechselt werden können (Abb. 297). Beschleunigt wird das Dispergieren durch Anordnung von zwei Wellen nebeneinander mit gleicher oder unterschiedlicher Drehzahl.

Turbinenrührer, die zum Dispergieren, Emulgieren, Be- und Entgasen verwendet werden, besitzen ein oder mehrere Laufräder mit Schaufeln an der Rührwelle.

Die *Kotthoff-Mischsirene* (Abb. 298) besteht aus dem Rotor, der an der Welle *a* sitzt und dem Stator *d*. Der Rotor trägt eine Scheibe *f*, an deren Peripherie ein Schaufelkranz *e* zur Beschleunigung des Mischgutes angeordnet ist. Am Unterflansch *c* des Korbes (durch sechs Stangen *b* starr mit dem Motorflansch verbunden) steckt der Stator *d*. Das flüssige Medium wird von oben und unten in das Mischaggregat eingesaugt. Die Rotorschaufeln *e* beschleunigen das Mischgut. Durch Aufprall auf die Prallflächenelemente *g* werden hochfrequente Prallstöße erzeugt, die Strömungsgeschwindigkeit sinkt schlagartig auf Null ab, wobei die kinetische Energie in ultrakurze Schallwellen umgewandelt wird. Baugröße bis 3000 Liter Mischgut (Angabe in Liter Wasser).

D. Zerstäuben

Mit Hilfe von Düsen und Zerstäubern lassen sich flüssige Phasen (reine Flüssigkeiten, Lösungen, Suspensionen) in einer gasförmigen Phase verteilen.

1. Einstoffdüsen. Durch eine bestimmte Formgebung der Flüssigkeitskanäle und der Einbauten wird Drall und Verwirblung erzeugt, die den Flüssigkeitsstrahl durch Zentrifugalwirkung auflösen.

Die *Kugeldüse,* Bauart Schlick, hat eine Kugel, die bei Verstopfungen seitlich ausweicht, so daß eine Selbstreinigung der halboffenen Kanäle gegeben ist (Abb. 299).

Dralldüsen haben einen Gewindekörper im Flüssigkeitskanal eingebaut.

Die *Schrägboden WhirlJet-Düse* erreicht eine gleichmäßige Verteilung im Hohlkegel-Spritzbild (Abb. 300) und Feinzerstäubung. Durch den (patentierten) Schrägboden in der Wirbelkammer werden die Wirbelkräfte verteilt, der bohrende Effekt fester Bestandteile ist minimal. Verwendung bei Luft- und Gaswäschern, Kühltürmen, Verdunstungskühlern u. a. Die Düse ist aus Nylon gefertigt.

2. Druckluftzerstäuber. Die Zerstäubung wird dadurch erreicht, daß die zu zerstäubende Flüssigkeit sehr nahe mit einem Druckluftstrom in Berührung gebracht wird. Bei der *Drallzerstäuberdüse,*

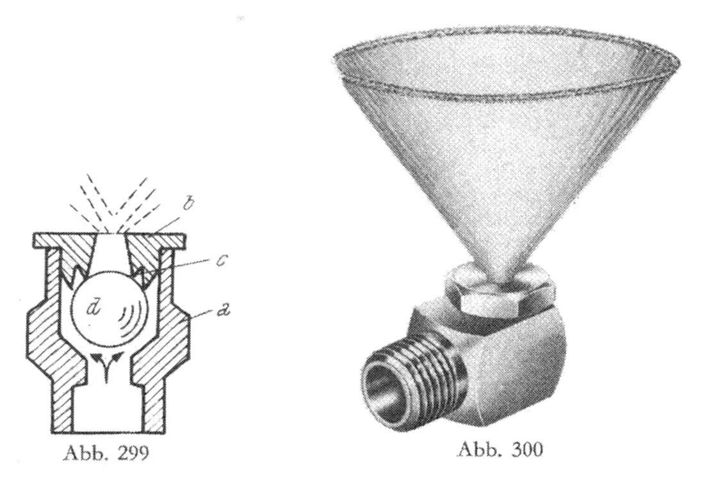

Abb. 299 Abb. 300

Abb. 299. Kugeldüse (Gustav Schlick KG, Coburg).
a Düsenkörper, *b* Düsenkopf mit Umlaufraum, *c* Treibkanäle (schräg in *b* eingebaut, halboffen), *d* lose Kugel

Abb. 300. Schrägboden WhirlJet-Hohlkegeldüse
(Spraying Systems Comp., Bellwood/Illinois — W. Schaumlöffel, Hamburg)

Bauart Nubilosa (Abb. 301), wird die Luft tangential in den Düsenkörper eingeblasen. Sie besitzt außerdem eine entsprechende Rotationsgeschwindigkeit, und der mit hoher Geschwindigkeit austretende und rasch rotierende Gaskegel zerreißt die Flüssigkeit zu feinstem Nebel.

3. Rotierende Zerstäuber. Die Flüssigkeit läuft der topfförmigen Scheibe *a*, die Düsen *b* oder speziell ausgebildete Öffnungen am Umfang (z. B. Kanalscheiben) enthält, in der Mitte drucklos zu und sprüht, von den Wirbeln der umgebenden Luft zerrissen, vom Scheibenrand ab (Abb. 302). Gegenüber Düsen haben rotierende Zerstäuberscheiben den Nachteil des größeren technischen Aufwands und höheren Energieverbrauchs; sie sind jedoch unempfindlicher bei der Verteilung von Suspensionen. Hauptanwendung: Zerstäubungstrocknung.

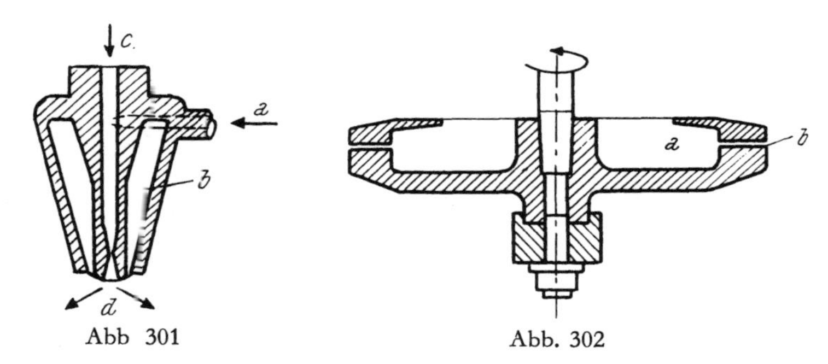

Abb. 301. Drallzerstäuberdüse (Nubilosa, Molekularzerstäubung, Konstanz). *a* Druckluftzuleitung, *b* Konische Entspannungs- und Drallkammer, *c* Flüssigkeitszuleitung, *d* Zerstäubungszone

Abb. 302. Krause-Zerstäuberscheibe, Bauart Lurgi (Lurgi Apparate-Technik GmbH, Frankfurt/Main)

4. Mischdüsen. Strömen Gase aus einem Rohr in einen erweiterten Raum, wird die Strömung turbulent und es tritt dabei völlige Mischung ein. Auf diesem Prinzip beruhen die Mischdüsen (z. B. beim Gasbrenner).

16. Agglomerieren und Granulieren

Feinkörnige Feststoffe lassen sich nicht immer in ihrer vorliegenden Form weiterverarbeiten oder als Endprodukte verwenden, sie müssen durch Agglomerieren oder Stückigmachen in eine bestimmte Form und Korngröße gebracht werden.

1. Brikettieren und Granulieren durch Pressen. Durch Pressen wird feinkörniges Material ohne oder mit Zusätzen von Bindemitteln mechanisch zusammengepreßt.

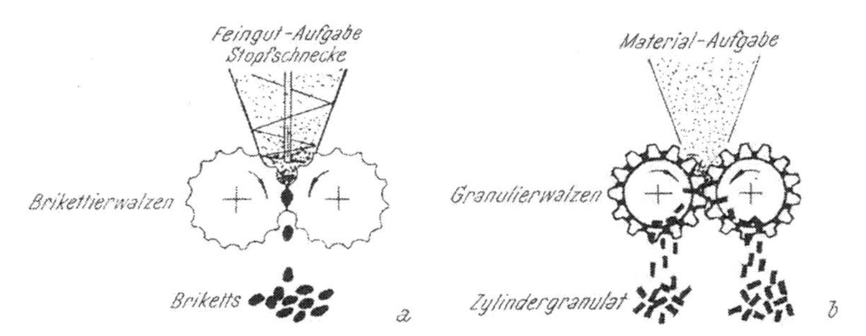

Abb. 303. Prinzip der Walzenpressen (Hutt GmbH, Leingarten-Heilbronn). *a* Brikettierwalze, *b* Granulierwalze für Zylindergranulat

In *Stempelpressen* wird das in eine Preßform gefüllte Gut durch einen Stempel zusammengepreßt.

Strangpressen (Extruder) werden als Kolben- oder Schneckenpressen gebaut. Man verbindet den Preßvorgang häufig mit dem Mischen (siehe Knetpumpen, S. 238). Die zu verarbeitende Masse wird über eine Füllvorrichtung, z. B. eine Doppelschnecke, zugeführt. Von den gegenläufig arbeitenden Schnecken wird die Masse homogenisiert und anschließend durch Formdüsen gedrückt.

Walzenpressen arbeiten mit zwei gegenläufigen Walzen gleichen Durchmessers, die als Formzeuge Bandagen tragen mit auf ihrem Umfang eingearbeiteten Formmulden (Abb. 303).

2. Pelletieren. Beim Pelletieren werden feinkörnige Stoffe durch Benetzen mit Flüssigkeit zu Granalien (Formlinge, Pellets) zusammengeballt, wenn gleichzeitig eine Drehbewegung auf das Gut einwirkt. Die feindisperse Struktur bleibt bei Verminderung einer Staubbelästigung erhalten.

Bei der *Pelletiertrommel*, einem sich drehenden Zylinder, wird das Gut am Rande hochgehoben und rollt auf der Zylinderfläche ab.

Abb. 304

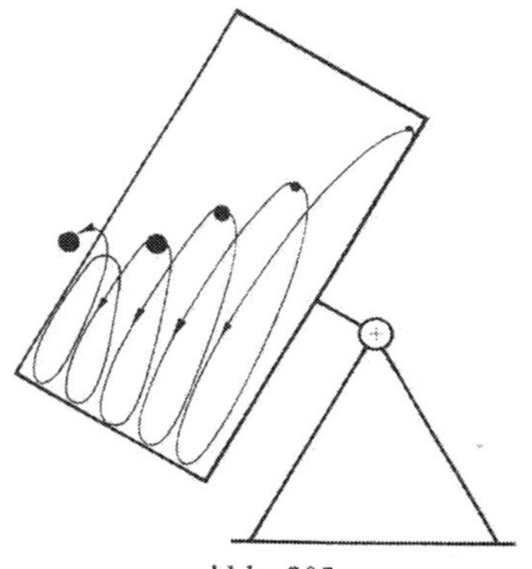

Abb. 305

Abb. 304. Eirich-Pelletierteller Typ TR 04
(Maschinenfabrik Gustav Eirich, Hardheim)

Abb. 305. Bewegungslinien des Materials im Pelletierteller
(Maschinenfabrik Gustav Eirich, Hardheim)

Im *Granulierteller* (Abb. 304) wird das Material auf den geneigten, rotierenden Teller aufgegeben und mit der Benetzungsflüssigkeit besprüht.

Das Material wird von oben kontinuierlich in den Teller eingeführt. Das nach oben gehobene Material rollt im Teller in gleichmäßigem Strom ab. Durch die Eigenfeuchte oder durch Zugabe von Feuchtigkeit und die ständig abrollende Bewegung bauen sich Kügelchen auf. Die größten Kügelchen werden über den Tellerrand ausgeworfen (Sortiereffekt). Die Abb. 305 zeigt die Bewegung des Materials im Pelletierteller.

3. Granulieren durch thermische Behandlung. a) Die weichen Grünpellets werden bei Temperaturen nahe dem Erweichungspunkt durch Verbrennungsgase gehärtet oder getrocknet.

b) Sintern. Diese, besonders in der Pulvermetallurgie angewandte Methode, führt zu einem Zusammenbacken von Pulverschüttungen zu Formkörpern.

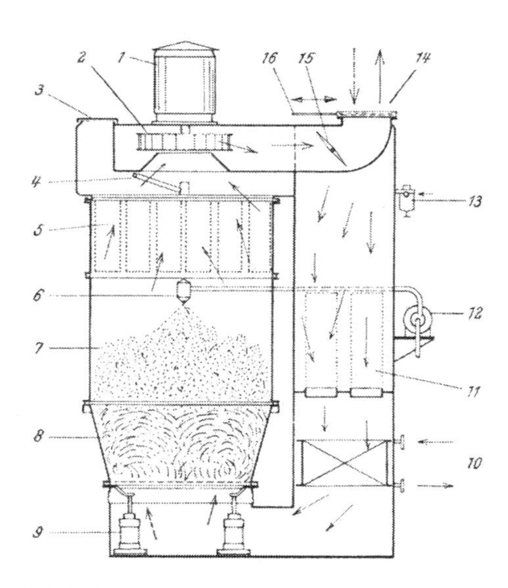

Abb. 306. Wirbelschichtgranulator-Anlage Type WSG 120 (Werner Glatt, Fabrik lufttechnischer Apparate, Bingen bei Lörrach). *1* Motor, *2* Turbine, *3* Ex-Klappe, *4* Abklopfvorrichtung, *5* Rundfilter, *6* Sprühdüse, *7* Entspannungszone, *8* Materialbehälter, *9* Pneumatischer Kolben, *10* Lufterhitzer, *11* Vorfilter, *12* Dosierpumpe, *13* Preßluftanschluß, *14* Luft-Ein- und Austritt, *15* Abluft-Regulierklappe, *16* Zuluft-Regulierschieber

4. Granulieren im Gasstrom. Das zu granulierende Pulver wird durch Aufwirbeln im Luftstrom gemischt, dabei besprüht und anschließend in der gleichen Apparatur getrocknet.

Beispiel (Abb. 306): Die Granulierflüssigkeit wird in die im Wirbelbett fließende Substanzmischung eingesprüht, so daß sich ein Granulat bildet. Die anschließende Trocknung im Wirbelbett beginnt bei Lufttemperaturen von 40 bis 80 °C.

Suspensionen oder Lösungen können auch durch Zerstäubungstrocknung zu Granulat verarbeitet werden (s. S. 381).

Im *Sprühmix* (Büttner-Schilde-Haas AG, Bad Hersfeld) werden Feststoffe mit Flüssigkeiten gemischt und agglomeriert. Das zu mischende Gut wird pneumatisch an der Oberseite der Apparatur eindosiert, durch Abscheider von der Förderluft getrennt und fällt in Form einer Streuspirale gleichmäßig verteilt in den Reaktionsraum. Die Flüssigkeit wird von unten eingedüst. In der Sprühzone verbinden sich Schüttgutpartikel und Flüssigkeitstropfen zu Mischagglomeraten. Die Flüssigkeit wird vom Feststoff umhüllt, und es entsteht ein nicht zusammenbackendes Endprodukt.

5. Granulieren durch Zerkleinern. Im Abschnitt über *Schneidevorrichtungen* wurde bereits auf S. 211 ein Bandgranulator beschrieben.

Das Zerkleinern thermoplastischer Stränge (auf Extrudern hergestellt) geschieht durch Schneiden in *Stranggranulatoren* auf Stücke von 2 bis 6 mm. Die Zahl der gleichzeitig in die Schneidzone mit einer Geschwindigkeit von 200 bis 300 m/min eingebrachten Stränge kann bis zu 120 betragen.

17. Heizen und Kühlen

A. Brennstoffheizung

1. Feuerungen für feste Brennstoffe. *Rostfeuerungen* sind fast nur noch im Dampfkesselbetrieb anzutreffen, soweit sie nicht auch dort durch Öl- oder Gasfeuerungen (z. B. Erdgas) verdrängt sind.

In *Kohlenstaubfeuerungen* wird feingemahlener Kohlenstaub mit der Verbrennungsluft in Wirbelbrennern innig gemischt. Sie arbeiten mit nur geringem Luftüberschuß, sind einfach zu bedienen und regelbar. Nachteilig sind der Verschleiß der Mühlen, Explosionsgefahr des Kohlenstaubes und der Auswurf von Flugasche.

2. Öl- und Gasfeuerungen. Das Heizöl bzw. Heizgas wird im Brenner mit der Verbrennungsluft gemischt, wobei ein nur geringer Luftüberschuß erforderlich ist. Der Verbrennungsvorgang ist gut regel- und steuerbar.

Bei *Ölfeuerungen* ist eine gute Zerstäubung des Heizöls durch Preßluft oder Dampf bzw. durch Entspannen des unter Druck stehenden Öles Voraussetzung. Schwere Heizöle werden zum Erreichen einer geringen Zähigkeit vorgewärmt. Das Beispiel einer Ölfeuerungsanlage ist in der Abb. 307 wiedergegeben.

Gasfeuerungen arbeiten in erster Linie mit Gebläsebrennern, bei denen das Gas mit Niederdruck und die Luft durch ein Gebläse zugeführt wird. Wichtig sind die genaue Einstellung der Luftzufuhr und eine gute Durchmischung von Gas und Luft.

Die Abb. 308 zeigt den Schnitt durch einen Gas-Flachbrenner für kleine Durchsatzleistungen als Beispiel. Er besteht aus dem Brennergehäuse, das in die Gaskammer *1* mit Eintrittsstutzen *2* und Luftkammer *4* mit Eintrittsstutzen *5* unterteilt ist. Das Brennermundstück weist wie das Brennergehäuse eine Kammerunterteilung auf, und zwar Gaskammer *3* und Luftkammer *6*. Im Gegensatz zum Gehäuse, das nur je eine Kammer enthält, ist im Mundstück eine mehrgliedrige Kammeraufteilung, abwechselnd Gas und Luft, vorhanden. Die Gasaustrittsströme sind mit *7*, die Luftaustrittsströme mit *8* bezeichnet. Über die Zündöffnung *9*, die bis ins Brennermundstück führt, kann der Brenner mit Zündgas oder elektrisch gezündet werden.

Als Heizgase werden Stadtgas, Generatorgas, Wassergas und Erdgas verwendet.

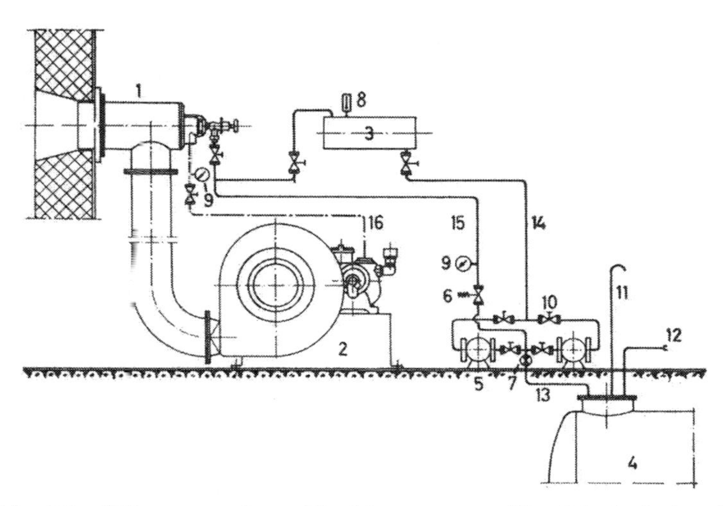

Abb. 307. Ölfeuerungsanlage, Ringleitungssystem (Dr. Schmitz & Appelt, Industrieofenbau, Wuppertal). *1* Brenner, *2* Luftaggregat, *3* Durchlauferhitzer, *4* Tank, *5* Umwälzpumpen, *6* Überströmventil, *7* Filter, *8* Thermometer, *9* Manometer, *10* Absperrventil, *11* Entlüftung vom Tank, *12* Füllleitung für Tank, *13* Saugleitung, *14* Vorlaufleitung, *15* Rücklaufleitung, *16* Preßluftleitung

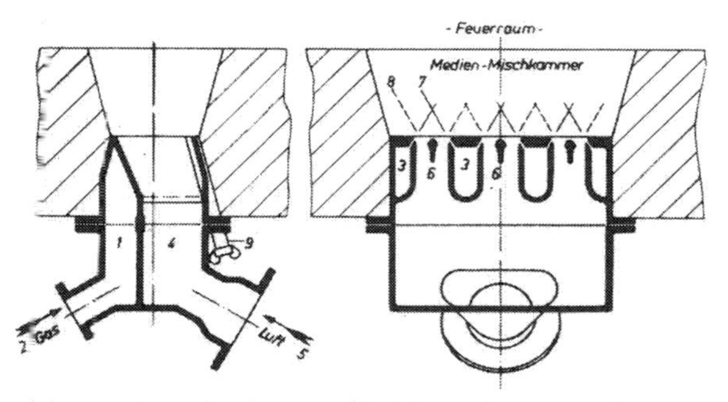

Abb. 308. Gas-Flachbrenner für kleine Durchsatzleistungen (Babcockwerke, Oberhausen)

3. Tauchbrenner. Bei Tauchbrennern zum Verdampfen und Konzentrieren von Flüssigkeiten geschieht die Verbrennung des Gases in einem unten offenen, in die Flüssigkeit eintauchendes Rohr. Gas und Luft werden mit Überdruck zugeführt und elektrisch gezündet. Die Verbrennungsgase treten aus dem Brennerrohr in den Behälterinhalt und durchperlen die Flüssigkeit, so daß ein sehr hoher Wirkungsgrad erreicht wird. Wesentlich ist, daß der Brenner viele kleine und sehr kurze Flammen erzeugt. Voraussetzung dafür ist die gute Durchmischung von Brenngas (oder Heizöl) mit der Verbrennungs-

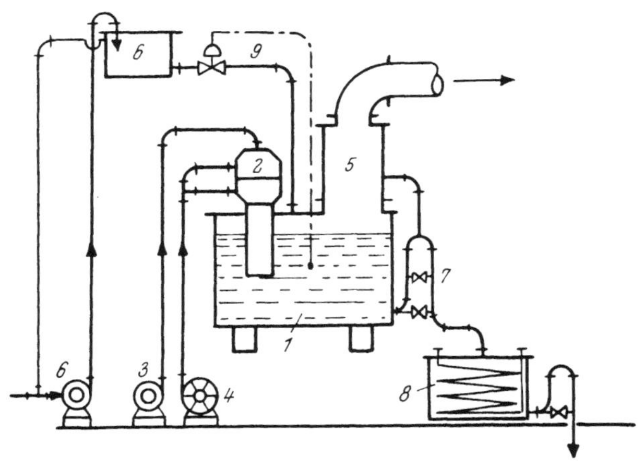

Abb. 309. Tauchbrenneranlage (Büsching & Co., Hamburg-Bergedorf). *1* Verdampfer, *2* Brenner, *3* Ölzuführungspumpe (alternativ Gaskompressor), *4* Luftkompressor, *5* Brüdengeschwindigkeitsminderer, *6* Dünnflüssigkeitsaufgabebehälter mit Pumpe, *7* Auslaufvorrichtung für eingedickte Flüssigkeit, *8* Kühler für eingedickte Flüssigkeit, *9* Meßinstrumente

luft vor der Zündung. Die Brennermündung muß so beschaffen sein, daß ein Zurückschlagen der Flamme vermieden wird. Die Abb. 309 zeigt das Schema einer Tauchbrenneranlage.

B. Öfen

1. Schachtöfen. *Schachtöfen* zum Brennen von Kalk, Zement, Bauxit u. ä. bestehen aus einem mit feuerfestem Material ausgekleidetem Schacht, der durch eine Feuerung beheizt wird oder den Brennstoff in abwechselnden Schichten mit dem Brenngut enthält. Zu den Schachtöfen, die mit Gebläseluft betrieben werden, gehören auch die bekannten Hochöfen.

Konverter sind kippbare Öfen, in denen die flüssige Beschickung durch Einblasen von Luft Oxidationsprozessen unterworfen wird (Eisenerzeugende Industrie).

2. Flammöfen. Zu dieser Gruppe zählen die Hafenöfen, die Wannenöfen (Glasindustrie) sowie die mechanischen Kies-Röstöfen.

3. Kammer- und Kanalöfen. Kammer- und Kanalöfen dienen vorzugsweise als Brennöfen.

Beim Kanal- oder Tunnelofen (Abb. 310) wird das Brenngut *C* (vor allem solches, das seine Form behalten soll, z. B. keramische Gegenstände, brikettierte Erze u. a.) auf dem Wagen *D* durch den Brennkanal *B* den Feuergasen (Eintritt *E* durch Kanal *A*) entgegengefahren. Es gelangt allmählich in immer heißere Feuerzonen. Nach dem Brand durchwandert das Einsatzgut die zum Brennen notwendige, entgegenströmende Luft, die auf diese Weise vorgewärmt wird.

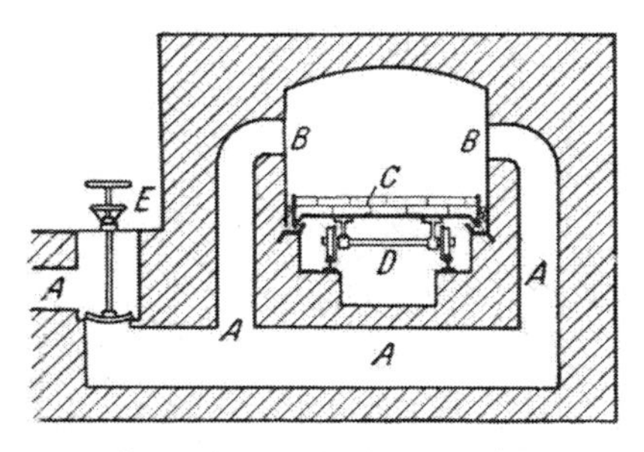

Abb. 310. Prinzip des Kanalofens

4. Drehrohröfen. Drehrohröfen arbeiten kontinuierlich und werden in der Zementindustrie, ferner zum Calcinieren, Aufschließen, Rösten und Sintern verwendet. Das feuerfest ausgekleidete und auf Rollen gelagerte, schwach geneigte Eisenrohr wird durch Zahnräder in langsame Drehung gebracht (0,3—3 U/min). Beschickt werden sie durch ein schräg in die Trommel hineinragendes Rohr, und das Gut (Füllung ca. ein Zehntel des lichten Rohrquerschnittes) wandert selbsttätig den Heizgasen entgegen.

Drehrohröfen werden bis zu 160 m Länge und 4 m Durchmesser gebaut.

Den Drehrohröfen werden bei Bedarf Kühler nachgeschaltet, die in der Konstruktion den Drehrohröfen gleichen (Kühltrommel).

Die Verwendung kürzerer Drehrohröfen wird ermöglicht durch Vorwärmen des Brenngutes in Wärmetauschern vor Eintritt in den Ofen. Der Humbold-Schwebegas-Wärmetauscher (Klöckner-Humboldt-Deutz AG, Köln) enthält eine Reihe hintereinandergeschalteter Zyklone. Das aufgegebene, mehlförmige Gut wird dabei von den heißen Abgasen aus dem Drehrohrofen vorgewärmt und in den einzelnen Zyklonen immer wieder abgeschieden, bevor es in den nächsten Zyklon und schließlich in den Drehrohrofen gelangt.

Ein Beispiel für die Anwendung des Drehrohrofens zeigt die schematische Abb. 311. Die Anlage wird zum magnetisierenden Rösten (Umwandlung des Eiseninhaltes armer hämatitischer, limonitischer oder sideritischer Erze in Magnetit, als Vorstufe zur Gewinnung eines Magnetkonzentrates) verwendet. Das ausgemauerte Drehrohr besitzt außer einem zentralen Gaseintritt am unteren Ende des Ofens zusätzliche, auf den gesamten Mantel verteilte Brenner

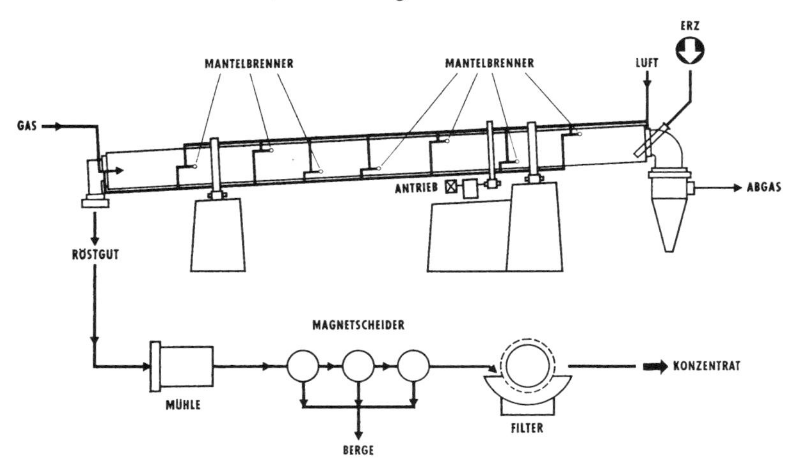

Abb. 311. Drehrohrofenanlage zum magnetisierenden Rösten (Lurgi Gesellschaften, Frankfurt/Main)

mit Luft und Brennstoffzuführungsleitungen. Brennstoff und Luft werden über Spezialdichtungen vom feststehenden Ofenkopf in das Rohrleitungssystem des rotierenden Ofens geführt.

Das Erz wird am oberen Ofenende aufgegeben und durch die austretenden heißen Ofengase vorgewärmt. Es durchwandert den Ofen infolge der Neigung und Drehung des Rohres und wird, falls erforderlich, durch Wender bewegt und so mit dem Gas in innige Berührung gebracht. Das geröstete Gut wird im unteren Ofenteil durch das eintretende kältere Reduktionsgas gekühlt. Durchsatz bis 2500 t/Tag.

C. Heizen mit Dampf

1. Direkte Dampfbeheizung. Durch Einleiten von Sattdampf in die Behälterflüssigkeit (z. B. wäßrige Lösungen) findet ein rasches Anheizen statt. Der kondensierende Dampf gibt seine Wärme an die

Flüssigkeit ab, mischt sie und verdünnt sie mit dem Kondensat. Der eingeführte Dampf muß frei von Öl oder anderen Verunreinigungen sein (Einbau eines Abscheiders und Schmutzfängers).

Man verwendet gelochte *Einblasrohre* (Schnatterrohre) oder Düsen. Die Rohre sind so einzubauen, daß die Flüssigkeit nicht in die Einblasleitung zurücksteigen kann (Abb. 312).

Düsen-Dampfstrahlanwärmer saugen die Flüssigkeit seitlich an und stoßen sie nach Mischen mit dem Sattdampf wieder aus. Sie arbeiten ohne knatterndes Geräusch.

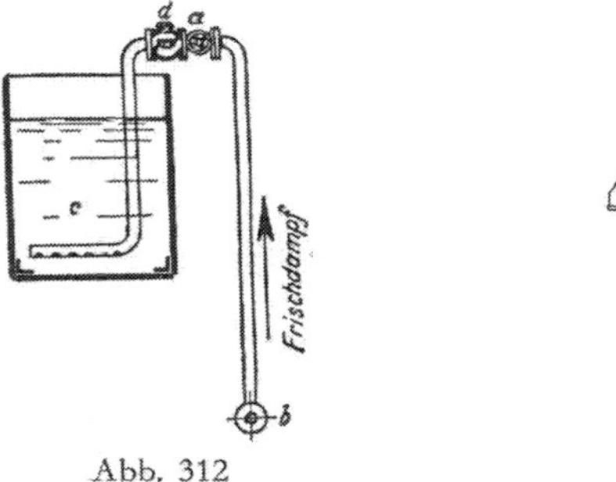

Abb. 312

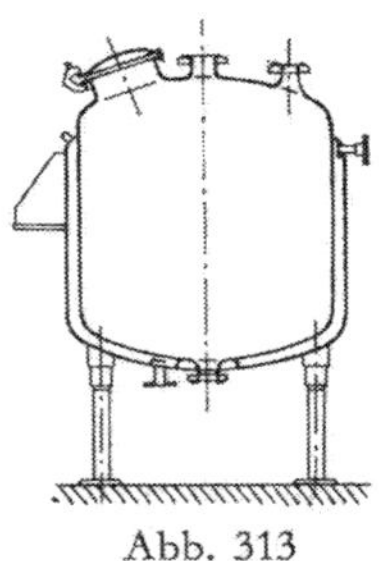

Abb. 313

Abb. 312. Dampfeinblasrohr. *a* Absperrventil, *b* Dampfleitung, *c* Flüssigkeit im Behälter, *d* Rückschlagventil

Abb. 313. Mantelheizung eines emaillierten Behälters (Schwelmer Eisenwerk Müller & Co. GmbH, Schwelm)

2. Heizwände. a) *Mantelheizung.* Zum Beheizen von Kesseln mit Dampf (oder Druckwasser), aber auch zum Kühlen mit Wasser oder Kühlsole kann der Innenkessel mit einem Vollmantel umgeben werden (Abb. 313). Die Mantelhöhe muß den Flüssigkeitsspiegel im Kessel überragen. Sattdampf wird dem Mantel oben zugeleitet, Kühlsole tritt unten ein.

Die Mantelheizung erfordert druckfeste Reaktionsgefäße, da der Druck des Heizmittels auf der Gefäßwand lastet. Sie hat aber den Vorteil, daß der Reaktionsraum vollkommen glatt sein kann, daß in ihn Rührer eingesetzt werden können, die bis nahe an die Gefäßwand reichen, und daß die Entleerung und Reinigung des Gefäßes erleichtert wird. Nachteilig ist die beschränkte Heizfläche (ca. zwei Drittel der Gesamtoberfläche des Gefäßes). Darauf ist bei einer geplanten Vergrößerung der Apparatur Rücksicht zu nehmen, denn der Gefäßinhalt ändert sich mit der dritten, während die Oberfläche nur mit der zweiten Potenz des Durchmessers wächst. Bei großen Gefäßen muß dann mit der Möglichkeit gerechnet werden, daß die zur Verfügung stehende Boden- und Wandfläche nicht mehr ausreicht, um in einer gegebenen Zeit den Gefäßinhalt auf eine geforderte Temperatur zu erwärmen. Im allgemeinen wird man Mantelheizungen nur anwenden, wenn die Dampftemperatur 160 °C nicht übersteigt.

b) *Heizwandkonstruktionen.* Für höhere Dampfdrucke müßten die einfachen Mantelgefäße sehr dickwandig ausgeführt sein. An Stelle eines Mantels werden dann Konstruktionen verwendet, bei denen die Wand des Reaktionsgefäßes vom Druck des Heizmittels weitgehend entlastet ist.

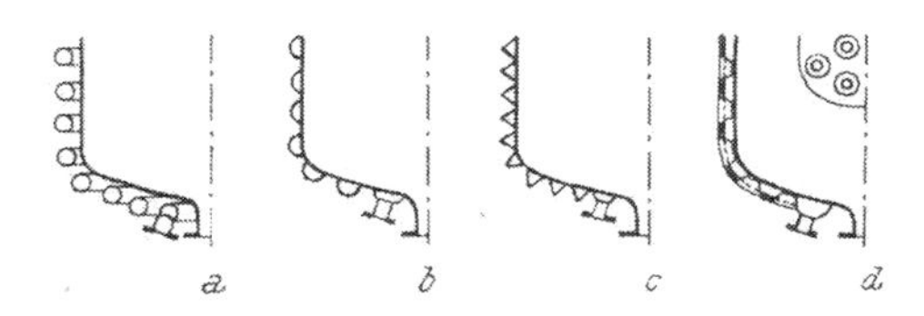

Abb. 314. Heizwandkonstruktionen. *a* Aufgeschweißte Rohrschlangen (Samka-Berohrung), *b* Aufgeschweißte Kanäle aus Halbrohren, *c* Aufgeschweißte Winkelprofile, *d* Doppelwand-Stehbolzen-Schweißverbindung

Bei der *Frederkingheizung* sind in die gußeiserne Kesselwand Rohrschlangen eingegossen. Bei einer Kesselwandstärke von 70 mm haben die Rohre einen inneren Durchmesser von 22 mm und einen äußeren von 34 mm, bei einem Abstand von 60 bis 100 mm. Geeignet für die Beheizung mit Hochdruckdampf.

Bei schmiedeeisernen Reaktionsgefäßen wird die Rohrschlange auf die Gefäßwandung aufgeschweißt. Dieses Prinzip ist bei der *Samka-Berohrung* angewandt (Abb. 314 a). Günstig in bezug auf die Wärmeübertragung verhalten sich auf die Gefäßwand *aufgeschweißte Kanäle* (das Heizmittel kommt direkt mit der Gefäßwand in Berührung), die die Form von Halbrohren (Abb. 314 b) oder Winkelprofilen (Abb. 314 c) haben. Bei der *Doppelwand-Stehbolzen-Schweißverbindung* (Abb. 314 d) wird bei glattem Innenmantel der Außenmantel in Abständen von ca. 100 mm kreisförmig durchbrochen, nach innen eingebeult und mit der Gefäßwand verschweißt. Dadurch ergibt sich die Möglichkeit, den Außenmantel in einzelnen Teilen aufzubringen und eine beliebige Unterteilung in Heizkammern vorzunehmen.

Zum Schutz gegen Wärmeverluste durch Abstrahlung nach außen müssen die Apparate sorgfältig isoliert werden.

3. Heizschlangen. Heizschlangen oder Röhrenheizkörper sind in das Behälterinnere als Zylinder- oder Bodenschlangen (Abb. 315) eingebaut. Es können doppelte oder dreifache Schlangensysteme untergebracht werden. Als Heizdampf wird oftmals Abdampf mit einem

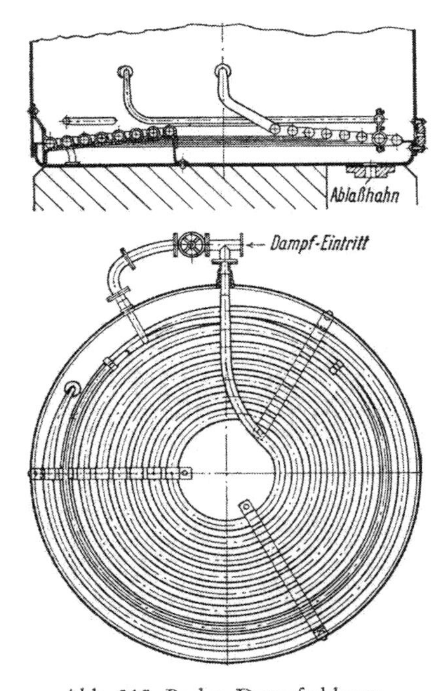

Abb. 315. Boden-Dampfschlange

Druck zwischen 1 und 5 bar verwendet; reicht dieser nicht aus, wird durch besondere Ventile Frischdampf zugesetzt. Bei großen Kesseln ist es zweckmäßig, mehrere Dampfeingänge anzubringen.

D. Wärmetauscher

1. Allgemeines. Wärmetauscher sind Apparate, in denen Wärme von einem Medium indirekt auf ein zweites Medium übertragen wird. Sie werden verwendet zum Heizen (Vorwärmen und Verdampfen) von Flüssigkeiten bzw. zum Kühlen sowie zum Kondensieren von Dämpfen.

Führung des kalten und heißen Mediums entlang der Trennwand:

a) Im *Gleichstrom* (Parallelstrom). Die beiden Medien strömen in gleicher Richtung. b) Im *Gegenstrom.* Die beiden Medien strömen in entgegengesetzter Richtung. c) Im *Kreuzstrom.* Das eine der Medien strömt in Rohren oder Kanälen, die senkrecht zur Strömungsrichtung des anderen Mediums stehen. Gegenstrom- und Kreuzstrom-Austauscher sind für größere Temperaturänderungen günstiger als Gleichstrom-Austauscher.

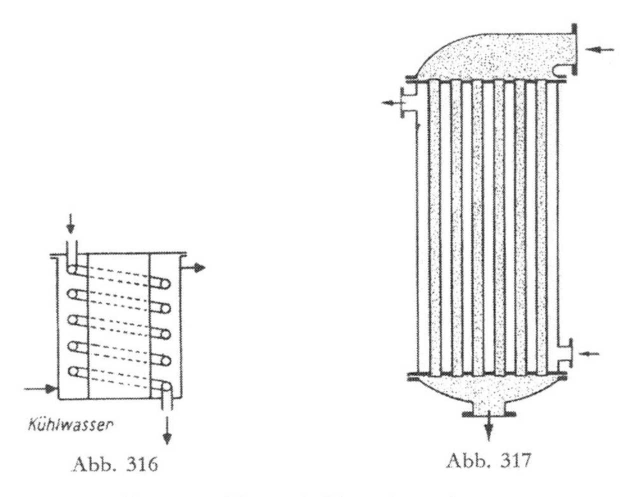

Abb. 316. Schlangenkühler mit Verdränger
Abb. 317. Rohrbündelwärmetauscher

Die Wirksamkeit von Wärmetauschern wird durch Fremdschichtenbildung an der Wandung beeinträchtigt. Sie entsteht durch Reaktion des strömenden Mediums (z. B. heißer Gase) mit der Wandung oder durch Ansetzen von Schwebeteilchen, Staub u. a. oder durch Festkörperausscheidung (Kesselstein, Salzkrusten).

2. Mantelwärmetauscher. Die auf S. 256 beschriebenen Mantelgefäße können in gleicher Weise zum Heizen oder Kühlen verwendet werden.

3. Schlangenwärmetauscher. In den Behälter ist eine Rohrschlange eingebaut. Sie kann den Apparateverhältnissen angepaßt werden, ist leicht herstellbar und auswechselbar. Zur Erhöhung des Effektes werden mehrere Windungen ineinandergelegt. Metallschlangen werden mit Schellen befestigt, bei Schlangen aus keramischem Material ist eine nachgiebigere Befestigung vorzunehmen, um Verspannungen zu vermeiden.

Das Kühlmittel wird entweder durch das Rohr geleitet, oder es umströmt die Rohre und steigt im Gefäß nach oben, während der Dampf die Rohrschlangen durchströmt (Kondensation von Dämpfen). Zur Erhöhung der Strömungsgeschwindigkeit wird ein Zylinder (Verdränger) in das Gefäß eingebaut (Abb. 316).

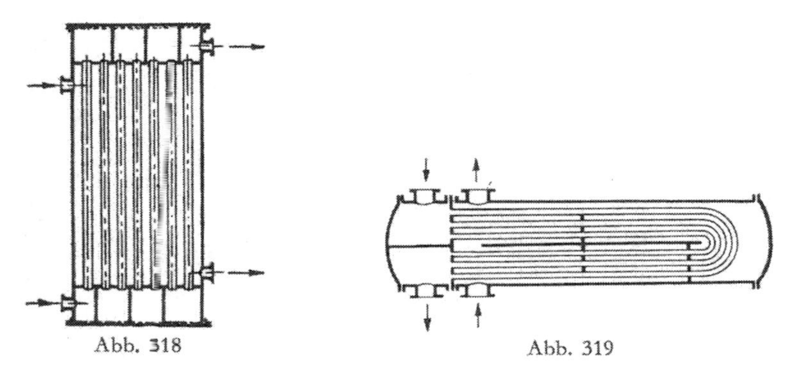

Abb. 318. Mehrstromwärmetauscher
Abb. 319. Haarnadel-Wärmetauscher

4. Rohrbündelwärmetauscher. Rohrbündelwärmetauscher haben eine größere Austauschfläche. Sie bestehen aus einem Gehäuse mit den an den Böden befestigten Rohrbündeln.

Bei der Anordnung mit senkrechten Rohren (Abb. 317) strömt in der Regel die Flüssigkeit in den Rohren, der Dampf im Rohrzwischenraum von oben nach unten. Die Rohre sind in die Rohrböden eingewalzt oder eingeschweißt, bei Rohren aus Graphit oder Porzellan sind sie durch Kitten oder Kleben, bei Kunststoffrohren durch Verschweißen mit dem Rohrboden verbunden. Eine starre Verbindung ist nur zulässig, wenn die Temperaturdifferenz zwischen Gehäuse und Rohrbündel 20 °C nicht wesentlich übersteigt.

Während bei Einstromapparaten das Heiz- oder Kühlmittl parallel durch alle Rohre strömt, ist in Mehrstromapparaten (Abb. 318) das Rohrbündel in Sektionen unterteilt, die nacheinander durchströmt werden. Der Dampf wird durch Anbringen von Quertrennwänden gezwungen, quer zum Rohrbündel zu strömen, wodurch ein höherer Effekt erzielt wird.

Zum Kompensieren des Dehnungsausgleichs werden Rohrbündelwärmetauscher mit Stopfbuchsen gebaut. Solche Austauscher sind für das Erwärmen oder Verdampfen von Flüssigkeiten brauchbar, sie werden jedoch heute kaum mehr verwendet. Die Ausdehnung kann auch durch U-förmige Rohre, die an beiden Enden in den Rohrboden eingewalzt sind, aufgefangen werden (Abb. 319).

5. Doppelrohrwärmetauscher. Doppelrohrwärmetauscher bestehen aus zwei ineinanderliegenden Rohren verschiedenen Durchmessers (Abb. 320). Das Innenrohr ist glatt oder zur besseren Wärmeübertragung mit Rippen versehen. Die Medien bewegen sich im Gegenstrom. Beim Erhitzen strömt die Flüssigkeit im Innenrohr aufwärts,

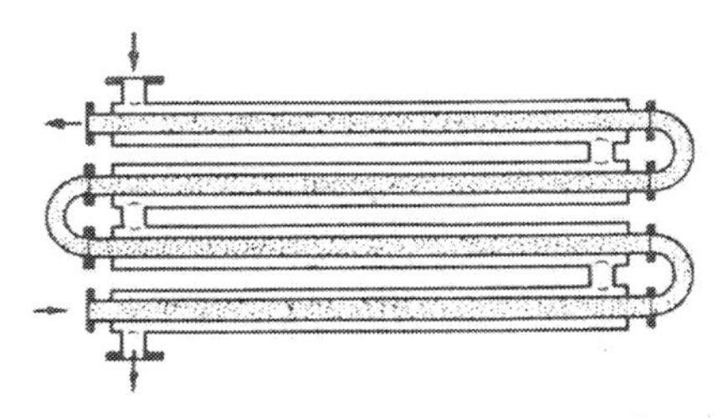

Abb. 320. Doppelrohrwärmetauscher

der Dampf im Ringraum abwärts (Anschluß eines Kondensatableiters). Beim Kühlen strömt das Kühlmittel im Ringraum.

Doppelrohrwärmetauscher sind für hohe Drucke des im Innenrohr bewegten Mediums verwendbar. Oftmals werden mehrere Apparate übereinander angeordnet und zu Rohrwänden verbunden.

6. Rippenrohrwärmetauscher. Verwendet werden innen oder außen berippte Rohre mit Quer- oder Längsrippen. Sie werden vor allem zum Erwärmen von Luft oder Gasen, aber auch zum Anwärmen zähflüssiger Öle verwendet.

Durch die Berippung der Rohre wird die Austauschfläche von luftgekühlten Wärmetauschern auf das 10- bis 20fache vergrößert. Die Luft wird mit einem darüber befindlichen Ventilator durch die Rippenrohrbündel gesaugt.

7. Spiralwärmetauscher. Spiralwärmetauscher, System Rosenblad (Abb. 321), bestehen aus einer um einen Kern in Form einer Doppelspirale gewickelten Blechbahn. Die Kanäle haben über ihre ganze Länge einen konstanten Querschnitt und damit gleichbleibende Strömungsgeschwindigkeiten. Die anzuwärmende Flüssigkeit strömt durch den äußeren Kanal zum Kern, die wärmeabgebende in den Kern ein und tritt am äußeren Ende der Spirale aus (Gegenstrom).

Je m³ Raumbedarf können 80 m² Wärmeaustauschfläche untergebracht werden (bei normalen Röhrenwärmetauschern etwa nur

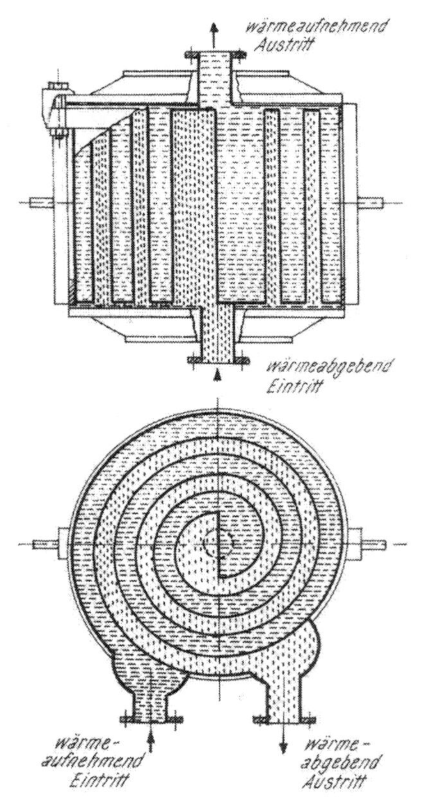

Abb. 321. Spiral-Wärmetauscher (Roca Apparatebau GmbH, Düren)

40 m²). In liegender Anordnung wird der Spiralwärmetauscher auch als Kondensator gebaut (Kreuzstromapparate).

8. Plattenwärmetauscher. Die Wärmeaustauschfläche besteht aus einer Anzahl mit einem Profil versehenen Blechplatten, zusammengehalten durch ein Gestell und gegeneinander abgedichtet durch Gummidichtungen (Abb. 322). Das Gestell hat eine feste Seite, an der die obere und untere Tragstange befestigt sind, auf der anderen Seite werden die Tragstangen durch eine Säule gestützt. Die Platten (Abb. 323) werden am oberen Traggestell aufgehängt. Das Plattenpaket wird von der beweglichen Druckplatte durch seitlich ange-

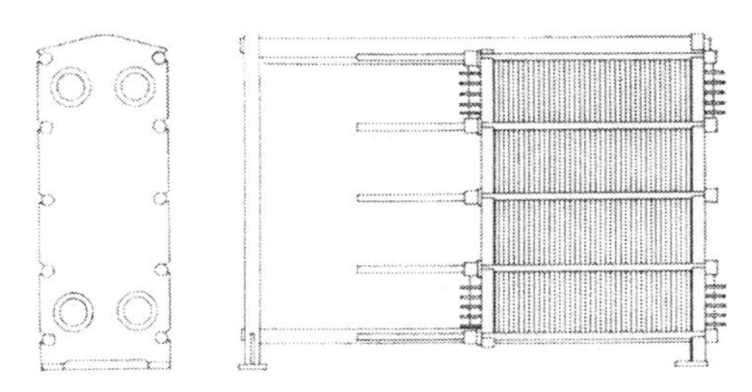

Abb. 322. Plattenwärmetauscher A 20 (Alfa-Laval AB, Lund/Schweden)

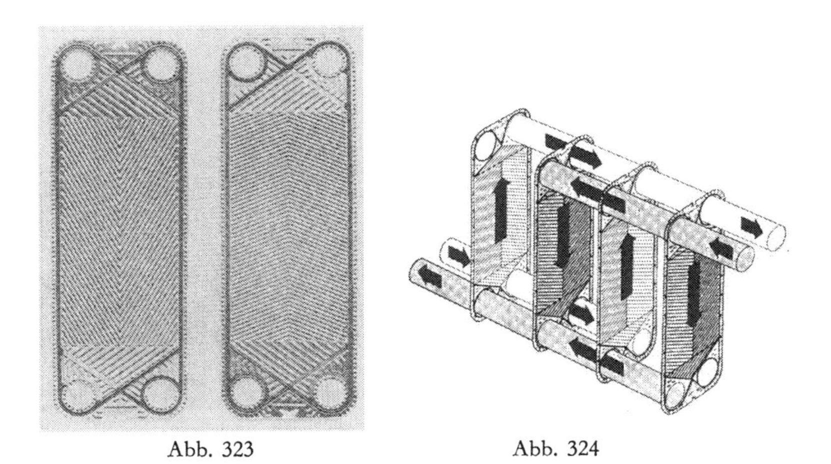

Abb. 323 Abb. 324

Abb. 323. Platten des Wärmetauschers (Alfa-Laval AB, Lund/Schweden)
Abb. 324. Durchflußprinzip eines Plattenwärmetauschers (Alfa-Laval AB, Lund/Schweden)

brachte Spannbolzen zusammengepreßt. Die Platten sind an den Ecken mit Durchbrüchen versehen, die so angeordnet sind, daß die beiden Medien, zwischen denen der Wärmeaustausch erfolgen soll, abwechselnd durch die von zwei Platten gebildeten Kanäle fließen (Abb. 324). Der Wärmeaustausch geschieht im allgemeinen im Gegenstrom.

Beim *Ahlborn-Freistromapparat* sind die Platten schalenförmig gewellt (Abb. 325), sie benötigen keine metallischen Abstützungen gegeneinander. Der freie Strom zwischen den Platten vermindert den Durchflußwiderstand und senkt damit die erforderliche Pumpenleistung.

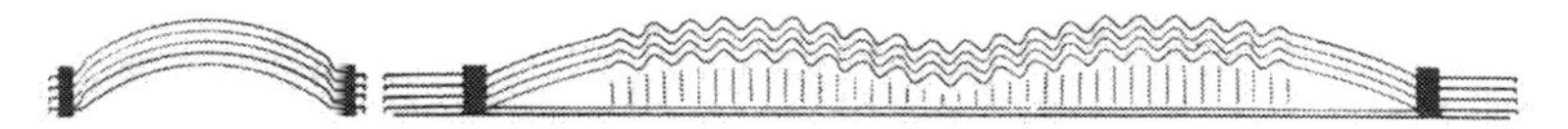

Abb. 325. Platten des Freistromapparates (Eduard Ahlborn AG, Hildesheim)

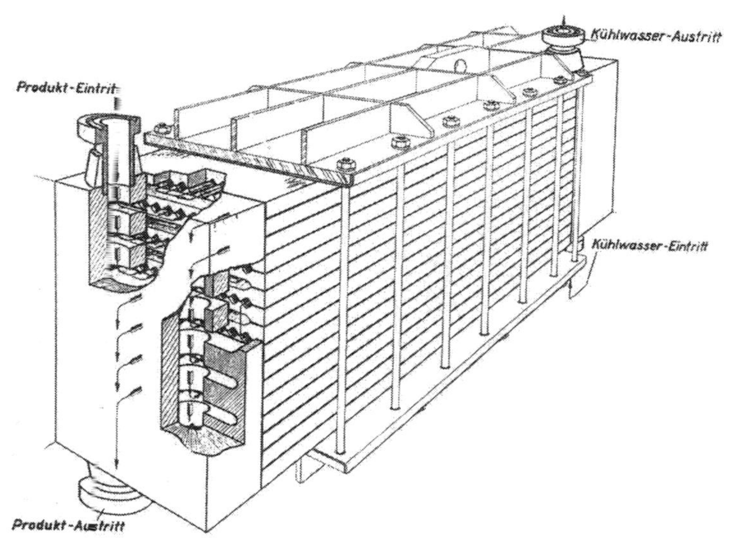

Abb. 326. Druckfester Diabonplattenwärmetauscher (Sigri-Elektrographit GmbH, Meitingen über Augsburg)

Plattenwärmetauscher haben je Einheit eine Austauschfläche bis 500 m². Sie werden zum Erhitzen, Eindampfen und Kühlen von Flüssigkeiten aller Art, auch von Suspensionen, verwendet.

Graphit und imprägnierte Kunstkohle (z. B. Diabon) oder metallgetränkte Kohle sind wegen ihrer chemischen Widerstandsfähigkeit und Temperaturwechselbeständigkeit für *Platten-Kühler* gut geeignet. Der in der Abb. 326 gezeigte Apparat besteht z. B. aus Diabon-Längsplatten mit beiderseits V-förmigen Längsnuten, die beim Zusammenfügen parallele Kanäle von quadratischem Querschnitt bilden.

Diese Kanäle werden je nach Bedarf parallel, hintereinander oder in Gruppen geschaltet. Die Platten stützen sich mit ihren Auflagestellen gegenseitig ab. Die gesamte Apparatur wird durch gummierte Spannplatten und Spannschrauben zusammengehalten. Durch Umlenkköpfe werden die durchströmenden Medien umgelenkt. Die Apparate werden für den Wärmeaustausch zwischen aggressiven Medien verwendet und sind druckfest bis zu einem Überdruck von 5 bar bei Sattdampf und gespannten Flüssigkeiten, bis 8 bar für ungespannte Flüssigkeiten.

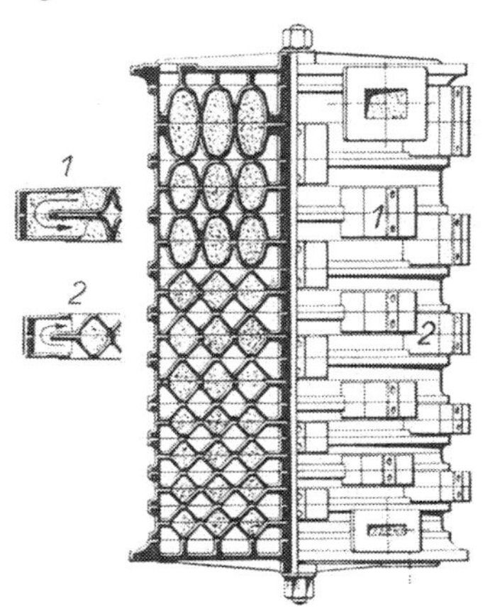

Abb. 327. Zellenbau-Wärmetauscher (Zimmermann & Jansen GmbH, Düren)

Zellenbauwärmetauscher (Abb. 327) bestehen aus aufeinandergeschichteten, profilierten Platten. Durch die Form der Platten werden zwischen ihnen Strömungskanäle gebildet, die in ihrer Gesamtheit einen zellenartigen Aufbau ergeben. Der Querschnitt des Dampfweges kann, entsprechend der bei fortschreitender Kondensation eintretenden Volumenverminderung, abgestuft sein.

9. Lamellenwärmetauscher. Der Lamellenwärmetauscher, System Ramén, nimmt eine Mittelstellung zwischen den Platten- und Rohrbündelwärmetauschern ein (Abb. 328). Die in den Mantel eingeschobene Lamellenbatterie ist aus mehreren übereinandergelegten und an den Enden miteinander verschweißten Lamellenrohren aufgebaut. Das Gehäuse ist je nach den Betriebs- und Druckverhältnissen rechteckig oder rund. Die Lamellenrohre stützen sich infolge ihrer Profilierung gegenseitig und gegen das Gehäuse ab, so daß bei relativ geringen Wandstärken (1,5 und 2 mm) Überdrucke bis 20 bar, bei

Spezialprofilierung bis 40 bar, bei großen Austauschflächen, aufgenommen werden. Bei gleichem Bauvolumen beträgt die Austauschfläche von Lamellenwärmetauschern das 2- bis 2,5fache gegenüber Röhrenwärmetauschern. Eine Stopfbuchse gleicht die Differenz der Längenänderung zwischen Lamellenbündel und Mantel aus. Verwendung für die Wärmeübertragung zwischen Flüssigkeiten, Flüssigkeiten gegen Gase oder Dämpfe, Gase gegen Dämpfe und zur Kondensation.

10. Wärmetauscher mit rotierenden Wischerblättern. Diese Wärmetauscher arbeiten nach dem Prinzip der Dünnschichtapparate

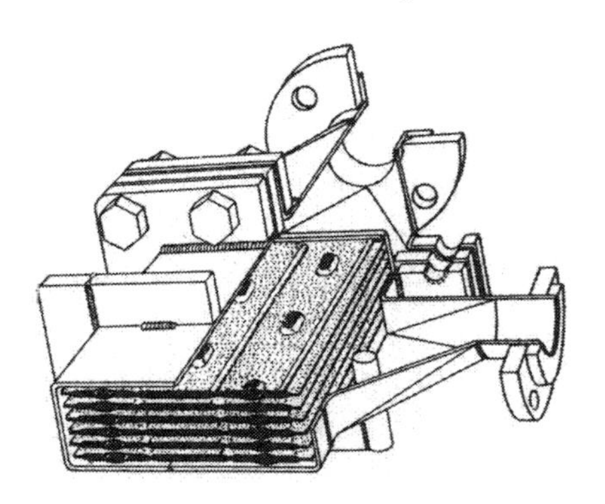

Abb. 328. Lamellen-Wärmetauscher, System Ramén, mit rechteckigem Querschnitt (Fritz Voltz Sohn, Frankfurt/Main)

(s. S. 295). In einem ummantelten, zylindrischen Gehäuse rotiert eine eingepaßte mit beweglichen Wischerblättern versehene Welle. Das Produkt wird über eine Pumpe in den Apparat eingespeist, von den umlaufenden Wischern, die eine hohe Turbulenz erzeugen, erfaßt und gut durchgemischt (Thermalizer der Samesreuther Müller Schuß GmbH, Butzbach).

11. Blockwärmetauscher. Der Blockwärmetauscher, System Polybloc, ist aus mehreren Blöcken aus imprägniertem Kunstgraphit zusammengesetzt. Die Bohrungen laufen parallel und radial zur Apparateachse. Der Stahlmantel trägt die Anschlußflanschen für das Heiz- bzw. Kühlmedium (Abb. 329). Das Gehäuse ist mit Kautschukringen abgedichtet. Die Dichtung zwischen den Graphitblöcken besteht aus Teflonringen, die den Durchflußweg des ersten (aggressiven) Mediums durch die axialen Bohrungen von dem Weg trennen, den das zweite Medium durch die radialen Bohrungen nimmt. Der Fluß des Mediums durch die radialen Bohrungen wird durch Umlenkplatten zu mehrfachen Kreuzungen mit dem Fluß des Mediums in den axialen Bohrungen gezwungen. Da die Wärmeleitfähigkeit radial zu den Axialbohrungen größer ist als diejenigen parallel zu diesen Bohrungen ist gewährleistet, daß sich der Wärmeaustausch hauptsächlich senkrecht zur Strömungsrichtung der Flüssigkeit vollzieht. Verwen-

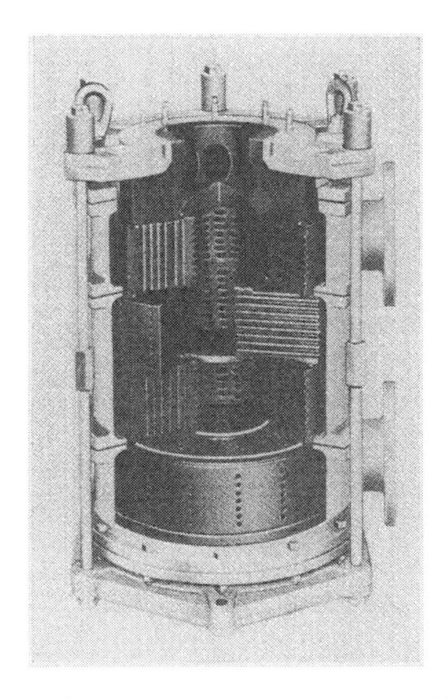

Abb. 329. Schnittmodell des Wärmetauschers System Polybloc, Typ GM 8/8 (Deutsche Carbone AG, Kalbach/Ts. bei Frankfurt/Main)

dung zum Erwärmen und Konzentrieren von Flüssigkeitsbädern, zum Kühlen saurer und alkalischer Lösungen u. a.

12. Schneckenwärmetauscher. Zum Kühlen, Eindampfen oder Trocknen von Feststoffen und zähen Massen bei gleichzeitigem Mischen und Transportieren können selbstausschälende Schnecken verwendet werden.

In einem geschlossenen, trogförmigen Gehäuse mit Heiz- oder Kühlmantel sind ein oder mehrere Schneckenpaare neben- oder übereinander angeordnet. Die Kurven der ineinandergreifenden, sich drehenden, hohlen Schnecken schmiegen sich eng an die Gehäusewand an, so daß tote Räume vermieden werden. Bei Verwendung als

Verdampfer besitzt das Gehäuse einen Brüdendom mit den erforderlichen Armaturen. Der Dom kann, ebenso wie bei Kühlapparaturen Teile des Troges, abklappbar ausgeführt sein (Abb. 330). Die sich gleichsinnig drehenden Schnecken haben ein selbstausschälendes Rundprofil, das stets ein vollständiges Ausschaben gewährleistet. Die Schnecken werden über den Schneckenkern beheizt oder gekühlt. Die Hohlschnecken sind ausgelegt für einen Überdruck von 10 bar (bei 350 °C) bzw. 12 bar (bei 200 °C).

Abb. 330. Selbstausschälender Schneckenwärmetauscher Selfcleaner (Werkbild Thies KG, Coesfeld und Lurgi Gesellschaften, Frankfurt/Main)

Außer den Apparaten, bei denen sich die Hohlschnecken in der gleichen Richtung drehen (Gleichdrall-Hohlschnecken), werden Wärmetauscher gebaut, in denen sich die beiden Hohlschnecken im entgegengesetzten Sinn zueinander drehen (Gegendrall-Hohlschnekken). Dabei besteht jedes Schneckenpaar in der Regel aus einer rechtssteigenden und einer linkssteigenden Hohlschnecke. Die beiden Systeme der Gleich- und Gegendrall-Hohlschnecken lassen sich auch kombinieren (Variocleaner; Lurgi Gesellschaften, Frankfurt/Main).

13. Rieselkühler und Kühltürme. Bei den *Rieselkühlern* wird die Verdunstungswärme ausgenutzt. Wasser als Kühlmittel rieselt gleichmäßig verteilt über eine Reihe horizontal, leicht schräg oder senkrecht angeordneter Rohre, durch die das zu kühlende Medium strömt, zu einer Sammelwanne und kann von dort wieder der oberen Verteilerrinne zugeführt werden.

Zu den Rieselkühlern zählen auch die herkömmlichen *Kühltürme*, die zum Rückkühlen großer Wassermengen (z. B. verbrauchtes Kühlwasser aus Wärmetauschern) dienen. Kühltürme arbeiten entweder mit natürlichem Zug oder mit Ventilatoren. Das rückzukühlende Wasser fließt von oben nach unten über Rieseleinbauten im Kühlturm. Dabei kommt es im Gegenstrom mit bewegter Luft in Berührung, ein Teil des Wassers verdunstet, wodurch der Hauptmenge Wärme entzogen und an die Luft abgegeben wird. Man erreicht

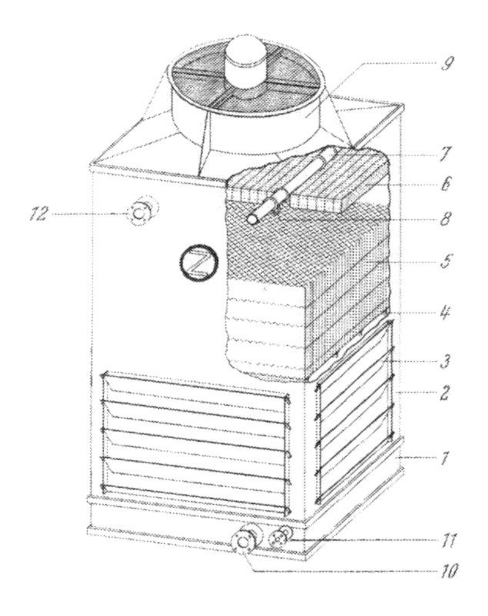

Abb. 331. Zschocke-Ventilatorkühler, Type ZWK-W (Eisenwerke Kaiserslautern GmbH, Abt. Zschocke Entstaubung und Wasserkühlung, Kaiserslautern)

Kühlwassereinsparungen von etwa 95% der zirkulierenden Wassermenge.

Naturzugkühltürme bestehen aus einem Kamin mit Einbauten (Roste, Rieselflächen) oder Füllkörpern im unteren Drittel. Das rückzukühlende Wasser wird oberhalb dieser Einbauten verteilt und durchfließt sie in dünner Schicht bis zum unteren Sammelbecken. Die Luft tritt von unten ein, durchströmt die Einbauten im Gegenstrom zum Wasser und tritt am oberen Kaminende aus. Bei Türmen für hohe Durchsatzleistungen wird der Mantel in der Regel aus Stahlbeton ausgeführt.

Ventilatorkühltürme. Für mittlere und kleinere Leistungen verwendet man Kühltürme, in denen die Außenluft durch einen Axialventilator durch die Einbauten oder die Füllkörperschicht von unten nach oben angesaugt wird.

Bei dem ZWK-W-Ventilatorkühlturm (Abb. 331) wird das rückzukühlende Wasser durch den Zulaufstutzen *12* und die Sprühleitung *7* zugeführt und durch feststehende Vollkegeldüsen *8* auf die Hochleistungs-Rieseleinbaukörper *5* versprüht und in ihnen gleichmäßig verteilt. Durch die Lamellenzwischenräume (Abstand zirka 30 mm) fördert ein Saugventilator *9* Luft im Gegenstrom zum

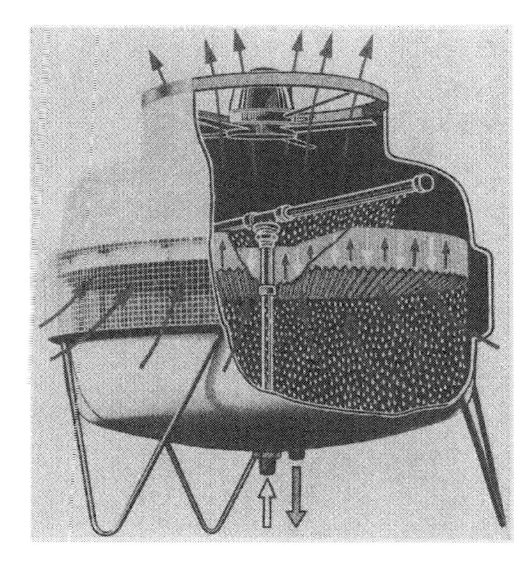

Abb. 332. Kühlturm (Escher Wyss GmbH, Ravensburg)

Wasser. Das rückgekühlte Wasser sammelt sich in der Wasserauffangschale *1* (Austrittsstutzen *10*, Überlaufstutzen *11*). Die feuchtigkeitsgesättigte, erwärmte Luft tritt nach Passieren des Tropfenabscheiders *6* aus dem Kühlturm aus. Das Kühlergehäuse *2* mit den Jalousien *3* ist aus glasfaserverstärktem Polyester gefertigt oder aus Stahlprofilen mit Asbestzementplattenverkleidung. Die Rieseleinbauten (Kunststoffwaben besonderer Konstruktion) liegen auf der Auflage *4* auf.

Bei dem in der Abb. 332 gezeigten Kühlturm (Durchmesser 0,72 bis 4,5 m, Höhe 1,89—5,4 m) wird das rückzukühlende Wasser durch einen rotierenden Verteilerarm (Segnersches Wasserrad) gleichmäßig über die Füllkörperschicht verteilt. Es durchfließt sie und wird unten gesammelt. Gleichzeitig wird Außenluft durch einen Axialventilator von unten nach oben durch die Füllkörperschicht gesaugt. Bei der

Füllkörperschicht handelt es sich beispielsweise um mit Phenolharz getränkte Sulfatzellulose in wellpappeähnlichem Aufbau in mehreren Schichten. Das Gehäuse ist aus glasfaserverstärktem Polyester hergestellt.

Der *Trockenkühlturm mit Seilnetzmantel* (Abb. 333), der mit natürlichem Zug arbeitet, ist nach einer Bauweise konstruiert, deren

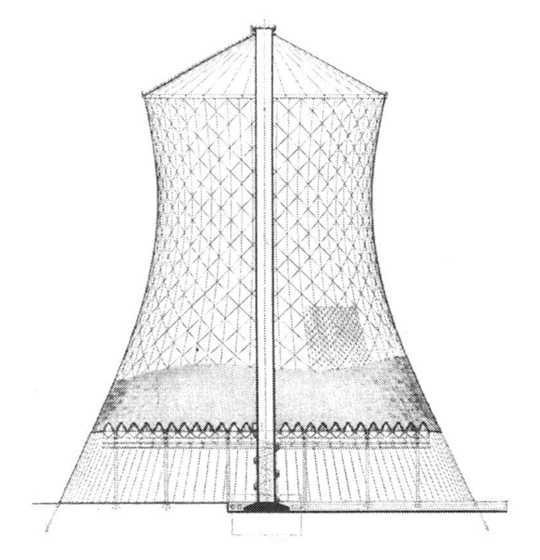

Abb. 333. Trockenkühlturm mit Seilnetzmantel (Balcke-Dürr AG, Ratingen)

Statik von der Gemeinschaft Beratender Ingenieure Leonhardt & Andrä, Stuttgart, geliefert wurde. Diese Konstruktion wird mit Vorteil bei sehr großen Anlagen verwendet. Der Mantel besteht aus einer vorgespannten Membranschale. Dieses Seilnetz mit dreieckigen Maschen ist ab einer beliebigen Höhe über Gelände, die durch die Größe des notwendigen Zulaufquerschnittes gegeben ist, luftdicht beplankt. An seinem oberen Rand ist der Mantel an einem Druckring befestigt, der über Radialseile wie ein Speichenrad am Kopf eines in der Mitte stehenden Stahlbetonmastes hängt. Am unteren Rand sind die Seile des Mantels gegen ein Ringfundament verspannt. Die Wasserrückkühlung geschieht in geschlossenem Kreislauf mittels Luft. Als Wärmetauschelemente sind zu- und abschaltbare Rippenrohre über den Turmquerschnitt angeordnet.

E. Heizen mit Überträgerflüssigkeiten

1. Druckwasserheizung. In Druckwasseranlagen durchströmt das unter Druck erhitzte Wasser bei natürlichem Umlauf die zu beheizende Apparatur, die höher liegen muß als der Heizkessel. Auch Anlagen mit Umwälzpumpen, bei denen der Heizofen beliebig weit entfernt liegen kann, sind in Verwendung.

Man erreicht Temperaturen bis 350 °C. Anwendung zum Beheizen von Destillier- und Sublimierapparaten, Schmelzkesseln u. a.

2. Beheizen mit organischen Wärmeübertragungsflüssigkeiten. Ein häufig verwendeter Wärmeüberträger ist Diphyl (oder Dowtherm). Es handelt sich um ein Gemisch aus 26,5% Diphenyl und 73,5% Diphenyloxid (Diphenyläther) mit einem Siedepunkt, der bei 256 °C liegt; die Dampfspannung beträgt bei 200 °C nur 0,25 bar, bei 300 °C 2,5 bar und bei 375 °C 8,1 bar (Wasser hat bei diesen Temperaturen Dampfspannungen von 16, 88 und 225 bar). Diphyl ist bis 400 °C beständig und nimmt keinen Wasserdampf aus der Luft auf. Bei höheren Temperaturen ist es brennbar, seine Dämpfe sollen nicht eingeatmet werden (bemerkbar am Geruch nach Geranien). Es verursacht keine Korrosion. Im Hinblick auf seine geringe Oberflächenspannung vermeide man möglichst Flanschen und ersetze sie durch Schweißverbindungen. Sind Dichtungen notwendig, verwende man Asbest (z. B. It 300) oder metallische Linsendichtungen.

Andere organische Heizflüssigkeiten sind Arcolor (chloriertes Diphenyl, nicht brennbar), Tetra-Arylsilicat und Siliconöl DC 550 (Erstarrungspunkt — 50 °C). Mit Wärmeübertragungsölen (Deutsche Shell AG, Hamburg) können Badtemperaturen bis 320 °C ohne Überdruck erreicht werden.

Eine Anordnung zum Heizen und Kühlen einer Apparatur durch *Zwangsumlauf mit flüssigem Diphyl* zeigt die Abb. 334. Da die Heizungsräume der Apparatur mit Diphyl ausgefüllt sein müssen, ist ein Ausdehnungsgefäß am höchsten Punkt der Anlage erforderlich, das über einen Rückflußkühler entlüftet sein kann. Diphyl erstarrt bei 12,3 °C, was bei der Kühlung zu berücksichtigen ist (Gefahr des Verstopfens der Entlüftungsleitung).

Beim Arbeiten oberhalb 256 °C muß der Ausdehnungsbehälter geschlossen, mit Stickstoff überlagert und unter Druck gesetzt sein.

Eine Wärmeübertragung durch Kondensation von Diphyldampf ist zu empfehlen, wenn große Heizflächen auf gleichmäßige Temperatur gebracht werden sollen, oder wenn bei kleiner Temperaturdifferenz große Heizflächenbelastungen notwendig sind. Der Heizmantel der Apparatur wird in kaltem Zustand ein Viertel bis ein Drittel der Mantelhöhe mit flüssigem Diphyl gefüllt. Er wird durch Gasbrenner oder elektrisch geheizt. In Mantelkesseln sind durch die Kondensation von Diphyldampf Temperaturen von 255 bis 400 °C möglich. Soll nach Beenden der mit Diphyldampf erfolgten Heizung der Apparat gekühlt werden, hat dies durch Umlauf mit flüssigem Diphyl zu geschehen.

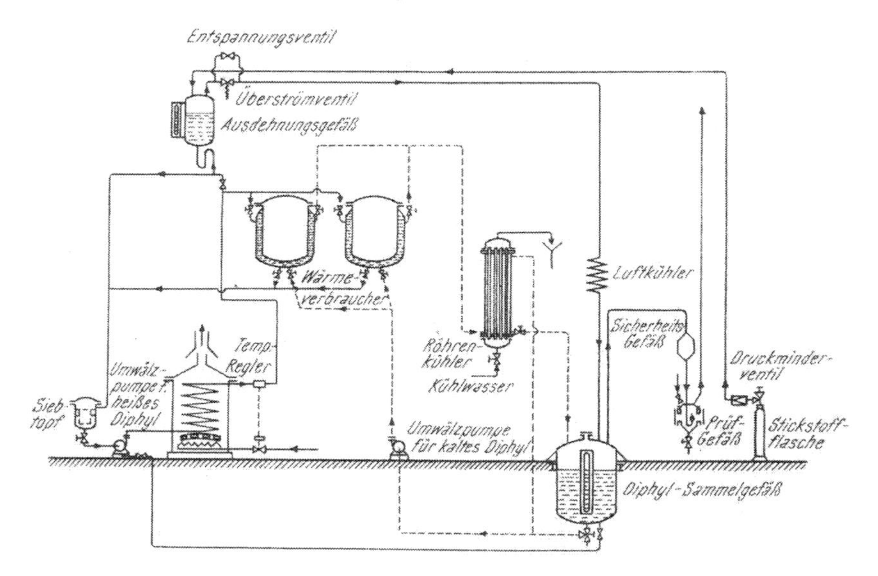

Abb. 334. Zwangsumlaufheizung mit flüssigem Diphyl
(Farbenfabriken Bayer, Leverkusen)

F. Elektrische Heizung

Die elektrische Heizung wird angewendet, wenn sehr hohe Temperaturen erzielt werden müssen oder eine genaue Temperaturregulierung erforderlich ist.

1. Widerstandsheizung. Die Wärme wird von Leitern hohen spezifischen Widerstands erzeugt und auf das Heizgut durch Strahlung oder Konvektion übertragen. Der Widerstandsdraht kann entweder das Material umgeben (Röhrenöfen; indirekte Wärmeübertragung) oder in das Material eingebettet sein (direkte Wärmeübertragung). Als Widerstandsdraht werden Cr-Ni-Legierungen (bis 1000 °C) bzw. Molybdän oder Wolfram (bis 3000 °C) verwendet.

Kolonnen, Reaktionsgefäße, Deckel, Rohrleitungen, Ventile u. a. können mit *elektrischen Heizmänteln* umkleidet werden. Bei dem

Isopad-Heizmantel (Abb. 335) sind die elektrisch isolierten Heizdrähte mit Glasfasern verwebt, nach außen mit einer Isolierschicht und einem Blechmantel umgeben.

Mitunter werden bei Heizmänteln mehrere Heizkreise eingeplant, so daß bei geringem oder sinkendem Flüssigkeitsstand einzelne Heizkreise abgeschaltet werden können.

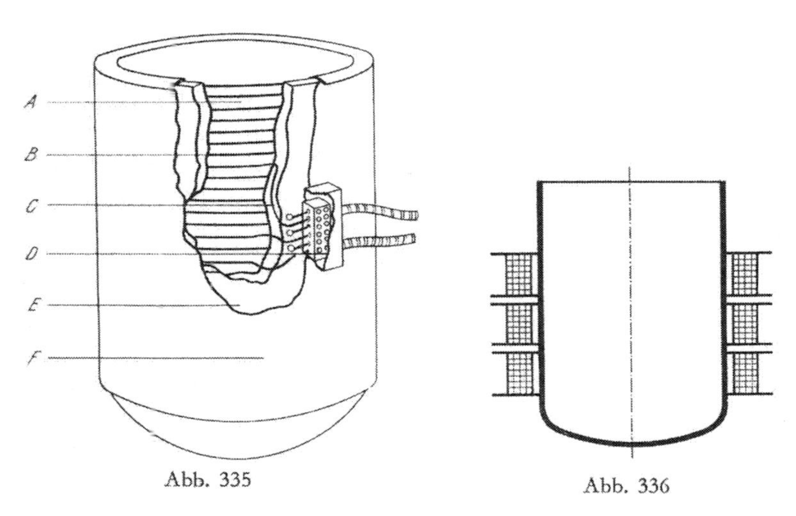

Abb. 335

Abb. 336

Abb. 335. Isopad-Heizmantel für einen 250-Liter-Apparat (Isopad GmbH, Siegen/Westf.). *A* Glasfasergewebe für Temperaturen bis 550 °C, *B* Elektrisch isolierte Heizelemente (mit dem Gewebe verwebt), *C* Verbindungsleitungen zum Anschlußkasten *D*, *E* Isolierschicht, *F* Blechmantel

Abb. 336. Induktionsheizung mit Netzfrequenz (Carl Canzler, Apparate- und Maschinenbau, Düren)

Flachelement-Heizbänder (hotfoil; Hillmann & Ploog, Hamburg) sind flache Heizleiterfolien mit zweifacher Kunststoffisolation bzw. dreifacher Glasgewebeisolation, gegebenenfalls mit einem Siliconkautschukmantel umgeben. Mit den sehr flexiblen Heizbändern werden Rohrleitungen, Armaturen und Behälter umwickelt. Heizbänder mit hoher Belastung werden schraubenförmig um das Rohr verlegt, dabei dürfen sich die einzelnen Windungen nicht kreuzen oder überlappen. Bei geringerer Heizleistung kann auch eine gestreckte Verlegung unterhalb der Leitung vorgenommen werden, sofern die NW des Rohres 35 mm übersteigt. An Flanschen und

Ventilen wird das Heizband mittels Asbest- oder Glasgewebe befestigt. Senkrechte Leitungen müssen schraubenförmig umwickelt werden.

Zu beachten ist, daß die zu beheizenden Oberflächen sauber sind. Wird ein Heizband an Metallrohren oder Metallbehältern angebracht, müssen diese geerdet werden. Das Verlegen soll unter leichter Zugspannung geschehen, die ganze Breite und Länge muß sich fest an die zu beheizende Oberfläche anschmiegen.

Hotfoil-Heizmatten sind nach dem gleichen Prinzip konstruiert.

Stab- und Rohrheizkörper werden in die zu erhitzende Flüssigkeit oder das Gas eingehängt. Verwendung bis ca. 500 °C. Der Heizleiter befindet sich in einem Kupfer- oder Edelstahlrohr, das von isolierendem, keramischen Material umgeben ist. Sie werden in Längen bis 2 m, bei einem Durchmesser bis 70 mm, angeboten.

2. Induktionsheizung. Der zu beheizende Apparat wird mit einer Induktionsspule umgeben (Abb. 336), die weitgehend der Form der Heizfläche angepaßt werden kann (Zylinder-, Konus- oder Bodenspule). Die Spule wird an normalfrequenten Wechsel- oder Drehstrom von üblicher Spannung angeschlossen. Das Ganze stellt einen Transformator dar, dessen Primärwicklung die Spule bildet und dessen Sekundärwicklung eine einzige kurzgeschlossene Windung ist, nämlich die Apparatewand. Durch den in der Spule pulsierenden Wechselstrom wird ein magnetisches Feld erzeugt, dessen Energie in der Apparatewand absorbiert und in Wärme umgewandelt wird. Die Wärme wird also direkt in der Apparatewand erzeugt (zum Unterschied von der Widerstandsheizung, bei der die Wärme im elektrischen Heizelement entsteht und erst von dort auf die Apparatewand übertragen werden muß). Es kann daher eine wesentlich höhere spezifische Heizflächenbelastung erzielt werden. Als Thermofühler dienen Thermoelemente, die unter den Spulen an der Apparatewand angebracht sind. Als Regler können alle gebräuchlichen Typen verwendet werden. Temperaturbereich bis 500 °C.

3. Lichtbogenheizung. Lichtbogenöfen dienen zum Erhitzen von Gasen (z. B. Oxidation des Luftstickstoffes). Der Lichtbogen wird mittels des elektrischen Stromes zwischen zwei Elektroden erzeugt. Es werden hohe Temperaturen bei niedrigen Spannungen (30 bis 150 Volt) erreicht.

4. Dielektrische Heizung. Sie dient nur zum Beheizen elektrischer Nichtleiter. Zwischen den Platten eines Kondensators, der an Hochfrequenzgeneratoren angeschlossen ist, ruht oder bewegt sich das Heizgut als Dielektrikum. Das Trockengut wird in erster Linie an den Feuchtstellen erwärmt.

G. Aufheizen von Fässern

Auch wenn das Bestreben im Chemiebetrieb dahin geht, von der „Faßwirtschaft" loszukommen (und Container oder Säcke zu verwenden), ist der Umschlag an Fässern und Trommeln immer noch so erheblich, daß auf das Aufheizen von Fässern zusammenfassend hingewiesen werden soll. Es handelt sich dabei um das Aufheizen oder das Schmelzen des erstarrten Faßinhaltes zwecks Entleeren. In jedem Fall muß an den Ex-Schutz gedacht werden.

1. Wärmekammern. Wärmekammern oder Wärmeschränke werden elektrisch oder mit Dampfumlaufheizung betrieben. Als Heizmedium dient Heißluft, die erhitzt und mittels Ventilator in die Kammer gedrückt wird. Temperaturregler sind eingebaut, in das Faß selbst kann außerdem ein Thermometer eingesetzt werden. Bei diesem Verfahren wird schonend und gleichmäßig aufgeheizt. Die Kammern sind zur Aufnahme mehrerer Fässer eingerichtet. Der Boden der Wärmekammer ist etwas vertieft eingebaut und kann Rollbahnen zum leichteren Transport der Fässer enthalten.

2. Faßtauchheizer. Faßtauchheizer mit Heizspirale, Thermostatfühler und Faßhalterung zum Befestigen am Faßrand werden in das Faß eingesenkt (Will & Hahnenstein GmbH, Siegen/Westf.).

3. Heizmäntel. Für zylindrische Fässer und Trommeln werden aufklappbare, meist fahrbar eingerichtete Heizmäntel um das Faß gezogen. Sie enthalten zusätzlich eine Bodenheizplatte. Die Heizmäntel werden in der Regel elektrisch, aber auch durch innenliegende Dampfschlangen geheizt. Ein Isolierdeckel kann aufgesetzt werden (Faßheizer Isomantel; Will & Hahnenstein GmbH, Siegen/Westf.).

18. Lösen und Extrahieren

A. Lösen

1. Allgemeines. Gute Zerkleinerung eines festen Stoffes, was gleichbedeutend mit der Vergrößerung seiner Oberfläche ist, wird oftmals von ausschlaggebender Bedeutung sein. Rühren und zumeist auch eine Temperaturerhöhung beschleunigen den Lösevorgang.

2. Lösungsmittel. a) *Wasser.* Die Reinheit des Wassers kann die Qualität eines Endproduktes entscheidend beeinflussen. Über Enthärtung und Entsalzung s. S. 145. Kondenswasser, das in manchen Fällen zum Lösen verwendet wird, sollte in jedem Fall von Ölspuren befreit werden.

b) Bei Verwendung von *Säuren und Alkalien* findet in den meisten Fällen kein eigentliches Lösen, sondern bereits eine chemische Umsetzung statt.

c) *Organische Lösungsmittel.* Man orientiere sich gründlich über die Eigenschaften des verwendeten Lösungsmittels (Brennbarkeit, Explosionsgefahr, Giftigkeit). Geschlossene Apparaturen sind erforderlich, die notwendigen Sicherheitsmaßnahmen sind unbedingt einzuhalten!

Nach der „Verordnung über brennbare Flüssigkeiten" gilt folgende Einteilung:

Gruppe A. Brennbare Flüssigkeiten, Mischungen und Lösungen, die sich nicht oder nur teilweise in Wasser lösen. Sie gehören zu der Gefahrenklasse I, wenn ihr Flammpunkt unter 21 °C liegt; Gefahrenklasse II, wenn sie einen Flammpunkt von 21 bis 55 °C haben; Gefahrenklasse III, wenn sie einen Flammpunkt von über 55 °C bis 100 °C haben.

Gruppe B. Brennbare Flüssigkeiten, Mischungen und Lösungen mit einem Flammpunkt unter 21 °C, die sich bei 15 °C in jedem beliebigen Verhältnis in Wasser lösen.

3. Lösegefäße. Verwendet werden vor allem Kessel oder andere Behälter. Ein in den Behälter ragendes Thermometer muß so befestigt sein, daß der feste Stoff (z. B. bei zu reichlichem Eintragen) das

Thermometer nicht zerbrechen kann (Thermometerhülse, gegebenenfalls an der Behälterwand befestigen). Gegen das Mitrotieren des Inhaltes beim Rühren werden Strombrecher eingebaut oder der Rührer außermittig angeordnet. Vorteilhaft sind Rührer, die den Behälterinhalt ständig durchwirbeln (z. B. Turbinenrührer).

Bei kontinuierlicher Arbeitsweise bedient man sich des Gegenstromprinzips. So wälzt beispielsweise im *Schneckenlöseapparat* (Abb. 337) eine horizontal gelagerte, schneckenartige Rührvorrichtung das Lösegut dauernd in einem langen Trog um und fördert es langsam weiter, während das Lösungsmittel entgegenströmt. Geheizt

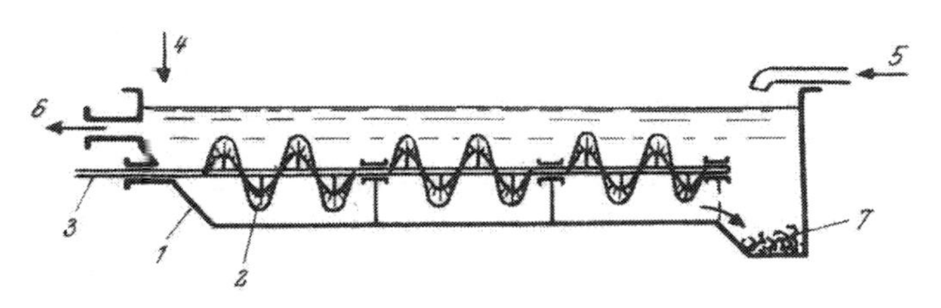

Abb. 337. Gegenstrom-Schneckenlöseapparat. *1* Lösetrog, *2* Förderschnecke mit Antriebswelle *3*, *4* Eintritt des Löseguts, *5* Eintritt des Lösungsmittels (Wasser), *6* Austritt der fertigen Lösung, *7* Rückstände (ausgetragen z. B. durch ein Becherwerk)

wird durch Schlangen an den Seitenwänden des Troges oder durch Einblasen von Dampf. Die gesättigte Lösung läuft an einem Ende über, die ungelöst gebliebenen Bestandteile (z. B. Verunreinigungen) werden am anderen Ende ausgetragen.

B. Extrahieren fester Stoffe

1. Allgemeines. Als Extraktion bezeichnet man im allgemeinen das Herauslösen bestimmter löslicher Bestandteile aus einem Stoffgemisch (Extraktionsgut) mit einem, meist flüchtigen Lösungsmittel (Extraktionsmittel).

Wird Wasser als Extraktionsmittel verwendet spricht man von *Auslaugen*. Die erforderlichen Apparate nennt man Diffuseure.

Bei der *Extraktion mit flüchtigen Lösungsmitteln* spielt die Wiedergewinnung des letzteren eine ausschlaggebende Rolle.

Die Extraktion setzt sich zusammen aus dem Behandeln des Extraktionsgutes mit dem Extraktionsmittel, der Trennung des Extraktionsrückstandes von der erhaltenen Lösung, der Trennung von Extraktionsmittel und extrahiertem Stoff (z. B. durch Abdestillieren des Extraktionsmittels) und dem Trocknen des Extraktionsrückstandes (Austreiben des verbliebenen Extraktionsmittels).

Zur besseren Durchdringung des Extraktionsgutes kann unter geringem Überdruck extrahiert werden.

Günstig ist die Extraktion unter Vakuum, weil dadurch nicht nur der Siedepunkt des Lösungsmittels erniedrigt, sondern auch die im Extraktionsgut enthaltene Luft entfernt wird, so daß eine bessere Durchfeuchtung und Benetzung erzielt wird. Bei Verwendung brennbarer Lösungsmittel sind die vorgeschriebenen Sicherheitsmaßnahmen einzuhalten; unter anderem sind die Metallteile der Apparatur zu erden.

Bei der *Wahl des Extraktionsmittels* beachte man neben dem Preis die physikalischen Konstanten; geringe Verdampfungswärme und kleine spezifische Wärme sind von Vorteil, da das Lösungsmittel einem Kreislauf unterliegt, es wird verdampft und wieder kondensiert. Von spezifisch schweren Lösungsmitteln wird mehr benötigt, um das gleiche Volumen zu erhalten. Ist die erhaltene Lösung schwerer als das reine Lösungsmittel, wird letzteres von oben nach unten durch die Apparatur geführt; ist die Lösung leichter, so führt der Weg von unten nach oben. Bei Lösungsmitteln, die in Wasser unlöslich sind, ist eine gute Trocknung des Extraktionsgutes erforderlich (Wassergehalt erschwert das Eindringen des Lösungsmittels).

2. Stehende Extraktoren. Abb. 338 zeigt das Schema einer Extraktionsanlage mit stehendem Extraktor. Bei der Kaltextraktion wird das Lösungsmittel eine Zeitlang auf dem Extraktionsgut belassen (auf dem Siebboden *s*, bespannt mit Filtertuch), dann die angereicherte Lösung bei geöffneten Hähnen h und h_1 in die Destillierblase D abgelassen, in der das Lösungsmittel abdestilliert wird, während der feste Stoff zurückbleibt. Zu diesem Zweck wird V geschlossen, V_1 geöffnet und durch Einleiten von Dampf in die geschlossene Schlange g_1 die Lösung zum Sieden gebracht. Die Dämpfe entweichen in den Kühler, es scheidet sich gleichzeitig Wasser ab, so daß reines Lösungsmittel in den Vorratsbehälter R eintritt und von dort über den kleinen Hahn X wieder dem Extraktionsgut zugeführt werden kann. Durch Einschalten einer Überlaufvorrichtung wird erreicht, daß das im Extraktor befindliche Lösungsmittel bei Erreichen einer bestimmten Höhe selbsttätig in die Destillierblase überfließt.

Bei Warmextraktion ist V geöffnet, V_1 geschlossen, so daß die aus der Destillationsblase kommenden Lösungsmitteldämpfe direkt in den Extraktor übertreten; sie werden dort sofort teilweise kondensiert, zum Teil steigen sie in den Kondensator, werden kondensiert und laufen über X in den Extraktor. Das Lösungsmittel befindet sich dabei in einem geschlossenen Kreislauf und Verluste werden gering gehalten. Die zum Schluß im Extraktionsgut verbliebenen Lösungsmittelreste werden durch Ausdämpfen zurückgewonnen. Zu diesem Zweck wird mit der geschlossenen Dampfschlange g geheizt

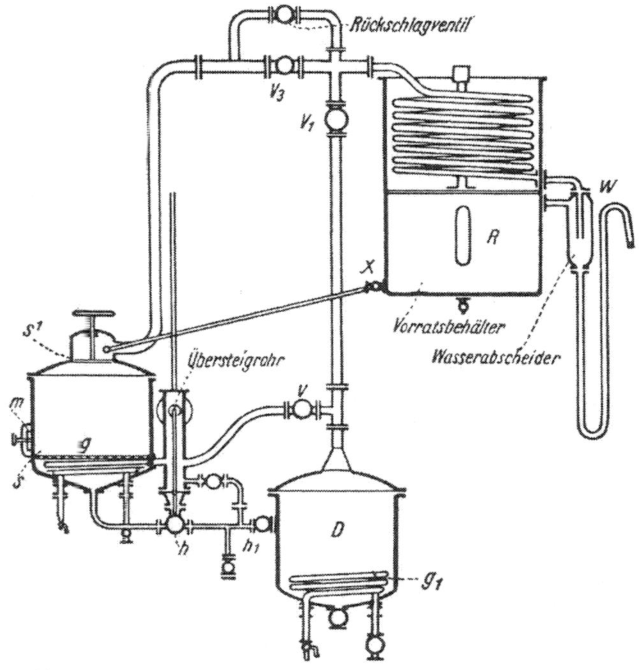

Abb. 338. Extraktionsanlage mit stehendem Extraktor nach Merz

und die ausgetriebenen Lösungsmitteldämpfe über V_3 in den Kondensator geleitet. m ist ein Mannloch. Im Extraktionsgefäß wird zweckmäßig ein Rührwerk eingebaut.

Für große Leistungen arbeitet man mit mehreren hintereinandergeschalteten Extraktoren nach dem Gegenstromverfahren (*Extraktionsbatterien*). In ihnen wird jeweils ein Extraktor zwecks Entleeren und Beschicken abgeschaltet. Das Extraktionsmittel wird dann stets zu dem am meisten ausgelaugten Extraktionsgut aufgegeben.

3. Rotierende Extraktoren. Sie werden bei schwer zu extrahierenden Stoffen, z. B. feinpulverigem Gut, verwendet. Beheizt wird durch den Doppelmantel des Apparates, die Zuführung des Dampfes und des Lösungsmittels sowie die Abführung der Dämpfe und der Lösung geschieht durch Hohlzapfen.

4. Extraktions-Pressen. In den Filterkammern der nach außen lösungsmitteldicht schließenden Filterpressen wird das mit dem Lösungsmittel aufgeschwemmte Gut eingepumpt und abgepreßt. Der Filterkuchen wird mit frischem Lösungsmittel gewaschen und der

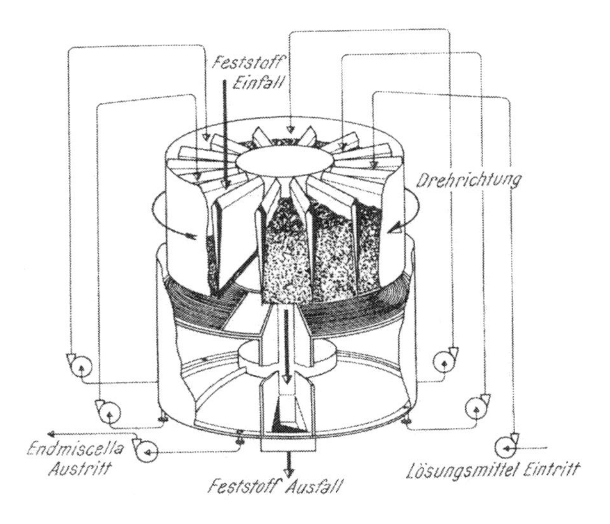

Abb. 339. Karussell-Extraktor (Extraktionstechnik GmbH, Hamburg)

Rückstand durch Ausdämpfen mit Wasserdampf vom Lösungsmittel befreit.

5. Kontinuierliche Extraktion. Im *Karussell-Extraktor* (Abb. 339) wird das Extraktionsgut in einzelnen, radialen Zellen eines langsam rotierenden Läufers gleitend über einen feststehenden Siebboden mit konischen, konzentrischen Siebschlitzen bewegt. Das Lösungsmittel wird über Brausen im Gegenstrom zum Weg des Gutes aufgegeben, wobei es sich bei jedem Perkolationsvorgang mit Extrakt anreichert. Das Extraktionsgut wandert durch die Rotordrehung in den Zellen von Boden zu Boden. Die hochkonzentrierte Mischung aus Lösungsmittel und Extrakt verläßt den Extraktor vorfiltriert durch Selbstfiltration im Extraktionsgut. Die Extraktionszeiten sind beliebig einstellbar. Die Apparatur wird verwendet zum Extrahieren von Drogen, Ölsaaten, in der Kunststoffindustrie u. a. Durchsatzleistung 2—2000 t/24 h Feststoff.

Becherwerks- und Förderschnecken-Extraktoren tragen das Extraktionsgut im Gegenstrom zum Extraktionsmittel. Die Abb. 340 zeigt als Beispiel den kontinuierlich arbeitenden Feststoff-Extraktor

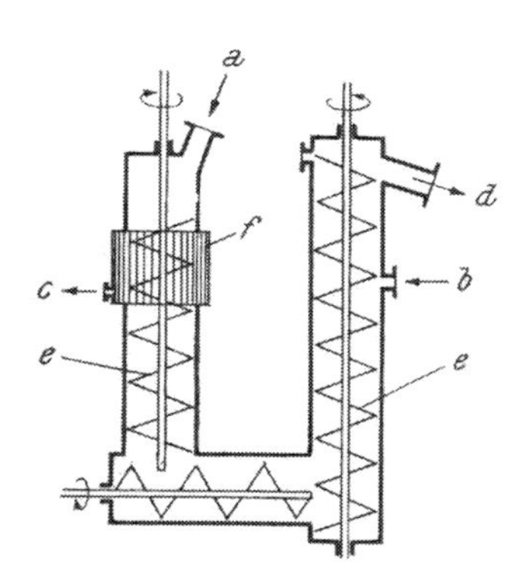

Abb. 340. Prinzip des kontinuierlich arbeitenden Feststoff-Extraktionsapparates nach Hildebrandt. *a* Eintritt des Extraktionsgutes, *b* Eintritt des Lösungsmittels, *c* Austritt des Extraktes, *d* Austritt des Extraktionsrückstandes, *e* Umlaufende Förderschnecke, *f* Stabseiher

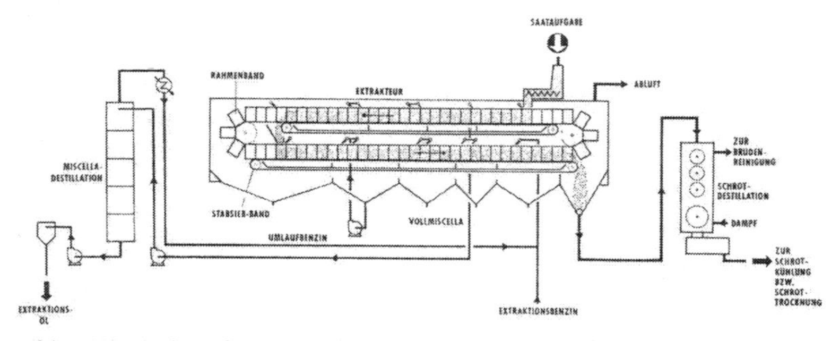

Abb. 341. Rahmenband-Extraktor (Lurgi Gesellschaften, Frankfurt/Main)

„System Hildebrandt“. Die gelochte Förderschnecke bewegt sich mit 0,75 U/min. Am Extraktaustritt filtriert ein Stabseiher mitgerissenes Extraktionsgut ab. Das Gut wird von der Schnecke über den Flüssigkeitsspiegel gehoben, tropft ab und wird anschließend ausgetragen. In angeschlossenen Trockenschnecken wird der Rückstand von Lösungsmittelresten befreit.

Der *Bandextraktor* (vor allem zur Ölgewinnung) besteht aus einem horizontalen endlosen Rahmenband, das auf zwei endlosen Stabsiebbändern aufliegt. Die Siebbänder bilden die Böden der einzelnen Rahmenzellen. Siebbänder und Rahmenband laufen mit gleicher Geschwindigkeit um (Abb. 341). Das Extraktionsgut wird den Rahmenzellen gleichmäßig verteilt zugeführt, am anderen Ende auf das untere Siebband umgeschichtet und am Ende dieses Bandes ausgetragen. Das Lösungsmittel durchläuft das Gut in mehreren Stufen im Gegenstrom zur Bandbewegung und reichert sich dabei stetig mit Öl an („Miscella"). Diese Miscella wird auch innerhalb der einzelnen Stufen umgepumpt. Frisches Lösungsmittel, das am Ende des unteren Siebbandes aufgegeben wird, wäscht die noch an der Oberfläche des Materials haftende Miscella aus. Aus der konzentrierten Miscella wird das Lösungsmittel (zumeist Benzin) abdestilliert, die am Extraktionsrückstand („Schrot") haftenden Lösungsmittelreste werden in indirekt beheizten Dämpfschnecken ausgetrieben.

C. Flüssig-flüssig-Extraktion

1. Allgemeines. Die Flüssig-flüssig-Extraktion wird u. a. für Flüssigkeitsgemische angewandt, die durch Destillation nicht getrennt werden können.

Der Austausch des zu extrahierenden Stoffes (Extrakt) findet zwischen zwei ineinander unlöslichen und in ihrer Dichte unterschiedlichen flüssigen Phasen statt. Der zu extrahierende Stoff wird vom Extraktionsmittel (Lösungsmittel, Solvent) aufgenommen. Den vom Lösungsmittel nicht gelösten Anteil nennt man Raffinat.

Zwischen den beiden flüssigen Phasen stellt sich in Richtung des Nernstschen Verteilungssatzes ein Gleichgewicht ein.

2. Extraktionskolonnen. Extraktionskolonnen arbeiten nach dem Gegenstromprinzip. Siehe dazu Gegenstromdestillation, S. 300.

a) *Füllkörperkolonnen.* Die spezifisch schwere Phase wird oben durch Düsen zugeführt und berieselt die Füllkörperschicht. Die spezifisch leichtere Phase steigt fein verteilt von unten nach oben durch die schwere Phase.

b) *Siebbodenkolonnen* enthalten horizontale Siebflächen. Die spezifisch leichtere Phase sammelt sich unter dem Siebboden und steigt in Form von Tröpfchen in der darüber befindlichen schwereren Phase auf. Letztere gelangt durch ein Ablaufrohr am Siebboden zum nächsten Boden.

c) In der *Rührkolonne nach Scheibel* (Abb. 342 a) wechseln Misch- und Ruhezonen einander ab. Rührer *a*, an einer gemeinsamen Welle befestigt, sorgen für das Durchmischen; die Ruhezonen *b* bestehen aus Drahtpackungen. Das Rohgemisch tritt unten in die Kolonne ein, das Extraktionsmittel wird oben zugegeben. Der angereicherte Extrakt fließt oben ab, während das Raffinat unten austritt.

In der *Drehscheibenkolonne* (Rotating Disc Contator, Abb. 342 b) besitzt das Kolonnenrohr an den Wänden Statorringe *b*, während die Welle Rotorscheiben *a* trägt, die zwischen den Statorringen rotieren und den Mischeffekt bewirken.

d) *Pulsierende Kolonnen.* Die unverteilte Phase wird in der Kolonne durch Kolbenpumpen oder Membranen in Schwingungen versetzt, wodurch die Durchmischung der Phasen verbessert wird.

Für Kolonnen kann auch Glas als Werkstoff verwendet werden.

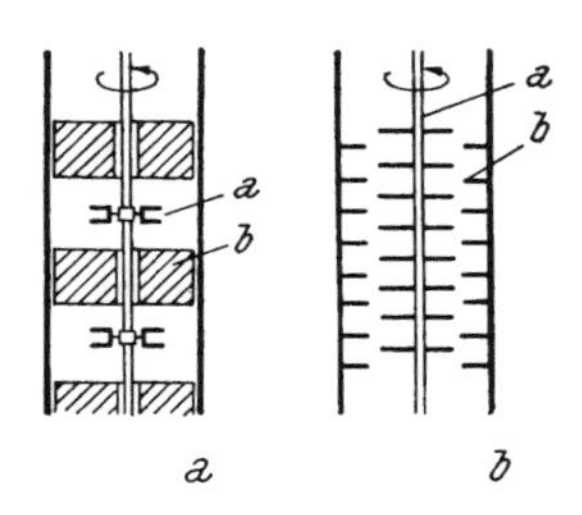

Abb. 342. Ausschnitt aus einer
a Rührkolonne nach Scheibel, *b* Drehscheibenkolonne

3. Mischer-Scheider-Anlagen. Bei Batterien nach dem Mixer-Settler-Prinzip wird die Lösung des zu extrahierenden Stoffes intensiv mit dem Lösungsmittel vermischt, bis sich das Extraktionsgleichgewicht eingestellt hat. Anschließend trennt sich dieses Gemisch in einem Scheider in Raffinat und Extrakt, die getrennt abgezogen werden. Der Vorgang wiederholt sich in mehreren Stufen im Gegenstrom.

Die Anlagen werden als horizontale Vielstufen-Gegenstrom-Extraktoren oder als vertikale Turmextraktoren gebaut.

Die Abb. 343 zeigt die Arbeitsweise des *horizontalen Vielstufen-Gegenstrom-Extraktors*, System Lurgi. Jeder Extraktor ist durch Trennwände in Stufen unterteilt. Jede Stufe besteht aus Mischer und Abscheider. Als Mischer werden in Pumpenkammern eingebaute Tauchpumpen oder außen aufgestellte Kreiselpumpen verwendet, als Abscheider fungieren die Räume zwischen den Trennwänden. Die schwere Flüssigkeit wird über eine Vorkammer der ersten Pumpenkammer zugeführt und hier mit der leichten Flüssigkeit aus dem Abscheider der Stufe 2 vermischt. Das Gemisch wird von der Pumpe in den Abscheider der ersten Stufe gefördert und trennt sich dort in zwei Flüssigkeitsschichten. Die obere, leichtere und angereicherte Flüssigkeit fließt über einen Trichter aus dem Extraktor ab; die untere, schwerere wird in die Pumpenkammer der zweiten Stufe eingezogen und dort mit leichter Flüssigkeit aus dem dritten Abscheider vermischt. Insgesamt durchfließt die schwere Flüssigkeit nacheinander alle Stufen im Gegenstrom zur leichten Flüssigkeit, die am anderen Ende des Extraktors aufgegeben wird. Die Apparate werden für Leistungen bis zu mehreren 100 m^3/h gebaut.

Der *Lurgi-Turmextraktor* wird dann verwendet, wenn die Zahl der Extraktionsstufen groß ist, die Mengen der zu trennenden Stoffe stark verschieden sind, das System zur Emulsionsbildung neigt oder ein Kreislauf einer der beiden Phasen zweckmäßig ist.

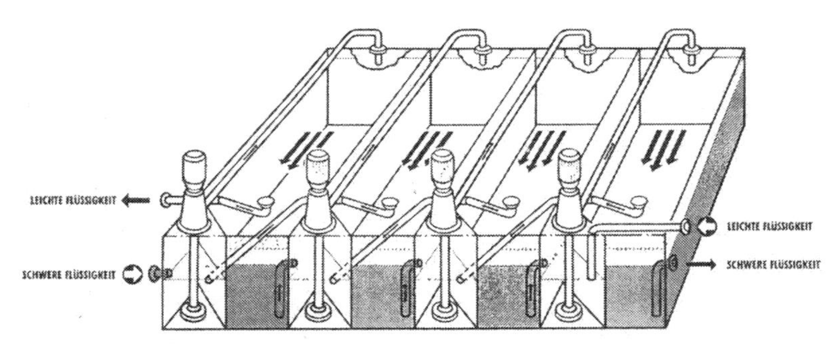

Abb. 343. Horizontaler Vielstufen-Gegenstrom-Extraktor nach dem Mixer-Settler-Prinzip (Lurgi Gesellschaften, Frankfurt/Main)

Beim Turmextraktor sind alle Scheider in einem runden Turm übereinander angeordnet, die jeweiligen Mischer befinden sich seitlich und außen am Turm. Alle Räume sind vollständig mit Flüssigkeit gefüllt, eine der Phasen kann wahlweise in einem einstellbaren Stufenkreislauf geführt werden. Der Stand der Trennfläche wird von einer „Mischkammer", in der er durch das Ansaugrohr des Mischers auf konstanter Höhe gehalten wird, auf den Stand der Trennfläche im Scheider der nächsten Stufe nach dem Prinzip der kommunizierenden Röhren übertragen. Die Trennflächenstände in den Scheidern sind unabhängig von den Dichten beider Phasen und ihrer Differenz.

4. Zentrifugal-Extraktoren. Die Extraktion wird hier in Separatoren, die zusätzlich eine Mischvorrichtung besitzen, vorgenommen. Die beiden Flüssigkeiten werden in der rotierenden Trommel mehrstufig im Gegenstrom vermischt und anschließend im Separatorteil wieder getrennt. Solche Aggregate eignen sich vor allem für Stoffe, deren Extraktion sehr rasch erfolgen muß.

19. Kristallisieren

1. Allgemeines. Die Kristallisation dient der Reindarstellung oder der Erzielung einer bestimmten Handelsform eines Stoffes. Der Kristallisationsprozeß ist daher entweder nur auf die Abscheidung des gewünschten Stoffes in Kristallform gerichtet, oder es handelt sich um die Abtrennung von Verunreinigungen bzw. um die Trennung unterschiedlich löslicher Stoffe (fraktionierte Kristallisation).

Die Kristallisation geschieht durch Kühlen einer übersättigten Lösung oder durch teilweises Abdampfen des Lösungsmittels.

In der Regel wird die Gewinnung grober Kristalle mit gleichmäßiger Kornstruktur bevorzugt (günstige Trocknungsverhältnisse der Kristalle und staubfreie Verpackung). Um dies zu erreichen, muß die Kristallisation gesteuert werden. Dabei wird eine zu starke Kristallkeimbildung zugunsten der Kristallwachstumsgeschwindigkeit zurückgedrängt.

Ein Zusammenbacken von Kristallen während des Lagerns wird begünstigt durch im Produkt enthaltene oder aufgenommene Feuchte, ungleichmäßige Körnung und durch Kristallformen mit großen Berührungsflächen der Kristalle untereinander (z. B. Nadeln) sowie durch zu hohe Lagertemperatur.

2. Kühlungskristallisatoren. Beim *Kristallisieren in Ruhe* ist der Durchsatz pro Einheit des Kristallisationsraumes verhältnismäßig gering. Man läßt die Lösung in Pfannen oder Mulden abkühlen (langsames Verdunsten des Lösungsmittels).

Beim *Kristallisieren in Bewegung* wird das Kristallkorn ständig in Schwebe gehalten, es wird immer wieder in übersättigte Lösungsschichten gebracht, das Kristallwachstum wird beschleunigt.

In der *Kristallisierwiege* wird die Lösung hin- und hergeschaukelt und durch eingebaute Zwischenwände in eine Zickzackbahn gelenkt, wodurch die Kristalle am Zusammenbacken gehindert werden. Die Arbeitsweise ist aus der Abb. 344 ersichtlich. Die Kristallisation findet in der Rinne *a* statt, die in schaukelnde Bewegung versetzt wird (mit Hilfe der Gelenkstangen a_2, der Arme a_3, der im Lager a_5 drehbaren Welle, die durch den Arm a_6 mit der

Stange a_7 des Exzenters a_8 und die Welle a_9 bewegt wird). Der Zu- und Ablauf geschieht durch biegsame Rohre *b* und *c*. Die erschöpfte Lauge wird durch die Pumpe *p* in den Löseapparat *l* gedrückt, dort angeheizt und wieder gesättigt, worauf sie in den Kreislauf zurücktritt.

Gekühlt wird durch Luft, gegebenenfalls verstärkt durch Kühlmäntel. Verwendbar für große Leistungen (bis 200 kg/h). Troglänge bis 25 m bei einem Inhalt von bis zu 20 m³.

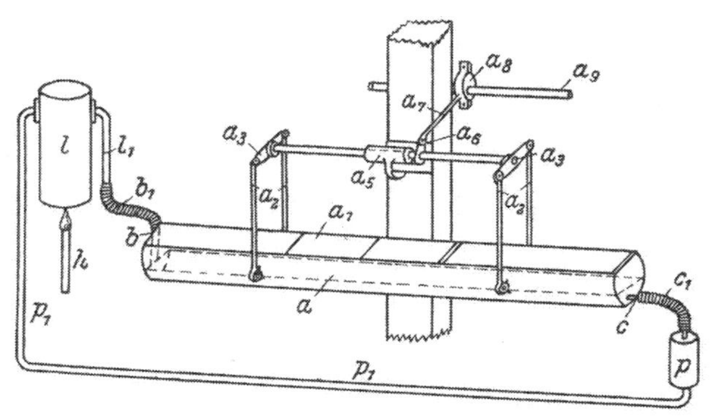

Abb. 344. Kristallisierwiege

Der *Rohrkristallisator* besteht aus einem bis 20 m langen, schwach geneigten Drehrohr, in das die Lösung am höher gelegenen Ende stetig eintritt. Die Lösung wird von einem Kaltluftstrom im Gegenstrom gekühlt, der gleichzeitig das verdunstende Lösungsmittel entfernt. Die Kristalle verlassen das Drehrohr am tiefer gelegenen Ende. Das Drehrohr kann von einem Kühlmantel (Wasser) umgeben oder isoliert sein. Die Kristallgröße wird durch Regeln der Drehgeschwindigkeit beeinflußt. Durchsatz bis 100 m³ Lösung pro Stunde.

3. Umlaufkristallisatoren. Beim *Messo-Wirbelkristaller* (Abb. 345) zur Züchtung, Klassierung und Trennung von Kristallisat grober Körnung, mischt sich die aus der oberen Kühlzone zwischen dem inneren Rohr *2* und dem äußeren Rohr *7* abwärts strömende übersättigte Lösung mit der durch die Saugdüse *6* umlaufenden Lösung. Die Mischung wird im unteren Teil nach außen aufwärts umgelenkt und durch die Kristallwachstumszone *11* geführt. Hier wird die Übersättigung an die wachsenden Kristalle abgegeben. Mit dem Regelventil *13* läßt sich die in der Absetzzone *10* geklärte Mutterlösung über den Austrittsstutzen *9* so abziehen, daß eine Suspension mit kontrolliertem Kristallgehalt bei *8* überläuft. Die frische Lösung wird von unten bei *1* in den Kreislauf eingespeist.

Durch die mit der Ejektoreinstellung regelbare Umlaufmenge des äußeren Kreislaufs findet eine Klassierung des Kristallbreis statt. Die durch das Bett geführte Strömung sichtet kleinere Kristalle aus der Suspension aus und führt sie in den inneren Kreislauf der Propeller-

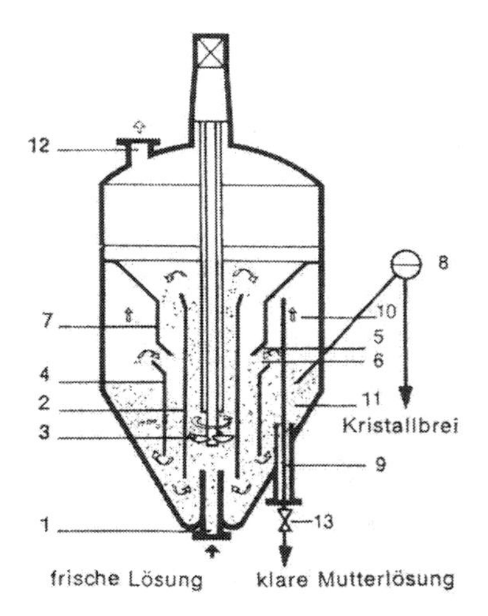

Abb. 345. Messo-Wirbelkristaller
(Standard-Messo, Gesellschaft für Chemietechnik mbH & Co., Duisburg)

pumpe *3* zurück. In der Abbildung bedeuten ferner: *4* das äußere Rohr unten, *5* die Treibdüse und *12* den Brüdenstutzen.

4. Verdampfungskristallisatoren. Verwendet werden die gebräuchlichen Verdampfer mit senkrechten Wärmeaustauschrohren und Umlaufverdampfer. Das Schema eines Verdampfungskristallisators ist in der Abb. 346 gezeigt. Die Mutterlauge wird dem Verdampferteil durch die Pumpe immer wieder zugeführt. Die Arbeitsweise geht aus der Abbildung hervor.

5. Kristallisation aus der Schmelze. Zur Gewinnung blättchenförmiger Schuppen, insbesondere aus Schmelzen, verwendet man *Kristallisierwalzen,* die im Prinzip einer Trockenwalze gleichen (s. S. 386), jedoch mit Kühlung statt Heizung arbeiten.

Einen *Schmelzkristaller in Rohrform* zeigt die Abb. 347, der vor allem für die Reindarstellung gewünschter Komponenten aus geschmolzenen Isomerengemischen verwendet wird. Verweilzeit und Temperaturabsenkung werden durch das Verhältnis von Durchsatz zu Umwälzung und Kühlmittelmenge gesteuert. Schaberkühler mit

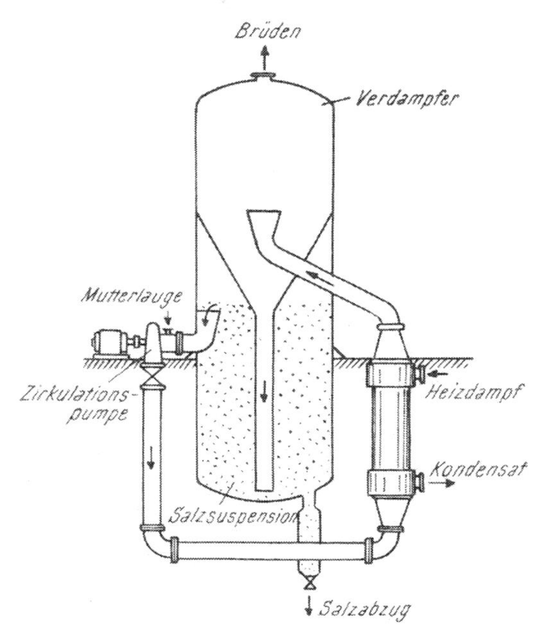

Abb. 346. Verdampfungskristallisator
(Carl Canzler, Apparate- und Maschinenbau, Düren)

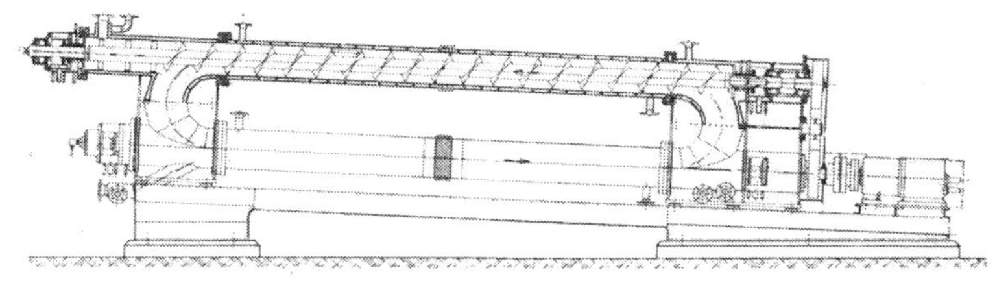

Abb. 347. Schmelzkristaller (Escher Wyss GmbH, Ravensburg/Württ.)

Zwangsumwälzung sind zu einem geschlossenen Ring gestaltet. Der Apparat kann auch zur Kristallisation aus Lösungen verwendet werden.

6. Vakuumkristallisation. Die erforderliche Übersättigung der Lösung wird durch Selbstverdampfung des Lösungsmittels unter Vakuum erreicht. Die Kristallisation geschieht bei niedrigerer Temperatur.

Vakuumkristallisatoren arbeiten kontinuierlich. Das Vakuum wird mit Hilfe von Dampfstrahlsaugern oder Wasserringpumpen erzeugt.

Die Apparaturen sind als *Kühlungskristallisatoren* oder *Rührkristallisatoren* gebaut. Bei letzteren wird die Lösung nicht umgepumpt, sondern durch Rührer aufgewirbelt und zum Austrag transportiert (liegende Bauweise).

Im *Vakuumverdampfungskristallisator* wird die Lösung an einem Heizkörper vorbeigeführt, dort mäßig konzentriert, ohne daß es jedoch zur Bildung von neuen Kristallkeimen kommt. Anschließend wird die Lösung in einen zweiten Raum gepumpt und durchspült die dort aufgeschichteten Impfkörper, die nunmehr die Übersättigung der Lösung unter ständiger Vermehrung der Kristalle aufheben. Die Mutterlauge fließt im Kreislauf wieder dem Eindampfteil zu.

Bei der *Mehrstufenvakuumkristallisation* sind mehrere Vakuumkristallisatoren hintereinander geschaltet. Die heiße Lösung wird in Kühlern stufenweise infolge des steigenden Vakuums gekühlt. Durch die Brüdendämpfe der ersten Stufen wird die Rohlösung in Oberflächenkondensatoren vorgewärmt. Die stufenweise Kühlung begünstigt die Ausbildung großer Kristalle.

7. Umkristallisieren. Die Rohlösung wird durch Zusatz von Aktivkohle, Kieselgur o. a. entfärbt und filtriert, oder es werden Kohlefilter verwendet, durch die Lösung hindurchgedrückt wird.

8. Gefrierkonzentration. Das Gefrierkonzentrationsverfahren GK (Krauss-Maffei AG, München) ist anwendbar zum Konzentrieren wäßriger Lösungen, bei denen die Löslichkeitskurve im Temperaturbereich unter 0 °C verläuft. Das Wasser wird durch Abkühlen eutektischer Lösungen als reines Eis herauskristallisiert. Nach mechanischer Abtrennung der Eiskristalle bleibt die konzentrierte Lösung zurück. Verwendung in der Nahrungs- und Genußmittelindustrie (Kaffee, Tee, Obstsäfte, Pflanzenextrakte, Wirkstoffe).

Apparatives: Der Kühlkristallisator besteht aus 5 m langen, übereinander angeordneten Wärmeaustauschrohren. Im Doppelmantel dieser Rohre fließt Kühlsole (oder flüssiges Kältemittel von — 10 bis — 30 °C). Im Innern der Rohre läuft eine Welle mit federnd aufgehängten Wischerblättern. Die zu konzentrierende Lösung wird kontinuierlich im Kristallisator gekühlt und kristallisiert. Die Eiskristall/Konzentrat-Suspension wird kontinuierlich abgenommen und in Filtrationszentrifugen getrennt.

20. Verdampfen und Destillieren

A. Verdampfen

1. Allgemeines. Durch Verdampfen wird die Konzentration eines nichtflüchtigen Stoffes in einer Lösung erhöht, indem der flüchtige Bestandteil durch Wärmezufuhr in Dampfform übergeht und aus der Lösung ganz oder zum Teil entfernt wird.

Die beim Verdampfen entwickelten Dämpfe nennt man Brüden. Einen großen Einfluß auf die Verdampferleistung üben Flüssigkeitsumlauf und die Viskosität der Flüssigkeit aus.

Bei *Einkörperverdampfern* geschieht die Verdampfung von der Anfangs- bis zur Endkonzentration in ein und demselben Verdampferkörper, während bei *Mehrkörperverdampfern* die Wärme des Brüdendampfes zum Beheizen eines zweiten Verdampfers ausgenutzt wird usw.

Für das Verdampfen können die verschiedenen Arten von Wärmetauschern (s. S. 258) und Tauchbrenner (s. S. 252) herangezogen werden.

2. Röhrenverdampfer. a) *Vertikalrohrverdampfer* (Abb. 348). Die einzudampfende Lösung zirkuliert in einem Bündel von dampfumströmten Rohren. Im Mantel *a* des Verdampfergefäßes befindet sich das Heizrohrbündel *r*, in dessen Mitte das Zirkulationsrohr (Fallrohr) so verlegt ist, daß kältere Flüssigkeit in ihm herabfließen und in den von außen beheizten Rohren *r* hochsteigen und wieder im Zirkulationsrohr abfließen kann, so daß ein lebhafter Umlauf der zu verdampfenden Flüssigkeit im Verdampfergefäß stattfindet. Der Boden *c* mit einer kreisrunden Öffnung und Stutzen *st* mit Glocke *g* (Prallwirkung) verhindern das Überschäumen der siedenden Flüssigkeit.

Die Siederohrlänge von Vertikalrohrverdampfern beträgt bis zu 2500 mm, der Siederohrdurchmesser bis zu 70 mm; Heizfläche bis 350 m^2.

Vertikalrohrverdampfer mit innenliegender Heizkammer lassen sich zu Mehrkörperverdampferanlagen zusammenstellen.

b) Für kristallisierende und schäumende Lösungen sind *Verdampfer mit außenliegendem Heizkörper* vorteilhafter (Abb. 349). Die Flüssigkeit tritt bei *E* ein und verdampft in den Siederohren *S*. Die entstehenden Brüden, die Flüssigkeitstropfen mitreißen, strömen tangential zum Brüdenaustrittrohr *R* in den Brüdenraum *B* (Abscheider). Durch die Zentrifugalkraftwirkung werden die Tröpfchen

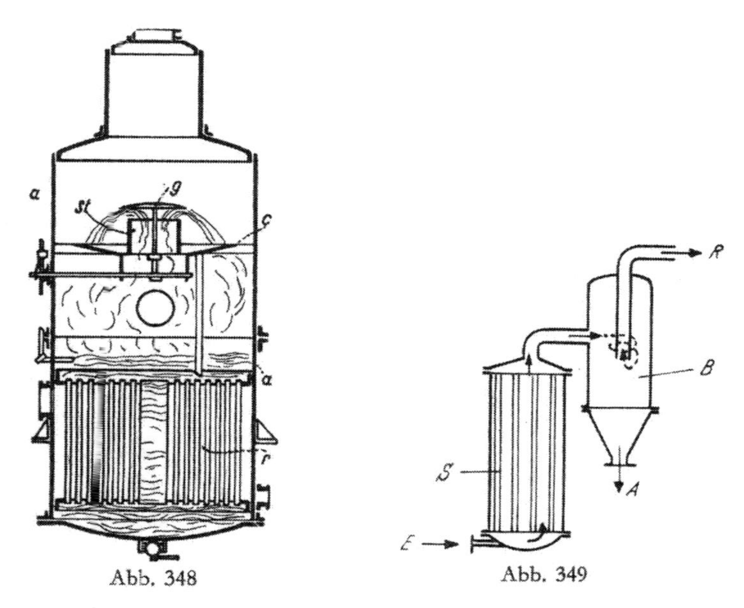

Abb. 348. Vertikalrohrverdampfer
Abb. 349. Verdampfer mit außenliegendem Heizkörper

nach außen geschleudert und fließen an der Wand zum Boden des Abscheiders. Die so gereinigten Brüden entweichen bei *R*, die eingedickte Lösung sammelt sich bei *A*.

Bei *Zwangsumlaufverdampfern* wird der Flüssigkeitsumlauf durch eine Pumpe besorgt. Sie sind gekennzeichnet durch große Heizflächenleistung, wodurch hohe Endkonzentrationen erreicht werden. Infolge der hohen Strömungsgeschwindigkeit in den Rohren (0,3 bis 3 m/s) wird eine Verkrustung der Heizflächen in der Regel vermieden.

3. Mehrkörperverdampfer. Zur Erhöhung der Wirtschaftlichkeit wird die in den Dämpfen (Brüden) enthaltene Wärmemenge dazu verwendet, einen zweiten Körper zu beheizen u.s.f. (mehrfache Wärmeausnutzung). Zweckmäßig ist die Anwendung von Vakuum. Der Druck nimmt allmählich in den nachfolgenden Verdampfern ab, so daß es möglich wird, mit den jeweils abziehenden Brüden den

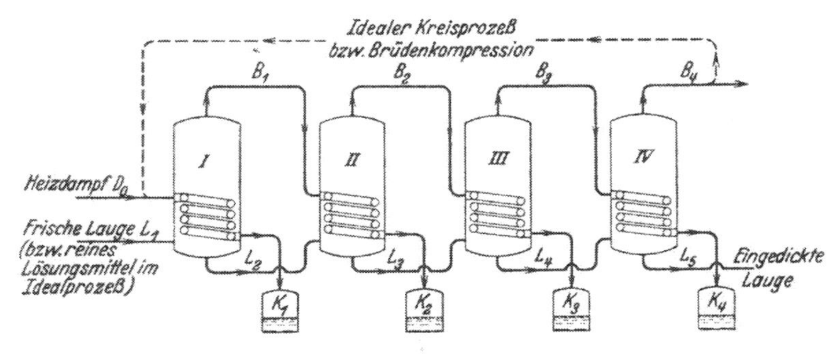

Abb. 350. Mehrkörperverdampfer

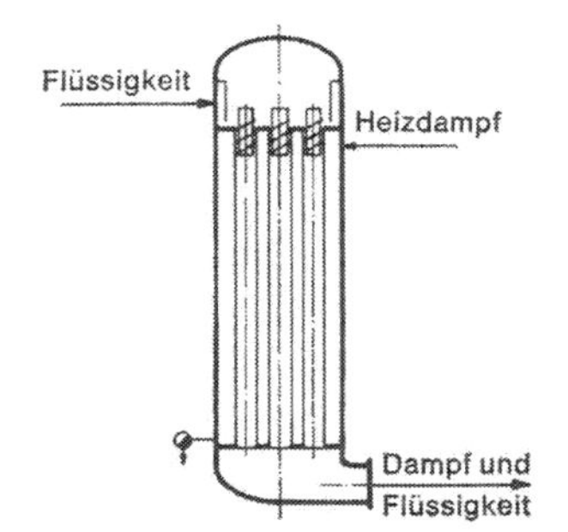

Abb. 351. Filmverdampfer mit Drallkörpern
(Samesreuther Müller Schuss GmbH, Butzbach/Hessen)

nächsten Verdampfer bis zum Sieden der Flüssigkeit zu beheizen. In der Abb. 350 ist das Prinzip der Mehrkörperverdampfung dargestellt. Mit *B* sind die Brüden, mit *L* die Flüssigkeit und mit *K* das Heizdampfkondensat angedeutet.

Je zäher eine Lösung ist, je größer die Siedepunktserhöhung und je mehr die Flüssigkeit zur Krustenbildung neigt, um so größer muß das Temperaturgefälle für jeden einzelnen Verdampferkörper sein. Dies wiederum bedingt eine geringere Anzahl von Verdampferkörpern.

4. Dünnschichtverdampfer. Um zu vermeiden, daß sich Stoffe bei längerer Einwirkung hoher Temperaturen verändern, wird die Aufenthaltszeit der zu verarbeitenden Lösung im Verdampferraum verringert, indem man die im Apparat befindliche Flüssigkeitsmenge verkleinert. Die Flüssigkeit strömt in dünnen Schichten über beheizte Flächen.

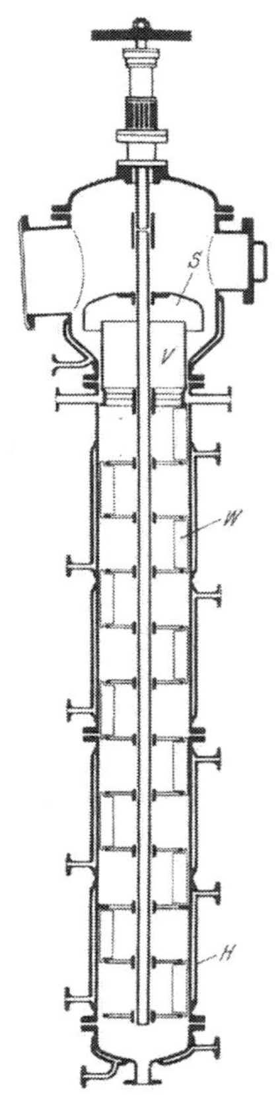

Abb. 352. Prinzip des Sambay-Dünnschichters (Samesreuther Müller Schuss GmbH, Butzbach/Hessen)

a) *Fallfilmverdampfer.* Die Lösung wird am oberen Rohrboden gleichmäßig verteilt (Düsen, Drallkörper) und strömt als dünner Film an den Innenwänden der senkrechten Siederohre herab, wobei gleichzeitig die entstehenden Dampfblasen nach abwärts strömen und die Durchlaufgeschwindigkeit des Flüssigkeitsfilmes beschleunigen. Ein Abscheider unterhalb der Siederohre trennt die Brüden von der eingedampften Lösung. Die Abb. 351 zeigt das Prinzip eines Filmverdampfers mit Drallkörpern zur Verteilung der Flüssigkeit.

b) *Rotorverdampfer.* Der Dünnschichtverdampfer (Abb. 352) besteht aus dem senkrechten Verdampferrohr, umgeben von einem unterteilten Heizmantel *H*, der es ermöglicht, den Verdampfer entsprechend dem Siedeverlauf des zu verdampfenden Produktes mit unterschiedlichen Temperaturen zu beheizen bzw. zu kühlen. Im Innern des Rohres befindet sich ein Wischersystem *W*, das über einen Keilriemen angetrieben wird. Lagerung und Aufhängung erfolgen in einer Stopfbuchse. Der mitrotierende Schaumabscheider *S* ver-

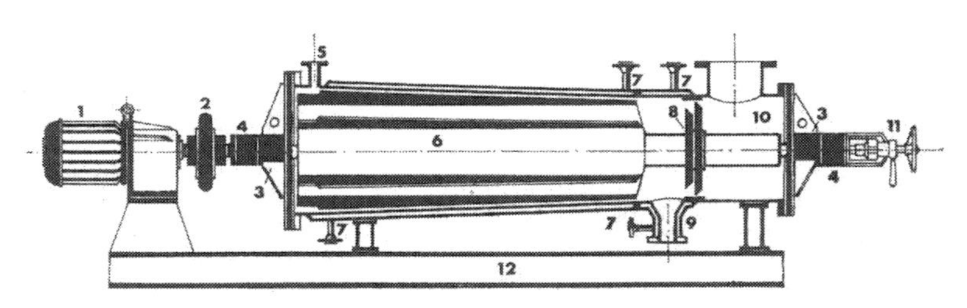

Abb. 353. Sako-Dünnschichter horizontal, Typenreihe KH (Samesreuther Müller Schuss GmbH, Butzbach/Hessen).
1 Antrieb, *2* Kupplung, *3* Abdichtung, *4* Lagerung, *5* Produkteintritt, *6* Rotorsystem, *7* Heizmittel, *8* Abscheider, *9* Produktauslauf, *10* Brüdenraum, *11* Vorstellspindel, *12* Rahmengestell

hindert das Mitreißen feinster Flüssigkeitsteilchen, die sich im Dampfstrom befinden. Die abgeschiedenen Tröpfchen werden durch die Zentrifugalkraft nach außen geschleudert und gelangen zurück in den Verteilerring *V*, der die Lösung gleichmäßig auf das Verdampferrohr verteilt. Die darunter etagenförmig versetzt angeordneten Wischerblätter erzeugen mechanisch einen dünnen Film.

Rotorverdampfer werden gebaut bis zu 9 m Höhe mit einer Heizfläche bis 7 m². Die Rotordrehzahl beträgt etwa 1000 U/min, die Verweilzeit der Lösung zwischen 10 und 60 Sekunden. Der Flüssigkeitsfilm hat eine Dicke von 0,1 bis 1 mm. Verdampferleistung bis 1000 kg/h (bezogen auf Wasser).

Bei dem in der Abb. 353 gezeigten *horizontalen Sako-Dünnschichters* läuft ein konischer Rotor mit starren Wischerblättern in einem beheizten konischen Gehäuse rasch um. Das eintretende flüssige Medium wird von dem Rotor zu einem dünnen, turbulenten Film ausgebreitet. Ein mechanischer Zentrifugalabscheider verhindert das Mitreißen von Flüssigkeitströpfchen in den Kondensator. Vorteilhaft ist die axiale Verstellbarkeit des Rotors zur Veränderung der Filmstärke. Heizung im Normalfall bis 350 °C. Da sich die Verweilzeit von wenigen Sekunden (in Spezialfällen bis zu 1 Stunde) stufenlos regeln läßt, ist der Apparat auch zur Durchführung chemischer Reaktionen geeignet.

c) *Zentrifugalverdampfer.* Der Zentrifugalverdampfer Centri-Therm (Abb. 354) enthält hohle Teller *a*, angeordnet in Art einer Tellerzentrifuge, die durch Heizdampf (Dampfeintritt *b*, Kondensataustritt bei *c*) beheizt werden. Die zu verdampfende Lösung, die

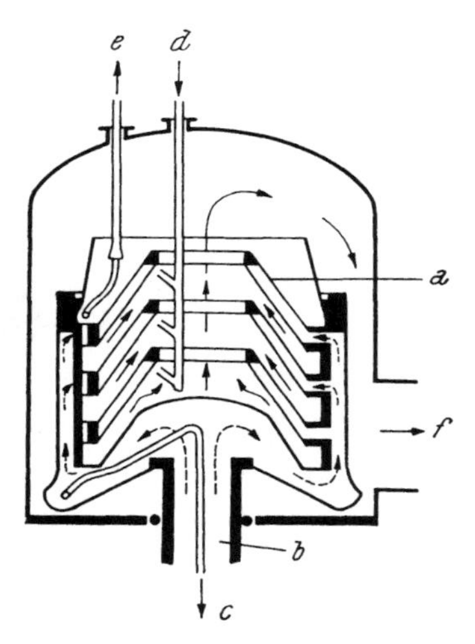

Abb. 354. Centri-Therm-Zentrifugalverdampfer (Alfa-Laval AB, Lund/Schweden)

bei *d* in den Verdampfer eintritt, wird durch die Zentrifugalkraft verteilt und als Film auf den heißen Tellern rasch verdampft. Das Konzentrat wird nach außen in einen Sammelkanal geschleudert und tritt bei *e* über ein Schälrohr aus. Der abgetrennte Brüdendampf wird von *f* kommend über einen barometrischen Kondensator geleitet. Die Verweilzeit beträgt 1—2 Sekunden, die Filmdicke ca. 0,1 mm. Eindampftemperatur 40—50 °C, Leistung bis 2800 kg/h (Wasser).

5. Schneckenverdampfer. Siehe unter Schneckenwärmetauscher, S. 267.

6. Vakuumverdampfer. Falls die einzudampfenden Lösungen keine hohen Temperaturen vertragen, werden sie im Vakuum eingedampft. Die entstehenden Brüden gelangen in einen Oberflächenkondensator oder Einspritzkondensator (s. S. 298). Im Kondensator wird ein Vakuum aufrechterhalten, das der Kondensationstemperatur entspricht. Die enthaltene Luft (oder nicht kondensierte Dämpfe) werden aus dem Kondensator durch die Vakuumpumpe entfernt. In der Regel kann zum Heizen Niederdruckdampf (Abdampf) verwendet werden.

Es können praktisch alle Verdampferarten für die Vakuumverdampfung herangezogen werden. Über schematische Schaltbilder siehe unter Vakuumdestillation, S. 311.

7. Schaumabscheider. Beim Verdampfen kann es geschehen, daß Flüssigkeitströpfchen in Form von Schaumblasen mitgerissen werden und eine Abscheidung erforderlich machen.

Stoßkraftabscheider besitzen eingebaute Prallbleche, wodurch der Dampfstrom zu einer plötzlichen Richtungsänderung gezwungen wird. Die mitgerissenen Flüssigkeitsteilchen behalten jedoch infolge ihrer größeren Masse die ursprüngliche Richtung bei und scheiden aus dem Dampf aus. Sie werden durch ein Rücklaufrohr in den Verdampfer zurückgeleitet.

In *Zentrifugalabscheidern* werden die Brüden zu einer kreisenden Bewegung gezwungen, wobei die Flüssigkeitsteilchen durch die Zentrifugalkraft an die Wand geschleudert und abgeschieden werden.

B. Destillieren

Beim *Destillieren* wird eine Flüssigkeit oder ein Flüssigkeitsgemisch verdampft und der Dampf anschließend zum Destillat kondensiert. Zweck des Destillierens ist die Reinigung einer Flüssigkeit bzw. die Trennung eines Flüssigkeitsgemisches auf Grund der unterschiedlichen Siedetemperaturen der enthaltenen Komponenten.

Das Zerlegen eines Stoffgemisches in die einzelnen Bestandteile nennt man *Fraktionieren.*

Beim *Dephlegmieren* wird der vom Verdampfer aufsteigende Dampf in einem Kühler (Dephlegmator) partiell kondensiert. Im Dephlegmator, dessen Kühlwassertemperatur nur wenig unter der Siedetemperatur des höhersiedenden Gemischbestandteiles liegt, wird vorwiegend die hochsiedende Komponente kondensiert und ausgeschieden. Der Dampf ist nunmehr an niedrigsiedender Komponente angereichert und wird in einem zweiten Kühler kondensiert. Die im Dephlegmator kondensierten Anteile fließen in den Verdampfer (z. B. in die Destillierblase) zurück.

Bei der *Rektifikation* (in Kolonnenapparaten) werden aufsteigendes Dampfgemisch und herabfließendes Kondensat (Rücklauf) im

Gegenstrom zueinander geführt, wodurch ein ständiger Wärme- und Stoffaustausch zwischen beiden stattfindet. Die höhersiedende Komponente wird im fallenden Flüssigkeitsstrom, die niedrigsiedende im aufsteigenden Dampf angereichert. Es findet somit eine mehrfache Destillation statt.

Bei der *Dünnschichtdestillation* (Normaldruck oder Vakuum) werden die Komponenten in dünner Schicht auf Heizflächen verteilt und verdampft.

Durch die *Trägerdampfdestillation* (im Spezialfall die Wasserdampfdestillation) werden temperaturempfindliche und hochsiedende Komponenten unterhalb ihrer Siedetemperatur von den anderen Komponenten mit Hilfe eines Trägerdampfes als Zusatzstoff getrennt.

Auf die einzelnen Destillationsverfahren wird in den folgenden Abschnitten näher eingegangen.

C. Gleichstromdestillation

1. Destillierblasen. Für die *einfache Destillation* verwendet man häufig Destillierblasen als Verdampfergefäße in Form stehender oder liegender Zylinder. Die Blasenfüllung beträgt bei nichtschäumenden Flüssigkeiten etwa 60—75% des Blasenvolumens. Beheizt werden sie durch Dampf, Heißwasser oder andere Überträgerflüssigkeiten, Rauchgase oder elektrisch. Die Blasen sind ausgestattet mit Rohrschlangen, Heizmänteln, Rohrbündeln, Umlaufheizung durch außenliegende Röhrenheizkörper. Bei zähen Flüssigkeiten oder solchen, die feste Stoffe ausscheiden, wird möglichst unter Rühren gearbeitet.

Die Destillierblase muß mit Thermometer und Sicherheitseinrichtungen (Sicherheitsventil, Berstscheibe) ausgerüstet sein. Das Einsteigen in das Mannloch („Befahren des Kessels") zwecks Kontrolle des leeren Apparates bei Stillstand ist nur mit ausdrücklicher Genehmigung gestattet (vorheriges Auskochen, Blindflanschen der Rohrleitungen, Blockieren des Rührwerks, Anseilen des Einsteigenden, Atemschutzgeräte, Sicherheitslampe).

Der beim Verdampfen entstehende Dampf wird in einem Kühler kondensiert und das gebildete Destillat in die Vorlage geleitet.

2. Kondensatoren. In den Kondensatoren wird der gesamte Dampf kondensiert, in der Regel mit Wasser als Kühlmittel.

a) Bei *Oberflächenkondensatoren* sind Dampf und Kühlmittellauf durch Wandungen getrennt (Röhrenkühler, Wärmetauscher, S. 258).

b) *Einspritz- und Mischkondensatoren.* In ihnen wird das Kühlwasser unmittelbar mit dem Dampf in Berührung gebracht; der

Dampf wird mit dem eingespritzten Kühlwasser vermischt, wobei er seine Verdampfungswärme an das kalte Wasser abgibt, es erwärmt und selbst kondensiert. Das Kühlmittel fließt, gemischt mit dem Kondensat, ab. Das Verfahren ist daher nur anwendbar, wo die kondensierten Brüden geringen Wert besitzen.

Einspritzkondensatoren sind von einfacher Bauart, müssen aber luftdicht sein, weil beim Kondensieren ein Unterdruck entsteht, der wiederum die Dampfbildung im vorgeschalteten Verdampfer fördert.

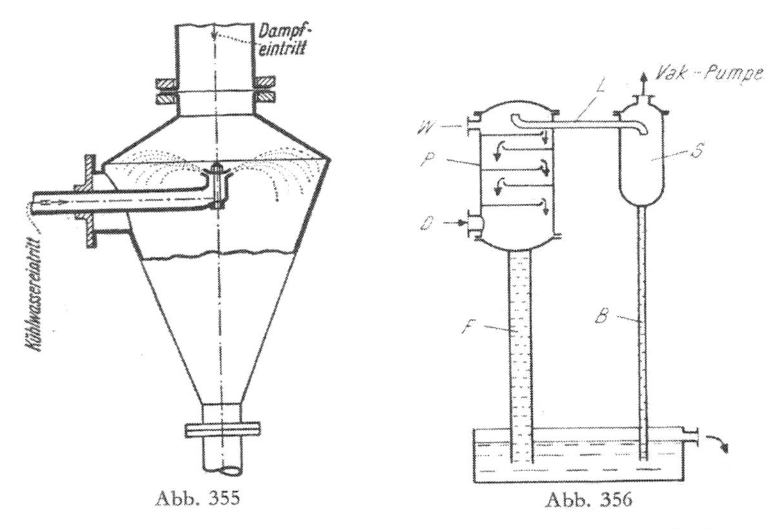

Abb. 355. Einspritzkondensator mit scheibenartigem Wasserschleier
Abb. 356. Trockener barometrischer Gegenstromkondensator

Bei den *nassen Einspritzkondensatoren* werden Kondensat, Kühlwasser und die Gase durch eine einzige Pumpe abgesaugt. Die Abb. 355 zeigt einen Einspritzkondensator mit scheibenartigem Wasserschleier.

Mischkondensatoren können auch mit Rieseleinbauten ausgerüstet sein.

Bei den *trockenen Einspritzkondensatoren* fließen Kondensat und Kühlwasser selbsttätig durch ein Rohr ab, die Gase werden oben durch eine Vakuumpumpe abgesaugt. In der Abb. 356 ist ein trockener barometrischer Einspritzkondensator schematisch dargestellt. Er besteht aus einem mit Rieselplatten *P* versehenen Gehäuse und aus dem barometrischen Fallrohr *F* zum Abfluß von Kühlwasser und Kondensat. Durch den Stutzen *D* tritt der Dampf von unten in den Kondensator ein, das Wasser wird durch den

Stutzen *W* zugeführt und fließt nacheinander durch die Öffnungen im Plattenrand ab. Die Luft wird durch den Stutzen *L* abgesaugt und strömt durch den Spritzwasserfänger *S*, an den das barometrische Fallrohr *B* angeschlossen ist. In *S* ändert die Luft ihre Richtung, so daß die mitgerissenen Wasserteilchen infolge der Trägheit ihre Bewegung fortsetzen und durch das Rohr *B* abfließen. Die trockene Luft wird durch eine Vakuumpumpe abgesaugt. In barometrischen Kondensatoren werden bis 15 000 kg Dampf pro Stunde kondensiert. Verwendung in Mehrkörperverdampfern, bei denen die letzten Stufen unter Vakuum stehen.

3. Dephlegmatoren. In ihnen wird nur ein Teil des Dampfes kondensiert (Trennung in schwer- und leichtsiedende Bestandteile).

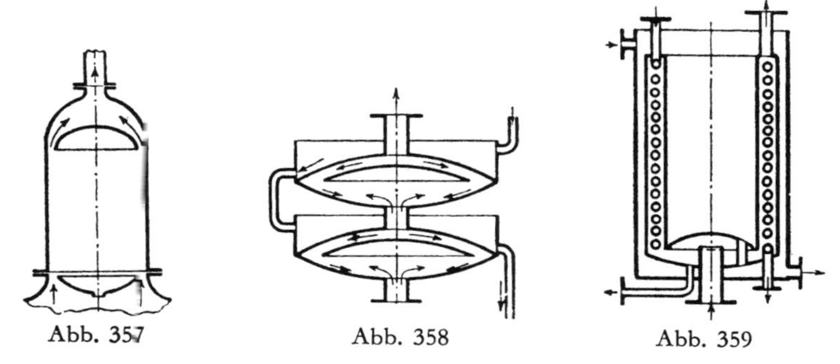

Abb. 357 Abb. 358 Abb. 359

Abb. 357. Zylinderdephlegmator
Abb. 358. Linsendephlegmator
Abb. 359. Schlangendephlegmator

Einige Beispiele zeigen die Abb. 357 bis 359 (Luftgekühlter Zylinderdephlegmator, Linsendephlegmator und Schlangendephlegmator für Wasserkühlung). Die schwersiedenden Anteile fließen in die Blase zurück.

4. Dünnschichtdestillation. Siehe unter Dünnschichtverdampfer, S. 293.

D. Gegenstromdestillation

1. Allgemeines. Die einfache Destillation eines Flüssigkeitsgemisches führt in den meisten Fällen nur zu einer unvollkommenen Trennung in die enthaltenen Komponenten, besonders dann, wenn die Siedepunkte der Komponenten nahe beieinanderliegen. Man greift daher zu einer Kolonne oder Trennsäule, in der der Dampfstrom dem von oben mit Siedetemperatur herabfließenden Flüssigkeitsstrom („Rücklauf") entgegengeführt wird (Gegenstromprinzip). Bedingung ist die innige Berührung von Dampf und Flüssigkeit. Dies wird erreicht durch Füllung der Säule mit Füllkörpern, auf deren Oberfläche die Berührung zwischen Dampf und Flüssigkeit stattfindet oder durch Einbau geeigneter Böden, auf denen der Dampf durch eine Flüssigkeitsschicht hindurchtreten muß. Durch die Böden wird die zylindrische Säule in mehrere Destillationskammern unterteilt.

Der untere Teil der Kolonne ist die *Abtriebsäule*, ihr unterster Teil heißt *Sumpf*, der beheizt wird. Der obere Kolonnenteil ist die *Verstärker- oder Rektifiziersäule*, den obersten Abschluß bildet der

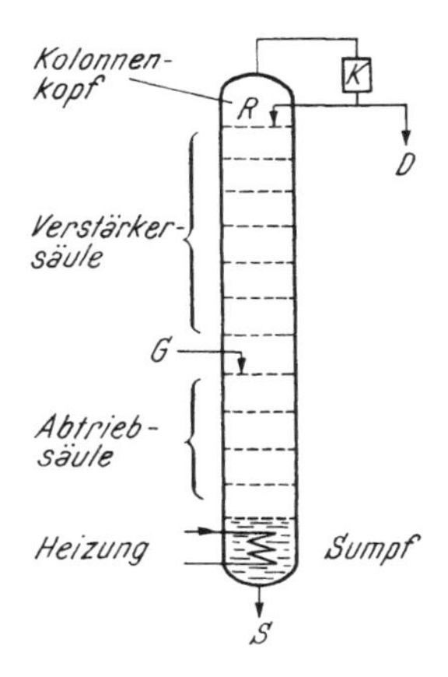

Abb. 360. Prinzip einer Destillierkolonne. *K* Kühler, *R* Rücklauf, *G* Flüssigkeitsgemisch, *S* Sumpfprodukt, *D* Kopfprodukt (Destillat)

Kolonnenkopf. In ihm wird der *Rücklauf* erzeugt und das Destillat (Kopfprodukt) abgetrennt. Prinzip s. Abb. 360.

In diesen kontinuierlich arbeitenden Kolonnen läuft das zu destillierende Flüssigkeitsgemisch zwischen Verstärker- und Abtriebsäule zu (Einlaufboden). Es fließt von Boden zu Boden zum Sumpf, wobei ihm von dort kommende heiße Dämpfe entgegenströmen und die niedrigsiedende Komponente verdampfen. Auf dem Weg des Dampfes zum Kolonnenkopf kondensieren seine schwersiedenden Anteile und er reichert sich mit den leichter siedenden Anteilen an. Ein Teil der Dämpfe wird im Rücklaufkondensator kondensiert und fließt als Rücklauf den aufsteigenden Dämpfen entgegen, während der Rest des Dampfes, also der leichter siedende Anteil, im Destillatkühler kondensiert wird. Die schwersiedende Komponente wird aus dem Sumpf über einen Ablaufregler abgezogen.

Unter *Rücklaufverhältnis* versteht man das Verhältnis der Molzahl des Rücklaufs zur Molzahl des entnommenen Destillats (Zahl der rückfließenden Flüssigkeitsmole je Mol Destillat). Die Trennwirkung einer Säule ist um so besser, je größer das Rücklaufverhältnis ist.

Die aufgegebene Rohflüssigkeit kann als „Kühlmittel“ durch den Rücklaufkondensator strömen und sich dabei bereits vorwärmen.

2. Füllkörperkolonnen. In der Kolonne befindet sich eine Füllkörperschüttung, wodurch eine große Berührungsfläche zwischen dem

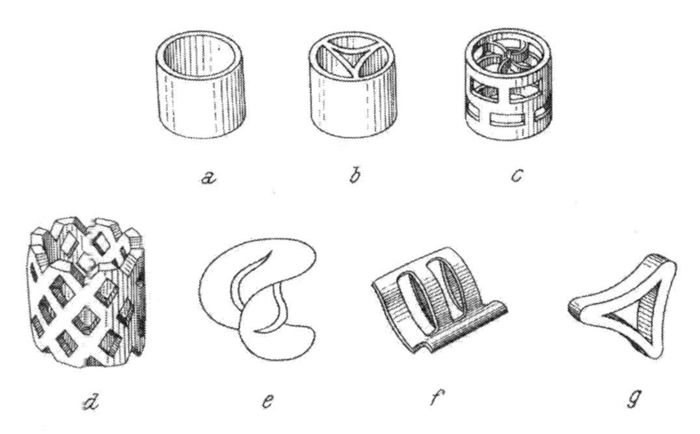

Abb. 361. Füllkörper (Vereinigte Füllkörper-Fabriken GmbH + Co., Fuchs-Letschert-Schliebs, Baumbach/Westerwald)

aufsteigenden Dampf und dem über die Füllkörper rieselnden Rücklauf erreicht wird.

Die *Art und Größe der Füllkörper* kann ausschlaggebend für die Rektifizierwirkung sein. Einige Beispiele von Füllkörpern aus Metall, Keramik oder Kunststoff zeigt die Abb. 361. Zylindrische Füllringe (Raschig-Ringe), glasiert oder unglasiert haben einen Durchmesser von 5 bis 200 mm (*a*); zylindrische Füllringe mit Scheidewand bis 200 mm (*b*); Prallringe bis 120 mm (*c*); Intos-Ringe 30 und 50 mm (*d*); Berl-Sattelkörper bis 80 mm (*e*); Interpack 10 bis 30 mm (*f*); Reformkörper S 52 × 15 mm (*g*). Außerdem sind Spiralriesel-Füllringe, Füllkörper aus Maschendraht u. a. in Verwendung.

Füllkörper geringer Werkstoffdichte (z. B. Raschig-Ringe aus Ralupal, einem thermoplastischen Schaumkunststoff; Dr. F. Raschig GmbH, Ludwigshafen/Rhein) müssen mit einem Siebboden beschwert werden, der durch Stützbolzen gehalten wird.

Wichtig sind geeignete *Auflageböden* (Tragroste) für die Füllkörper (Beispiel s. Abb. 362). Sie sollen einen möglichst großen freien Querschnitt haben.

In der Füllung sollen sich keine Kanäle bilden, die dem Dampf einen Kurzweg durch die Säule gestatten würden.

Bei ordnungsgemäßer *Schüttung der Füllkörper* ist der Gesamtdruckabfall, den die aufsteigenden Dämpfe erleiden, gering. Es ist vorteilhaft, die unterste Schicht systematisch zu legen. Man soll vermeiden, zerbrochene keramische Füllkörper einzufüllen, da durch sie

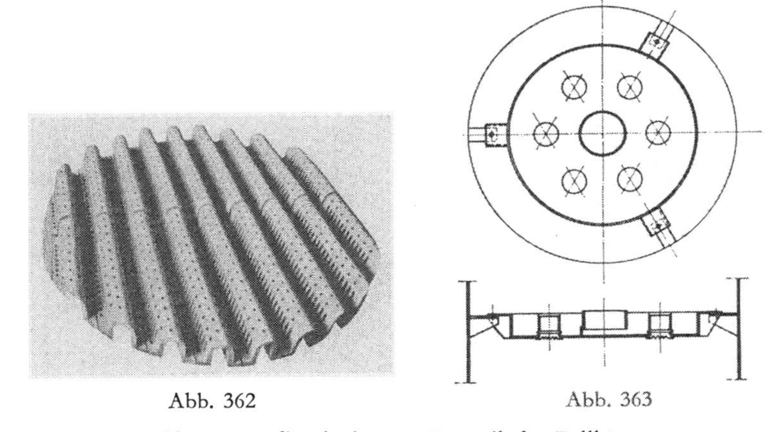

Abb. 362 Abb. 363

Abb. 362. Auflageboden aus Keramik für Füllkörper (Hydronyl Ltd., Stoke-on-Trent/England)

Abb. 363. Flüssigkeitsverteilersysteme (Luwa-SMS GmbH, Verfahrenstechnische Apparate und Anlagen, Butzbach/Hessen)

eine erhebliche Druckverluststeigerung eintreten kann. Ebenso steigern Verkrustungen an Füllkörpern den Druckverlust. Das Verhältnis von Kolonnendurchmesser zu Füllkörperdurchmesser beträgt normalerweise 20 : 1 bis 40 : 1.

Störend wirkt sich auch die *„Randgängigkeit“* der Flüssigkeit, das ist das Abdrängen eines beträchtlichen Teiles der Rieselflüssigkeit nach der Kolonnenwand, aus. Dies kann weitgehend ausgeschaltet werden durch sorgfältiges Einfüllen der Füllkörper, gute Flüssigkeitsverteilung und Einhalten bestimmter Schichthöhen (das 2,2- bis 3fache des Kolonnendurchmessers). Die Flüssigkeitsverteilung gegeschieht durch Brausen, Segner-Räder, Lochplatten, Verteilerböden mit Verteilerrohren, Kastenverteiler u. a.

Es ist von Vorteil, wenn die Schichthöhen alle zwei Meter unterteilt werden und die Flüssigkeit über jeder Schicht durch eingebaute *Flüssigkeitsverteiler* (Abb. 363) neu verteilt wird, denen die Flüssigkeit durch konische Randabweiser zugeleitet wird. Die Flüssigkeitsverteiler sind aus Metall, Keramik oder Kunststoff hergestellt.

3. Kolonnen mit Füllkörperpackungen. An Stelle von Füllringen können Streckmetall- und Spiralfüllungen verwendet werden. (Streck-

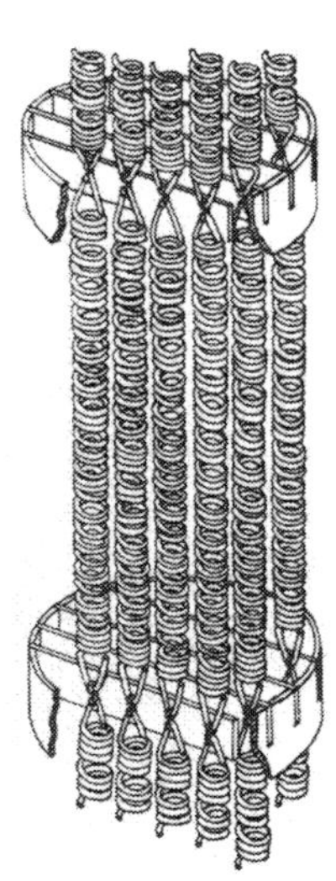

Abb. 365

Abb. 364. Rieselpaket aus Streckmetall, von oben gesehen (Wilhelm Schmidding, Apparate-, Anlagen- und Maschinenbau, Köln-Niehl)
Abb. 365. Schraubenfeder-Austauschelement (Julius Montz GmbH, Hilden)

metall ist ein durch Stanzen und nachträgliches Auseinanderziehen von Stahlblechtafeln entstandenes festes Maschenwerk.)

Rieselkolonnen haben Einbauten aus parallelen engen Kanälen mit gleichmäßigen Begrenzungsflächen aus Streckmetall. Durch die Öffnungen im Streckmetall-Rieselpaket kann sich der Dampf an jeder Stelle der Kolonne gleichmäßig über den Querschnitt ausbreiten, so daß weder Konzentrations- noch Druckdifferenzen auftreten. Das gilt auch für die Rücklaufflüssigkeit. Der Austausch findet über die miteinander verbundenen Begrenzungswände aus Streckmetall statt. Die Rieselpakete haben eine Länge bis zu 1300 mm, die Wabenweite beträgt 20 × 20 mm (Abb. 364).

Die Kolonnen sind für Trennungen empfindlicher Gemische im Vakuum wegen der geringen Filmdicke geeignet.

Für Vakuumdestillierkolonnen werden als Austauschkörper auch *Spiralen aus Draht* oder geschlitzten Bändern (mit veränderlicher Steigung) verwendet. An und zwischen den gewickelten Drähten läuft die Flüssigkeit nach unten, wobei sich an den engen Spalten Flüssig-

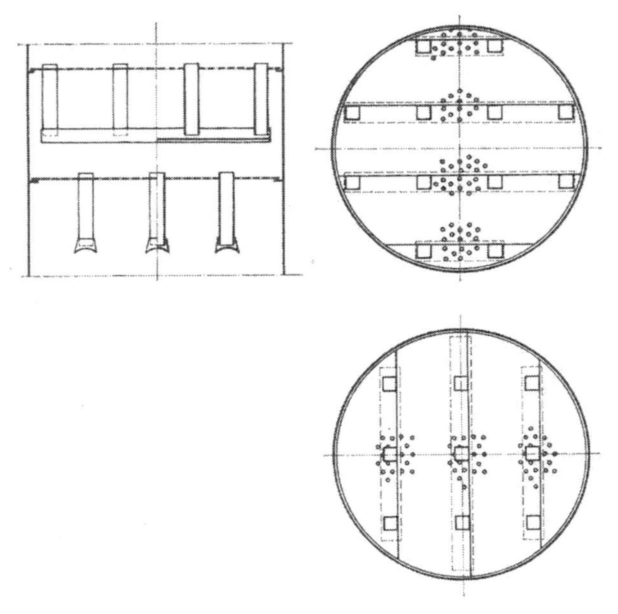

Abb. 366. Schema eines vielstufigen AVC-Bodens (Aus Druckschrift der Arbeitsgemeinschaft Chemische Verfahrenstechnik Dr. Stage-Schmidding-Heckmann, Köln-Niehl)

keitslamellen von einigen Zehntelmillimeter Dicke bilden. Die Schraubenfederelemente (12 mm äußerer Durchmesser und 620 mm Länge) werden so in der Kolonne angeordnet, daß sie den gesamten Kolonnenquerschnitt ausfüllen und parallel zueinander laufen ohne sich gegenseitig oder die Kolonnenwand zu berühren (Abb. 365). Sie benötigen einen speziell konstruierten Verteilerboden. Die Kolonnen können mit Dampfgeschwindigkeiten zwischen 8 und 50 m/s gefahren werden.

4. Bodenkolonnen. a) *Allgemeines.* Auf den in die Kolonne eingebauten Böden mischen sich aufsteigender Dampf und Rücklaufflüssigkeit, wodurch der Wärme- und Stoffaustausch eintritt. Je näher die Siedepunkte der zu trennenden Komponenten liegen, desto größer muß die Berührungsfläche und damit die Anzahl der Böden sein.

Nach der Art der Flüssigkeitsführung unterscheidet man Querstromböden, Radialstromböden und vielflutige Böden. Bei den *Querstromböden* sind Zu- und Ablauf gegenüberliegend angeordnet, die zulaufende Flüssigkeit muß den Boden überqueren. Bei *Radialstromböden* befinden sich Zu- und Ablauf in der Mitte des Bodens. Ein Blech zwischen und neben den beiden Rohren verhindert, daß die zulaufende Flüssigkeit auf dem kürzesten Weg zum Ablauf gelangt, sie wird zu einem kreisförmigen Weg über den Boden gezwungen. Solche einflutige Böden werden bei Kolonnendurchmessern bis etwa 2 m bevorzugt; für größere Durchmesser verwendet man zumeist mehrflutige Böden.

Der Aufbau eines *vielflutigen Bodens,* der als Sieb- oder Glockenboden ausgeführt sein kann, ist aus der Abb. 366 ersichtlich. Der Boden hat eine Vielzahl von Ablaufrohren, die bei der dargestellten Konstruktion in einer Auffangrinne enden. Durch diese erfolgt die Durchmischung über den Querschnitt sowie eine Verteilung über die gesamte Bodenbreite. Vorteilhaft ist die um 90° versetzte Anordnung übereinanderliegender Böden.

b) *Siebböden.* Siebböden sind Lochplatten mit einem Lochdurchmesser von z. B. 4 mm und einem Loch-Mittelabstand („Teilung“) von 8 bis 12 mm. Bei einer Teilung von 8 mm und einem Lochdurchmesser von 4 mm beträgt die gesamte Lochfläche 22,7%, bei einer Teilung von 12 mm nur 10% der gesamten Bodenfläche. Der Abstand von Boden zu Boden beträgt etwa 100—120 mm und mehr.

Die Flüssigkeit staut sich auf den Böden, da der Druck des von unten entgegenströmenden Dampfes ein Durchregnen durch die Löcher verhindert. Bei einer bestimmten Stauhöhe fließt die Flüssigkeit durch ein Rücklaufrohr auf den nächsten, darunter befindlichen Boden. Der Dampf tritt gut verteilt durch die Löcher und durch die Flüssigkeitsschicht (Abb. 367).

Siebböden sind für Blasendestillationen besser geeignet als Glockenböden, da sie nach dem Abstellen des Heizdampfes sofort leerlaufen.

Kittel-Böden sind Hordenböden aus Streckmetall. Sie besitzen keine Zu- und Ablaufstutzen, die Flüssigkeit regnet durch die vielen Öffnungen unmittelbar ab. Durch entsprechende Ausrichtung der Böden führen die im Austausch stehenden Medien abwechselnd eine zentrifugale Rotation oder eine zentripedale Strömungsrichtung aus, die durch die aufwärtsströmenden Dämpfe bewirkt werden.

Turbogrid-Böden, die ebenfalls ohne Zu- und Ablaufstutzen arbeiten, bestehen aus gitterförmig, horizontal aufgelegten Rechteckstäben, so daß Längsschlitze gebildet werden. Der jeweils nächsthöhere Boden ist in der Schlitzrichtung um 90° versetzt. Auf den Böden bildet sich ein Flüssigkeitsstand aus, der vom Dampf durchströmt wird, wodurch eine Sprühzone entsteht.

Bei *gewellten Siebböden* (z. B. aus Streckmetall) beträgt die Lochfläche 20 bis 40% des Kolonnenquerschnittes.

c) *Glocken- und Kappenböden.* Bei den *Glockenböden* (Abb. 368) stehen die übereinander angeordneten Böden durch Rücklaufrohre miteinander in Verbindung. Durch das Rücklaufrohr *R* wird die

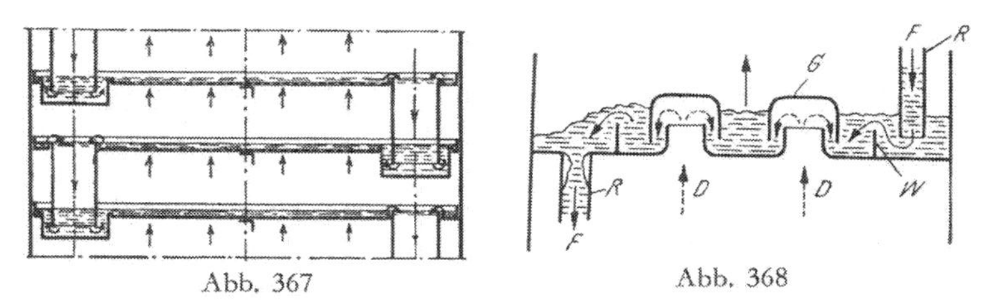

Abb. 367 Abb. 368

Abb. 367. Prinzip des Siebbodens
Abb. 368. Schema eines Glockenbodens

Flüssigkeit *F* zum darunterliegenden Boden geführt. Auf dem Boden wird durch das Wehr *W* ein bestimmter Flüssigkeitsstand am Glockenboden gehalten. Der nach oben steigende Dampf *D* muß zuerst die Glocken *G* passieren und ist nun gezwungen durch die Flüssigkeit zu perlen. Zur besseren Verteilung der durchtretenden Dampfblasen sind die Glockenränder mit Schlitzen versehen. Da die Rücklaufrohre versetzt angeordnet sind, muß die Flüssigkeit auf ihrem Weg zum nächsten Rohr den Boden überqueren.

Der Bodenabstand beträgt 100—600 mm, der Glockendurchmesser etwa 50—120 mm, der Abstand der Glocken voneinander durchschnittlich die Hälfte des Glockendurchmessers. Die Anzahl der Glocken je Boden ist je nach dem Kolonnendurchmesser unterschiedlich (z. B. 60/m²). Der dem Dampf zur Verfügung stehende freie Durchtrittsquerschnitt beträgt 10—12% der Kolonnenfläche (bei Siebböden bis 30%).

Die Abb. 369 zeigt einige Ausführungen von Glocken.

Der *Thormann-Boden* (Abb. 370), eine Sonderkonstruktion des Streuber-Bodens, ist ein Querstromboden. Die Schlitzrichtung der aufgeklappten Haubenränder wechselt von Rinne zu Rinne. Die zwischen den Hauben geführte Flüssigkeit wird am Ende der Rinne durch den Sog erfaßt, der durch die umgekehrte Flüssigkeitsbewegung der folgenden Rinne entsteht. Die von Rinne zu Rinne wechselnde Richtung des Abströmens und Zulaufens der Flüssigkeit bildet am Bodenrand Sperren, die ein Durchlaufen entlang der Kolonnenwand verhindern.

d) *Ventiltellerböden.* Die durch einen Boden strömende Dampfmenge ändert sich mit der Belastung der Kolonne. Dieser Tatsache

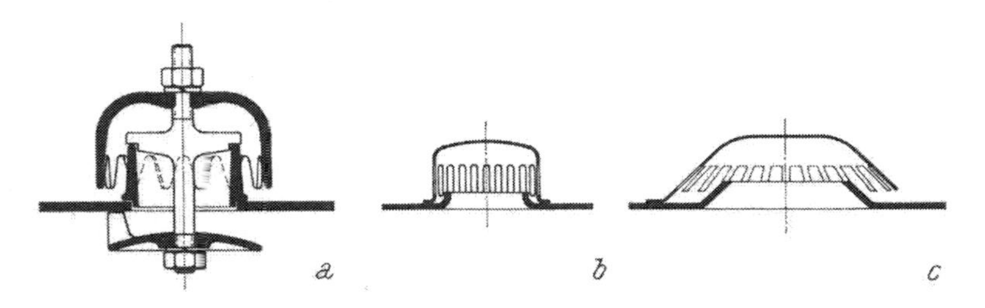

Abb. 369. Ausführungsformen von Glocken (Arbeitsgemeinschaft Chemische Verfahrenstechnik Dr. Stage-Schmidding-Heckmann, Köln-Niehl). *a* Konventionelle Glocke, *b* Sigwart-Glocke, *c* Regenschirm-Glocke

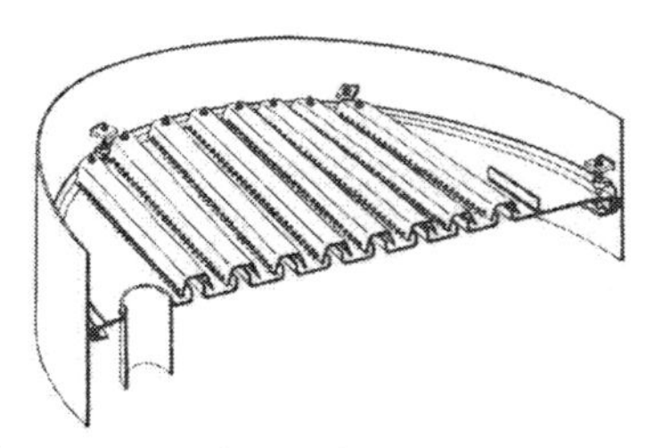

Abb. 370. Thormann-Boden (Julius Montz GmbH, Hilden)

wird die Verwendung von Ventilplatten (Ballastventile), die es gestatten, den Dampfdurchlaßquerschnitt veränderlich zu gestalten, gerecht (Abb. 371). Die Ventilplatte hebt und senkt sich längs der Distanzfüße, so daß bei geringer Belastung nur ein Teil der Dampfdurchtrittsöffnung geöffnet wird. Die Kapazität von Ventilböden ist etwa 20—25% größer als bei normalen Glockenböden. Ventilböden haben einen Selbstreinigungseffekt; die Dämpfe bestreichen ständig das Bodenblech, so daß sich Schmutzpartikel nicht absetzen können und vom Flüssigkeitsstrom in den Sumpf der Kolonne transportiert werden. Die Zahl der Ballastventile kann über 100 pro Bodenplatte betragen.

Der *Flexitray-Boden* (Koch Flexitrays SA., Fribourg/Schweiz) hat bewegliche Klappen von etwa 50 mm Durchmesser, die wie Rückschlagventile arbeiten. Die Klappen haben begrenzten Hub in einer 75—150 mm hohen Führung. Im allgemeinen werden für einen Fraktionierboden zwei verschieden schwere Kappen verwendet, sie wechseln in Reihen parallel zum Überlauf ab. Die leichten Kappen öffnen sich bei 20—30% der Kapazität, dann erst öffnen sich die schweren Kappen. Der Arbeitsvorgang läßt sich mit dem eines Siebbodens vergleichen, abgesehen davon, daß die höchste Dampfgeschwindigkeit vom Schlitz in horizontaler Richtung ausgeht. Wenn

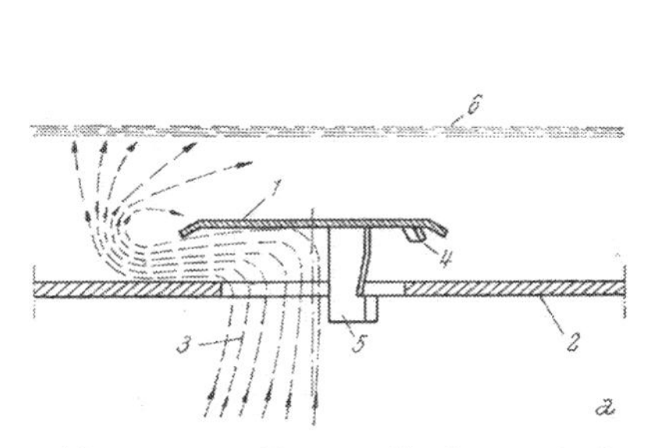

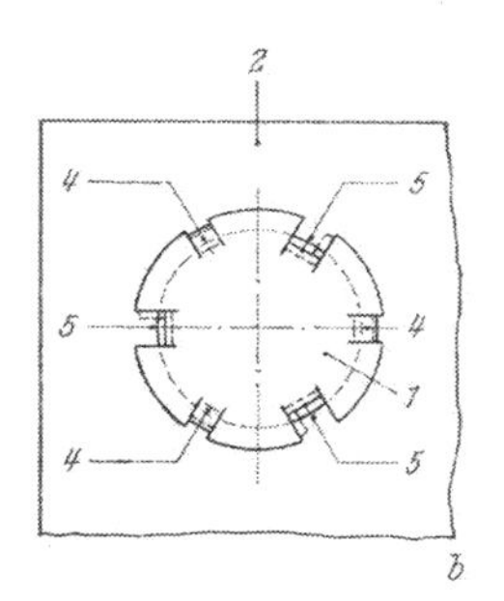

Abb. 371. Ballastventil der V-Serie, System Glitsch: *a* Wirkungsweise, *b* V-1-Ventil von oben gesehen (Gutehoffnungshütte Sterkrade AG, Oberhausen). *1* Ballastventil, *2* Bodenplatte, *3* Dampfdurchtritt, *4* Distanznocken für die Gewährleistung der Anfangsöffnung, *5* Distanzfüße, *6* Flüssigkeit

alle Kappen geöffnet sind, ähnelt der Flexitray in seinem Kontaktverlauf einem Glockenboden.

5. Rotationskolonnen. In den Rotationskolonnen schleudern rotierende Einsätze den Rücklauf gegen die ruhende Kolonnenwand und versprühen ihn, so daß zwischen aufsteigendem Dampf und der Rücklaufflüssigkeit eine große Austauschfläche gewährleistet ist. Als rotierende Einsätze werden u. a. rotierende Zylinder (mit engem Spalt zwischen Zylinder- und Kolonnenwand), Spiralbänder, mit Bürsten besetzte Rotoren oder Rotoren mit Rotor- und Statorblechen (s. auch Dünnschichtverdampfer, S. 293) verwendet.

Die Anordnung einer Gesamtanlage soll am Beispiel des *Luwa-Rektifikators* (Abb. 372) beschrieben werden. Er besteht aus der von außen beheizten Säule *1* mit dem Zulauf des Einsatzgemisches *5* (Abtriebsäule) und dem indirekt gekühlten Rotor *2*. Dadurch wird im Rektifikator eine räumlich getrennte partielle Verdampfung und partielle Kondensation erreicht und somit die Trennwirkung gesteigert. Der oben zugeführte Rücklauf *6* und das im Rektifikator gebildete Kondensat wird vom Rotor gegen die Heizfläche geworfen und beide innig mit dem ohne Ablenkung aufsteigenden Dampf vermischt. Der mit leichtsiedender Komponente angereicherte Dampf

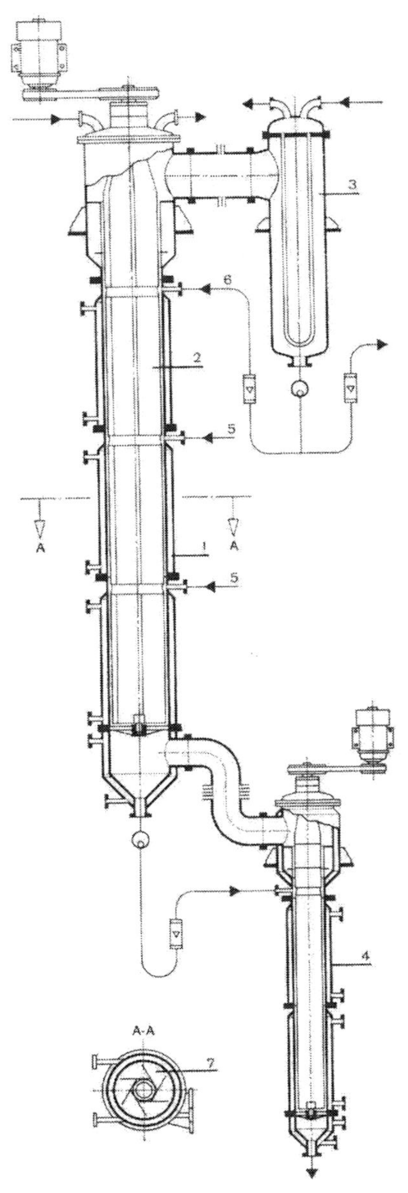

Abb. 372. Luwa-Rektifikator (Luwa-SMS GmbH, Butzbach/Hessen)

tritt oben in den Kondensator *3* ein. Da sich im Dampfraum (freier Ringraum *7* für aufsteigenden Produktdampf) keine Einbauten befinden, ist der Druckabfall minimal. Die Verweilzeit ist kurz. Als „Destillierblase" wird ein Dünnschichtverdampfer *4* verwendet. Anwendung für hitzeempfindliche, hochsiedende organische Stoffe mit hoher Viskosität.

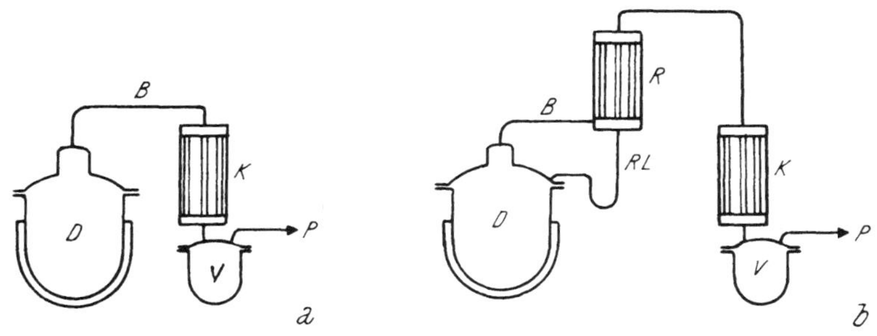

Abb. 373. Schaltschema einer Vakuum-Destillieranlage: *a* Einfache Anordnung, *b* Mit Rücklaufkondensation. *D* Destillierblase mit Heizmantel, *B* Brüdenleitung, *K* Oberflächenkondensator, *V* Vorlage, *P* Vakuumpumpe, *R* Rücklaufkühler, *RL* Rücklaufleitung

E. Vakuumdestillation

Die Destillation im Vakuum bringt den Vorteil der Erniedrigung der Siede- und damit auch der Heiztemperatur. Darüber hinaus werden in der Regel die Unterschiede in der Gleichgewichtszusammensetzung von Dampf und Flüssigkeit größer, wodurch die Trennung erleichtert wird. Bei der Rektifikation bringt dies eine Verkleinerung der Trennsäule oder der Bodenzahl.

Man arbeitet mit Blasen- oder Röhrenverdampfern, ohne oder mit Trennsäule. Die Vakuumpumpe ist an die Vorlage (Auffanggefäß für das Destillat) angeschlossen. Zweckmäßig werden zwei Vorlagen angeordnet, um einen ungehinderten Betrieb sicherzustellen (eine Vorlage angeschlossen, die andere in Entleerung).

Die Abb. 373 a gibt das Schema einer einfachen Vakuumdestillieranlage, die Abb. 373 b das Schema einer Anlage mit Rücklaufkondensation wieder.

Ist auf die Destillierblase eine Trennsäule aufgesetzt, so treten die Brüden aus dem Kolonnenkopf aus und der Rücklauf in den obersten Teil der Kolonne ein.

Vakuumdestillieranlagen müssen mit den entsprechenden Kontroll- und Sicherheitseinrichtungen ausgestattet sein (Vakuummeter, Belüftungsleitung usw.).

Die *Molekulardestillation* ist eine Gleichstromdestillation unter sehr hohem Vakuum ($1{,}33 \cdot 10^{-2}$ bis $1{,}33 \cdot 10^{-4}$ mbar). Dabei überwinden die

Moleküle die gegenseitige Anziehung und ihre freie Weglänge wird größer. Der Abstand von Verdampfungs- und Kondensationsfläche (parallel angeordnet) ist kleiner als die freie Weglänge der Moleküle. Die Molekulardestillation wird zur Abtrennung von Vitaminen, Sterinen und Kohlenwasserstoffen aus Fetten und Ölen angewendet.

F. Trägerdampfdestillation

1. Wasserdampfdestillation. Zur Herabsetzung der Destillationstemperatur kann ein Gemisch gleichzeitig mit Wasserdampf destilliert werden. Voraussetzung ist, daß der betreffende Stoff nicht oder kaum in Wasser löslich ist. Die Siedetemperatur eines ineinander unlöslichen Gemisches liegt tiefer als die Siedetemperatur der einzelnen Komponenten; z. B. ist für das System Benzol-Wasser für einen Gesamtdruck (= Teildruck des Benzols + Teildruck des Wassers) von 1013 mbar (= 760 Torr) die Siedetemperatur 69 °C, während reines Benzol bei 80°, Wasser bei 100° sieden.

Durchführung der Wasserdampfdestillation: a) Zugabe von Wasser zum Einsatzgemisch und indirekte Beheizung der Destillierblase. b) Einblasen von Frischdampf (gelochte Rohre) in das Einsatzgemisch. Günstig ist auch hier eine zusätzliche indirekte Beheizung, vor allem zum Aufheizen des Einsatzgemisches, um eine übermäßige Volumenvergrößerung durch Kondensation des eingeblasenen Wasserdampfes zu vermeiden.

In der Vorlage werden Wasser und die flüchtige, wasserunlösliche Komponente auf Grund der Dichteunterschiede getrennt.

2. Extraktions- und Azeotropdestillation. An Stelle von Wasser können auch andere Hilfsstoffe (Schleppmittel) verwendet werden. Die Verfahren der Extraktions- und der Azeotropdestillation werden angewendet, wenn die Siedetemperaturen der Komponenten des Einsatzgemisches sehr nahe beieinander liegen und die Komponenten durch eine normale Rektifikation nur schwer getrennt werden können. Durch Zugabe des Hilfsstoffes zu dem ursprünglichen Zweistoffgemisch können ein oder zwei binäre Azeotrope oder ein ternäres Azeotrop zwischen den Komponenten und dem Zusatzstoff gebildet werden.

Bei der Azeotropdestillation wird in der Regel die Gesamtmenge des Hilfsstoffes auf einmal zugegeben und diskontinuierlich gearbeitet. Bei der Extraktionsdestillation wird das Lösungsmittel im oberen Teil der Kolonne kontinuierlich zugeführt. Das Anfangsgemisch tritt etwas tiefer in die Kolonne ein. Das Lösungsmittel und die schwerersiedende Komponente fließen im unteren Teil der Extraktionskolonne ab und werden in einer separaten Kolonne getrennt.

21. Sublimieren

1. Sublimation. Unter Sublimation versteht man die Überführung eines festen Stoffes unmittelbar in den dampfförmigen und Rückverwandlung in den festen Zustand. Ihr Hauptanwendungsgebiet liegt im Abtrennen und gleichzeitigem Reinigen flüchtiger Stoffe (Sublimat) aus Gemischen mit nichtflüchtigen Anteilen. Anwendungsbeispiele: Benzoesäure, Salicylsäure, Kampfer, Naphthalin, Jod, Ammoniumchlorid u. a.

Das Einsatzmaterial wird in *Sublimationskammern* auf Schalen oder Platten ausgebreitet, die auf beheizte Flächen gestellt werden. Die entwickelten Sublimatdämpfe werden in eine kalte Vorlage geleitet und dort als Sublimat gewonnen.

Günstig ist die Anwendung eines strömenden, inerten und vorgewärmten Trägergases. Es wird oberhalb der Füllung in den Verdampfungsraum eingeführt.

Bei der *Fließbett-Sublimation* muß das Sublimationsgut mit einem abriebfesten und inerten Trägerstoff (z. B. Seesand) gemischt werden. Gearbeitet wird auch hier mit einem Trägergasstrom.

Im *Vakuum* können Stoffe wirtschaftlich sublimiert werden, die unterhalb ihres Schmelzpunktes einen Dampfdruck über 0,133 mbar haben. Da im Vakuum die Verdampfungstemperatur erniedrigt ist, erlaubt die Vakuumsublimation oft erst die Verarbeitung vieler Produkte.

Die in der Abb. 374 als Beispiel gezeigte *diskontinuierliche Sublimationsanlage* besteht aus einem zylindrischen Behälter, dessen Wand als Kondensationsfläche dient und daher zur Kühlung mit einem Doppelmantel versehen ist. Im Innern des Sublimators sind beheizbare Roste angeordnet, auf die die mit dem Produkt gefüllten Schalen gestellt werden. Rotierende Schaber streifen an den Kondensationsflächen entlang und verhindern das Anwachsen von Sublimat. Durch die Bodenöffnung fällt das Sublimat in die Vorlagen, aus denen es ausgeschleust wird.

Mit der Sublimationsanlage können bis 400 kg/8 h Sublimat erreicht werden.

2. Gefriertrocknung. Bei der Gefriertrocknung zum Entwässern temperaturempfindlicher Stoffe wird aus dem gefrorenen Produkt bei niedrigem Druck das enthaltene Wasser als Eis im Vakuum absublimiert. Während des Trocknens hat das Gut eine Temperatur von — 10 bis — 20 °C. Die Dauer

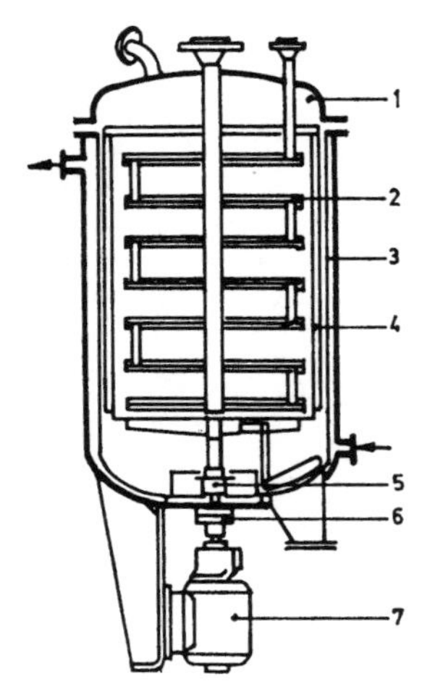

Abb. 374. Schema einer Sublimieranlage (Leybold-Heraeus GmbH & Co. KG, Werk Hanau). *1.* Deckel- und Hordenteil, *2* Sublimationshorden, *3* Kondensationsfläche, *4* Rotierende Bürsten, *5* Vakuumdichte Drehdurchführung, *6* Kupplung, *7* Antriebsmotor

des Trocknens hängt von der Dicke der Schicht ab und beträgt mehrere Stunden. Erreicht wird eine Restfeuchte von 1 bis 4%.

Die getrockneten Stoffe werden in Blechbüchsen oder wasserdampfdichten Kunststoffbeuteln verpackt. Bei Sera, Enzymen u. ä. werden in der Regel die bereits gefüllten Fläschchen oder Ampullen der Gefriertrocknung unterworfen und anschließend sofort verschlossen.

Über die Gefrierkonzentration s. S. 290.

22. Trennen und Reinigen von Gasen

A. Absorbieren

1. Allgemeines. Unter *Absorbieren* versteht man das Abtrennen eines Gases aus einem Gasgemisch durch eine selektiv lösende Flüssigkeit; die Absorption beruht also auf der verschiedenen Löslichkeit der einzelnen Gaskomponenten.

Bei den diskontinuierlichen Verfahren wird das feinverteilte Gasgemisch in das Absorptionsmittel eingeleitet, während bei den kontinuierlichen Verfahren das Gasgemisch im Gegenstrom zum versprühten oder auf großer Oberfläche ausgebreiteten Absorptionsmittel geführt wird.

2. Absorptionskolonnen. Verwendet werden die verschiedenen Kolonnenarten (s. S. 302), also Boden-, Füllkörper- und Rotationskolonnen sowie Riesel- und Sprühtürme.

Bei den Riesel- und Sprühtürmen (mit oder ohne rostartige Einbauten) rieselt die feinverteilte Absorptionsflüssigkeit dem aufsteigenden Gasstrom entgegen.

Eine intensivere Absorption wird durch Füllkörper- und Bodenkolonnen erreicht. Sie gleichen in Bau und Wirkungsweise den Destillationskolonnen.

Für korrosive Gase und Dämpfe werden Graphit-, Tantal- oder Glasapparaturen verwendet.

Die Abb. 375 zeigt einen *HCl-Absorber aus Glas.* Er arbeitet adiabatisch, d. h. ohne Wärmeabfuhr in der Reaktionszone. Das HCl-haltige Gas und das Absorptionswasser werden in einer Füllkörperkolonne im Gegenstrom geführt, wobei die freiwerdende Absorptionswärme in direktem Wärmeaustausch einen Teil des Wassers verdampft. Der gebildete Wasserdampf verläßt mit den nicht löslichen Gaskomponenten den Turmkopf und wird in einem aufsteigenden (Bild *a*) oder einem absteigenden, seitlich angeordneten Kondensator (Bild *b*) niedergeschlagen. Auf diese Weise können ca. 80% der Lösungswärme im Kondensator an das Kühlmittel ab-

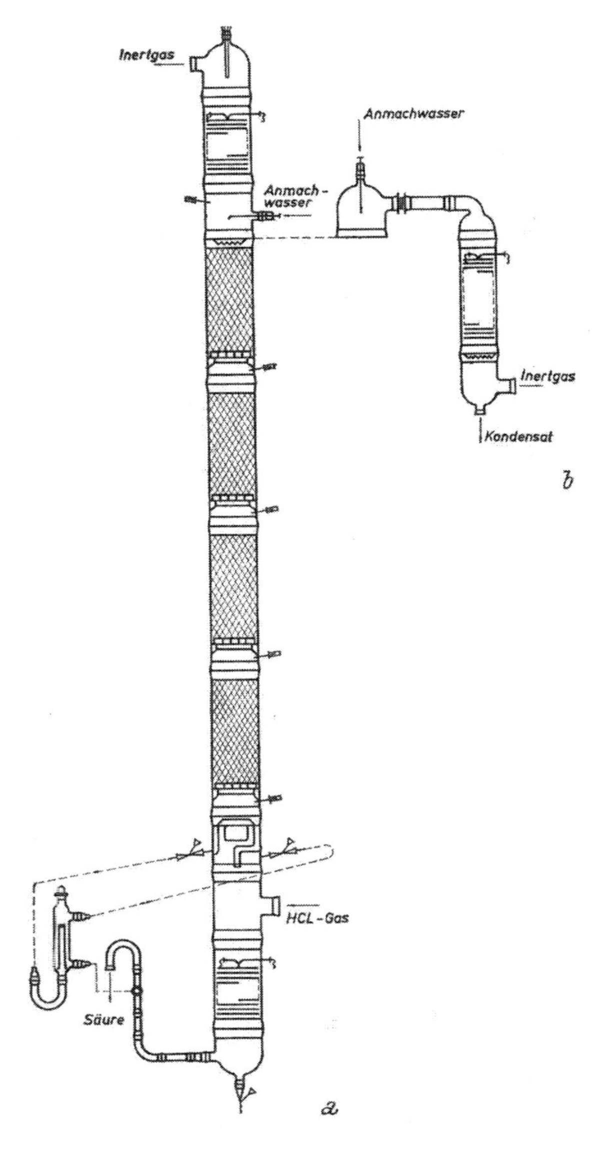

Abb. 375. HCL-Absorber (QVF Glastechnik GmbH, Wiesbaden-Schierstein)

gegeben werden. Der Rest der Lösungswärme wird am Fuße der Kolonne in einem überfluteten Wärmetauscher der ablaufenden Salzsäure entzogen. Diese kühlt sich dabei vom Siedezustand auf 30 bis 40 °C ab. Es wird eine Salzsäure von etwa 33 Gew% HCl erhalten.

Liegen weitgehend reine HCl-Gase vor, empfielt sich die Anordnung nach *a*, bei HCl-haltigen Gasen aus Chlorierungsreaktionen die Anordnung *b*.

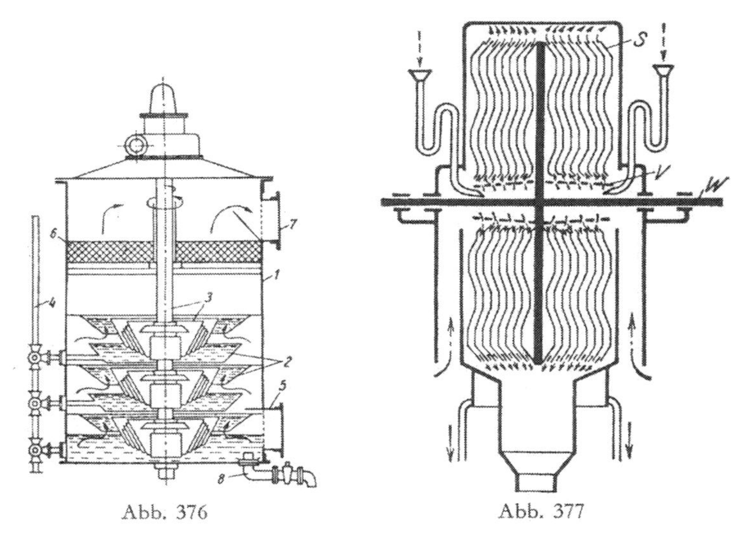

Abb. 376. Feld-Wäscher (W. Feld & Co., Essen)

Abb. 377. Tellerwäscher nach Theisen (Theisen GmbH, München)

3. Rotierende Absorber. In den rotierenden Absorbern wird das Absorptionsmittel durch rotierende Elemente im Gasstrom feinverteilt.

Der *Feldwäscher* (Abb. 376) ist ein Zerstäubungsabsorber. Im Gehäuse *1* rotieren die konischen Zerstäuber *3* und zerstäuben die von Boden zu Boden (*2*) fließende Flüssigkeit (Flüssigkeitseintritt bei *4*). Das Gas strömt zickzackförmig von *5* kommend zwischen den Böden (angedeutet durch Pfeile). *6* ist eine Füllkörperschicht, die als Tropfenfänger wirkt. Das nicht absorbierte Gas tritt bei *7*, die Flüssigkeit bei *8* aus.

Tellerwäscher (Abb. 377). Auf einer horizontal laufenden Welle *W* sind wellenförmig gepreßte Scheiben *S* knapp nebeneinander angeordnet. Gas und Waschflüssigkeit treten axial in den Wäscher ein, werden durch den umlaufenden Verteiler *V* gemischt und streichen im Zickzack zwischen den Tellern hindurch. Dabei wird eine Reihe scheibenförmiger, hintereinanderliegender Flüssigkeitsschleier gebildet, durch die das Gas hindurchstreichen muß. Sie werden vor allem zur Teerabscheidung in Gaswerken verwendet.

Bei den *Zentrifugalwäschern* sind an der Gehäusewand feststehende Desintegratorkörbe befestigt, die konzentrisch in den umlaufenden Desintegratorkörben angeordnet sind. Die Waschflüssigkeit wird durch Spritzkegel zerstäubt und auf die ganze Breite der Körbe

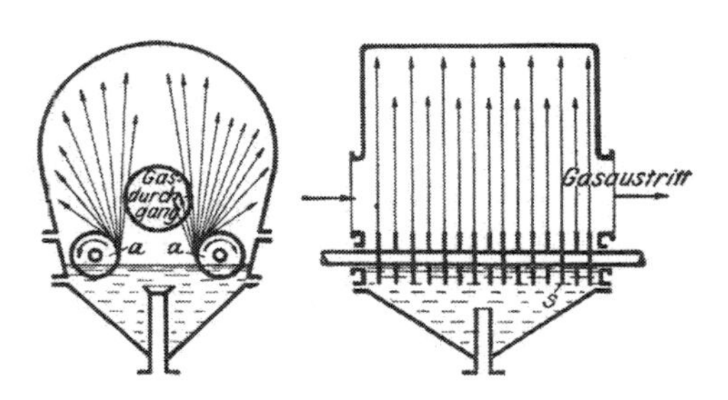

Abb. 378. Kreuzschleierwäscher nach Ströder

verteilt, durch die Prallwirkung innig mit dem Gas gemischt, die im Gas enthaltenen Staubteilchen werden benetzt von der Waschflüssigkeit aufgenommen. Sie werden aus dem Gas ausgeschleudert. Ein nachgeschalteter Tropfenfänger scheidet mitgerissene Tröpfchen ab (Theisen GmbH, München).

Im *Kreuzschleierwäscher* (Abb. 378) laufen in einem länglichen Gehäuse zwei Walzen *a*, die aus zahlreichen kreisrunden, etwas in die Waschflüssigkeit *s* tauchenden Scheiben bestehen, gegeneinander. Sie bewirken bei raschem Umlauf die Bildung von Flüssigkeitsschleiern, die sich kreuzweise überdecken, so daß das hindurchtretende Gas ständig hin- und hergerissen wird. Sie können auch zum Trocknen von Gasen verwendet werden. Leistung bis 20 000 m^3/h.

4. Strahlwäscher. Die Entfernung von Flüssigkeitsnebeln aus einem Gasstrom kann auch dadurch geschehen, daß man als Waschflüssigkeit den herauszuwaschenden Stoff selbst benutzt, der naturgemäß eine sehr hohe Benetzungsfähigkeit für den Nebel hat. Hierzu werden Strahlwäscher, die nach dem Prinzip der Strahlpumpen gebaut sind, verwendet (z. B. Entfernung von Teer aus Gasen).

B. Adsorbieren

1. Allgemeines. Unter *Adsorption* versteht man das Anreichern eines Gasbestandteiles an der Oberfläche fester Stoffe (Adsorbentien). Als Adsorbens kommen daher porige Stoffe mit großer Oberfläche in Frage, z. B. Aktivkohle, Tonerdegel, Kieselgel, Silicarbon u. a.

Durch Adsorption können in Gasgemischen in geringer Konzentration enthaltene Gase oder Dämpfe abgetrennt werden (Gasreini-

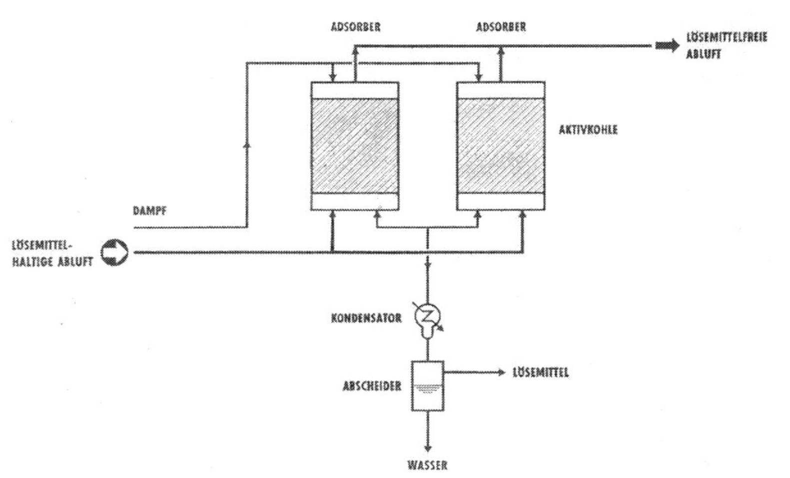

Abb. 379. Lösungsmittel-Rückgewinnung nach dem Supersorbon-Verfahren (Lurgi Gesellschaften, Frankfurt/Main)

gung). Ein wichtiges Anwendungsgebiet ist auch die Wiedergewinnung leicht flüchtiger Lösungsmittel.

Ein Adsorptionsverfahren besteht aus dem Adsorbieren („Beladen"), dem Desorbieren des adsorbierten Stoffes zum Zweck seiner Gewinnung in konzentrierter Form, und dem Wiederbeleben (Regenerieren) des Adsorptionsmittels. Es kann mit ruhendem oder im Gegenstrom bewegten Adsorptionsmittel gearbeitet werden.

2. Festbett-Verfahren. Adsorbieren und Desorbieren folgen diskontinuierlich nacheinander. In der Regel wird mit zwei Adsorbern gearbeitet, um abwechselnd die beiden Verfahrensschritte gleichzeitig durchführen zu können.

In der Abb. 379 ist das Schema einer *Lösungsmittel-Rückgewin-*

nungsanlage nach dem Supersorbonverfahren dargestellt. Die Dämpfe flüchtiger Lösungsmittel werden an der inneren Oberfläche körniger Aktivkohlen adsorbiert. Die beladene Aktivkohle wird mit Wasserdampf desorbiert und das anfallende Dämpfegemisch kondensiert. Wie in der Abbildung gezeigt, wird die lösungsmittelhaltige Luft von unten nach oben durch die Aktivkohleschicht eines Adsorbers geführt. Sobald in der austretenden Luft Lösungsmittelspuren festgestellt werden, ist die Beladung beendet und es wird auf den zweiten Adsorber umgeschaltet. Der beladene Adsorber wird dann mit von oben eintretendem Wasserdampf desorbiert. Das entstehende Lösungsmittel-Wasserdampf-Gemisch wird in einem Kondensator kondensiert. Wasserunlösliche Lösungsmittel werden in einem Abscheider getrennt. Teilweise wasserlösliche Lösungsmittel oder Lösungsmittelgemische werden in einem Anreicherungskreislauf und vollständig wasserlösliche Lösegemische in einer Destillierkolonne vom Wasser getrennt.

Bei den Heißgasdesorptionsverfahren wird das beladene Adsorbens mit heißer Luft wiederbelebt.

3. Verfahren mit bewegtem Adsorptionsmittel. Bei diesen kontinuierlich arbeitenden Verfahren bewegen sich Adsorbens und Gas im Gegenstrom.

Beim *Hypersorptionsverfahren* rutscht das Adsorptionsmittel (Aktivkohle) aus einem Bunker durch einen senkrechten Röhrenkühler über einen Verteilerboden in die Adsorptionszone, das Gasgemisch streicht im Gegenstrom zu dieser Wanderschicht. Aus der Adsorptionszone rieselt die beladene Aktivkohle durch die Fraktionierzone nach unten in die auf über 200 °C (z. B. Diphylheizung) beheizte Desorptionszone. Bei gleichzeitig schwacher Durchspülung mit Wasserdampf wird die Desorption unterstützt. Die Gasbeladung steigt nach oben in die Fraktionierzone der fallenden Aktivkohle entgegen. In der Fraktionierzone werden die adsorbierten Komponenten in der Reihenfolge abnehmender Adsorbierbarkeit zerlegt und getrennt abgeführt. Das wiederbelebte Adsorptionsmittel wird pneumatisch in den Aktivkohlebunker zurückgeführt.

Fließbettkolonnen haben mehrere Fließbettstufen (getrennt durch Siebböden). Das Adsorbens wandert von oben durch die einzelnen Stufen (Überlaufrohre) des oberen Adsorptionsteiles. In diesen tritt unten das Gasgemisch ein und erzeugt auf jedem Siebboden eine Wirbelschicht. Nach unten schließt sich die Desorptionskolonne unmittelbar an, die ebenfalls mehrere Fließbettstufen, erzeugt durch Heißluft oder Dampf, enthält. Nach dem Trocknen und Kühlen, gegebenenfalls in angeschlossenen Fließbettstufen, wird das entladene Adsorbens pneumatisch in die Aufgabevorrichtung zurückgefördert.

C. Entstauben

Staubentwicklung führt zu schweren Gesundheitsschäden und zu Materialverlusten. Man scheidet daher den Staub in geeigneten Einrichtungen ab.

1. Entstauben durch Massenkräfte. Die Entfernung von Staub aus Gasen kann durch Verringerung der Strömungsgeschwindigkeit, Änderung der Strömungsrichtung, Stoß- und Prallwirkung oder durch Fliehkrafteinwirkung geschehen.

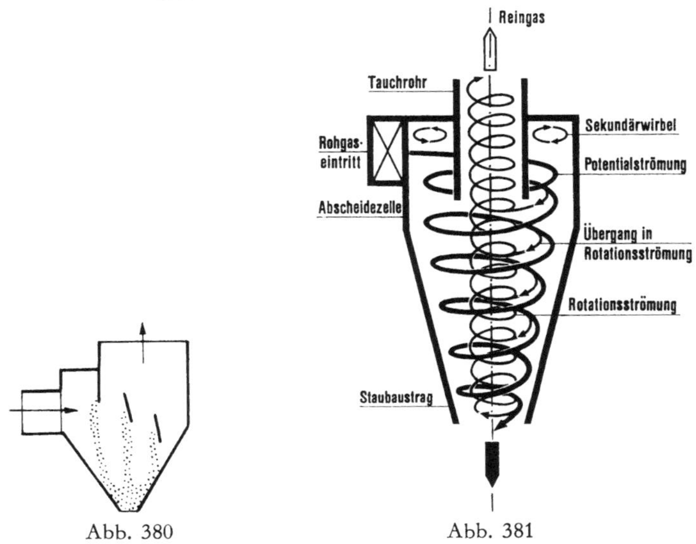

Abb. 380 Abb. 381

Abb. 380. Prallabscheider
Abb. 381. Arbeitsweise des Zyklons
(Aus Druckschrift der Luitpoldhütte AG, Amberg/Opf.)

Stäube mit über 200 µm Teilchengröße werden in *Staubkammern* abgeschieden. Die Querschnittserweiterung von der Rohrleitung zur Staubkammer bewirkt eine erhebliche Geschwindigkeitsminderung des eintretenden Gases, so daß Festteilchen zu Boden fallen.

Durch eingebaute Prallflächen wird der Gasstrom zu plötzlichen Richtungsänderungen gezwungen. Die Staubteilchen geben dabei ihre kinetische Energie ab und fallen zu Boden. *Prallabscheider* sind geeignet für Stäube bis 80 µm Korngröße und einer Gasgeschwindigkeit von etwa 20 m/s. Die Abb. 380 zeigt das Prinzip eines Prallabscheiders.

Für feine Stäube werden *Fliehkraftabscheider* eingesetzt. Die Abb. 381 zeigt die *Arbeitsweise eines Zyklons.* Das mit Staub beladene Rohgas tritt tangential ein und wird zu einer schraubenförmigen Bewegung nach unten gezwungen. Die festen Schwebeteilchen werden an die Wand geschleudert und gleiten am Konus nach unten zum Staubaustrag. Der kreisende Gaswirbel kehrt sich im

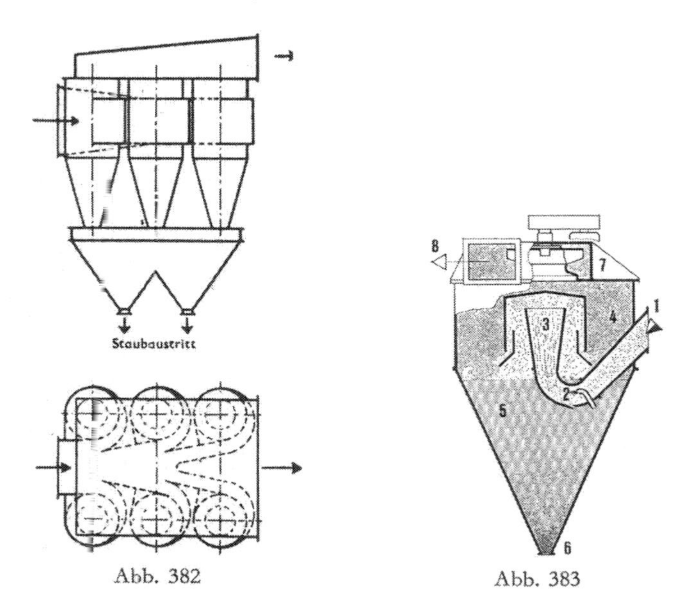

Abb. 382 Abb. 383

Abb. 382. Mehrfach-Entstauber (Büttner-Werke, Krefeld-Uerdingen)
Abb. 383. Venturi-Naßentstauber Typ VDNB
(Otto Keller Lufttechnik, Jesingen)

Konus um und steigt um die Achse rotierend nach oben in das Austrittsrohr. Der Entstaubungsgrad beträgt über 90%.

Zur Erhöhung des Durchsatzes und des Abscheidungsgrades werden mehrere Einzelzyklone mit kleineren Durchmessern (z. B. 32 Stück vom Durchmesser 800 mm) zu einem *Mehrfachentstauber* (Multizyklon) vereinigt (Abb. 382).

In der Regel wird Grobstaub bereits vor Eintritt in den Zyklon entfernt.

Die Abscheidezelle des *Drehströmungsentstaubers* (Luitpoldhütte AG, Amberg/Oberpfalz) besteht aus einem Rohr mit mehreren Zweitgasdüsen. Das Rohgas tritt axial von unten in die Zelle. Das Zweitgas strömt durch

Düsen spiralförmig von oben in das Entstauberrohr ein und bringt das Rohgas in Drehung. Am Rohgaseintritt wird das Zweitgas nach innen umgelenkt und verläßt am oberen Ende die Zelle gemeinsam mit dem Gas. Die Staubteilchen gelangen durch die Fliehkräfte und unterstützt durch Schleppkräfte aus dem Rohgas in den Zweitgasstrom, der sie durch einen Ringspalt an der Blende in den Staubbunker fördert. Der Drehströmungsentstauber hat einen höheren Abscheidungsgrad als der Zyklon.

2. Naßentstauber. Sehr feiner Staub wird in Naßabscheidern abgeschieden. Man verwendet u. a. Rieseltürme und Wäscher (s. diese auf S. 317).

Mit dem *Venturi-Naßentstauber VDNB* (Abb. 383) können feinste Stäube (1—2 μm) fast vollständig abgeschieden werden. Die Staubluft gelangt über den Staublufteintritt *1* in die Venturidüse *2*. An der engsten Stelle der Düse wird durch die hohe Geschwindigkeit des Luftstromes Wasser über Rohre, die in die Düse hineinragen, injektorartig angesaugt und intensiv zerstäubt, wodurch sich ein Wassertropfenschleier von großer Oberfläche bildet. Durch die hohe Relativgeschwindigkeit des Luftstromes zum entstehenden Wasserschleier werden die Staubteilchen rasch benetzt. Im anschließenden Diffusor *3* (mit Prallfläche) wird die Luftgeschwindigkeit wieder verringert. Die staubhaltigen Wassertropfen treffen auf eine glockenförmige Prallfläche auf und fließen zur Klärspitze *5* ab. Die Trübe wird über den Absperrschieber *6* abgelassen. Die gereinigte Luft wird aus dem Reingasraum *4* durch einen Radialventilator *7* angesaugt und tritt bei *8* aus.

Bei dem *Krupp-Bürstenentstauber* (System Ospelt) wird die bei jeder Naßentstaubung notwendige große Wasseroberfläche durch rotierende Bürsten erreicht. Durch häufiges Umlenken des fein aufgeteilten Gasstromes innerhalb des Bürstenlabyrinths wird der im Gas enthaltene Staub fast 100prozentig vom Wasser aufgenommen. Auch leicht verschmutztes Wasser kann verwendet werden. Der Entstauber eignet sich zur Abscheidung von Stäuben unter 1 μm Teilchengröße.

Im *Petersen-Turbobeschleuniger* wirken durch Erzeugung eines starken Zentrifugalfeldes Kräfte auf die im Gas verteilten Stäube oder Nebel ein, die das hundert- bis tausendfache ihrer Masse betragen. Durch diese Kräfte wird die Schleppkraft der Gase aufgehoben und es tritt eine momentane Agglomeration der festen Partikel zu gröberen Teilchen ein, die dann leicht abgeschieden werden können.

Arbeitsweise (Abb. 384): Die Gase strömen, gefördert durch das Gebläse *6*, tangential in das Gehäuse *1* ein und werden durch einen Rotor gegen das Zentrum hin abgesaugt. Auf diesem Wege steigert sich die Eintrittsgeschwindigkeit des Gases auf das Zwei- bis Dreifache. Im Zentrum des Gehäuses wird die Waschflüssigkeit eingedüst, die sofort die hohe Umfangsgeschwindigkeit des Gases annimmt und infolge der hohen Zentrifugalkräfte dem Gas nach außen entgegenfliegt. Die Nebel- und Staubpartikel werden agglomeriert und die größeren Agglomerate sofort im Turbobeschleuniger abgeschieden. Im nachfolgenden Tropfenabscheider *2* fliegen noch mitgerissene Flüssigkeitströpfchen nach außen und werden vom Gas getrennt. Im

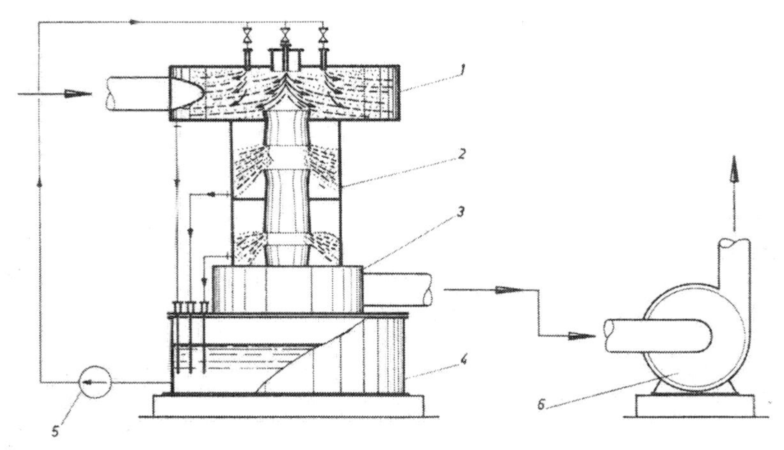

Abb. 384. Turbobeschleuniger
(Hugo Petersen, Ingenieurbüro für die chemische Industrie, Wiesbaden)

Austrittsgehäuse *3* wird dann ein Teil der Rotationsenergie des Gases wieder zurückgewonnen. Die Flüssigkeit fließt von den einzelnen Stufen in den Behälter *4* zurück und wird mit der Umlaufpumpe *5* in den Turbobeschleuniger zurückgepumpt. Abscheidungsgrad über 99% für alle über 0,8 μm liegenden Teilchen. Leistung je nach Größe der Apparatur 500 bis 40 000 m³/h.

Im *Petersen-Drucksprung-Abscheider* werden die Schwebestoffe in eingebauten Düsenringpaketen einer Radialbeschleunigung (von mehr als der 35 000fachen Fallbeschleunigung) unterworfen. Der Gasstrom wird in den Düsenpaketen in dünnste Schichten aufgeteilt und genau fixiert umgelenkt. Die Schwebestoffe werden koaguliert und abgeschieden. Mit der Apparatur (Schema s. Abb. 385) können Stäube aus der Abluft von Trockenanlagen u. ä. sowie Salzsäure- und Schwefelsäurenebel aus dem Gasstrom ausgeschieden und die entsprechenden Säuren zurückgewonnen werden, indem die eingedüste Flüssigkeit im Kreislauf gefahren wird.

3. Entstauben durch Filter. Sehr feine Stäube können durch Filterschichten entfernt werden (Staubbeladung der Abgase, die entstaubt werden sollen, bis etwa 100 g/m³).

a) *Schlauchfilter.* Die Arbeitsweise eines Schlauchfilters soll an Hand der Abb. 386 (Intensivfilter mit Differenzdruckabreinigung) dargestellt werden. In den einzelnen Kammern des Filtergehäuses befinden sich mehrere Filterschläuche, die jeweils an gemeinsamen

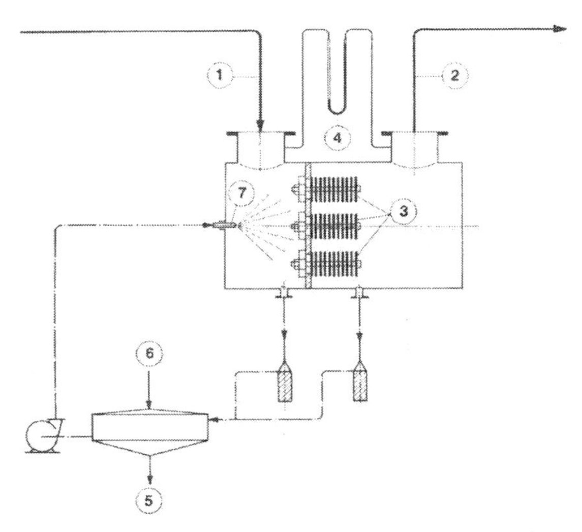

Abb. 385. Schema einer Drucksprung-Abscheider-Anlage (Hugo Petersen, Ingenieurbüro für die chemische Industrie, Wiesbaden). *1* Gaseintritt, *2* Gasaustritt, *3* Düsenringpakete, *4* U-Rohr-Manometer, *5* Abgeschiedene Stoffe, *6* Sprühmittelzusatz, *7* Sprühmitteldüse

Schlauchgehängen befestigt sind. Das staubhaltige Gas tritt in den Verteilerkanal *1* ein, wird durch den Staubsammelkanal *2* gesaugt und strömt von unten in die Schläuche *3*, die den Staub zurückhalten. Das gereinigte Gas durchströmt die Schläuche und tritt durch die Absaugöffnung und den Absaugkanal *4* in den Reingaskanal *5* und wird vom Ventilator *6* abgesaugt.

Abreinigung: Ist in den Schläuchen einer Filterkammer soviel Staub abgeschieden, daß der Widerstand, der dem Gasstrom entgegengesetzt wird, zu hoch ist, wird diese Kammer vom Gaszustrom abgeschaltet und vollautomatisch gereinigt. Dies geschieht durch den Kipphebel *7* über eine extrem langsam laufende Steuerwelle oder durch einen Stellmotor. Diese Stellglieder heben über eine Zugstange das Tellerventil *9* an, wodurch der Reingasaustritt verschlossen wird. Anschließend öffnet das Tellerventil *10* den Spüllufteintritt (Spülluftkanal *11*). Die Spülluft wird durch die zu reinigenden Schläuche von außen nach innen gesaugt oder gedrückt. Sie sorgt dafür, daß der abgereinigte Staub im Innern der Schläuche nach unten ausgetragen wird, im Staubsammelkanal *2* durch die plötzliche Verlangsamung der Spülluftgeschwindigkeit ausfällt und durch ein Abzugs-

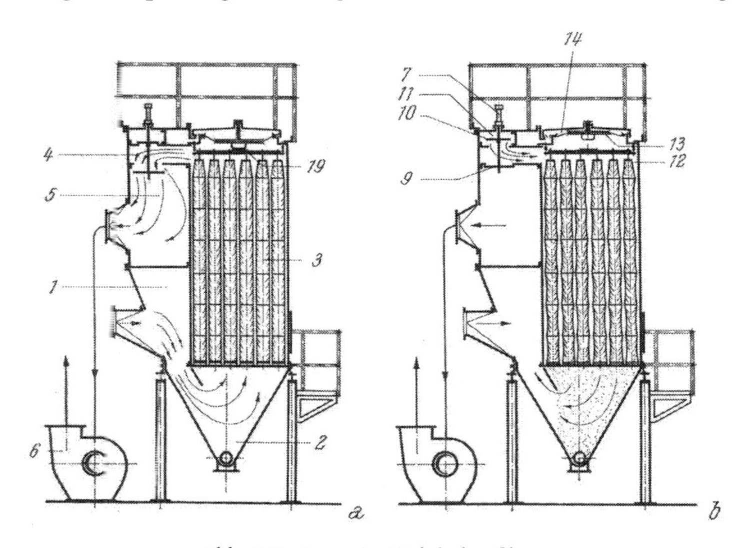

Abb. 386. Intensiv-Hubdeckenfilter
(Intensiv-Filter GmbH, Langenberg/Rhld.).
a Filterkammer in Arbeitsstellung, *b* Filterkammer in Abreinigung

organ aus dem Filter transportiert werden kann. Während des Spülvorganges ist der Unterdruck auf der Reingasseite *12* dieser Kammer wesentlich niedriger, als er es während der Beaufschlagung des Filters ist. Dieser Effekt wird zur Erzeugung eines mechanischen Klopfimpulses nutzbar gemacht. Die auf der Kammeroberseite befindlichen Türen haben auf ihrer Unterseite bewegliche Hubplatten *13*, an denen starre Gewichte befestigt sind. Die elastischen Rahmen, die gleichzeitig die im Türinnern gebildeten Hohlräume (Pulsierraum *14*) abdichten, lassen einen ungehinderten Hub dieser Klopfeinrichtung zu. Die Türhohlräume sind mit dem Pulsierkanal verbunden. Auf ihm befindet sich ein über Elektromotorgetriebe angetriebener Pulsator, der über eine kurze Leitung mit dem Reingaskanal *5* des Filters verbunden ist. Dadurch wird in den Hohlräumen der Türen der gleiche Unterdruck erreicht wie im Reingasteil des Filters. Durch das Aufschlagen des an der Hubplatte sitzenden Hammers auf federnd aufgehängte Hängeeisen, an dem die Schläuche befestigt sind, erhalten diese einen schockartigen Klopfimpuls, der zusammen mit der gleichzeitig einströmenden Spülluft die Schläuche

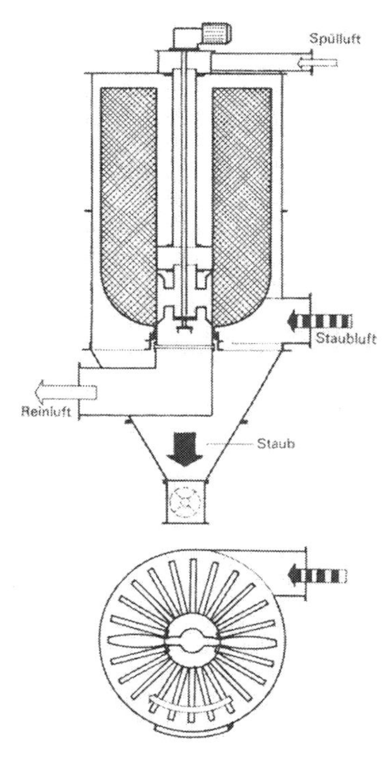

Abb. 387. Herman-Staubfilter (Herman GmbH, Filterbau, Schifferstadt)

ausreinigt. Nach erfolgter Reinigung der Kammer wird wieder auf Filtern umgeschaltet.

Die Abreinigung kann aber auch durch eine Vibrationsmechanik geschehen, die die ständig gespannten Filterschläuche in Vertikalschwingungen versetzt (Maschinenfabrik Beth GmbH, Lübeck).

Filterschläuche werden hergestellt aus (Maschinenfabrik Beth GmbH, Lübeck): Baumwolle (Dauertemperaturbeständigkeit 95 °C), Wolle (95 °C), Polyamid (Perlon 80 °C, Nylon 66 100 °C, Nomex 220 °C), Polyacrylnitril (140 °C), Polyester (150 °C), PVC (80 °C), Polyäthylen (80 °C),

PTFE (250 °C) und anorganischen Fasern (Textilglas, 300 °C). In jedem Fall sind auch die übrigen Eigenschaften zu beachten (Festigkeit, chemische Beständigkeit, Brennverhalten u. a.).

b) Der *Herman-Staubfilter* ist ein Einraumflächenfilter (Abb. 387), bei dem die Staubluft tangential in das Filtergehäuse eintritt und durch die Verringerung der Geschwindigkeit ein großer Teil des Staubes bereits abgeschieden wird, ohne das Filtermedium zu belasten. Der Filter enthält radial angeordnete Filtertaschen mit großen, nach außen zunehmenden Taschenabständen, wodurch ein „Zuwachsen" des Filters zwischen den Taschen vermieden wird. Der Abreinigungsvorgang mit Spülluft geschieht bei jeweils einer Filtertasche. Die Filtertaschen sind drehbar an der Reinlufttrommel gelagert, so daß ein Auswechseln erleichtert wird.

c) Zum Feinfiltrieren vorgereinigter Gase mit geringem Staubgehalt werden *Filterkerzen* verwendet. Sie gleichen den auf S. 350 beschriebenen Kerzenfiltern für Flüssigkeiten.

4. Elektrostatische Entstauber. Prinzip der Elektroabscheider: Die im durchströmenden Gas suspendierten Staub- oder Nebelteilchen werden elektrisch geladen und an geerdeten Elektroden abgeschieden. Aufgeladen werden die Teilchen durch Ionen, die durch die Sprühentladung der unter 10 000—80 000 V Gleichspannung stehenden Sprühdrähte erzeugt werden. In dem zwischen Sprüh- und Niederschlagselektrode gebildeten elektrischen Feld werden die so geladenen Teilchen vornehmlich von der Niederschlagselektrode angezogen.

Röhrenfilter. In den einzelnen Rohren eines parallelgeschalteten, senkrechten Rohrbündels sind in der Mitte drahtförmige Sprühelektroden isoliert aufgehängt. Die Drähte liegen am negativen Pol einer Hochspannungsanlage, die Rohre (Niederschlagselektroden) sind mit dem anderen Pol verbunden und geerdet. Das Gas durchströmt die Rohre, wobei die Staubteilchen an den Niederschlagselektroden abgeschieden werden und zu Boden fallen (Abb. 388).

Rohrdurchmesser 100—300 mm, Rohrlänge 2000—4000 mm, Sprühdrahtdurchmesser 1—3 mm.

In den *Plattenfiltern* (Abb. 389) werden als Niederschlagselektroden viele senkrechte, parallele Platten verwendet, zwischen denen die Sprühelektroden isoliert eingespannt sind. Plattenlänge in Strömungsrichtung 2500—5000 mm, Plattenabstand 250—400 mm, Sprühdrahtdurchmesser 2—4 mm.

Der hochgespannte Gleichstrom wird in Transformatoren mit nachgeschalteten Gleichrichtern erzeugt.

Röhren- und Plattenfilter können als Trocken- oder Naßelektrofilter gebaut sein. Bei den Trockenelektrofiltern wird der an den Elektroden niedergeschlagene Staub durch Hammerwerke periodisch abgeklopft und aus dem Staubsammelbunker über Staubschleusen ausgetragen. In Naßelektrofiltern wird der als Schlamm an den Elektroden abgeschiedene Staub abgespült.

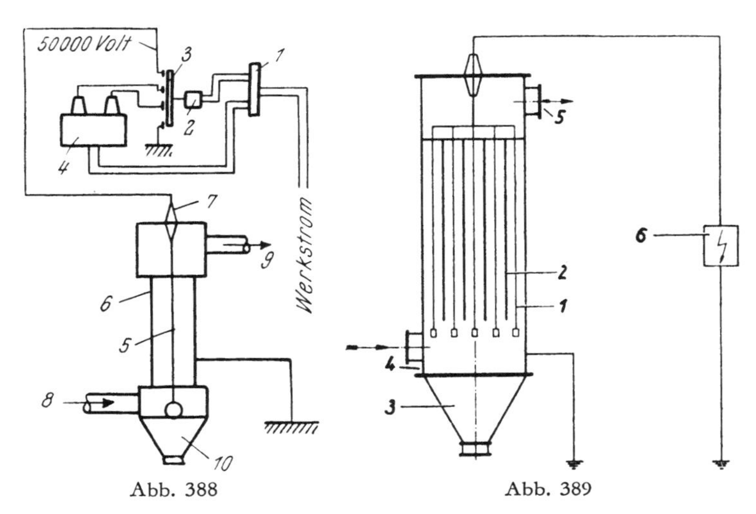

Abb. 388 Abb. 389

Abb. 388. Schema des Röhren-Elektrofilters, System Cotrell (Lurgi Gesellschaften, Frankfurt/Main). *1* Schalttafel, *2* Antriebsmotor des mechanischen Gleichrichters, *3—4* Hochspannungstransformator, *5* Sprühelektrode (Metalldraht), *6* Niederschlagselektrode (Metallrohr), *7* Stromeinführung, *8* Gaseinlaß, *9* Gasauslaß, *10* Staubbunker

Abb. 389. Prinzip des Platten-Elektrofilters (Eisenwerke Kaiserslautern GmbH, Abt. Zschocke-Entstaubung + Wasserrückkühlung, Kaiserslautern). *1* Sprühelektroden, *2* Niederschlagsplatten, *3* Staubsammelbunker, *4* Rohgaseintritt, *5* Reingasaustritt, *6* Hochspannungsaggregat

Anwendung: Entstauben von Rauchgasen, in Zement- und Hüttenwerken, Entnebeln von Nutz- und Abgasen in der chemischen Industrie (Schwefelsäure- und Salzsäurenebel), Abscheiden von Teer u. a.

5. Gasreinigung durch Schall. In der Schallkammer (Schallturm), die am oberen Ende die Schallquelle (z. B. eine Ultraschallsirene) trägt, wird das zu behandelnde Gas von unten eingeleitet. Durch die Schalleinwirkung werden die Teilchen koaguliert und anschließend in einem Zyklon abgeschieden. Das Verfahren wird angewendet zur Abscheidung von Schwefelsäurenebeln, Gasruß u. a.

23. Trennen flüssig — fest

A. Sedimentieren

Beim Sedimentieren, vor allem grober Suspensionen, setzen sich die Feststoffe unter der Wirkung der Schwerkraft ab.

1. Absetzapparate. Für kleine Mengen verwendet man zylindrische Behälter mit konischem Boden (*Spitzkästen*). Der sedimentierte Rückstand wird von Zeit zu Zeit durch den Bodenablauf abgenommen.

Für größere Mengen werden halbkontinuierlich arbeitende *Absetzbecken* (Klärbecken) verwendet. Die Suspension wird ständig zugeführt, die geklärte Flüssigkeit läuft durch einen Überlauf gleichmäßig ab. Der sedimentierte Stoff wird z. B. mittels Kettenräumern in Sammeltrichter gefördert und aus ihnen als Dickschlamm abgezogen.

Über *Stromklassierer* s. S. 221.

2. Rundeindicker. Für große Durchsatzmengen wählt man Eindicker mit Krählwerk. Die Eindicker haben einen Durchmesser bis 130 m. Das Krählwerk bewegt sich so langsam in dem zylindrischen Eindicker, daß der Absetzvorgang nicht gestört wird. Es schiebt den abgesetzten Schlamm zur Austragsöffnung. Die Eindicker arbeiten kontinuierlich.

In *Mehrkammereindickern* sind in einem gemeinsamen Behälter mehrere Eindicker mit einer Kammerhöhe von je etwa 2 m übereinander angeordnet. Die Abb. 390 zeigt den Bau eines Zweikammereindickers. In der Abbildung bedeuten: *1* Eintrag der Trübe, *2* Schlammaustrag, *3* Überlauf aus der oberen Kammer, *4* Überlauf aus der unteren Kammer, *5* vereinigter Überlauf, *6* Durchlaß des Schlammes zur unteren Kammer, *7* Membranpumpe. Die Kammern stehen durch die zentrale Öffnung im Zwischenboden miteinander in Verbindung. Über dem Boden jeder Kammer streifen die Schaufeln des Krählwerkes.

Das Auswaschen der im Schlamm eingeschlossenen Suspensionsflüssigkeit wird erreicht durch Hintereinanderschalten mehrerer Eindicker zu einer kontinuierlich arbeitenden *Gegenstrom-Dekantieranlage* (Abb. 391).

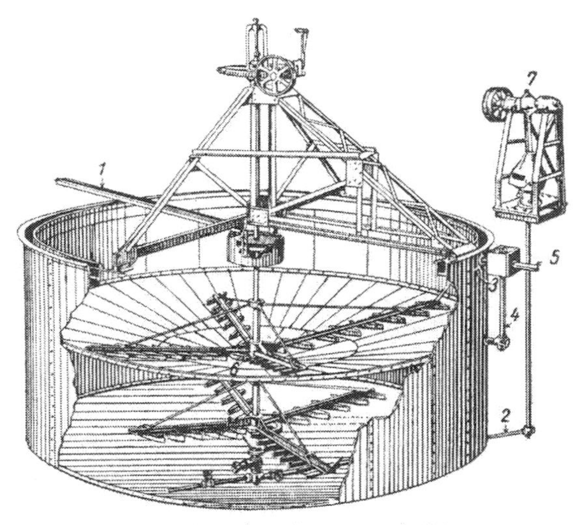

Abb. 390. Dorr-Zweikammer-Eindicker (Dorr-Oliver GmbH, Wiesbaden-Bieberich)

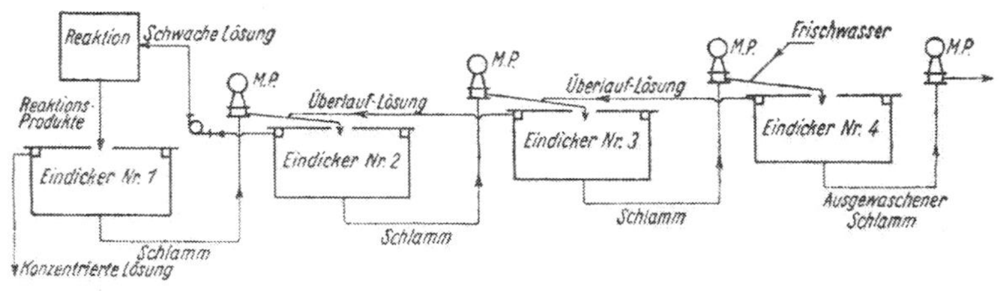

Abb. 391. Schema einer Dorr-Gegenstrom-Dekantieranlage (Dorr-Oliver GmbH, Wiesbaden-Bieberich)

Die aus der Reaktion stammende Rohsuspension fließt in den Eindicker *1*, in ihm setzen sich die festen Bestandteile als Schlamm ab, während die enthaltene Lösung in unveränderter Konzentration als klare Lösung überläuft und in einen Sammelbehälter geleitet wird. In *1* findet also lediglich Dekantation statt. Aus dem Eindicker *1* wird die abgesetzte Festsubstanz sowie ein Teil der Lösung als 50%iger Dickschlamm mittels einer Membranpumpe in den Eindicker *2* gepumpt. Während der Schlamm in einer geneigten Rinne dem Eindicker *2* zufließt, wird ihm durch eine Leitung die Überlauflösung aus dem Eindicker *3* zugemischt, wodurch sich die Konzentration erniedrigt. In Eindicker *2* findet wiederum ein Absetzen statt; die schwache Überlauflösung wird mit Hilfe einer Zentrifugalpumpe in den Reaktionsbehälter zurückgepumpt, während der Dickschlamm in den Eindicker *3* gefördert wird, nachdem er mit der Überlauflösung aus dem Eindicker *4* vor Eintritt in den Eindicker *3* verdünnt wurde. Die Überlauflösung aus *3* läuft — wie bereits beschrieben —

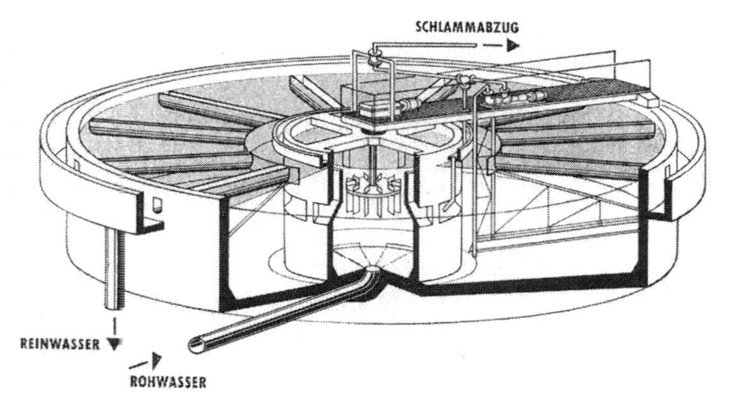

Abb. 392. Sedimat (Lurgi Gesellschaften, Frankfurt/Main)

nach *2* zurück. Der Schlamm aus *3* wird in den Eindicker *4* gepumpt und die Konzentration seiner Lösung durch Zugabe von Frischwasser auf einen sehr niedrigen Wert gebracht. Der Schlamm in *4* ist nun ausgewaschen und wird abgepumpt. Es reichert sich also das in *4* zugesetzte Wasser von Behälter zu Behälter immer mehr an, während der entgegengesetzt wandernde Schlamm immer mehr ausgewaschen wird.

Für die Vorabscheidung werden Hydrozyklone (S. 223) in Verbindung mit nachgeschalteten Rechenklassierern (S. 221) verwendet.

3. Flockungsklärbecken. Bau und Wirkungsweise eines Flockungsklärbeckens sollen am *Lurgi-Sedimat* (Abb. 392) beschrieben werden.

Die kolloid gelösten und suspendierten Verunreinigungen werden mit oder ohne Zusatz von Flockungschemikalien in Gegenwart bereits gebildeter Koagulationsprodukte im Reaktionsraum ausgeflockt und anschließend im Klärraum sedimentiert.

Das Rundbecken des Sedimats ist durch Einbauten in einen Reaktionsraum und einen äußeren, konzentrisch angeordneten Klärraum unterteilt. Das Rohwasser läuft am Boden des unteren Reaktionsraumes zu und wird durch einen Flockungsrührer mit dem Schlamm durchmischt, der aus dem Klärraum rückgeführt wird. Durch Chemikalienzusatz flocken die mit dem Rohwasser eingebrachten Schmutzteilchen aus, die gebildeten Flocken agglomerieren mit den bereits vorhandenen zu großen Schlammflocken. Das Schlamm-Wasser-Gemisch fließt in den Klärraum, in dem sich die Schlammflocken absetzen. Das Klarwasser steigt auf und verläßt den Sedimat über Abzugsrinnen. Ein langsam umlaufender Räumer, der die gesamte Bodenfläche des Klärraumes bestreicht, dickt den abgesetzten Schlamm im Schlammsammelbecken ein und bewegt ihn in eine Sammelrinne. Von dort wird er von einer Pumpe abgezogen und entweder in den Reaktionsraum zurück oder zur Weiterverarbeitung gefördert. Die Verweilzeit im Reaktionsraum beträgt 5—15 Minuten. Verwendung: Reinigung industrieller Abwässer sowie Enthärten von Oberflächenwasser.

B. Filtrieren

1. Allgemeines. Unter Filtrieren oder Filtern versteht man das Abscheiden von Feststoffteilchen aus einer Suspension oder Trübe mit Hilfe einer Filterschicht, die für die Flüssigkeit durchlässig ist und den Feststoff zurückhält.

Den aus der Trübe angefilterten, feuchten Feststoff nennt man Filterkuchen, die durch das Filtermedium hindurchgehende Flüssigkeit Filtrat (oder Mutterlauge). Ziel der Trennfiltration ist die Gewinnung des festen Stoffes, während bei der Klärfiltration die Gewinnung eines klaren Filtrates erreicht werden soll.

Um das Filtrat aus dem Filterkuchen möglichst vollständig zu entfernen, wird er bereits auf dem Filter gewaschen. Bei der Trennfiltration wird in der Regel viel Waschflüssigkeit notwendig sein, während man bei der Klärfiltration mit möglichst wenig Waschflüssigkeit arbeitet.

Maßgebend für die Filtration sind Korngröße und Kornform des Feststoffes. Eine Temperaturerhöhung wird sich in vielen Fällen günstig auf die Filtrationsgeschwindigkeit auswirken. Im allgemeinen wird die Filtrationsgeschwindigkeit auch durch Anwendung von Druck (oder Vakuum) erhöht.

Mit zunehmender Dicke des Filterkuchens erhöht sich der Filtrationswiderstand. In bestimmten Fällen wird es daher erforderlich, den Filterkuchen bereits in dünner Schicht (vor allem bei dichten, kompressiblen Filterkuchen) abzunehmen.

Mit Flächenfiltern wird vielfach erst nach Ausbildung eines Filterkuchens, der dann als zusätzliches Filtermedium wirkt, ein klares Filtrat erhalten.

Eine vor dem eigentlichen Filtrationsprozeß vorgenommene Sedimentation wirkt sich zumeist vorteilhaft aus.

2. Filtermittel. Von einem Filtermittel werden verlangt: hohe Durchlässigkeit (geringer Druckverlust), chemische Widerstandsfähigkeit, ausreichende Temperaturbeständigkeit, mechanische Festigkeit und glatte Oberfläche (vollständige Abnahme des Filterkuchens).

Lose Filterschichten bestehen aus Kies und Sand, in Einzelfällen aus Kohle, in Höhen von 0,6 bis 3 m.

Zum Abtrennen grober Teile können *Lochbleche* oder *Drahtgewebe* dienen.

Poröse Filtermassen bestehen aus Sintermetall, keramischen Massen, Kieselgur oder Kohle bestimmter Körnung, die durch Bindemittel oder Sinterung so miteinander verbunden sind, daß Platten oder Rohre (z. B. Filterkerzen) bestimmter Porengröße entstehen. Auch Kunststoffe mit unterschiedlichen Porenweiten werden dafür verwendet, z. B. Flexolith H aus Polyäthylen und Flexolith V aus Polystyrol (Wilhelm Schuler, Filtertechnik GmbH, Eisenberg/Pfalz).

Filtergewebe. Baumwolle wird für neutrale und alkalische Medien, Wolle für saure Flüssigkeiten verwendet.

Gewebe aus Synthesefasern sind wegen ihrer Beständigkeit und Festigkeit überwiegend in Gebrauch. Zu achten ist auf die Temperaturbeständigkeit, die für die verschiedenen Kunststoffe sehr unterschiedlich ist. Beispiele: Polyäthylen, PVC, Mischpolymerisate aus Vinylchlorid und Vinylacetat, Polyvinylidenchlorid, Polyacrylnitril, Nylon, Perlon, Polyester u. a.

Beim Ersetzen von Naturfasergeweben durch solche aus Synthesefasern ist darauf zu achten, daß z. B. ein feineres PC-Gewebe gewählt werden muß als beim Baumwollgewebe, weil durch die fehlende Quellung kein Nachdichten erfolgt. Anderseits tritt bei Synthesefasern keine Diffusion vom Filtergut in die Faser ein, die Folge ist ein leichteres Abheben des Filterkuchens.

Gebrauchte Filtertücher werden einer Reinigung unterworfen (Waschen in Waschmaschinen) und erneut verwendet.

Auch Papierfilter (Filterkarton) werden verwendet.

Von den mineralischen Fasergeweben sind solche aus Asbest- und Glasfasern in Gebrauch.

Filterhilfsstoffe werden zu schwierig filtrierenden Suspensionen in Mengen von 0,01 bis 1% zugesetzt. Sie lockern die Rückstände auf, wodurch der Filtrationswiderstand vermindert wird. Es kommen u. a.

Kieselgur oder auch Aktivkohle in Betracht. Diese Stoffe werden der Trübe vor dem Filtrieren zugesetzt oder auf dem Filter angeschwemmt.

3. Spaltfilter. Zum Filtern von Mineralölen oder anderen nicht aggressiven Flüssigkeiten können *Kantendraht-Spaltfilter* verwendet werden (Abb. 393). Durch den Filtereinsatz (0,03 mm Spaltweite oder mehr) werden alle festen Verunreinigungen (Sand, Metallteile)

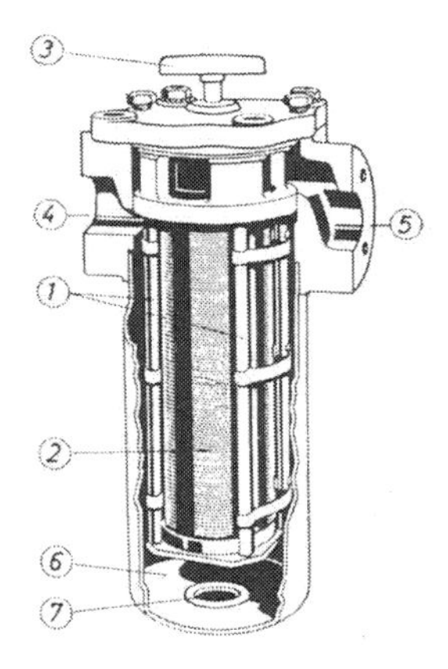

Abb. 393. Knecht-Kantendraht-Spaltfilter (Knecht Filterwerke GmbH, Stuttgart-Bad Canstatt). *1* Feststehend eingebaute Reinigungsvorrichtung, *2* Kantendraht-Spaltfilter-Einsatz, drehbar eingebaut, der durch Knebel *3* oder Motor betätigt wird, *4* Einlauf, *5* Auslauf, *6* Schlammsammelraum, *7* Schlammablaß

bis zur Größe der gewählten Spaltweite aus der Flüssigkeit herausgefiltert.

Prinzip: Um den mit einem Gewinde versehenen Profiltragkörper ist ein Edelstahldraht (mit dem Querschnitt eines gleichseitigen Dreiecks) unverrückbar aufgewickelt. Die Gewindesteigung bestimmt die Spaltweite und damit die Filterfeinheit. Die Flüssigkeit fließt von außen nach innen. Die Verunreinigungen, die sich angelagert haben, werden durch den Schaber einer Reinigungsvorrichtung, die von Hand oder mittels Motor betätigt wird, abgestreift und im Schlammsammelraum aufgefangen. Durch die Erweiterung des Spaltes nach innen (Profil des Kantendrahtes) wird ein Zusetzen des Spaltes verhindert.

4. Filter mit losen Filterschichten. Zum Vorfiltrieren und Klären (z. B. in der Wasserreinigung) dienen Filter mit körnigen Schüttungen aus Sand, Kies, Kohle u. a. In der Regel sind mehrere Schichten verschiedener Korngröße übereinander angeordnet.

Die Filter werden häufig mit Ionenaustauschapparaten kombiniert. Die unteren, gröberen Körnungen bilden die Stützschichten für die oben liegenden Schichten mit feinerem Korn.

Während normalerweise die Filtration von oben nach unten erfolgt, verläuft bei dem *Immedium-Filterprinzip* die Filtration in umgekehrter Richtung, d. h., das Filtermaterial wird in der Filtrationsrichtung feiner. Diese Klassierung bleibt auch bei der Aufwärtsspülung erhalten. Im Gegensatz zur üblichen Filtration kann sich das

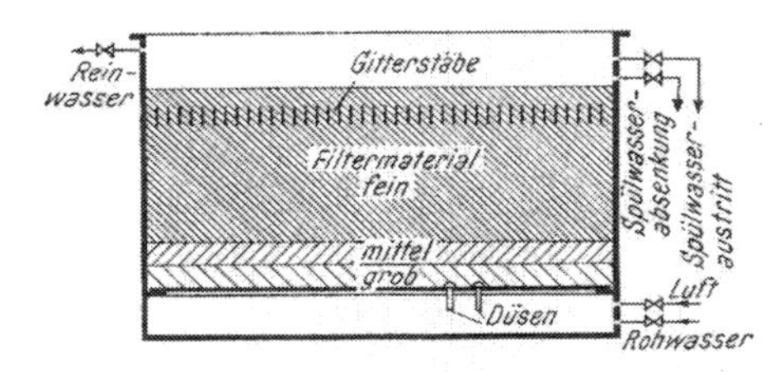

Abb. 394. Filtration nach dem Immedium-Filterprinzip (Permutit Aktiengesellschaft, in Lizenz der Imacti, Amsterdam)

gesamte Porenvolumen des Filtermaterials mit Schwebestoffen auffüllen. Das Filtrat wird oben abgezogen (Abb. 394). Das Filtermaterial stützt sich während der nach oben gerichteten Filtration gewölbeartig gegen die Roststäbe ab, die den Druck auf die Außenwände übertragen. Dieses so gebildete „Gewölbe" bricht bei der Rückspülung mit Wasser und Luft zusammen, das Filtermaterial dehnt sich dabei aus und gibt den Schlamm frei.

5. Nutschen. Nutschen sind Filterapparate mit einer horizontalen Siebplatte, die mit Filtertuch bespannt oder mit porösen Filtersteinen ausgelegt ist. Nutschen werden vor allem dann verwendet, wenn im Verhältnis zur gegebenen Flüssigkeitsmenge große Feststoffmengen zu filtrieren sind. Nutschen haben eine relativ kleine Filterfläche (bis 8 m²).

a) *Offene Nutschen* sind rechteckige oder runde Behälter (Kastennutsche) aus Eisen (gegebenenfalls gummiert), Holz oder Steinzeug. Das Filtertuch wird auf der siebartigen Bodenplatte z. B. durch einen passenden Ring festgehalten und in den Fugen längs der Nutschenwand verstemmt. Die Befestigung kann auch, wie die Abb. 395 zeigt, durch Einpressen einer Gummischnur in eine Nut entlang der

Nutschenwand geschehen. Unter dem Filterboden wird bei diesen Saugnutschen ein Unterdruck erzeugt. Zwischen Vakuumpumpe und Nutsche ist ein Zwischengefäß (Druckfaß) zu schalten. Die Suspension fließt der Nutsche von oben zu, das Filtrat sammelt sich im Raum unter dem Filterboden. Der Filterkuchen wird durch das „Absaugen" bereits weitgehend von der Flüssigkeit befreit; Risse, die sich während des Trockensaugens im Filterkuchen bilden, müssen verstrichen wer-

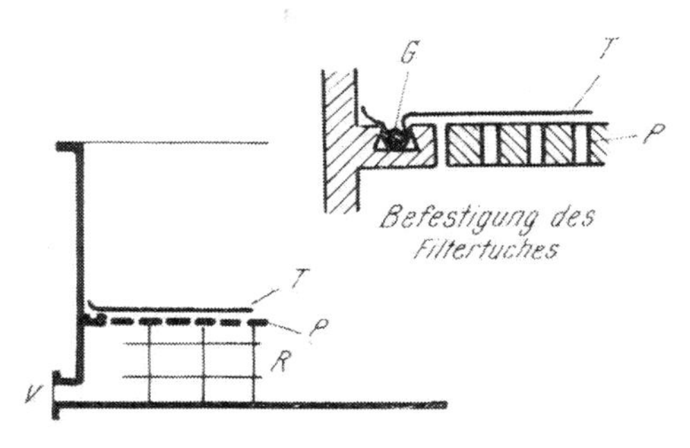

Abb. 395. Teil einer Kastennutsche. *P* Filterplatte (Siebboden), *T* Filtertuch, *G* Gummischnur, *R* Tragrost für die Filterplatte, *V* Vakuumanschluß über ein Zwischengefäß

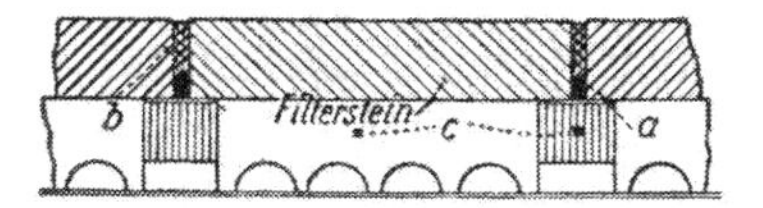

Abb. 396. Abdichten der Filtersteine mittels Asbestschnur (*a*) und Säurekitt (*b*); *c* Unterlagsriegel (Wilhelm Schuler, Filtertechnik GmbH, Eisenberg/Pfalz)

den, damit die Luft nicht wirkungslos durchströmt. Das Entleeren der Nutsche („Ausräumen") geschieht in der Regel manuell. Es wurden aber auch Vorrichtungen konstruiert, die das Verstreichen und Entleeren der Nutsche vollständig mechanisch vornehmen, z. B. durch ein eingebautes Streichwerk und eine Austragschleuderschnecke. Die Vertikalbewegung des Streichwerkes wird hydraulisch gesteuert.

Zum Absaugen stark saurer Niederschläge können *Steinnutschen* verwendet werden, bei denen der Filterboden mit porösen Filterplatten belegt ist. Jene Seite der Platten, die mit dem Nutschkuchen in Berührung steht, ist glatt und engporig, die untere Seite meist geriffelt und weitporig, um einen guten Ablauf des Filtrates zu gewährleisten. Die Filtersteine werden auf dem Filterboden oder auf einem Auflagegerüst (Unterlagsriegel) verlegt und die Fugen zwischen den Steinen und gegen die Nutschenwand mit Säurekitt und Asbestschnur oder mit Bleiwolle abgedichtet (Abb. 396).

b) *Geschlossene Nutschen* werden verwendet, wenn Suspensionen in Lösungsmittel filtriert werden sollen. Sie werden als Vakuum- oder Drucknutschen (oder als Kombination von beiden) gebaut.

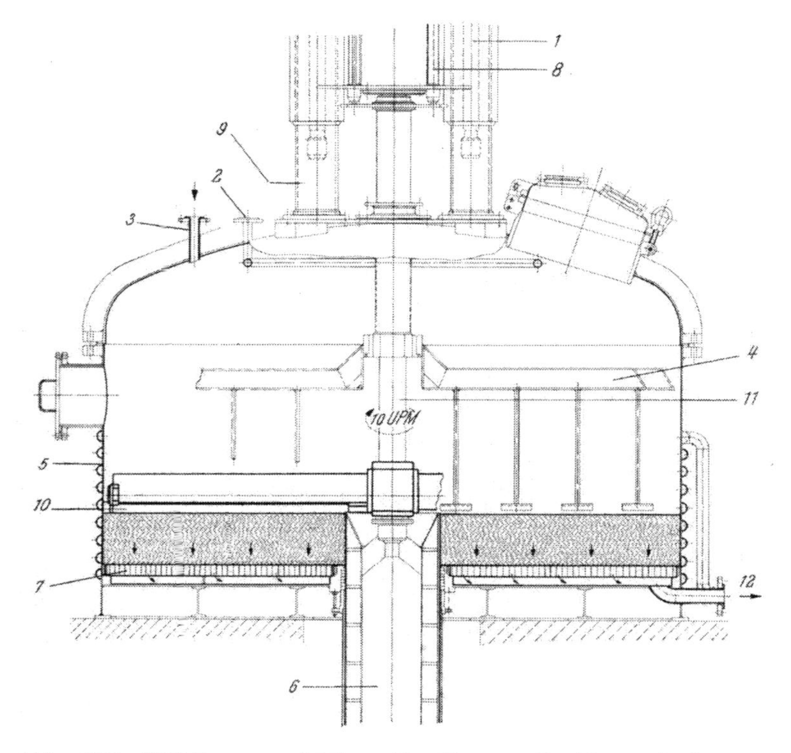

Abb. 397. BHS-Rosenmund-Filter (Geschlossene Streich- und Austragnutsche) (BHS-Bayerische Berg-, Hütten- und Salzwerke AG, Werk Sonthofen/Allgäu)

Die Abb. 397 zeigt die *Rosenmund Streich- und Austragnutsche*. Die Nutsche wird durch einen Einfüllstutzen mit dem gesamten Ansatz beladen. Während des Filtrationsvorganges wird der Filterkuchen mit dem Streichmesser *10* glattgestrichen und zur Beschleunigung der Filtration gleichzeitig über den Hydraulikzylinder *1* (Führungsrohr für die Hub- und Antriebseinheit *9*) ein Druck auf den Filterkuchen ausgeübt. Die Hauptrührwelle *11* dreht im Uhrzeigersinn, wobei der vertikale Vorschub, der stufenlos einstellbar ist, durch Hydraulikzylinder bewirkt wird. Durch *3* kann Stickstoff oder Luft eingedrückt werden („Drucknutsche").

Zum Waschen des Filterkuchens wird die Waschflüssigkeit durch *2* über einen Brausering eingefüllt. Der Aufschlämmarm *4* wird in drehender Bewegung in den Filterkuchen eingesenkt, wobei die schaufelförmigen Elemente den Filterkuchen wieder aufbrechen und mit der Waschflüssigkeit verrühren.

Um den Filterkuchen aus der Nutsche auszutragen, wird der Streich- und Austragarm *5* in Bewegung gesetzt. Das Streichmesser

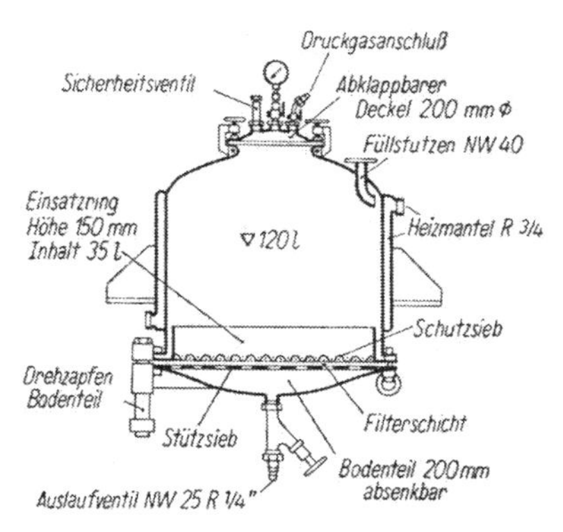

Abb. 398. Schnitt durch das Seitz-Einschichtenfilter 60/1 (Seitz-Werke GmbH, Bad Kreuznach)

wirkt nun als Schälmesser, und das abgeschälte Gut wird durch Austragschnecken gegen die Mitte zum Austragrohr, das am unteren Ende durch ein Ventil verschließbar ist, gefördert. Die Aufschlämm- und Austragvorrichtung wird hydraulisch gehoben bzw. gesenkt (Hydraulikzylinder *8*).

Der Filterboden *7* ist als Lochboden, der mit Filtertuch belegt ist, ausgeführt oder mit Filtersteinen bzw. Sinterplatten belegt. Er kann heizbar eingerichtet sein. Das Filtrat verläßt durch den Filterauslauf (und Vakuumstutzen) *12* die Nutsche.

Die Füllhöhe der dargestellten Nutsche beträgt bis zu 1 m, das Füllvolumen bis 8 m³.

Die verschiedenen Funktionen werden von einem Bedienungspult aus gesteuert.

c) Das *Einschichtenfilter* (Abb. 398) ähnelt in der Wirkungsweise einer Drucknutsche. Es arbeitet mit einer einzigen, leicht auswechselbaren Filterschicht, die in einen abnehmbaren oder absenkbaren

Bodenteil eingelegt wird. Das Gerät wird benutzt, wenn kleinere Chargen zu filtrieren sind; dabei gestattet der hohe, über der Filterfläche liegende Aufgußraum die Bildung dicker Filterkuchen, so daß auch größere Feststoffmengen abgetrennt werden können. Es werden Ausführungen bis 500 Liter Aufgußraum gebaut.

6. Filterpressen. Filterpressen sind für fast alle Filtrationsbedingungen verwendbar. Von den beiden Arten der Filterpressen dient die Kammerfilterpresse zur Klärfiltration, während sich die Rahmenfilterpresse zum Filtrieren von Suspensionen mit großen Feststoffmengen eignet.

Filterpressen sind Druckfilter, die normalerweise mit einem Druck von 3 bis 6 bar arbeiten und Gesamtfilterflächen bis 400 m² haben.

Die einzelnen Platten sind quadratisch (bis 1500 mm Seitenlänge) oder rund (Durchmesser bis 1200 mm). Die Filterfläche beträgt je nach Größe 0,2—4 m² je Filterkammer, die Dicke des Filterkuchens bei Rahmenpressen 20—150 mm, bei Kammerpressen bis 60 mm. Es werden bis zu 100 Filterkammern in eine Presse eingesetzt.

Als Werkstoff für Filterpressen kommen Holz und Eisen (gegebenenfalls gummiert) in Betracht. Filterplatten und -rahmen werden auch aus Hartgummi oder Kunststoff gefertigt.

Die zwischen Kopf- und Endstück auf Zugstangen verschiebbar angeordneten Platten und Rahmen werden von Hand durch eine Verschlußspindel, bei größeren Einheiten hydraulisch oder elektrisch zusammengepreßt.

In der Regel werden die Platten mit Filtertuch belegt, das dabei gleichzeitig die Abdichtung bewerkstelligt. Tuchlose Filterpressen arbeiten mit Schichten- oder Preßmassefiltern.

Rahmen und Kammern von Filterpressen müssen stets gründlich gereinigt werden.

Die Trübe wird mit Druckluft durch das Filter gepreßt. Trüblaufendes Filtrat (soll höchstens kurze Zeit zu Beginn eintreten) wird gesammelt und nochmals zurückgeleitet. Ursache kann eine ungenügende Abdichtung durch die Filtertücher (Faltenbildung) oder das Reißen eines Filtertuches sein.

Neu aufgestellte hölzerne Pressen müssen, um ein Rissig- und Undichtwerden zu verhindern, nach der Zusammenstellung fest eingespannt und mit Tüchern gegen Austrocknen geschützt werden. Vor Inbetriebnahme füllt man die Presse längere Zeit vollständig mit Wasser.

a) *Rahmenfilterpressen.* In den Rahmenfilterpressen sind Filterplatten und Rahmen abwechselnd angeordnet. Die Kopfplatte trägt alle erforderlichen Rohranschlüsse.

Wirkungsweise: Beim Filtrationsvorgang (Abb. 399 a) sammelt sich der Filterkuchen in den zwischen je zwei Platten eingesetzten Hohlrahmen. (Das Filtertuch muß entsprechende Löcher für den Eintritt der Trübe haben.) Das Filtrat tritt durch die Filtertücher in die Rillen der Platten, in denen es nach unten fließt und durch

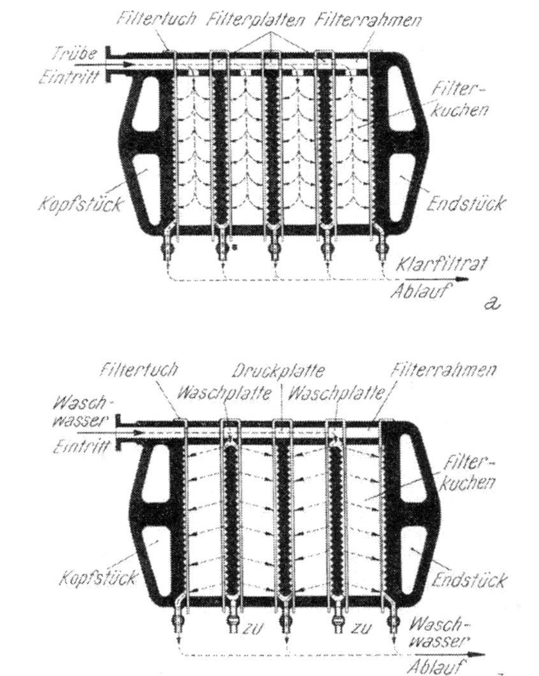

Abb. 399. Wirkungsweise einer Rahmenfilterpresse: *a* Filtrationsvorgang, *b* Waschvorgang (Eberhard Hoesch & Söhne, Düren/Rhld.)

Bohrungen und Hähne in die unter der Presse befindliche Ablaufrinne gelangt. Der Druck der eingepreßten Suspension wird zu Anfang klein gehalten und erst nach und nach gesteigert. Das Ende der Filtration ist erreicht, wenn das Filtrat nur noch tropfenweise abfließt und Luft durchzublasen beginnt. Während der Filtration sind alle Hähne geöffnet.

Der Waschvorgang (Abb. 399 b) geschieht auf die gleiche Weise durch den Eintrittskanal (oder einen gesonderten Waschkanal). Die Waschflüssigkeit tritt in die Waschplatte von der Rückseite der

Filterschicht durch den Filterkuchen in den Rahmen ein und fließt durch die Rillen der Druckplatten in den Sammelkanal und durch die entsprechenden Hähne (siehe Hahnstellung in der Abbildung) ab. Nach beendetem Waschen wird der Filterkuchen mit Druckluft „trocken geblasen", um möglichst viel Waschflüssigkeit zu entfernen. Dann wird die Presse geöffnet, die Platten auseinandergerückt, der Filterkuchen aus den Rahmen gestoßen und das Filter abgeschabt. Ein Preßschlitten unter der Presse nimmt den Filterkuchen auf.

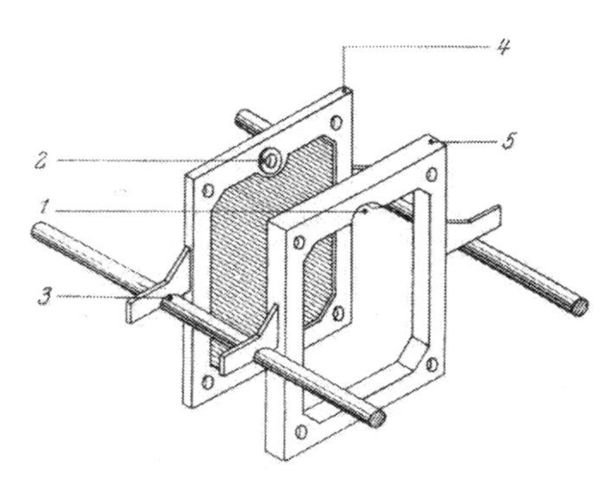

Abb. 400. Filtrationssystem Ciba-Geigy für Rahmenfilterpressen (Hansen GmbH KG, Salzgitter-Lichtenberg)

Wenn in benachbarten Filterelementen unterschiedliche Drucke auftreten, kann es vorkommen, daß die Filterplatten brechen oder deformiert werden. Es sind daher Stütznocken angebracht oder es wird die mechanische Festigkeit der Platten durch eine Stahlarmierung erhöht, vor allem bei Filterelementen aus Kunststoff. (Eine Filterpressenplatte von 1200 × 1200 mm mit einer einseitigen Filterfläche von etwa 1 m² ist bei einem einseitigen Druck von 1 bar Überdruck einer Belastung von 10 000 kg ausgesetzt!)

Das *Filtrationssystem Ciba-Geigy* verhindert in Verbindung mit zusätzlichen Konstruktionen der Firma Hansen GmbH KG Druckdifferenzen und damit Brüche bei Filterpressenplatten aus Weichgummi mit Stahlgerüst und hochmolekularem PE oder PP. Die Dicke der Filterplatten kann reduziert werden.

Merkmale des Ciba-Geigy-Systems (Abb. 400): Der durchgehende Kanal *1* für die Zuführung der Suspension ist nicht geschlossen, sondern tunnelförmig ausgebildet und zum Innenraum des Filterpressenrahmens *5* hin offen. Die sonst üblichen Verbindungsbohrungen entfallen, daher sind Verstopfungen nicht möglich. Das Filtertuch wird am Suspensionskanal der Filterpressenplatte *4* über eine Filtertuchverschraubung *2* aus Kunststoff abgedichtet und das Filtertuch gleichzeitig fixiert, es liegt eben auf der Filterplatte. Durch eine spezielle Griffkonstruktion und -führung *3* auf den Holmen der Filterpresse werden die Platten und Rahmen einseitig geführt, so daß eine Deckung der Bohrungen in benachbarten Filterelementen gewährleistet ist.

b) *Kammerfilterpressen.* Bei den Kammerfilterpressen sammelt sich der Filterkuchen in den Hohlräumen zwischen zwei Kammern, die von den auf jeder Seite erhöhten Dichtungsrändern gebildet werden (Abb. 401). Die aneinandergereihten Platten sind mit Filtertüchern bezogen. Abgedichtet wird von Tuch zu Tuch. Die Filterpresse wird unter Druck mit der Trübe gefüllt, das Filtrat tritt durch die Tücher, fließt durch die Rillen zum Ablaufkanal und über Hähne in die Ablaufrinne.

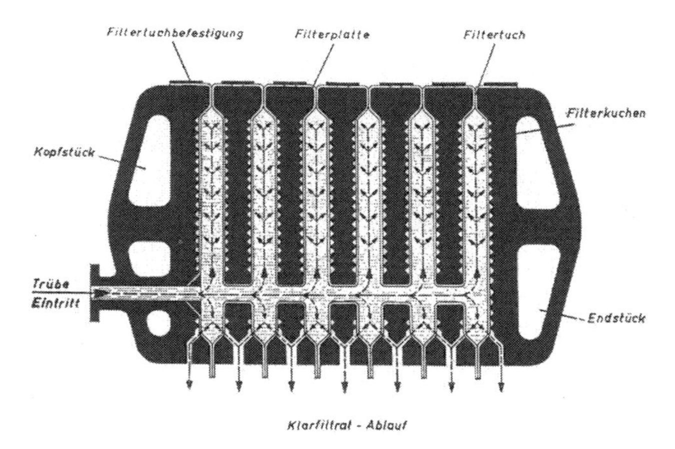

Abb. 401. Wirkungsweise einer Kammerfilterpresse, Filtrationsvorgang (Eberhard Hoesch & Söhne, Düren/Rhld.)

Bei der *Membran-Kammerfilterpresse* wird ein erheblicher Teil der Restfeuchte des Filterkuchens nach der Filtration durch Auspressen mittels Membranen entfernt. Die Presse kann nach dem Auspressen des Filterkuchens wiederholt nachgefüllt und abgedrückt werden, bis die Kammern mit einem trockenen, festen Filterkuchen völlig gefüllt sind (Eberhard Hoesch & Söhne, Düren).

c) Große Filterpressen (bis 500 m² Filterfläche und 20 bar Filterdruck) sind mit einer *Plattenverschiebe- und selbsttätigen Kuchenablösevorrichtung* ausgestattet.

Bei Kammerfilterpressen (Abb. 402 a) wird ein Doppeltuch mit seinen Enden an zwei benachbarten Filterplatten befestigt und durch eine federbelastete Traverse im Scheitelpunkt aufgehängt. Beim Öffnen der Kammer spreizt sich durch Verschieben einer Filterplatte das oberhalb aufgehängte Filtertuch (Spreizwinkel ca. 30°) und zieht den anhaftenden Kuchen von den Kammerwandungen ab, der Filterkuchen fällt dabei durch sein Eigengewicht ab. Durch Verschieben der folgenden Platte schließt sich die nun leere Kammer bei gleichzeitigem Öffnen der nächsten. Die Zugfedern der Traversen sind an in Rollen geführten Haltern befestigt.

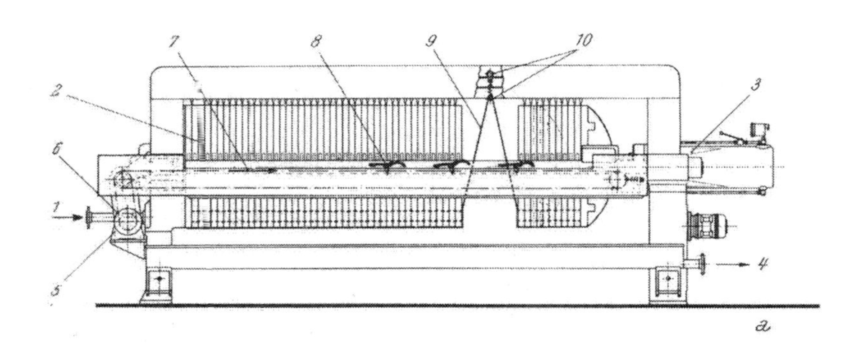

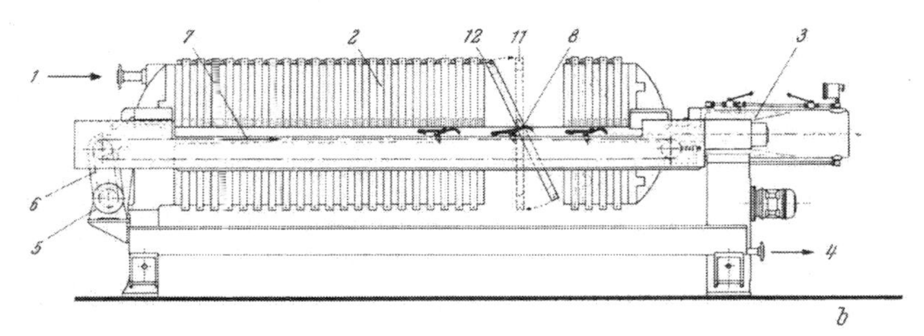

Abb. 402. Hoesch-Filterpresse, Plattenverschiebevorrichtung und selbsttätige Kuchenentleerung: *a* bei Rahmenfilterpressen, *b* bei Kammerfilterpressen (Eberhard Hoesch & Söhne, Düren/Rhld.). *1* Trübe-Eintritt, *2* Filterplatten, *3* Elektrohydraulischer Pressenverschluß, *4* Klarfiltrat-Auslauf, *5* Getriebemotor, *6* Kettentrieb, *7* Rollenkette mit Gleitschiene, *8* Mitnehmerhebel, *9* Filtertuch, *10* Spreiztuchaufhängung, *11* Schrägrahmen, *12* Sperrklinke

Bei Rahmenfilterpressen (Abb. 402 b) wird der Abwurfeffekt des Kuchens durch selbsttätige Schrägstellung von abgeschrägten Rahmen bei der Verschiebung erzielt.

7. Schichten- und Blattfilter. a) Nach Art der Filterpresse sind die *Mehrschichtenfilter* mit vertikalen Filterelementen gebaut. Die fertigen Filterschichten werden zwischen den einzelnen Filterelementen eingespannt. Diese Filter dienen vorwiegend zum Entfernen geringer Mengen fein dispergierter Trübstoffe aus größeren Flüssigkeitsmengen.

b) Bei *Anschwemmfiltern* wird ein Filterhilfsmittel (z. B. Kieselgur) auf eine Trägerschicht (poröse Unterlage oder feinmaschiges Drahtnetz) aufgeschwemmt. Das zu Beginn der Filtration mit der Trübe aufgeschwemmte Filterhilfsmittel wirkt im weiteren Verlauf als Filter.

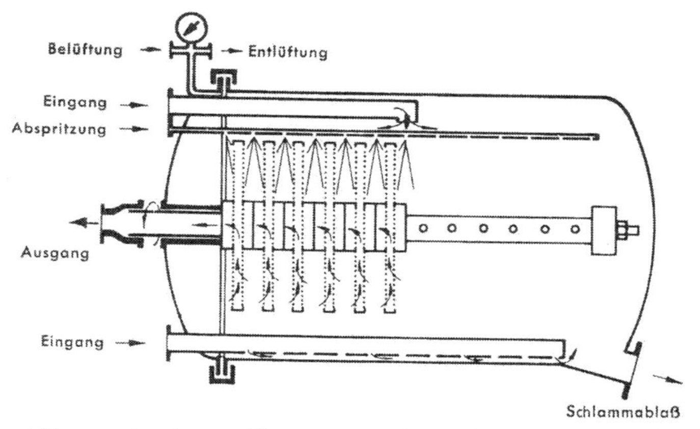

Abb. 403. Anschwemmfilter (Seitz-Werke GmbH, Bad Kreuznach)

Die Abb. 403 zeigt die Wirkungsweise eines Anschwemmfilters. Die Trübe wird in den unteren und oberen Raum des Filterbehälters geleitet und dort durch Verteilerrohre und Leitbleche gleichmäßig über den Elementensatz verteilt. Sie durchströmt den auf den Filterelementen angeschwemmten Belag. Das Filtrat verläßt das Filter durch die zentrale Sammelachse.

Man arbeitet mit einer Filtration mit Vorbelag, bei der vor der eigentlichen Filtration aus einem eigenen Behälter die erforderliche Menge an Filterhilfsmittel, homogen in einem kleinen Teil der Trübe verteilt, angeschwemmt wird. Dieser Vorlauf wird in den Trübebehälter zurückgeführt bis Klarlauf eintritt. Dann wird auf Filtration umgestellt. Das Filterhilfsmittel kann aber auch in der Gesamtmenge der Trübe verteilt und mit ihr durch das Filter gepumpt werden.

Vorteilhafter ist die Anordnung als *Trommelschichtenfilter*, einem geschlossenen Filter mit horizontalen Filterelementen in einem druckfesten, heizbaren Behälter (Abb. 404; s. dazu auch Abb. 398, S. 339: Einschichtenfilter). Das Filter besteht aus einem Plattensatz von mehreren übereinander angeordneten Filterelementen. Durch Änderung der Plattenzahl kann das Filter den Erfordernissen angepaßt werden. Die freie Filterfläche beträgt bis 8 m², die Filterleistung

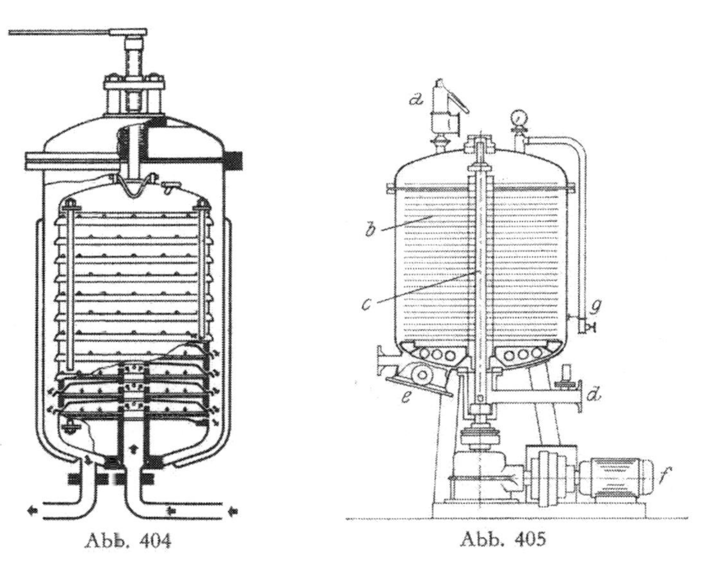

Abb. 404. Seitz-Trommelschichtenfilter (Seitz-Werke GmbH, Bad Kreuznach)

Abb. 405. Schenk-Kieselgurfilter ZHF/S (Schenk Filterbau GmbH, Schwäbisch-Gmünd). *a* Trübezulauf, *b* Filterelemente, *c* Filtratsammelrohr, zugleich Rotationswelle, *d* Filtratablauf, *e* Austrag, *f* Antriebsmotor, *g* Entlüftung

bis zu 10 m³/m²h. Das Anschwemmen eines Filterhilfsmittelbelages ist möglich.

c) In den *Zentrifugal-Reinigungsfiltern* sind in einem druckfesten Behälter auf einer zentrisch laufenden Hohlwelle runde Filterelemente (Metalltressengewebe, Schlitzlochbleche, gegebenenfalls mit Filtertüchern) untergebracht (Abb. 405).

Soll das Filtrat gewonnen werden, wird auf den Filterelementen Filterhilfsmittel angeschwemmt. Beim Filtrationsvorgang bleibt das Filterpaket stationär. Das Filtrat läuft durch die zentrale Hohlwelle ab. Zum Abreinigen wird bei Anschwemmfiltern die Hohlwelle in Rotation versetzt und gleichzeitig gespült. Der Rückstand wird von den Filterplatten zum Austrag abgeschleudert. Bei Verwendung als Direktfilter werden die Filterkuchen trocken ausgetragen. Als Austragshilfe befindet sich im Bodenteil ein mit den Filterelementen umlaufender Flügelaustrager. Die Rückstände können vorher gewaschen und getrocknet werden (Heizmantel).

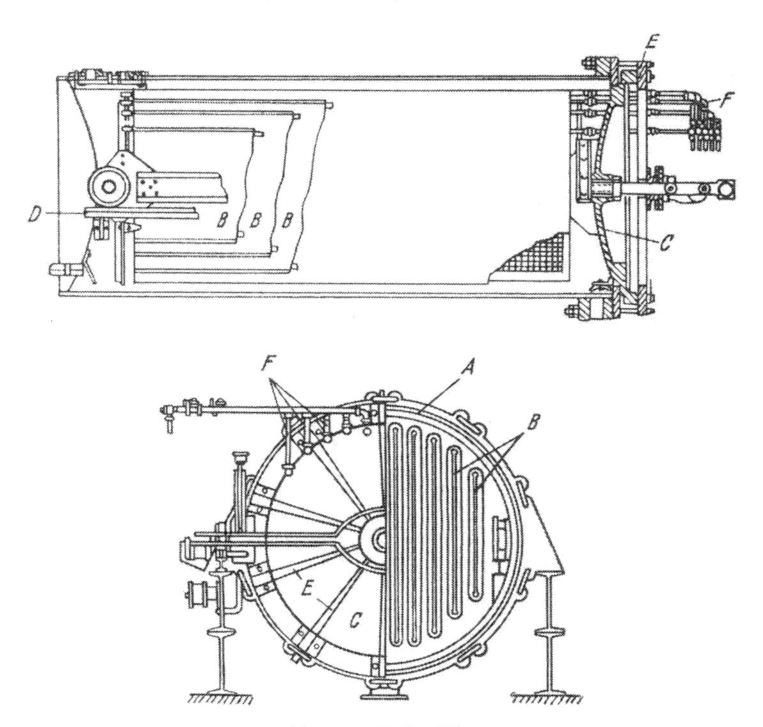

Abb. 406. Kelly-Filter

d) Das *Kelly-Filter* (Abb. 406) besteht aus dem zylindrischen Druckkörper *A* und einem am tieferen Ende liegenden Deckel *C* mit Schnellverschluß *E* zum Anpressen und Lüften des Deckels. Die im Druckkörper befindlichen Filterrahmen *B* stehen parallel zur Längsachse des Filterkörpers und sind auf einem Fahrgestell (Schienen *D*) montiert, so daß sie mit dem Deckel aus dem Filterkörper ausgefahren werden können. Das Filtrat fließt durch Hähne (Leitungen *F*) aus den Filterrahmen in ein gemeinsames Sammelrohr. Unterhalb des Zylinders liegt ein Schlammtrichter zur Abführung der mittels Preßluft abgestoßenen Filterkuchen.

Durchführung der Filtration: Nach Schließen der Presse wird der Druckkörper mit dem Schlamm gefüllt (Schlammpumpe; ein am obersten Teil angebrachtes Schwimmerventil schließt nach erfolgter Füllung selbsttätig ab, so daß der zum Filtern nötige Überdruck durch die Pumpe erzeugt werden kann). Das Filtrat dringt durch das Filtertuch und fließt klar aus den Ausflüssen *F* ab. Vorteile dieser Presse sind gute Abdichtung (Dichtflächen nur zwischen Zylinder und Deckel), gutes Waschen der Kuchen mit wenig Waschflüssigkeit, geringer Tuchverbrauch, da die Filterbeutel lose auf dem Filterrahmen hängen. Kelly-Filter sind geeignet zum Filtrieren bei hohen Drucken (bis 35 bar) und hohen Temperaturen.

8. **Beutelfilter** (Taschen- oder Rahmenfilter). Beim *Scheibler-Filter* wird eine große Filterfläche dadurch erreicht, daß ein allseitig geschlossener, in Falten geraffter Filterbeutel harmonikaartig über einen zusammenklappbaren Rahmen gezogen wird. Eine Zugschnur verbindet die oberen und unteren Schienen des Beutelträgers und verhindert das Zusammenfallen des Beutels. Eine Anzahl dieser Filterelemente wird in ein druckfestes Gehäuse eingesetzt. Die in das Gehäuse eingedrückte Trübe (gegebenenfalls aufgeschlämmt mit Aktivkohle) tritt von außen durch die Filterbeutel und setzt die enthaltenen Feststoffe an den Außenseiten der Beutel ab. Das Filtrat tritt durch Öffnungen in der oberen Schiene (Filtratabflußrohr) aus. Gereinigt werden die Filterbeutel durch Abspritzen.

Vorteilhaft sind Scheibler-Filter mit halbautomatischer Abspülreinigung. In der Abb. 407 a ist das Filter mit seinen Anschlüssen gezeigt, in der Abb. 407 b ein einzelner Filterbeutel.

Bei Inbetriebnahme des Filters werden der Flüssigkeits-Eintritt *A* und der Filtrataustritt *B* geöffnet, die Pumpe angestellt und das Entlüftungsventil am Deckel geöffnet (wieder schließen, wenn dort Flüssigkeit austritt). Zur Spülreinigung mit Heißwasser werden *A* und *B* geschlossen, der Preßluft-Ausgang *D* und der Entleerungsstutzen *C* geöffnet. *C* wird geschlossen, wenn die im Filter befindliche Flüssigkeit vollständig abgelaufen ist. Dann werden das Spülflüssigkeits-Ventil F_1 und das Preßluft-Eintrittsventil *E* gleichzeitig geöffnet, so daß die Filterbeutel von außen abgespült werden. F_1 wird geschlossen, sobald die Spülflüssigkeit bis zur Oberkante der Filtereinsätze angestiegen ist (feststellbar am Flüssigkeits-Kontrollstutzen *G*). Die in die Spülflüssigkeit eingeleitete Preßluft versetzt diese in stark wirbelnde Bewegung. Nach einiger Zeit wird *C* geöffnet und die Spülflüssigkeit langsam abgelassen. Bei schlecht abzuspülendem Rückstand wird der Spülvorgang wiederholt. In diesem Fall wird jedoch das Spülflüssigkeits-Ventil F_2 geöffnet. *E* bleibt während des gesamten Spülvorganges geöffnet.

Beutelfilter dieser Konstruktion werden verwendet, wenn größere Flüssigkeitsmengen mit geringem Feststoffgehalt filtriert und die reine Flüssigkeit gewonnen werden soll. Die Filter nehmen nur einen kleinen Raum ein und werden daher bevorzugt, wo es an Raum zur Aufstellung größerer Filtereinrichtungen fehlt. Ein Beutelfilter von 90 m² Filterfläche nimmt z. B. einen Raum von 2 × 1 × 1 m ein.

Das *H & K-Kesselfilter* mit Filterflächen bis 250 m² in einer Einheit ist für Betriebsdrucke von 15 bar Überdruck ausgelegt. Es enthält eine größere Zahl von Filterrahmen (die Abb. 408 zeigt einen Filterrahmen im Querschnitt). Die Trübe (Unfiltrat *8*) wird unter Druck durch den Einlaufstutzen *9* in den Kessel eingebracht.

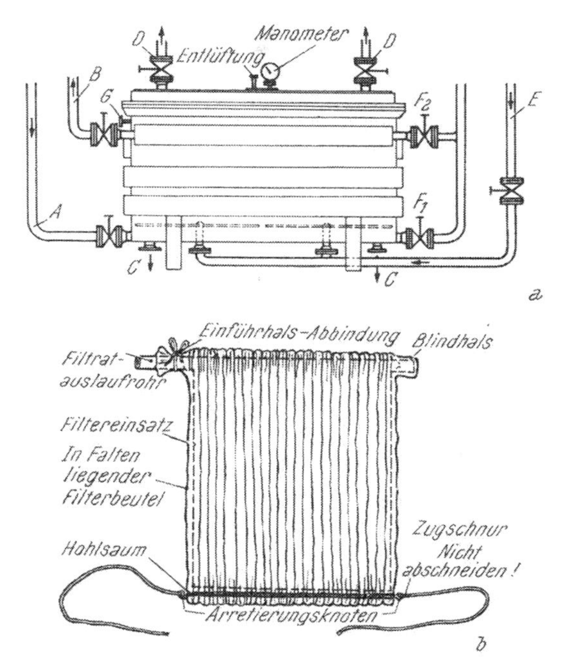

Abb. 407. Scheibler-Filter mit halbautomatischer Abspül-Reinigung (Fritz Scheibler, Wuppertal-Elberfeld). *a* Einrichtung des Filters, *b* Schematische Darstellung eines Filterbeutels

Die Luft entweicht durch den Hahn, der nach Füllung des Kessels geschlossen wird. Im Leerraum über der Flüssigkeit (Luftpolster *2*) stellt sich ein Überdruck ein und die Filtration beginnt. Die Flüssigkeit dringt durch den Tuchbeutel *6* (oder ein Metallgewebe) in das Innere des Filterrahmens *3* und wird von hier durch das Auslaufrohr *1* in ein Sammelrohr oder eine Sammelrinne geleitet. Auf dem Beutel bildet sich der Filterkuchen *7* aus. Zu jedem Filterrahmen gehört ein Auslaufrohr mit Schauglas, um die Möglichkeit zu haben, einzelne Rahmen während des Betriebes blindzuschalten. Das

Unfiltrat beaufschlagt den Beutel von allen Seiten, das Filtrat *4* fließt durch die Rillen der Einlagen oder durch die Zwischenräume des starken Drahtgewebes (Stützkörper *5*) in das äußere Rahmenprofil und von hier in den Auslaufstutzen. Vorschwemmen eines Filterhilfsmittels ist möglich.

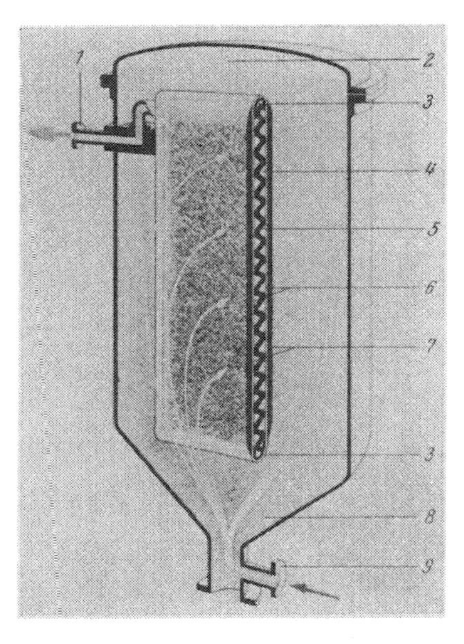

Abb. 408. Filterelement des H & K-Kesselfilters
(Holstein & Kappert, Maschinenfabrik Phönix GmbH, Dortmund)

9. Kerzenfilter. *Filterkerzen* sind Hohlzylinder aus porösem keramischem Material, Kohle, Siliciumcarbid, Sintermetall, Kunststoffen oder gelochte Rohre, die mit Filtergewebe überzogen sind. Die Trübe wird in die Hohlkerzen eingesaugt oder von außen eingepreßt.

Filterkerzen werden verwendet, wenn relativ kleine Rückstandsmengen von großen Flüssigkeitsmengen zu trennen sind (Klärfiltration). Bei Suspensionen mit sehr feinen, schmierigen oder schleimigen Anteilen werden jedoch die Poren des Filtermaterials rasch verstopft. In solchen Fällen schützt man das Filterelement durch Anschwemmen eines Filterhilfsmittels, z. B. Kieselgur (Anschwemmfilter). Gereinigt werden Filterkerzen durch Rückspülung.

Zumeist werden mehrere Filterkerzen (bis zu 100) in einer

Apparatur angeordnet, es können damit Gesamtfilterflächen von 70 m² und mehr erreicht werden.

Die Abb. 409 zeigt den Schnitt durch ein Kerzenfilter, bestehend aus dem Druckgehäuse und dem Filterzylinder, der durch ein gelochtes Zentralrohr armiert ist.

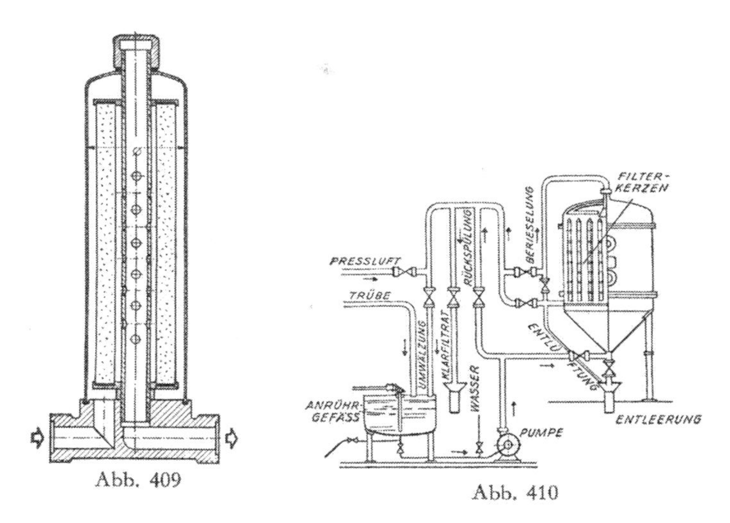

Abb. 409. Schnitt durch ein Kerzenfilter (Schumachersche Fabrik, Bietigheim/Württ.)
Abb. 410. Berkefeld-Anschwemmfilter (Berkefeld-Filter, Celle)

Ein Anschwemmfilter mit der entsprechenden Anordnung für die Rückspülung siehe Abb. 410.

10. Zellenfilter. Zellenfilter sind Drehfilter, die mit Vakuum oder Druck arbeiten.

a) *Trommelzellenfilter. Vakuum-Trommelfilter* werden verwendet, wenn laufend große Mengen zu verarbeiten sind. Sie arbeiten kontinuierlich, der entwässerte Feststoff wird durch geeignete Vorrichtungen vom Filter abgenommen.

Die Wirkungsweise eines Vakuum-Drehfilters ist aus der Abb. 411 ersichtlich. Die drehbare, in Zellen geteilte Trommel *1*, deren Oberfläche mit dem Filtermittel bedeckt ist, taucht in den Trog *2* ein, dem der Schlamm zugeführt wird. Die Zellen der Trommel werden über die Steuerventile *3* evakuiert, wodurch die Flüssigkeit in die Zellen gesaugt wird, während die Feststoffe vom Filtermaterial zurückgehalten werden und eine Schicht bilden. Die Trommel dreht sich langsam in Pfeilrichtung, so daß die in der Flüssigkeit befindlichen Zellen austauchen und neue Zellen an diese Stelle gelangen. Die aus der Flüssigkeit getauchte Zelle wird zum Verdrängen der Mutterlauge mit Waschflüssigkeit bespritzt (aus der Waschvorrichtung *5*), die in das Innere der Zelle gesaugt wird. Durch eine Steuerung können diese Waschlaugen getrennt vom Filtrat abgeführt

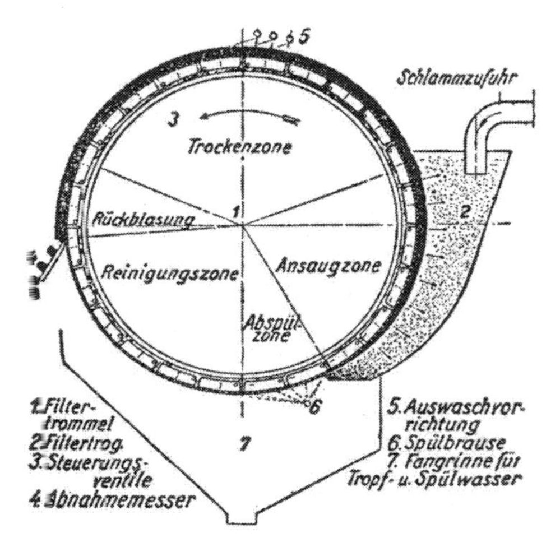

Abb. 411. Wirkungsweise des Einheits-Drehfilters
(Schüchtermann & Kremer-Baum, Dortmund)

werden. Im weiteren Verlauf wird Luft angesaugt, die noch anhaftende Flüssigkeit mit in die Trommel reißt. Das Filtrat in der Zelle wird abgeleitet. In der Rückblaszone wird der Zelle von innen her Preßluft zugeführt, so daß das Vakuum aufgehoben und der anhaftende Filterkuchen gelockert wird, der von einem Abnehmermesser *4* abgenommen wird. Bei der Weiterdrehung der Zelle wird sie von außen abgespült (Spülbrause *6*), um das Filtermittel zu reinigen. Hierauf tritt die Zelle in den Trog ein und der Vorgang wiederholt sich. Die Öffnungen der Stirnscheibe der Trommel schleifen bei der Drehung an den Zonen des feststehenden Steuerkopfes vorbei, wodurch die Verbindung der Trommelzellen mit den Steuerkopfzonen hergestellt wird.

Trommelzellenfilter haben eine Filterfläche bis 70 m².

Bei den *Saugzellenfiltern mit Schnurabnahme* (Abb. 412) wird die luftdichte Trennung der Zonen im Steuerring (Filterzone, Entwässerungszone und Abnahmezone) durch nachstellbare Stopfen bewirkt. Das im Filtertrog eingebaute Rührwerk verhindert ein Entmischen oder Absetzen der Trübe. Auf dem Filtertuch liegen im Abstand von 6 bis 25 mm parallele Schnüre, die bei der Drehung mitgenommen werden. Auf dem Wege durch den Trog setzt sich der Filterkuchen auf dem Filtertuch ab und schließt die Schnüre als Verstärkungsorgan ein. In der Entwässerungszone wird der Kuchen

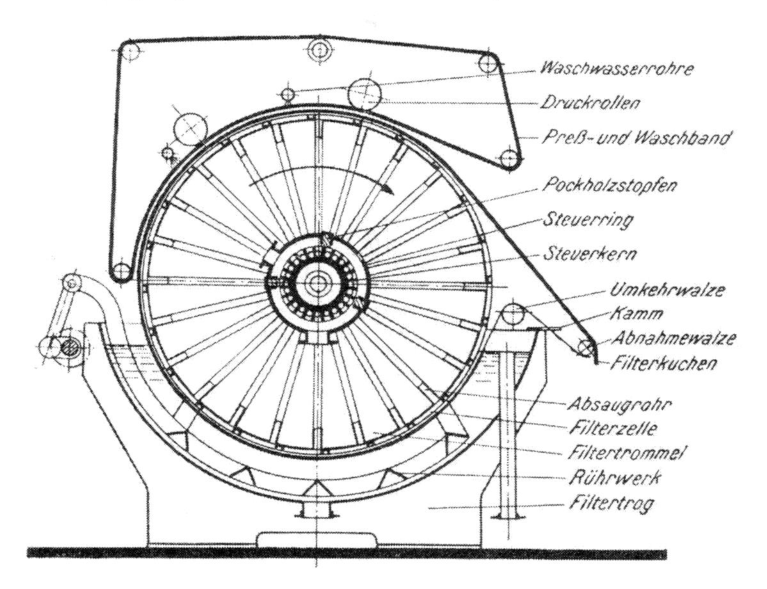

Abb. 412. Saugzellenfilter mit Schnurabnahme
(Krauss-Maffei, Geschäftsbereich Imperial-Verfahrenstechnik, München)

von dem gespannten Preßband bedeckt, das durch Vakuum angesaugt und von der Trommel mitgenommen wird, wodurch eine bessere Entwässerung stattfindet. Das Preßband kann gleichzeitig als Waschband ausgebildet sein. Nach Durchlaufen der Entwässerungszone gelangt der Kuchen in die Abnahmezone, in der der durchlaufende Trommelteil mit der Außenluft in Verbindung steht, also ohne Vakuum ist, so daß der Filterkuchen abgehoben und von den Schnüren zur Abnahmewalze getragen wird.

Für Trüben mit geringem, feinkörnigem Feststoffgehalt und für schwer filtrierbare Stoffe, die einen dünnen, aber verhältnismäßig dichten Filterkuchen bilden, hat sich die *Walzenabnahme* bewährt. Sie besteht aus einer Übernahmewalze aus Gummi, die mit der gleichen Umfangsgeschwindigkeit, jedoch in entgegengesetzter Richtung rotiert. Schaber oder raschrotierende Abnahmewalzen nehmen den Filterkuchen von der Übernahmewalze ab.

Das *BHS-Fest-Filter* ist ein kontinuierlich arbeitendes, geschlossenes Druckfilter (Abb. 413). Die Filtertrommel *1* dreht sich mit stufenlos regelbarer Drehzahl konzentrisch in dem druckfesten Gehäuse *2*. Der Ringraum zwischen beiden ist durch Stopfbuchsen seitlich abgedichtet und durch Trennelemente *3* in druckdichte Kam-

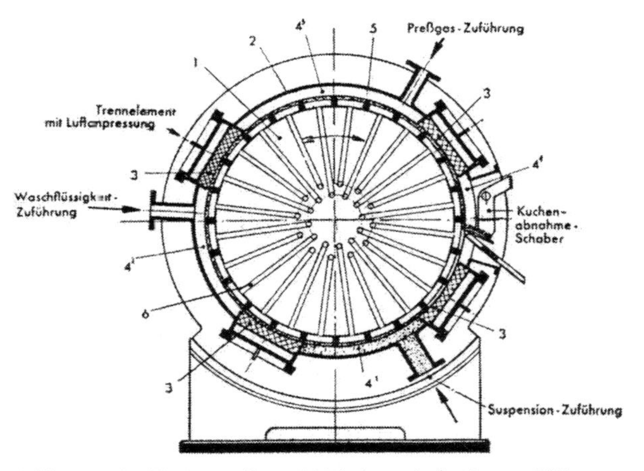

Abb. 413. BHS-Fest-Filter (BHS-Bayerische Berg-, Hütten- und Salzwerke AG, Werk Sonthofen/Allgäu)

mern *4* unterteilt. Die Trennelemente schleifen dichtend auf den unter ihnen durchlaufenden Trennleisten *5*, die die Mantelfläche der Filtertrommel in Filterzellen unterteilen und um die gewünschte Kuchenhöhe über das Filtermedium vorstehen. In der Kuchenbildungskammer vollzieht sich die Trennung der unter Flüssigkeitsdruck zugeführten Suspension. In den anschließenden Kammern wird der Rückstand gewaschen. Der Filterkuchen wird in der drucklosen Abnahmezone durch einen gesteuerten Schaber abgenommen. Die jetzt leere Filterzelle durchläuft anschließend eine Spülzone. Die Ablaufrohre *6* aus den Filterzellen münden in einem Steuerkopf zur getrennten Abführung der Filtrate.

b) *Innenzellenfilter.* Innenzellenfilter (Abb. 414) werden dann verwendet, wenn sich in der Suspension gröbere Teilchen absetzen. Sie sind auch für die Verarbeitung stark dampfender Suspensionen geeignet.

Die Filterfläche befindet sich auf dem inneren Umfang der Trommel, die aus einem siebartig gelochten Blechmantel besteht. Der Zwischenraum zwischen innerer Siebwand und äußerer Trommelwand ist in eine Anzahl Zellen geteilt. An der Rückwand der Trommel ist das Steuerorgan, das die Verbindung mit den einzelnen Zonen herstellt, angebracht. Während der Drehung tauchen die einzelnen Filterzellen nacheinander in die Trübe *B*—*C* (angesaugt durch *A*) im Unterteil der Trommel. Das Innere der Zellen steht

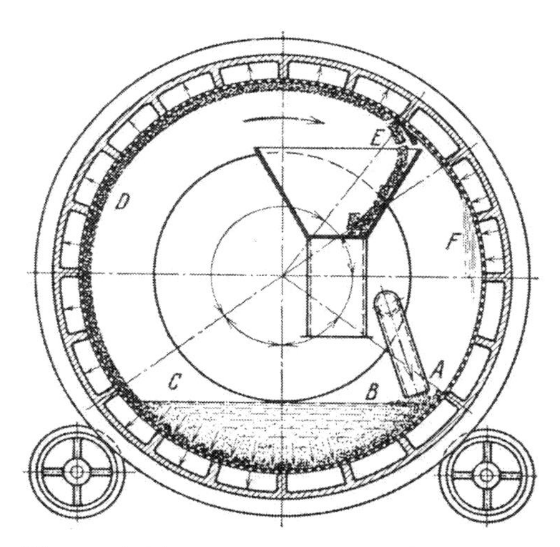

Abb. 414. Wirkungsweise des Gröppel-Innenfilters

unter Vakuum, wodurch die Flüssigkeit in die Zellen gesaugt und durch den Steuerkopf abgeleitet wird, während sich die Feststoffe auf der Innenwand der Trommel ablagern. Beim Austritt der Zellen aus der Flüssigkeitszone wird der Filterkuchen durch weiteres Absaugen entwässert (*D*), bei der Weiterdrehung durch ein Messer abgenommen (*E*) und in eine Förderschnecke abgeworfen. Bevor die Zellen wieder in die Filterzone gelangen, werden sie durch einströmende Druckluft oder Dampf gereinigt (*F*).

c) *Planzellenfilter.* Zum Filtrieren von grobkörnigen, rasch sedimentierbaren Stoffen können Planzellenfilter (Abb. 415) verwendet werden. Sie bestehen aus einem horizontalen, sich drehendem tellerartigen Filter (bis 15 m² Filterfläche), das in Zellen eingeteilt und über getrennte Rohrleitungen an das Steuerorgan angeschlossen ist. Die von oben kontinuierlich aufgegebene Suspension wird während des Umlaufs abgesaugt. Durch Druckluft wird der Filterkuchen aufgelockert und durch einen Schaber oder eine Schnecke ausgetragen.

d) *Scheibenzellenfilter.* Sollen schlecht filtrierbare Schlämme, bei denen der Filterkuchen nur in dünner Schicht aufgetragen werden

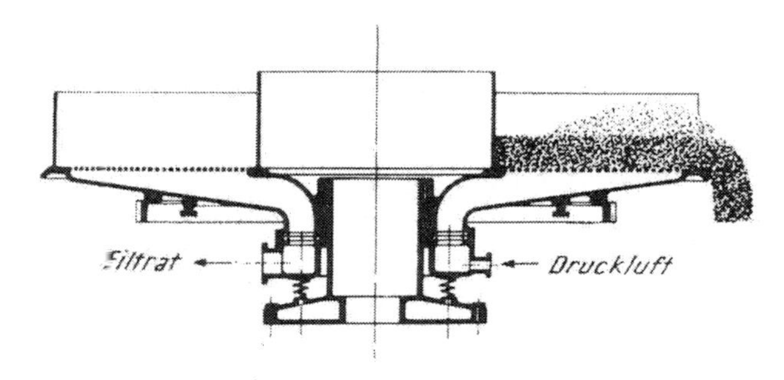

Abb. 415. Planzellenfilter
(Maschinenfabrik Buckau R. Wolf AG, Grevenbroich)

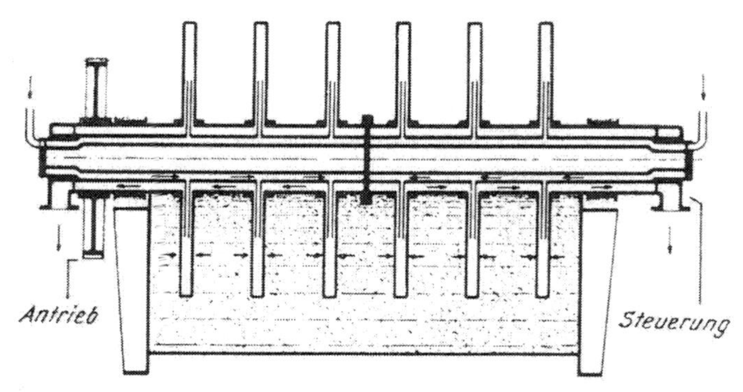

Abb. 416. Wirkungsweise des Scheibenfilters
(Maschinenfabrik Buckau R. Wolf AG, Grevenbroich)

kann, filtriert werden, verwendet man Scheibenfilter (Abb. 416). Die leicht auswechselbaren Filterscheiben sind in Sektoren unterteilt, von denen jeder Sektor einen abgeschlossenen Filterkörper darstellt. Der Schlamm gelangt vom Aufgaberührwerk in den Trog und wird von den Sektoren der sich langsam drehenden Filterscheibe auf beiden Seiten angesaugt. Das Filtrat fließt aus dem Innern der Scheiben durch die Hohlachse und das Steuerorgan zum Vakuumkessel. Nach dem Austauchen des Filterkörpers aus dem Trog wird der Rückstand durch hindurchströmende Luft trockengesaugt und kurz vor dem Wiedereintauchen mit Messern abgeschabt. Es sind Einheiten bis 200 m² Filterfläche in Verwendung.

11. Bandfilter. Bandfilter dienen in erster Linie zum Filtrieren großer Mengen mit groben Verunreinigungen. Die Suspension wird stetig auf das Filterband geleitet, das durch Schlitze in einem

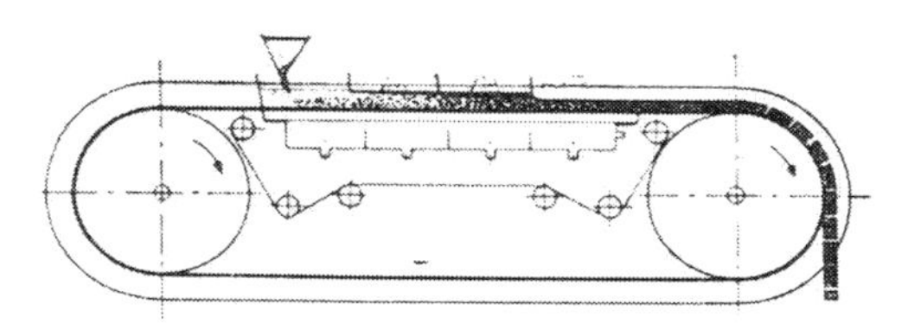

Abb. 417. Bandfilter (Lurgi Gesellschaften, Frankfurt/Main)

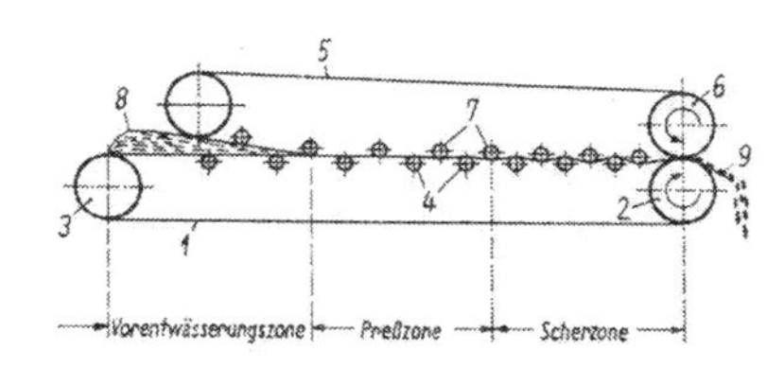

Abb. 418. Siebbandpresse (Alb. Klein KG, Apparatebau und Verfahrenstechnik, Niederfischbach/Sieg)

darunter befindlichen Band einen Anschluß an eine Zellenteilung, die mit der Saugleitung verbunden ist, herstellt. Auch hier kann aufeinanderfolgend das Absaugen und Waschen vorgenommen werden. Der entwässerte Rückstand wird am Ende des endlosen Bandes abgenommen (Abb. 417). Gesamtlänge bis 15 m, Bandgeschwindigkeit 0,2—8 m/min.

Die Filtration kann aber auch durch Abpressen geschehen. Ein endloses Siebband *1* (Abb. 418) läuft über Antriebs- und Umlenkwalze (*2* und *3*) um, wobei das Obertrum durch Walzen *4* unterstützt wird. Über dem Siebband läuft im gleichen Sinn und mit gleicher Geschwindigkeit das Preßband *5* um, dessen Antriebswalze *6* mit der Antriebswalze *2* des Siebbandes gekuppelt ist. Das Siebband wird über ein Druckrollensystem *7* auf das Siebband gepreßt. Der zu entwässernde Schlamm wird auf die Oberseite des Siebbandes aufgegeben (*8*) und beim Weitertransport zwischen Sieb- und Preßband kontinuierlich entwässert, um schließlich vom Schaber *9* abgestreift zu werden.

Das Siebband besteht aus grobmaschigem Gewebe (Metall oder Kunststoff). Der Schlamm wird durch Zugabe von Flockungsmitteln vorbehandelt.

Der *Preßfilterautomat* (Abb. 419) ist eine Kombination des Bandfilters und einer Filterpresse.

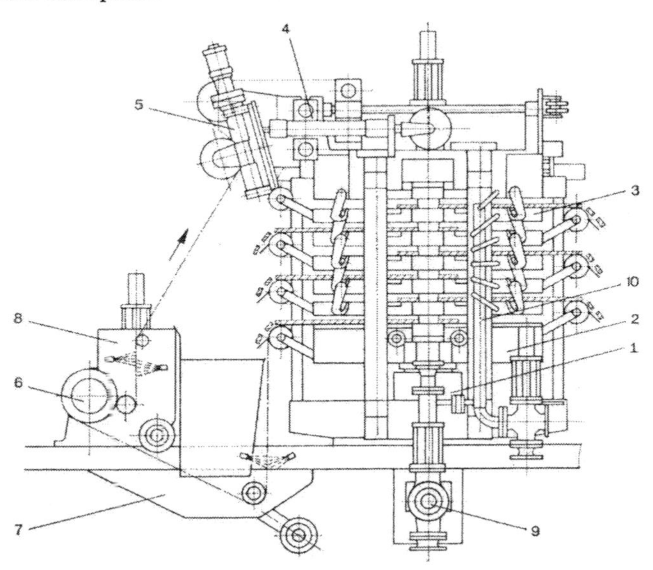

Abb. 419. Preßfilterautomat (Eberhard Hoesch & Söhne, Düren/Rhld.)

Die Filtereinheiten *3* hängen horizontal übereinander an der oberen Jochplatte, die von vier Jochkernen gegen das untere Schließjoch abgestützt wird. In ihm ist die hydraulische Schließvorrichtung *1* untergebracht, auf deren Kolben der Hebetisch *2* zum Spannen des Filtersatzes ruht.

Die Filtereinheiten tragen wechselseitig Umlenkwalzen für das endlose Filterband, das von einem Hydromotor *6* angetrieben und durch eine hydraulisch betätigte Filterbandspannvorrichtung *4* stets straff gehalten wird. Eine im oberen Bereich des Automaten angeordnete Filterbandreguliereinrichtung *5* sorgt für den Geradlauf des Filterbandes. Zwischen der untersten Umlenkwalze (Hebetisch) und dem Filterbandantrieb wird das Filterband durch die Filterbandreinigung *7* geführt, wo es durch Spritzdüsen und Schaber gereinigt wird. In besonderen Fällen kann dem Filterbandantrieb eine Filterbandnachreinigung *8* nachgeschaltet werden.

Die Eintrittsventile für Trübe, Waschflüssigkeit und Blasluft befinden sich an der (in der Abbildung nicht sichtbaren) Rückseite der oberen Jochplatte, von wo aus über einen Zulaufkanal die einzelnen Filtereinheiten gespeist werden. An der Vorderseite werden über einen Ablaufkanal Filtrat und Waschfiltrat gesammelt und über das Umschaltventil *9* abgeführt. Der Preßwasserverteiler *10* versorgt die einzelnen Membrandruckräume der Filtereinheiten über Einzelschlauchanschlüsse mit Preßwasser.

Der Preßfilterautomat wird vollhydraulisch gesteuert und betrieben. Er arbeitet in einer kontinuierlichen Folge abgeschlossener Zyklen, umfassend Schließen, Füllen, Filtrieren, Abpressen mittels Membranen, Waschen, Nachpressen, Trockenblasen, Öffnen, Kuchenaustrag und Tuchreinigung. Alle Vorgänge sind in einem Schaltschrank programmierbar, so daß der Betrieb in der Regel automatisch abläuft. Bei Bedarf kann über Druckknopfbetätigung halbautomatisch gefahren werden.

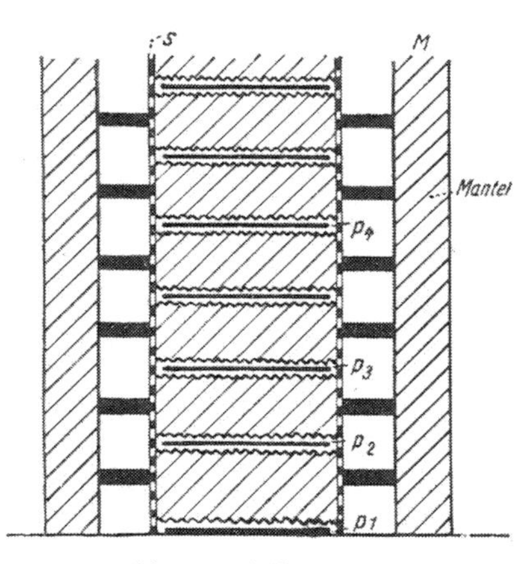

Abb. 420. Seiherpresse

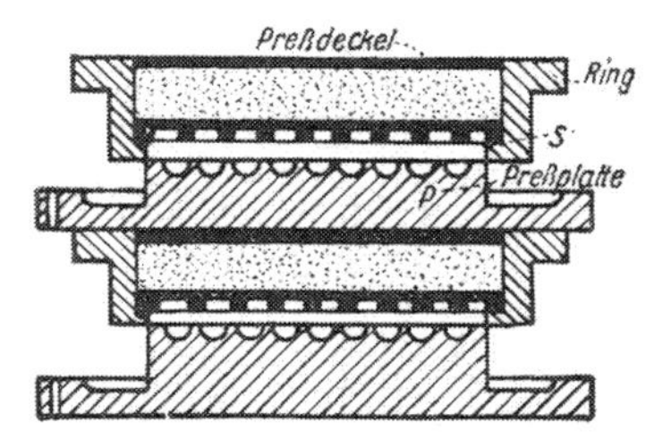

Abb. 421. Ring einer Ringpresse

Die horizontale Anordnung der Filtereinheiten mit gleichmäßiger Suspensionszuführung sowie das völlig flach und entspannt auf den Filtereinheiten aufliegende Filterband ohne Öffnungen für Trübe o. a. gestatten vorwählbare gleichmäßige Kuchendicken. Der homogene Kuchenaufbau ergibt einen gleichmäßigen Durchflußwiderstand und damit einen ausgezeichneten Wascheffekt. Die eingebauten, von oben nach unten wirkenden Membranen sorgen für eine optimale Auspressung des Filterkuchens, so daß sehr niedrige Restfeuchten erreicht werden.

Es werden Preßfilterautomaten für Betriebsdrucke von 16 bar und Filterflächen bis 32 m² gebaut.

C. Pressen

Scheidepressen werden verwendet, wenn die Menge der Flüssigkeit im Preßgut verhältnismäßig gering ist, wenn der Druck in Druckfiltern oder Filterpressen nicht ausreicht oder wenn pflanzliche Produkte ausgepreßt werden müssen. Man arbeitet mit Drucken bis 400 bar. Der Druckanstieg während des Pressens soll langsam geschehen.

1. Absatzweise arbeitende Pressen. In *Etagenpressen* wird das Preßgut, in Preßtüchern zu flachen Paketen verpackt, auf übereinander angeordnete Preßplatten gelegt und zwischen den Stempeln der hydraulisch betriebenen Presse unter Druck ausgepreßt.

Bei den *Seiherpressen* (Abb. 420) wird das Preßgut allseitig umschlossen. Der Preßzylinder *S*, der mit zahlreichen Bohrungen versehen ist, wird von dem Mantel *M* umgeben. Dazwischen befinden sich starke Stahlringe. Auf die unterste Platte p_1 kommt auf ein Filtertuch das Gut, darauf die Eisenplatte p_2 usw. Das ganze System dieser Preßpakete wird unter Druck gesetzt, das Filtrat tritt aus den feinen Löchern und Schlitzen im Preßzylinder aus.

Werden mehrere Seiher übereinandergestellt, und zwar so, daß die zwischengeschalteten Preßplatten gleichzeitig als Stempel wirken, erhält man eine *Trog- oder Ringpresse*. Die Abb. 421 zeigt einen solchen Trog oder Ring. Er wird unten durch eine Siebplatte *S* abgeschlossen. Zwischen zwei Siebplatten ist jeweils eine Preßplatte *P* geschaltet. Beim Ansteigen des Preßstempels schiebt sich der kanellierte Oberteil der Preßplatte in den darüber gelagerten Ring und preßt das in ihm befindliche Gut zusammen. Die Pressen sind meist mit Heizung oder Kühlung eingerichtet. Die einzelnen Ringe werden außerhalb der Presse beschickt und dann in diese eingehoben.

2. Kontinuierliche arbeitende Pressen. Zu dieser Gruppe zählen die *Formpressen* (z. B. Walzenpressen zur Brikettierung, s. S. 247), die *Schneckenpressen* (Knetpumpen, s. S. 238) und die *Schnitzelpressen* (z. B. zum Auspressen von Rübenschnitzeln).

D. Zentrifugieren (Schleudern)

1. Allgemeines. Das Abtrennen von festen Stoffen aus Flüssigkeiten sowie das Trennen zweier nicht mischbarer Flüssigkeiten läßt sich weitgehend durch Zentrifugieren oder Abschleudern erreichen. In den Zentrifugen wird das aufgegebene Gut in schnellumlaufenden Trommeln der Wirkung der Zentrifugalkraft ausgesetzt.

Zentrifugen arbeiten entweder nach dem Prinzip des Filtrierens (Siebzentrifugen) oder des Sedimentierens (Vollmantelzentrifugen).

Im allgemeinen gilt, daß zum Erreichen eines guten Schleudereffekts die Schichtdicke der Festsubstanz möglichst klein gehalten werden muß. Die Viskosität des Schleudergutes soll niedrig sein (heiß schleudern). Die Erhöhung der Zentrifugalkraft ist leichter durch Steigerung der Drehzahl als durch Vergrößerung des Trommeldurchmessers zu erreichen. Wichtig ist eine ruhige Flüssigkeitsführung, daher sind Maßnahmen zur strömungstechnischen Beruhigung beim Beschicken und Austragen von großer Bedeutung.

Als Austragsvorrichtungen kommen Messer, Löffel, Schnecken, Schabeorgane und hin- und hergehende Kolben in Betracht. Man erreicht Schleuderrückstände mit 1—5% (bei sehr feinkörnigen festen Phasen jedoch oft nur bis 40%) Feuchtigkeitsgehalt.

Zentrifugen müssen so gelagert sein, daß sich der Massenmittelpunkt der gefüllten Trommel in die Drehachse einstellen kann. Dies geschieht durch pendelnde oder federnde Wellen oder bei Zentrifugen mit starr gelagerter Welle z. B. durch Gummipuffer.

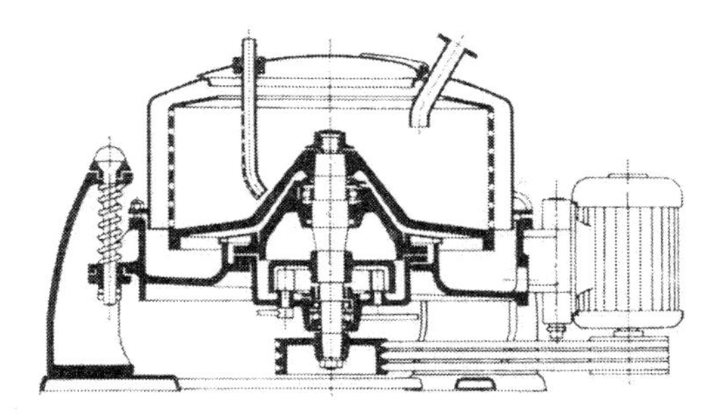

Abb. 422. Dreisäulen-Zentrifuge für Obenentleerung (Gebr. Heine, Zentrifugenfabrik, Viersen/Rhld.)

Als Werkstoff für Zentrifugen kommen nur Materialien in Frage, die hohen Fliehkraftbeanspruchungen gewachsen sind. Gegen Korrosionseinflüsse oder zum Schutz des Schleudergutes können Schutzüberzüge angebracht werden.

Zentrifugen arbeiten absatzweise oder kontinuierlich.

Filterfähige Feststoffe werden in Siebzentrifugen abgetrennt, schwer filtrierbare Trüben durch Sedimentieren in Vollmantelzentrifugen. Mit letzteren können auch Emulsionen von leichten und schweren Flüssigkeiten getrennt werden.

2. Absatzweise arbeitende Siebzentrifugen. Siebzentrifugen haben eine durchbrochene Trommelmantelfläche, auf der das Filtermedium (feine Siebe oder Filtertücher) befestigt ist. In ihnen können kristalline, körnige oder faserige Stoffe aus einer Suspension abgeschleudert werden. Beim Rotieren der Trommel wird durch die Zentrifugalkraft die Flüssigkeit durch die Sieblöcher der Zarge (Seitenwand) getrieben, während der Rückstand zurückgehalten wird.

Zentrifugen sind in der Regel ex-geschützt, sie müssen einen Schutzdeckel besitzen, der sich erst öffnen läßt, wenn die Trommel stillsteht. Bremsvorrichtungen sind vorhanden. Eine Trommel von 1200 mm Durchmesser hat einen Trommelinhalt von etwa 260 Liter.

Die Abb. 422 zeigt eine *Siebzentrifuge in Dreisäulenbauart* für Obenentleerung. Sie ist starr gelagert, jedoch in drei Säulen elastisch

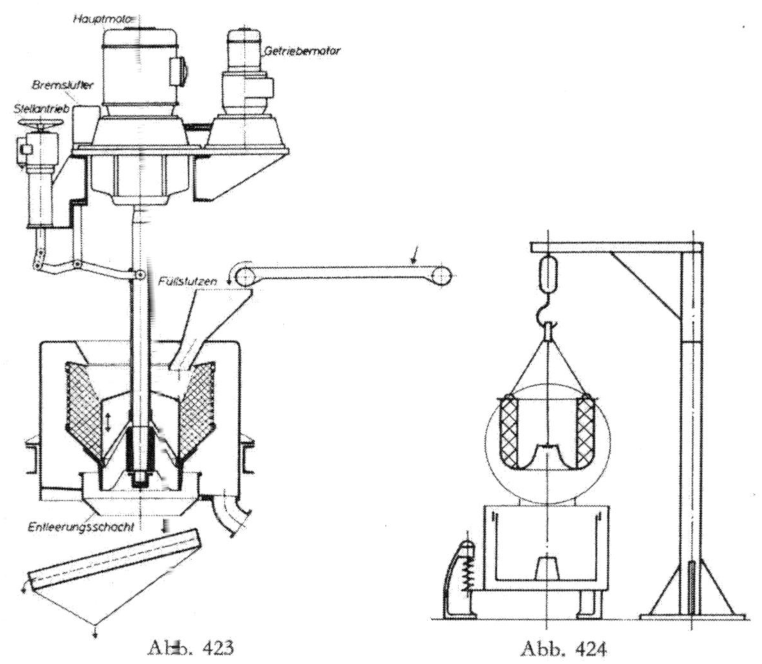

Abb. 423 Abb. 424

Abb. 423. Pendel-Zentrifuge für Untenentleerung (Gebr. Heine, Zentrifugenfabrik, Viersen/Rhld.)
Abb. 424. Dreisäulen-Zentrifuge mit Aushebebeutel (Gebr. Heine, Zentrifugenfabrik, Viersen/Rhld.)

aufgehängt. Der abgeschleuderte Feststoff wird über ein Waschrohr während des Laufs gewaschen.

Die Zentrifugen können aber auch mit Entleerung nach unten ausgestattet sein. Der Trommelboden besitzt dann Öffnungen, durch die das Produkt in einen Entleerungsschacht gelangt. Das Entleeren geschieht von Hand nach unten oder durch kippbare bzw. feststehende Schwenkschaber (bei reduzierter Drehzahl).

Pendel-Zentrifugen sind an Deckenträgern oder in einem Brückenständer hängend elastisch gelagert. Sie werden vorzugsweise für Untenentleerung gebaut. Im gezeigten Fall (Abb. 423) ist der steilschräge Trommelboden für eine Selbstentleerung geeignet. Ein Verstellmotor hebt und senkt die Abdeckhaube des Entleerungsschachtes.

Um ein rasches und verlustloses Entleeren zu bewerkstelligen, können Siebtrommelzentrifugen mit Obenentleerung mit einem *Aushebebeutel* betrieben werden (Abb. 424). Der Filterbeutel wird unter dem abhebbaren Trommeloberteil befestigt. Er ist von einem Netz aus Kunststoffschnur (als Abstandsgewebe und Tragelement) umgeben. Nach beendeter Charge wird das Trommeloberteil mit dem darunterhängenden Filterbeutel gehoben und zur Seite gefahren. Durch Ziehen an einer Reißleine wird der Beutel nach unten geöffnet und entleert.

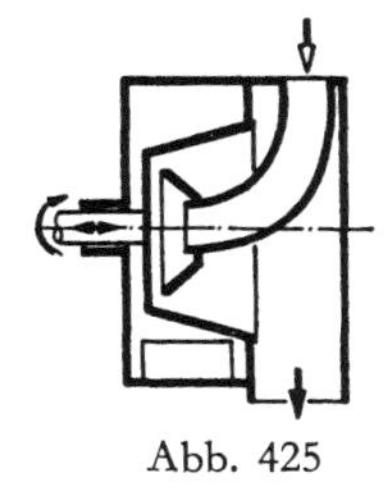

Abb. 425

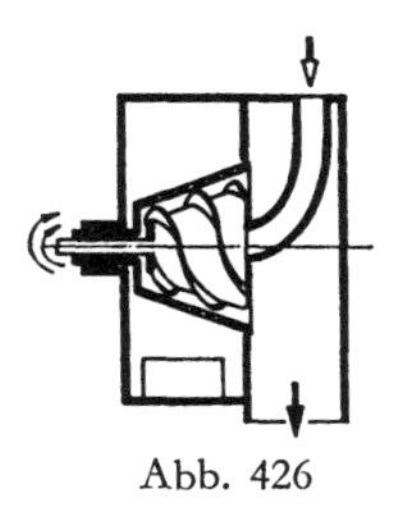

Abb. 426

Abb. 425. Schema einer Horizontal-Schwingsiebschleuder (Siebtechnik GmbH, Mülheim/Ruhr)

Abb. 426. Schema der Siebschleuder Kontrubex (Siebtechnik GmbH, Mülheim/Ruhr)

Von Siebtrommel-Zentrifugen sind mehrere Sonderkonstruktionen in Anwendung. Die *Innenfiltertrommel* ist eine Kombination von Überlauf- und Siebzentrifuge, die verwendet wird, wenn die Suspension nur geringen Feststoffgehalt hat. Die schweren Verunreinigungen setzen sich an der äußeren, ungelochten Trommel ab, während die schwebenden bzw. schwimmenden Feststoffe von der Siebtrommel zurückgehalten werden. Die geklärte Flüssigkeit läuft durch Bohrungen im Trommeloberteil über.

Die *Außenfiltertrommel* ist eine Umkehrung der Innenfiltertrommel. Der schwerere Feststoff setzt sich in der inneren Überlauftrommel ab, während die Flüssigkeit mit den Schwimmstoffen überläuft und in der außen angeordneten Siebtrommel diese Komponenten abtrennt (Gebr. Heine, Zentrifugenfabrik, Viersen/Rhld.).

3. Kontinuierlich arbeitende Siebzentrifugen. Mengenleistungen bis 300 t/h entwässerter Feststoff werden von *Schwingsieb-Zentrifugen* erreicht, bei denen der vom Sieb zurückgehaltene Feststoff durch (der Drehbewegung überlagerte) Axialschwingungen vom kleinen zum großen Durchmesser der konischen Siebtrommel gefördert wird (Abb. 425). Da dieser Transportmechanismus bei hohen Fliehkräften versagt, werden diese Maschinen in erster Linie zum Verarbeiten von leicht zu entwässernden Massengütern bei nicht zu hohen Ansprüchen an die Restfeuchte verwendet.

Vielseitig anwendbar sind *Schneckensiebschleudern,* bei denen der vom meist konischen Sieb zurückgehaltene Feststoff von einer mit etwas abweichender Drehzahl angetriebenen Schnecke von kleinen zum großen Durchmesser gefördert wird (Abb. 426).

Bei der *Taumelzentrifuge* rotiert die konische Siebtrommel um

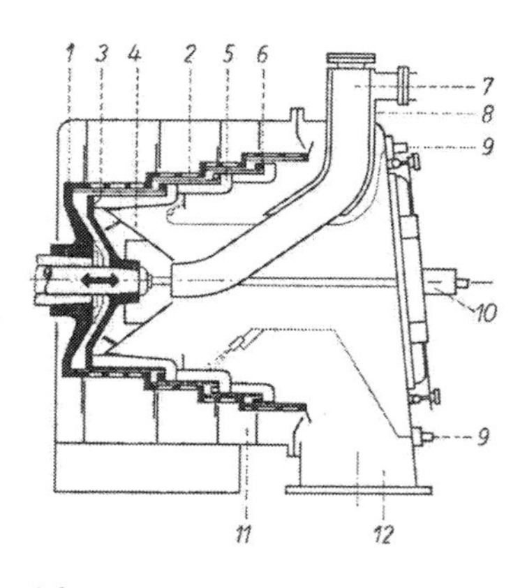

Abb. 427. Schema einer mehrstufigen Schubzentrifuge
(Krauss-Maffei AG, Geschäftsbereich Imperial-Verfahrenstechnik, München)

eine senkrechte Achse und gleichzeitig um ihre eigene, etwas schräggestellte Achse. Durch Überlagerung der beiden Drehbewegungen beschreibt jeder Punkt der Siebtrommel eine Kreisbogenschwingung, die Trommel „taumelt". Das von oben zugeführte Schleudergut wird auf den Trommelumfang verteilt. Im konischen Siebkorb wird das Produkt entwässert, infolge der Taumelbewegung der Trommel schrittweise zum oberen Trommelrand transportiert und abgeworfen.

Der Feststoffaustrag geschieht in der Regel nach unten, das Filtrat wird seitlich aus der Zentrifuge geleitet. Geeignet für hohe Feststoffkonzentrationen mit Feststoffen von 0,15 bis 1 mm Korngröße, Restfeuchte 2—10% (Krauss-Maffei AG, Geschäftsbereich Imperial-Verfahrenstechnik, München).

Schubzentrifugen sind kontinuierlich arbeitende Siebzentrifugen mit horizontaler Trommelachse. Während des Schleudervorganges bewegt sich ein Schubboden mittels eines Kolbens axial hin und her und trägt dadurch den Filterkuchen gegen das Trommelende. Durch

Einstellen der Hublänge und Hubzahl findet ein kontinuierlicher Austrag statt.

Einstufige Schubzentrifugen sind im allgemeinen nur für leicht filtrierbare Güter verwendbar. Bei schwer filtrierbaren Produkten muß die Trommellänge vergrößert sein. Dies geschieht durch Hintereinanderschalten mehrerer Trommeln. Die Abb. 427 zeigt das Schema einer *mehrstufigen Schubzentrifuge*. Die Vierfach-Terrassentrommel *1* setzt sich zusammen aus vier mit gleicher Drehrichtung rotierenden,

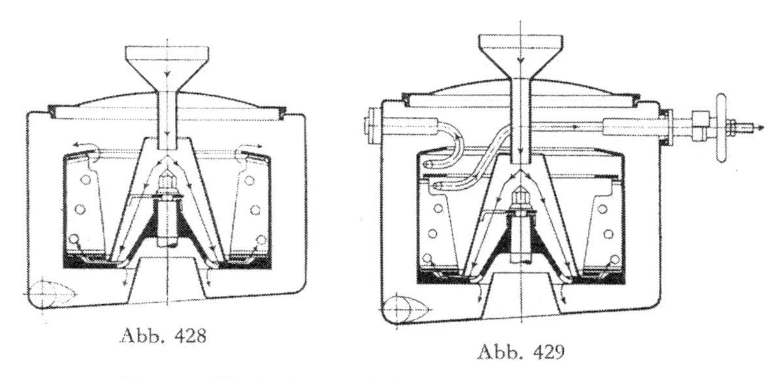

Abb. 428. Überlauftrommel der Heine-Universal-Zentrifuge (Gebr. Heine, Zentrifugenfabrik, Viersen/Rhld.)

Abb. 429. Schöpftrommel der Heine-Universal-Zentrifuge (Gebr. Heine, Zentrifugenfabrik, Viersen/Rhld.)

jedoch axial ruhenden Siebkörben *2*. In der Trommel führen der Schubboden *3* mit Einlaufverteiler *4*, Entspannungskörper *5* und Schubringen *6* eine hin- und hergehende Schubbewegung aus. Die Feststoffschicht wird durch die Entspannungskörper peripher und durch die Terrassenanordnung radial aufgelockert und schonend umgeschichtet. *7* ist das Einlaufrohr mit Heizmantel *8*, *9* die Wasserdecke, *10* die Dampfdecke, *11* die Ablaufkammer und *12* das Feststoff-Fanggehäuse.

Bei anderen Ausführungen sind die Siebtrommeln teleskopartig ineinandergeschoben. Zum Erreichen der gewünschten Förderwirkung sind die einzelnen Trommeln abwechselnd axial beweglich und feststehend angeordnet, so daß das Ende jeder Trommel als Schuborgan für die nächstfolgende wirkt.

Über Schälzentrifugen s. S. 366.

4. Vollwandzentrifugen. Vollmantelzentrifugen beruhen auf dem Prinzip des Absetzens des Feststoffes in einer Flüssigkeit durch die

Zentrifugalkraft bzw. beim Schleudern eines Flüssigkeitsgemisches in der Ausbildung einer Trennschicht zwischen der Flüssigkeit geringerer und höherer Dichte.

Zum Klären von Flüssigkeiten mit rasch sedimentierenden Feststoffen können *Zentrifugen mit Überlauftrommeln* verwendet werden (Abb. 428). Das Produkt wird bei voller Drehzahl ständig zugeführt, im mitrotierenden Konus gleichmäßig verteilt und durch den Spalt zwischen Grundring und Trommelboden unter dem eingestell-

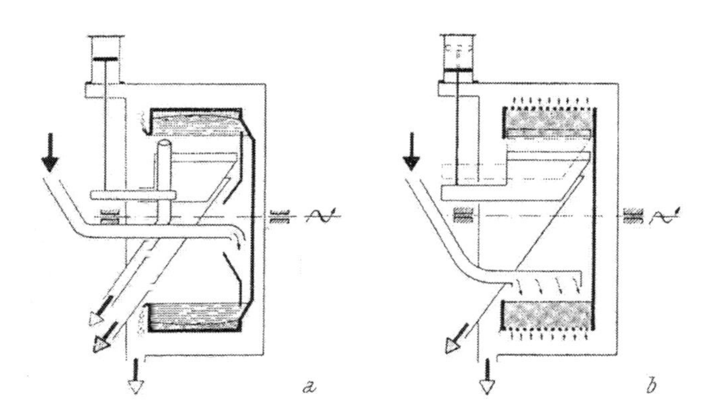

Abb. 430. Schälzentrifuge (Escher Wyss GmbH, Ravensburg/Württ.). *a* Vollmantel-Überlaufschälzentrifuge Typ HU, *b* Schäl-Siebzentrifuge Typ HS

ten Flüssigkeitsspiegel in den Sedimentationsraum geleitet. Auf der Länge der Trommelhöhe sedimentiert der Feststoff, während die geklärte Flüssigkeit am Trommeloberteil überläuft.

Mit *Schöpfzentrifugen* (Abb. 429) können zwei Flüssigkeiten unterschiedlicher Dichte kontinuierlich getrennt werden. Zwischen einem in der Trommel eingebauten Kammerring und der Zarge tritt die schwere Flüssigkeit in die obere Kammer und wird dort über ein Schöpfrohr abgezogen, während die leichtere Phase unterhalb des Kammerringes abgeschöpft wird.

Schälzentrifugen werden für besonders schwere, langsam filtrierende Güter verwendet. Der Feststoff wird aus der Zentrifuge mit einem Schälmesser ausgetragen. Der Trommeldurchmesser beträgt 0,6—2,5 m.

Die *Vollmantel-Überlaufschälzentrifuge* (für Suspensionen mit rasch sedimentierendem Feststoff) arbeitet nach dem Dekantationsprinzip (Abb. 430 a). Der Feststoff verdrängt unter fortwährendem

Gemischzulauf die Flüssigkeit nach innen, so daß sie am vorderen Trommelbord überläuft. Ist die Trommel mit Feststoff gefüllt, wird der Gemischzulauf unterbrochen. Nach Abschälen eventuell überstehender Flüssigkeit mittels Schälrohr wird der Feststoff durch ein Schälmesser abgenommen.

Auch Siebzentrifugen können als Schälzentrifugen gebaut sein; ein Beispiel ist in der Abb. 430 b dargestellt. Der Feststoff baut sich während des Füllens der laufenden Zentrifugentrommel auf der Siebeinlage auf und die

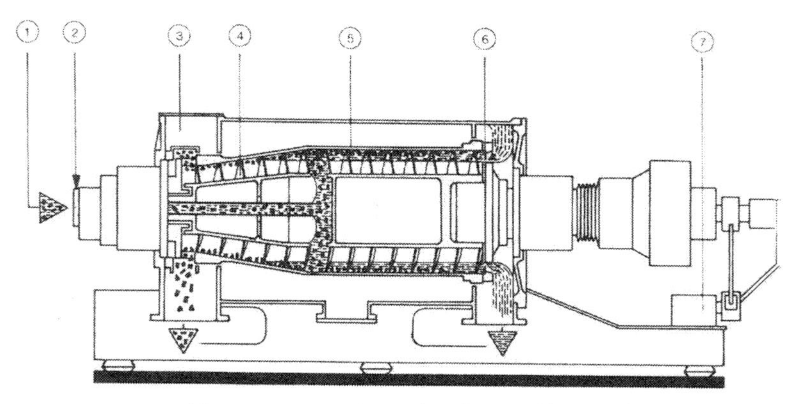

Abb. 431. Prinzip der Dekantierzentrifuge KVZ (Krauss-Maffei AG, Geschäftsbereich Imperial-Verfahrenstechnik, München)

Flüssigkeit wird abgeschleudert. Der Filterkuchen kann bei Bedarf anschließend gewaschen werden, eine getrennte Abführung der ersten und zweiten Flüssigkeit ist möglich. Zum Abschälen der Feststoffschicht wird das Schälmesser in Richtung auf die Trommelwand bewegt.

Dekantier-Zentrifuge (Schneckenaustrag-Zentrifuge). Die Fest-Flüssigkeitstrennung im Dekanter (Abb. 431) beruht auf dem Vorgang der Sedimentation. Der Rotor des Dekanters besteht aus der zylindrisch-konischen Vollmanteltrommel *5* und einer darin konzentrisch gelagerten Transportschnecke *4*. Beide laufen gleichsinnig mit hoher Drehzahl um, wobei die Schnecke, um den Feststofftransport zum konischen Trommelende hin zu bewirken, gegenüber der Trommel eine geringe Drehzahldifferenz aufweist. Die Suspension fließt der Zentrifuge axial zu (Einlaufrohr *1*), tritt durch die Öffnung des Schneckenhohlkörpers in den „Sumpf" ein, dessen Niveauhöhe durch eine Wehrscheibe *6* eingestellt werden kann. Der Feststoff sedimentiert unter der Wirkung der Zentrifugalkraft an der Trommelinnenseite, wird durch die Schnecke über den Konus gefördert, entwässert dabei und wird durch die Öffnungen im Trommelkopf in das Feststoff-Fanggehäuse *3* ausgeworfen. Die geklärte Flüssigkeit fließt zwischen den Schneckengängen spiralförmig zum anderen Ende der Trommel, läuft über das Wehr und fließt im Flüssigkeitsschacht ab. *2* ist ein Waschrohr, *7* eine mechanische Drehmomentüberlastsicherung. Trommeldurchmesser bis 800 mm.

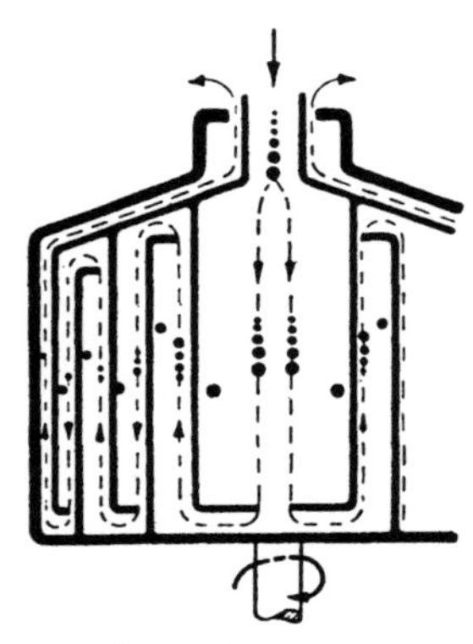

Abb. 432. Schema der Kammerzentrifuge (Westfalia Separator AG, Oelde i. W.)

5. Separatoren. *Kammerzentrifugen* haben einen Trommelraum, der durch Vollwandzylinder in mehrere Ringkammern unterteilt ist (Verkürzung des Absetzweges). Die in der Mitte aufgegebene Trübe durchläuft die Kammerräume von innen nach außen. In jeder Kammer steigt die Zentrifugalkraft, die groben Anteile setzen sich auf den Mantelflächen der inneren, die feineren auf dem äußeren Zylinder ab (Abb. 432).

In *Tellerzentrifugen* wird der Trommelinhalt durch konische Tellereinbauten in viele dünne Schichten unterteilt (Abb. 433). Die Neigung der Tellerkonen beträgt 30—40°, der Tellerabstand wenige Millimeter, die Tellerzahl 40—100. Die Leistung von Tellerzentrifugen liegt zwischen 40 und 7500 Liter/h bei 200—300 mm Durchmesser und etwa 5000—7500 U/min. Sie finden Verwendung für die Klärfiltration, d. h., Separieren von festen Bestandteilen aus einer Flüssigkeit, und für die Trennung zweier ineinander unlöslicher Flüssigkeiten (Purifikation).

Die linke Seite der Abb. 433 zeigt eine *Purifikatortrommel.* Die Rohflüssigkeit gelangt in das Verteilerrohr *1,* durch den erweiterten Unterteil *2* in die Scheideteller, in denen die Trennung stattfindet.

Die leichtere Flüssigkeit *3* steigt an der Innenkante der Teller zum oberen Auslauf, während die schwere Flüssigkeit an der Außenkante der Teller zur Auslauföffnung *4* strömt. Feststoffe sammeln sich bei *5* (Schlammraum) am Umfang der Trommel. Verwendung z. B. bei der Separierung wasserhaltiger Öle. Wichtig ist, daß die Trommel bei Beginn der Separierung mit Wasser gefüllt wird, damit der sich bildende Wasserring den Austritt des Öles am Wasserauslauf verschließt.

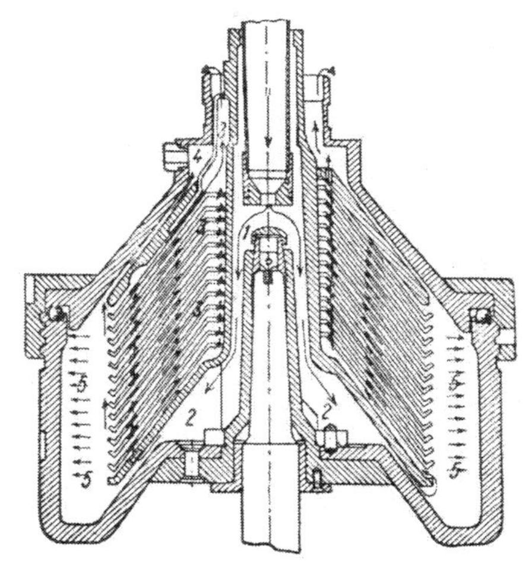

Abb. 433. De Laval-Zentrifugal-Separator
(Bergedorfer Eisenwerke AG, Astra-Werke Hamburg-Bergedorf)

Die rechte Hälfte der Abbildung zeigt die Trommel als *Klarifikator*. Die durch *1*—*2* eintretende Flüssigkeit nimmt ihren Weg durch die Teller zum Flüssigkeitsauslauf. Alle ausgeschiedenen Verunreinigungen werden in der Trommel zurückgehalten. Diese Anordnung dient zum Klären von Flüssigkeiten, wie Transformatorenölen, Laugen, Waschbenzin u. a.

Um das zeitraubende Reinigen der Separatoren zu umgehen, wurden *selbstreinigende Tellerzentrifugen* entwickelt. Aus ihnen wird der am Trommelumfang anfallende Schlamm durch Düsen ausgetragen.

Bei *selbstaustragenden Separatoren* besitzt die Tellertrommel eine ringförmige Entleerungsöffnung am größten Durchmesser und einen Schieberboden, der während des Laufs hydraulisch dicht an die Trommelhaube gedrückt wird. Die Trommel ist von einem Schlammfangdeckel umgeben, aus dem das ausgeschleuderte Gut durch die Schwerkraft abfließt (Alfa-Laval AB, Lund/Schweden).

24. Trocknen

A. Allgemeines

Durch Trocknen werden Flüssigkeiten (Wasser oder organische Lösungsmittel) von Feststoffen durch Verdunsten oder Verdampfen abgetrennt. In der Regel ist der Flüssigkeitsanteil gering („Feuchtigkeit"). Es gibt aber auch Verfahren, bei denen aus einer Suspension oder Lösung der Feststoff durch rasches Verdampfen der flüssigen Phase gewonnen wird (z. B. in Sprüh- und Walzentrocknern).

In den meisten Fällen geht dem Trocknen eine weitgehende Entfernung der Flüssigkeit durch Filtrieren, Pressen oder Schleudern voraus. Vorteilhaft kann eine weitgehende Zerkleinerung des Trockengutes und Ausbreitung auf eine große Oberfläche sein. Durch Verminderung des Druckes wird die Trocknungstemperatur gesenkt (Vakuumtrockner).

Über *Gefriertrocknung* s. S. 314, über das *Trocknen von Gasen* S. 151.

1. Wärmeübertragung. Die Übertragung der Wärme auf das zu trocknende Gut kann auf folgende Weise erfolgen:

a) Durch *Konvektion,* also durch direkte Einwirkung von Heißluft auf das Trockengut.

Beim *Gleichstromverfahren* tritt das nasse Gut zusammen mit der Trockenluft in den Trockner. Die Trocknungsgeschwindigkeit, die anfänglich sehr groß ist, wird im Verlaufe des Prozesses immer geringer. Beim Austritt aus dem Apparat hat die Trockenluft eine niedrige Temperatur und einen hohen Feuchtigkeitsgehalt. Das Verfahren eignet sich für solches Trockengut, dem eine kräftige Trocknung zu Beginn (also im nassen Zustand) nicht schadet, das jedoch nach teilweiser Entwässerung keine hohen Temperaturen mehr verträgt.

Beim *Gegenstromverfahren* bewegen sich Trockengut und Trockenluft entgegengesetzt. Die heiße Luft tritt dort ein, wo das nahezu entwässerte Gut den Apparat verläßt. Die Trocknung beginnt also langsam und verläuft allmählich rascher. Es wird ein hoher Trocknungsgrad erreicht.

Beim *Querstromverfahren* strömt die Trockenluft senkrecht zur Bewegung des Trockengutes. Das Gut muß daher bei jedem Feuchtigkeitsgrad eine hohe und rasche Trocknung aushalten. Vorteil ist die kurze Trocknungszeit.

Beim *Umluftverfahren* wird der heißen Frischluft ein veränderlicher Teil der Feuchtluft beigemischt; die Trocknung wird dadurch vergleichmäßigt.

Die *Bewegung der Trockenluft* geschieht durch den eigenen Auftrieb (natürlicher Zug) oder durch Ventilatoren und Gebläse (Saugen oder Drücken).

b) Durch *Kontakt* zwischen einer beheizten Fläche mit dem Trockengut. In der Trockengutschicht sinkt die Temperatur von der Heizfläche zur dampfabgebenden Oberfläche des Trockengutes. Feuchte und Wärme wandern in gleicher Richtung durch das Trockengut. Geringe Schichtdicken sind von Vorteil.

c) Die Wärmeübertragung kann auch durch *Strahlung* erfolgen.

d) Bei der *Hochfrequenztrocknung* bewegt sich das Trockengut zwischen den Platten eines Kondensators, der an Hochfrequenzgeneratoren angeschlossen ist (z. B. Trocknen von Textilien und Papier in Bandtrocknern).

2. Wahl des Trockenapparates. Die Wahl des Trockenapparates richtet sich nach den Eigenschaften, der Form und dem Zustand des Trockengutes. Die Menge des Trockengutes ist ausschlaggebend, ob absatzweise oder kontinuierlich gearbeitet wird.

Einen allgemeinen Hinweis für die Wahl des Trockners gibt nachfolgende Übersicht.

Grobe Stücke und Tafeln: Kammertrockner, Tunneltrockner, Bandtrockner, Mahltrockner.

Körnige Stoffe und Pulver: Trommeltrockner, Schaufeltrockner, Tellertrockner, Kanaltrockner, Rieseltrockner, Stromtrockner, Wirbeltrockner, Bandtrockner.

Feuchtkrümelige Stoffe: Trommeltrockner, Schaufeltrockner, Kanaltrockner, Trockenschränke, Bandtrockner, Mahltrockner.

Pasten und teigige Stoffe: Kammertrockner, Kanaltrockner, Bandtrockner, Zweiwalzentrockner, Zerstäubungstrockner.

Suspensionen und Lösungen: Walzentrockner, Zerstäubungstrockner.

Zusammenhängende Stoffbahnen: Trockenwalzen.

B. Konvektionstrockner

1. Kammertrockner. Das Naßgut wird auf Horden aus Sieb- oder Lochblech oder auf Schalen ausgebreitet (Schichthöhe 20 bis 100 mm), die in den Trockner übereinander eingeschoben werden (Abb. 434). Vereinfacht wird die Beschickung durch einfahrbare Hordenwagen, die außerhalb des Trockners gefüllt und ausgewechselt werden.

Die durch Heizschlangen erwärmte Trockenluft durchströmt das feuchte Gut, die mit Feuchtigkeit beladene Luft wird durch Venti-

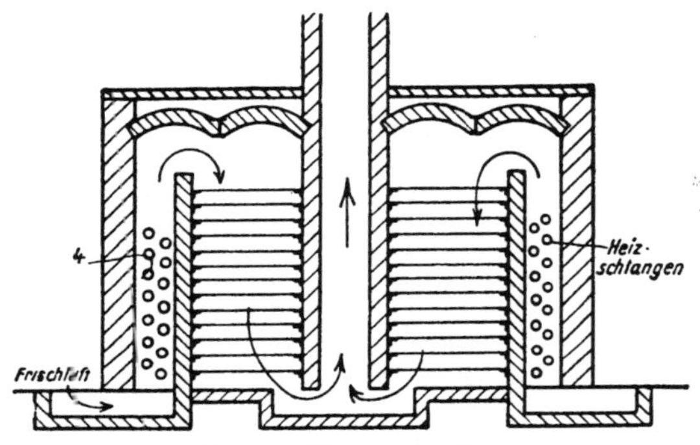

Abb. 434. Kammertrockner

latoren abgezogen. Kammertrockner können auch mit Umluft betrieben werden.

Das Gut liegt still oder es wird von Zeit zu Zeit von Hand aus gewendet.

2. Kanaltrockner. Kanal- oder Tunneltrockner gleichen im Prinzip den Kanalöfen (s. S. 254). Die mit dem Trockengut beschickten Horden befinden sich auf einem Wagen, der beim langsamen Durchlaufen durch einen geschlossenen Kanal der Trockenluft ausgesetzt wird. Durch im Kanal eingebaute Ventilatoren wird eine Luftumwälzung quer zur Längsrichtung des Kanals hervorgerufen.

Kanaltrockner haben eine Länge bis 60 m bei einer Kanalbreite von 3 bis 6 m.

Gleichmäßiges Trocknen wird durch abgestufte Erwärmung des in Zonen unterteilten Kanals erreicht.

3. Bandtrockner. Das Trockengut wird auf langsam laufenden Bändern durch den Trockner befördert und dabei der Trockenluft ausgesetzt (Abb. 435). Es wird auf das oberste Band aufgegeben, auf diesem langsam an das andere Ende bewegt, dort auf das nächste, darunterliegende Band abgegeben, das in entgegengesetzter Richtung läuft usw.

Das Aufheizen der Trockenluft kann auch durch zwischen den Bändern liegenden Rippenrohr-Heizkörpern geschehen.

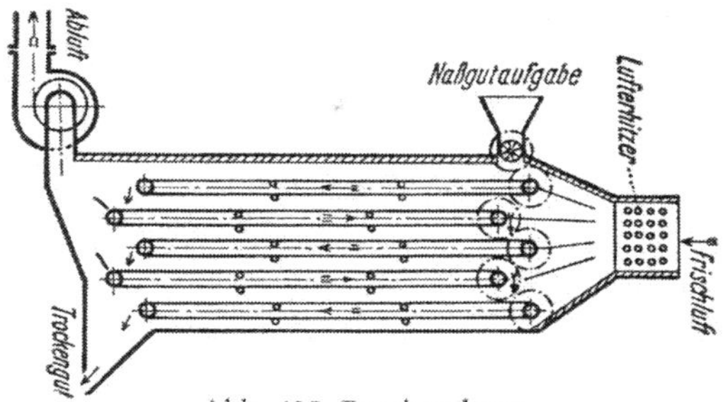

Abb. 435. Bandtrockner

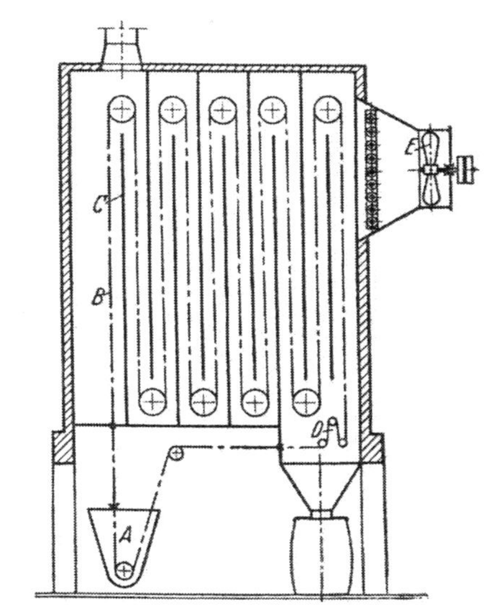

Abb. 436. Vertikaltrockner nach Huillard

Breiige Stoffe können durch Einlagern in die Maschen eines endlosen Siebbandes *B* im Trog *A* aufgenommen und auf- und absteigend (Querwände *C*) durch den Trockner geführt werden. Am Kammerende wird das Trockengut z. B. durch Walzen *D* oder eine Klopfvorrichtung vom Band herausgebrochen. Zufuhr des Trockengases bei *E* (*Hängebandtrockner*, Abb. 436).

In *Düsentrocknern* wird Heißluft oder Dampf aus Düsen auf das vorbeigeführte Gut geblasen (Trocknen von Bahnen aus Textilien).

4. Tellertrockner. Konvektive Tellertrockner gleichen im Bau den Kontakt-Tellertrocknern (s. S. 383). Die Trocknung erfolgt jedoch durch im Trockner kreisende Trockenluft.

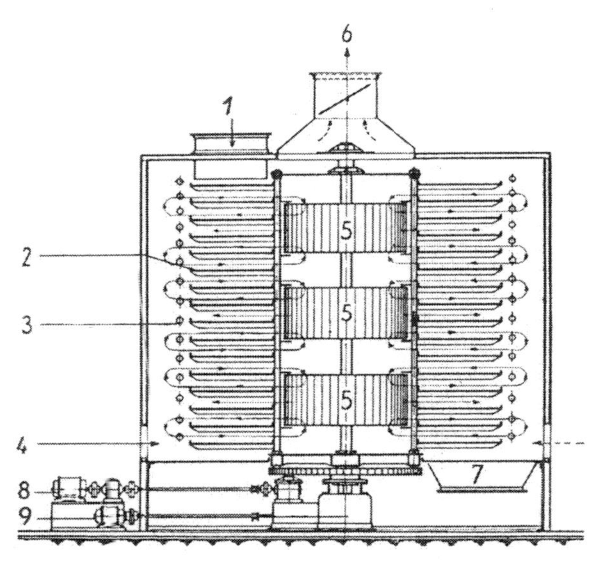

Abb. 437. Schema eines dampfbeheizten Turbinen-Ringscheibentrockners (Büttner-Schilde-Haas AG, Werk Krefeld-Uerdingen). *1* Naßgutaufgabe, *2* Ringscheibengerüst, *3* Heizbatterien, *4* Frischlufteintritt, *5* Turbinen, *6* Ablaufstutzen, *7* Trockengutauslaß, *8* Ringscheibenantrieb, *9* Turbinenantrieb

5. Turbinentrockner. Zum schonenden Trocknen kleinkörniger und pulverförmiger Güter kann der Turbinentrockner (Abb. 437) verwendet werden. Er besteht aus einer großen Zahl sich drehender Ringteller, auf denen das Trockengut in dünner Schicht lagert und das durch Abstreifer von Teller zu Teller abwärts wandert. Über das Gut streicht das Trockengas, das durch „Turbinen" umgewälzt wird. Das Trockengas (Luft) wird durch besondere Zwischenelemente aufgeheizt.

6. Trommeltrockner. Trommeltrockner für rieselfähige Güter bestehen aus einer auf Rollen gelagerten, langgestreckten zylindrischen und schwach geneigten Trommel von 0,5 bis 4 m Durchmesser, die sich langsam dreht (1—15 U/min).

Das kontinuierlich aufgegebene Gut wird durch die Trommelumdrehung gemischt, zum tiefergelegenen Austrag fortbewegt und der heißen Trockenluft (oder dem Trockengas) im Gleich- oder Gegenstrom ausgesetzt.

In der Trommel vorhandene Einbauten (Abb. 438) haben den Zweck, das Gut über den ganzen Trommelquerschnitt zu verteilen und dabei die Oberfläche des Gutes groß zu halten. Der Füllungs-

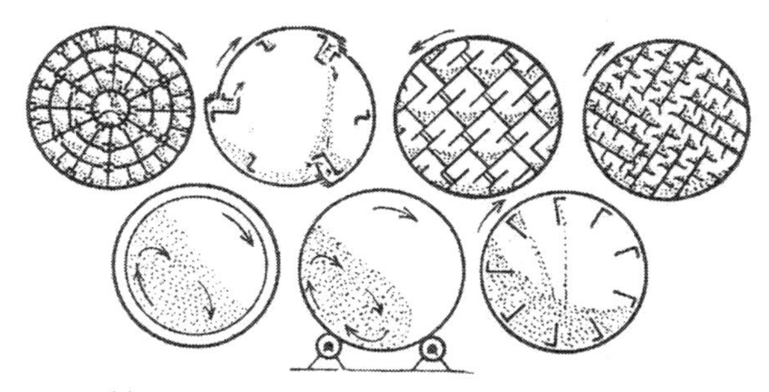

Abb. 438. Querschnitt durch Trockentrommeln

grad beträgt bis 25%. Die durch die Trockenluft mitgerissenen Feinanteile werden durch einen Zyklon abgeschieden.

7. Rieseltrockner. Rieseltrockner dienen zum Trocknen feinkörnigen Materials. Sie bestehen aus senkrechten, schmalen Schächten, in denen das Trockengut langsam herabfällt, während die heiße Trockenluft von unten entgegenströmt. Eingebaute Zellenräder gewährleisten eine innige Berührung zwischen Gut und Trockenluft (Abb. 439).

8. Stromtrockner. Stromtrockner oder pneumatische Trockner sind Konvektionstrockner mit extrem kurzen Verweilzeiten. Sie werden daher zum Trocknen temperaturempfindlicher Stoffe verwendet. Es können feinkörnige und faserige Produkte, aber auch Filterkuchen und Schlämme nach vorheriger Rückmischung mit Trokkenprodukt verarbeitet werden.

Das zu trocknende Gut wird durch eine Aufgabevorrichtung in den Trockengasstrom eingeschleust. Durch starke Verwirbelung wird das Produkt über den Trockenkanalquerschnitt verteilt. Durch die rasch einsetzende Verdampfung des flüssigen Anteils kühlt das Gut ab, so daß es eine wesentlich niedrigere Temperatur annimmt als die des Gasstromes. Nach Durchlaufen des senkrechten Trockenkanals wird das Produkt in einem Zyklon vom Trockengasstrom getrennt. Prinzip s. Abb. 440. Stromtrockner können auch zum Kühlen eingesetzt werden.

Die Arbeitsweise eines *pneumatischen Umlauftrockners* ist in der

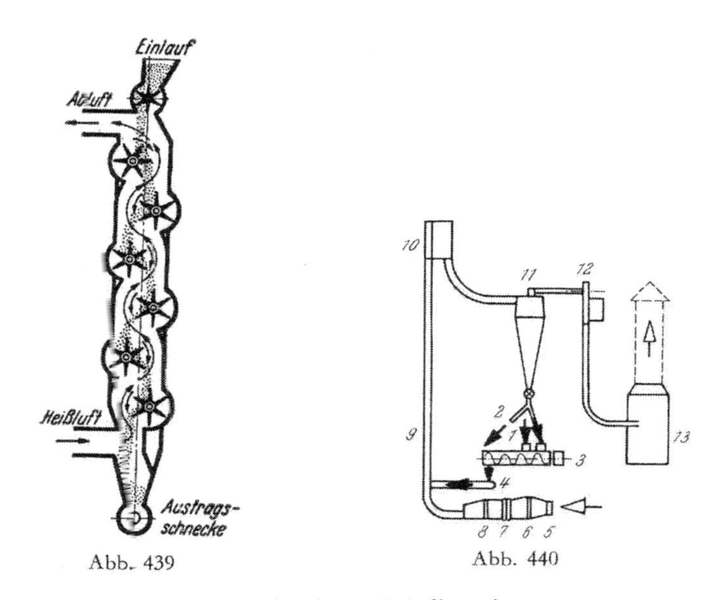

Abb. 439. Rieseltrockner mit Zellenrädern

Abb. 440. Prinzip eines pneumatischen Trockners (Krauss-Maffei AG, Geschäftsbereich Imperial-Verfahrenstechnik, München). *1* Naßguteintrag, *2* Trockengutaustrag, *3* Doppelschaufelwellenmischer, *4* Eintragsband, *5* Druckventilator, *6* Bandfilter, *7* Dampfheizregister, *8* Absolutfilter, *9* Trockenkanal, *10* Umlenkhaube, *11* Zyklonabscheider, *12* Saugventilator, *13* Naßentstauber für Abluft

Abb. 441 dargestellt. Der Ventilator *1* erzeugt die Luftströmung in der Umlaufleitung *2*. Ein- und Austritt der Trockenluft sind im Sammler *3* zusammengefaßt. Sie wird durch das Filter *7*, den Erhitzer *8* und die Einblasvorrichtung *4* in die Leitung eingeführt, die verbrauchte Trockenluft wird in der Mitte des Auslasses *5* entzogen. Das zu trocknende Gut fällt durch die Aufgabevorrichtung *6* in die Umlaufleitung. Es wird vom Warmluftstrom erfaßt und durch die Umlaufleitung gefördert. Infolge der Drehbewegung im Sammler *3* fließt der Hauptstrom des Gutes an der Außenwand entlang, verbleibt in der Umlaufleitung und wird durch den Strahl der Trockenluft mitgerissen und beschleunigt. Nur eine kontrollierbare Menge der leichtesten und trockenen Teilchen gelangt entgegen der Zentrifugalkraft zum Austritt *5*, wird im Zyklon *9* und im Filter *11* abgeschieden und durch die Schnecke *12* ausgetragen. Wird eine

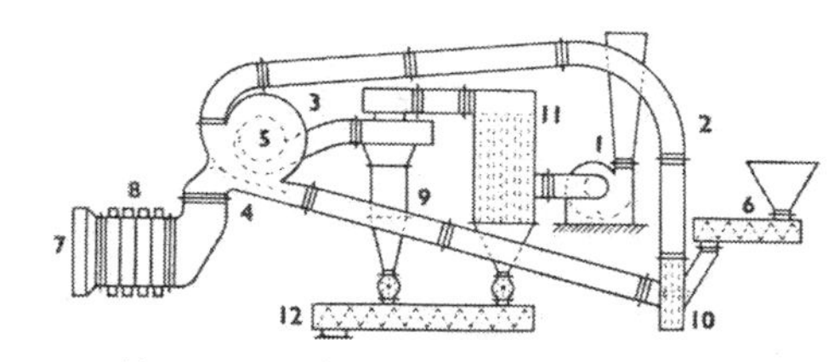

Abb. 441. Umlauf-Trockner, System Berk (Lugar Ges. für Entstaubungstechnik mbH, Herne)

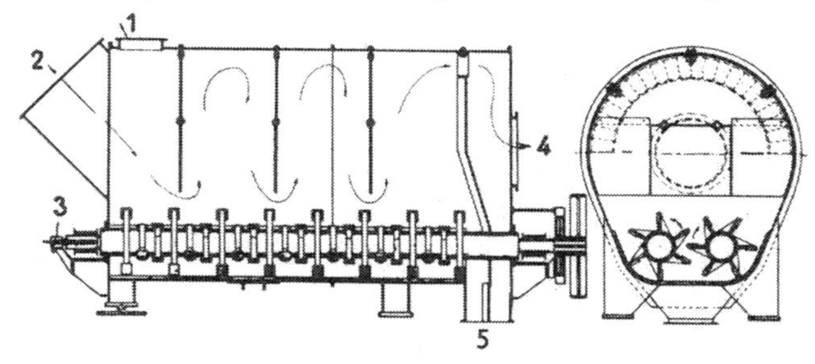

Abb. 442. Hazemag-Schnelltrockner mit zwei Schleuderwellen (Hazemag mbH, Münster/Westf.). *1* Materialaufzug, *2* Heißgaseintritt, *3* Lagerkühlung, *4* Brüdenaustritt, *5* Materialaustritt

Sichtmühle *10* eingeschaltet, die vom gesamten Umlaufstrom des Trockenmittels und Trockengutes durchflossen wird, kann auch die Korngröße des verarbeiteten Gutes beeinflußt werden.

Im *Wendelstromtrockner* (Büttner-Schilde-Haas AG) wird das oben eingespeiste Gut in eine Wendelbahn gebracht. Die Luftbewegung wird durch einen Ventilator aufrechterhalten, der die Luft über einen Wärmetauscher in einen Verteilraum fördert, der den Drehströmungszylinder umgibt. Von hier saugt der Ventilator durch Düsen die Heißluft in den Trockner. Die Gutsteilchen bewegen sich in Nähe der Zylinderwand und werden nach unten zum Gutaustritt (Zellenradschleuse) gefördert.

9. Wirbeltrockner. Beim *Schleudertrockner* wird das Gut durch Schleudervorrichtungen in den Heißgasstrom gebracht. Die in der Abb. 442 gezeigte Apparatur für das Trocknen mehlartiger und grießförmiger bis grobkörniger Güter besteht aus einem feststehenden, geschlossenen Gehäuse, in dessen Unterteil Schleuderwellen eingebaut sind, die das Aufgabegut im Trockenraum verwirbeln. Die gleichzeitig einströmenden Heizgase verursachen eine intensive Verdampfung des flüssigen Anteils. Ein nachgeschalteter Exhaustor unterstützt durch seine Saugwirkung den Guttransport.

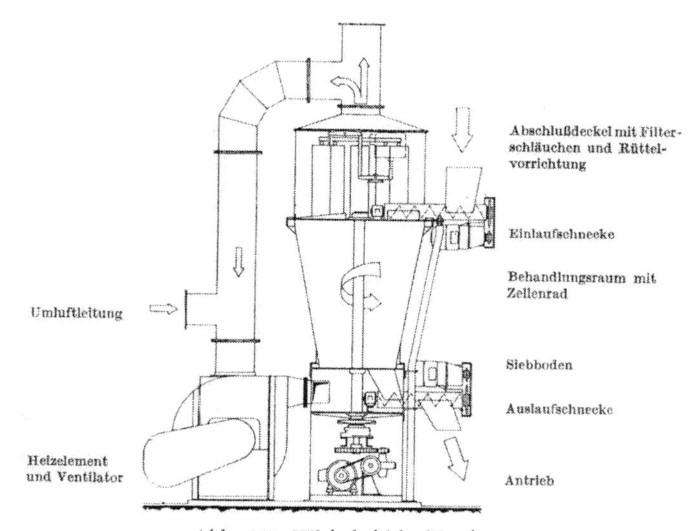

Abb. 443. Wirbelschicht-Trockner
(Büttner-Schilde-Haas AG, Werk Remscheid-Lennep)

Wird bei der Herstellung einer Wirbelschicht aus dem zu trocknenden Gut Warmluft verwendet, ergeben sich hohe Wärmeübergangszahlen. Über das Prinzip der Wirbelschicht s. S. 403.

Der kontinuierlich arbeitende *Haas-Wirbelschichttrockner* (Abb. 443) besteht aus einem schachtartigen Behandlungsraum, der durch radial zur Mittelachse angeordnete Segmente in Zellen geteilt ist. Das zu trocknende Gut wird durch ein Förderorgan (z. B. eine Einlaufschnecke) in eine leere Zelle eingefüllt. Entsprechend dem Füllvorgang wird von unten durch den Siebboden die Trockenluft (oder ein inertes Trockengas) hindurchgeleitet, so daß sich eine Wirbelschicht ausbildet. Das Zellenrad wird kontinuierlich oder taktweise in Pfeilrichtung gedreht, und die nachfolgenden Zellen füllen sich ebenfalls. Die Zellen wandern so über die gesamte Siebfläche zur Auslaßöffnung, aus der das trockene Gut abgezogen wird. Die Abluft wird beim Austritt durch Filterschläuche gereinigt.

Im *Wirbelwuchttrockner* (Abb. 444) für pulverförmige Produkte durchläuft das Gut in kreisringförmigen Trögen zwei übereinanderliegende Kammern, die durch eine Materialschleuse verbunden sind. Dabei wird es durch das Wärmeträgergas in kombiniertem Kreuz- und Gegenstrom aufgewirbelt. Der Trockner führt dabei Schwingbewegungen aus, wodurch die Ausbildung eines Wirbelbettes erleich-

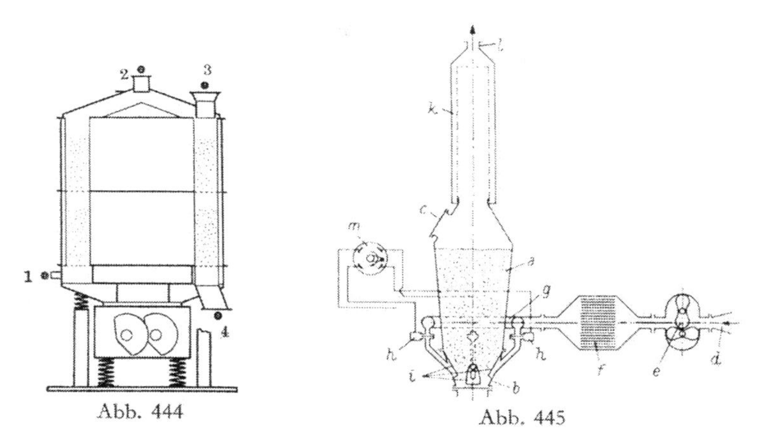

Abb. 444. Wirbelwuchttrockner (Carl Schenk, Maschinenfabrik GmbH, Darmstadt). *1* Gaseintritt, *2* Gasaustritt, *3* Produktzugabe, *4* Produktaustritt

Abb. 445. Samtro-Wirbelstoßtrockner (Samesreuther & CO. GmbH, Butzbach/Hessen). *a* Konischer Behälter (Wirbelbett), *b* Verteilerboden, *c* Füllstutzen, *d* Ansaugschacht, *e* Gebläse, *f* Lufterhitzer, *g* Ringleitung, *h* Schnellschlußventile, *i* Gaseintrittsstellen, *k* Filter, *l* Ablaufstutzen, *m* Steuergerät

tert und die bei Staubgut-Durchströmung häufig eintretende Kanal- und Blasenbildung verhindert wird. Das Gut wird durch die Schwingbewegung langsam zum Kammerausgang gefördert.

Beim *Wirbelstoßtrockner* (Abb. 445) wird durch eine besondere Gasführung und Ausnutzung von Stoßkräften die Kanalbildung in der Gutschicht verhindert und gleichzeitig dem Abrieb des Trockengutes entgegengewirkt. Die Stoßwirkung wird durch plötzliches, kurzes Auftreffen des Gas- oder Luftstromes mit großer Geschwindigkeit auf die Feststoffschicht erzeugt. Das Gas wird vorgeheizt. Bedingung ist, daß jeder neue Wirbelstoß möglichst weit entfernt von der Eintrittsstelle des vorhergehenden auftrifft. Der Apparat hat daher mehrere Gaseintrittsstellen, die durch Schnellschußventile gesteuert werden. Die Öffnungszeit dieser Ventile beträgt 0,2—0,8 Sekunden.

Mit Wirbelstoßtrocknern können Chargen bis 1000 kg und einem

Feuchtigkeitsgehalt bis 25% getrocknet werden. Sie werden verwendet zum Trocknen von Granulaten, kristallinen und pulverförmigen Produkten. Das Verfahren eignet sich auch für Stoffe, bei denen das Kristallwasser erhalten bleiben und nur die Oberflächen- und Kapillarfeuchtigkeit abgetrocknet werden soll.

In *Fließbett-Trocknern* kann das zu trocknende Gut auch in hori-

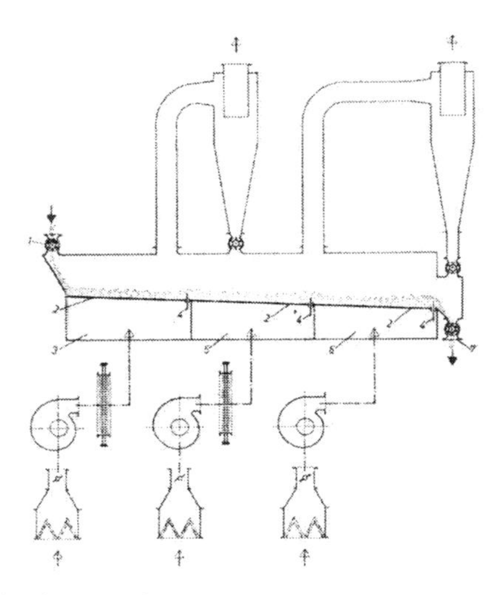

Abb. 446. Fließbett-Trockner (Haag Maschinen- und Apparatebau, Vaihingen/Enz). *1* Schleuse-Materialeintrag, *2* Anströmboden, *3* Trockenzone I, *4* Überlaufwehre, *5* Trockenzone II, *6* Kühlzone, *7* Schleuse-Materialaustrag

zontaler Richtung gefördert werden, während Trockenluft oder Trockengas den Materialstrom von unten nach oben durchströmt und in den Zustand einer Wirbelschicht versetzt (Abb. 446). Das rieselförmige Gut (Teilchengröße 0,05—5 mm) wird durch eine Schleuse eingetragen und das Fließbett in vertikale Schwingungen versetzt. Das Produkt fließt durch Zonen unterschiedlicher Lufttemperatur über den in seiner Neigung auf das Gut abstimmbaren Anströmboden (perforierte Platte). Eine Kühlzone kann angeschlossen sein. Die wirbelnden Teilchen fließen über, in der Höhe verstellbare Überlaufwehre, die die Verweilzeit des Produktes bestimmen (zwei Minuten bis wenige Stunden). Hat das Gut eine hohe Anfangsfeuchte oder neigt es bei niedriger Feuchte zur Kraterbildung, wird der erste Anströmboden mit einem langsam laufenden Rechenrührer ausgestattet, der das Gut verteilt, lockert und dann zum Wirbeln anregt.

10. Zerstäubungstrockner. *Zerstäubungs- oder Sprühtrockner* sind Kurzzeittrockner. Lösungen oder pastenförmige Stoffe werden zu Tröpfchen versprüht und im Heißluftstrom augenblicklich zu feinen Pulvern getrocknet. Die Verdunstung geschieht unter gleichzeitiger Temperaturverminderung, das Gut wird schonend getrocknet. Es wird in seinen physikalischen, chemischen und kolloiden Eigen-

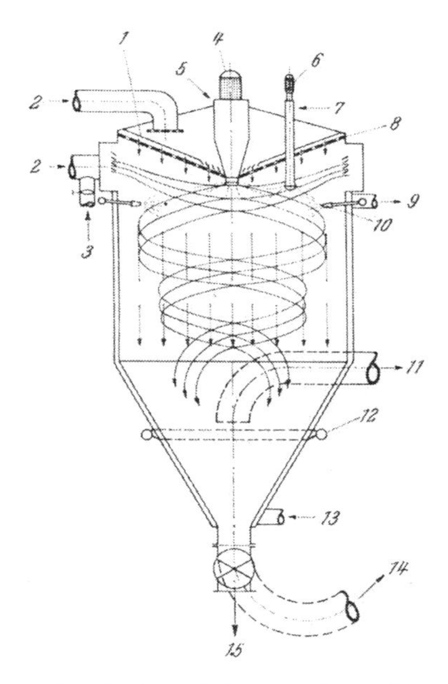

Abb. 447. Arbeitsweise des Zerstäubungstrockners ZT (Krauss-Maffei AG, Geschäftsbereich Imperial-Verfahrenstechnik, München). *1* Zuluftdecke für Scheibe, *2* Heißgas, *3* Kühlluft, *4* Zerstäuberscheibe, *5* Produkt, *6* Zweistoffdüse, *7* Produkt + Preßluft, *8* Zuluftdecke für Düse, *9* Kühlluftaustritt, *10* Einstoffdüse, *11* Abluft + Staub, *12* Spülluft, *13* Kühllufteintritt, *14* Abluft + Pulver, *15* Pulveraustrag

schaften nicht verändert. Versprüht wird durch Scheiben oder Düsen (s. S. 244).

Das Verfahren der Zerstäubungstrocknung setzt sich aus folgenden Verfahrensabschnitten zusammen: Produktzuführung und Zerstäubung, Heißgaserzeugung, Trocknungsprozeß, Abtrennen des getrockneten Gutes aus dem Heißgasstrom, Transport des Gutes nach außen, Reinigen der Abgase und Reglung der einzelnen Verfahrensabschnitte. Je nach den Strömungsrichtungen von zu trocknendem

Gut und Trocknungsmedium zueinander unterscheidet man Gleichstrom-, Gegenstrom- und Querstromtrocknung.

Die Arbeitsweise bei Gleichstromtrocknung ist aus der Abb. 447 ersichtlich. Ein bestimmter Teil des Heißgases tritt oben axial in die Turmdecke ein, durchströmt ein perforiertes Blech zur gleichmäßigen Verteilung und vermengt sich mit dem zerstäubten Naßgut. Der andere Teil des Heißgases wird durch Zugabe von Kaltluft in seiner Temperatur erniedrigt, strömt durch einen Ringkanal mit tangen-

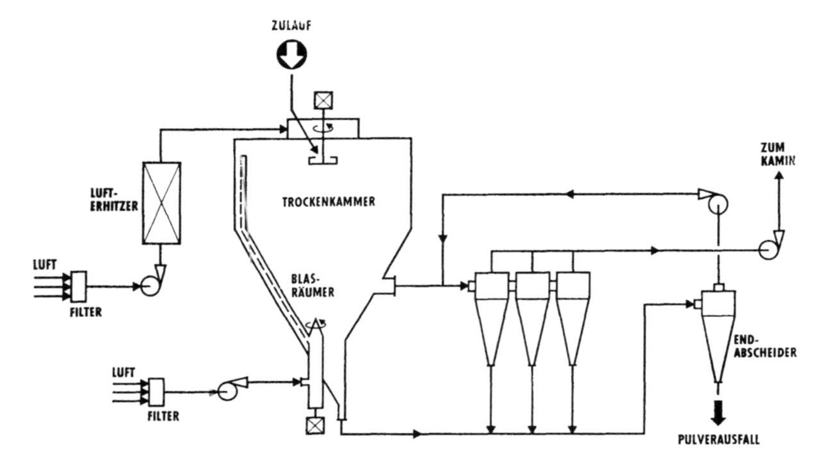

Abb. 448. Schema einer Scheibenzerstäubungstrockner-Anlage (Lurgi Gesellschaften, Frankfurt/Main)

tialen Schlitzen in den Turm ein und wirbelt die axial eintretende Luft im Turminneren nach unten. Durch die höhere Luftgeschwindigkeit verbessert sich der Wärmeübergang an das Gut, die Trocknungszeit wird abgekürzt. Im anschließenden konischen Turmteil wird das Trockengut gesammelt und durch ein Zellenrad aus dem Turm ausgetragen. Die Trocknungsluft verläßt den Turmkonus seitlich zusammen mit dem noch nicht ausgeschiedenen Feingutanteil.

Wesentlich ist die Trennung des Trockengutes von der Abluft (Staubabscheider).

Das Schema einer *Zerstäubungstrocknungsanlage* gibt die Abb. 448.

Zerstäubungstrockner haben einen Durchmesser bis 10 m, Bauhöhe bis 20 m. Die Heißlufttemperatur kann 500 °C und mehr betragen, die Ablufttemperatur liegt bei 80—120 °C; Wasserverdampfung bis 5 t/h und mehr.

C. Kontakttrockner

1. Tellertrockner. Der *Etagen-Tellertrockner* (Abb. 449) besitzt feststehende, doppelwandige Stahlteller für Dampf- oder Warmwasserbeheizung. Das auf den Tellern ausgebreitete Trockengut wird durch ein rotierendes Krählwerk gleichmäßig verteilt und bei fort-

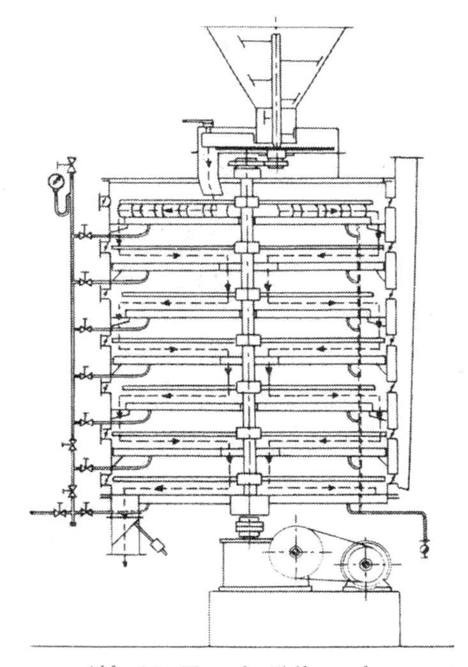

Abb. 449. Kontakt-Tellertrockner
(Büttner-Schilde-Haas AG, Werk Remscheid-Lennep)

gesetztem Wenden von Teller zu Teller durch den Trockner gefördert. Der Brüdendampf wird in einstellbarer Sättigung durch den Kamin abgeleitet. Bei getrennter Dampfzuführung in einzelne Tellergruppen lassen sich unterschiedliche Trockentemperaturen erzielen, die dem Trocknungsverlauf angepaßt sind.

Der *Rotadisc-Trockner* (Abb. 450) enthält einen Rotor mit einer großen Zahl vertikal angeordneter, doppelwandiger Teller. Diese dampfbeheizten Teller machen 85% der Gesamtheizfläche aus, der restliche Teil besteht aus der mit einem Dampfmantel umgebenen Innenwand der horizontal liegenden Trommel. Um einen Belag an den Heizflächen zu verhindern, sind zwischen den Scheiben Stäbe gegen das Mitrotieren des Gutes und an den Scheiben Rührschaufeln angebracht, die das Gut in intensiver Bewegung an den Heizflächen halten, während das Gut den Trockner in der Längsrichtung durchläuft. Zu- und Ableitung von Dampf und Kondensat geschieht für jeden einzelnen Teller. Der Trockner kann auch für Vakuumbetrieb eingerichtet werden. Leistung je nach Apparategröße 90 bis 2700 kg verdampftes Wasser pro Stunde.

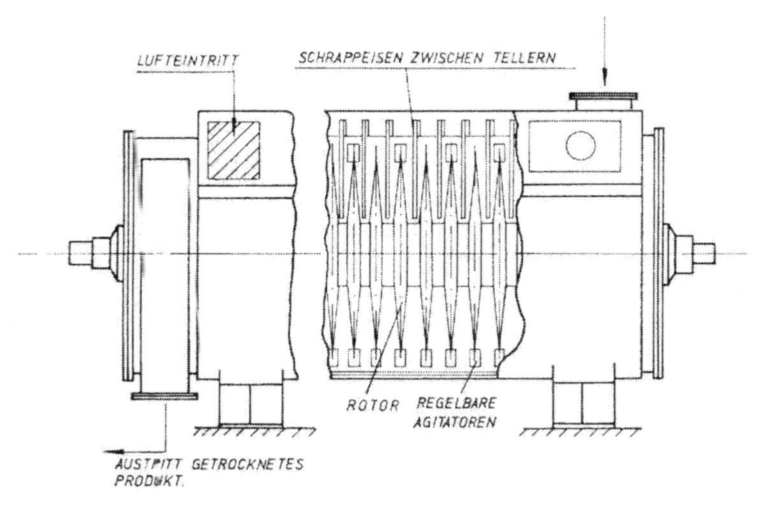

Abb. 450. Rotadisc-Trockner (Stoar Bartz Industri AS, Bergen/Norwegen)

2. Trommeltrockner. Indirekt beheizte Trommeltrockner haben einen Heizmantel, durch den Heizgase (z. B. Feuergase) strömen. Das Naßgut wird durch die ständige Drehung der Trommel gemischt; Einbauten (s. S. 375) können zur Unterstützung der Verteilung des Gutes angebracht sein. Durch die Trommel wird nur ein sehr geringer Gasstrom zwecks Aufnahme und Abführung der Feuchtigkeit geleitet.

Röhrentrockner sind Trommeltrockner mit eingebauten Heizrohren und Dampfmantel (Abb. 451). Die schräggelagerte Trommel *R* wird in langsame Umdrehungen versetzt. Das Naßgut (z. B. schüttbare Güter oder Kohle) wird durch eine Verteilerwalze in die Rohre *r* (200—1000 Rohre, Rohrdurchmesser etwa 100 mm) gebracht, in denen das Gut durch die Drehung weiterbefördert wird. Beheizt wird über den hohlen Drehzapfen *D* mit Dampf, der die Rohre umspült. Das Kondensat läuft am unteren Trommelende ständig ab.

3. Schneckentrockner. Die auf S. 267 beschriebenen *Hohlschnekkenwärmetauscher* werden zum kontinuierlichen Erwärmen, Trocknen und Kühlen verwendet. Das Feuchtgut wird von rotierenden Hohlschnecken, die vom Wärmetauschmittel durchströmt werden, stetig durch den Trog des Trockners gefördert.

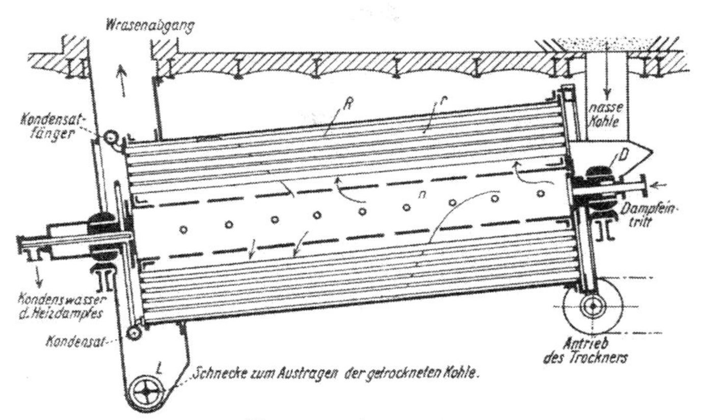

Abb. 451. Röhrentrockner

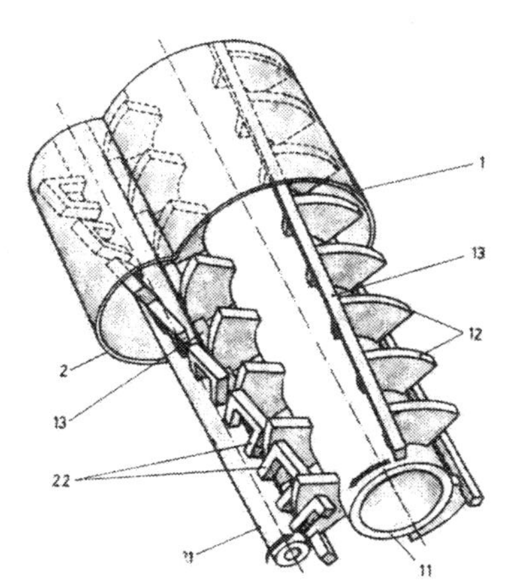

Abb. 452. AP-Reaktor-Trockner
(Dipl.-Ing. H. List, Industrielle Verfahrenstechnik, Pratteln/Schweiz)

Ein ähnlicher Effekt wird mit dem *AP-Reaktor-Trockner* (Abb. 452) erzielt. Das AP-(All-Phasen-)Prinzip ist gekennzeichnet durch zwei oder mehr parallel arbeitende, sich überschneidende Rührer in einem entsprechend geformten Gehäuse. Im zylindrischen Gehäuse *1* rotiert die Hauptwelle *11* mit radial aufgesetzten scheibenförmigen

Elementen *12*, die am Umfang durch Misch- und Knetbarren *13* verbunden sind. Parallel dazu rotiert im Gehäuse *2* die Putzwelle *21* mit den Rahmen *22*, deren Konstruktion und Umlaufgeschwindigkeit so gewählt sind, daß sie zwischen die Elemente *12* der Hauptwelle *11* eingreifen und deren Flächen laufend reinigen. Der äußerste, axparallele Teil des Rahmens *22* reinigt die Innenfläche des Gehäuses *2* und die Hauptwelle *11*, bildet aber außerdem zusammen mit den Knetbarren *13* der Hauptwelle *11* ein sehr wirksames Misch-

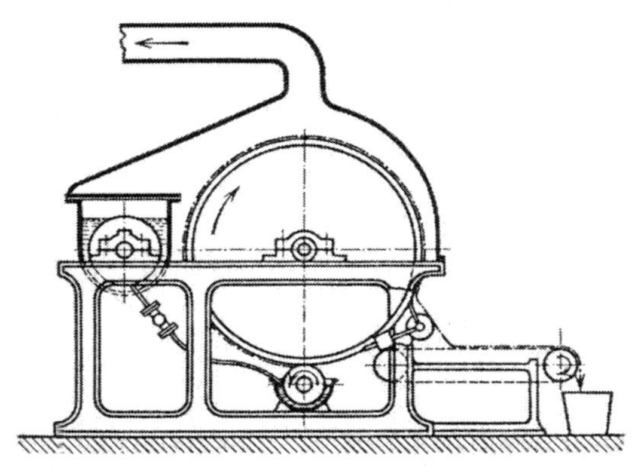

Abb. 453. Einwalzentrockner

und Knetelement. Die Schrägstellung der Knetbarren *13* und der Rahmen *22* ergibt ähnlich einer Schnecke eine Axialkraft, die das Produkt durch die Maschine transportiert. Der Stoff- und Wärmeaustausch tritt in allen Phasen (flüssig — pastös — rieselfähig — trocken) ein. Durch die intensive Gutumwälzung wird eine hohe Wärmeübertragung von der Heizfläche an das Produkt erreicht. Die geschlossene Bauweise ermöglicht produktschonende Trocknung bei niedrigen Temperaturen unter Vakuum und eine einfache Rückgewinnung der Lösungsmittel.

4. Walzentrockner. Für flüssiges bis pastöses Gut, das längere Trockenzeiten nicht verträgt, werden Walzentrockner verwendet. Die aufzutrocknende Lösung oder Suspension wird in dünner Schicht auf die Außenfläche einer beheizten rotierenden Trommel aufgegeben, wobei das Wasser verdampft. Auf der Trockenwalze bleibt das Gut etwa 3/4 Umdrehung der Wärme ausgesetzt und wird im trockenen Zustand durch Schaber abgehoben. Die entstehenden Dampfschwaden werden durch eine Abzugshaube abgeführt.

Die Abb. 453 zeigt einen *Einwalzentrockner*. Das in einem Trog gemischte Naßgut fließt in eine unter der Trockenwalze befindliche Rinne, aus der es von einer kleinen Walze entnommen und auf die Trockenwalze übertragen wird, deren Umdrehungsgeschwindigkeit regelbar ist.

Zweiwalzentrockner haben zwei Trockenwalzen, die im entgegengesetzten Drehsinn laufen (siehe dazu Abb. 463, S. 393).

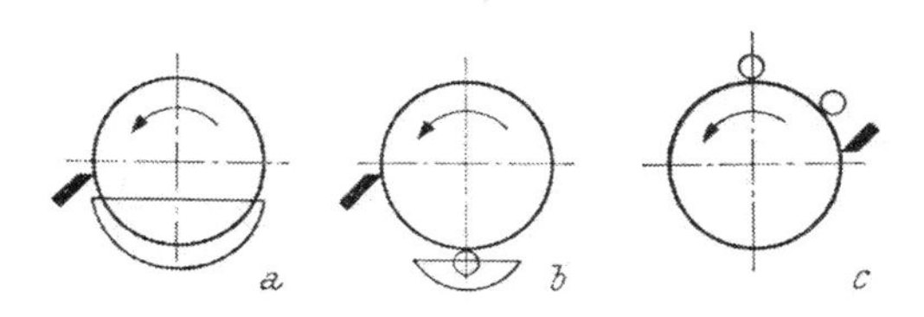

Abb. 454. Produktaufgabe bei Walzentrocknern
(Krauss-Maffei AG, Geschäftsbereich Imperial-Verfahrenstechnik, München)

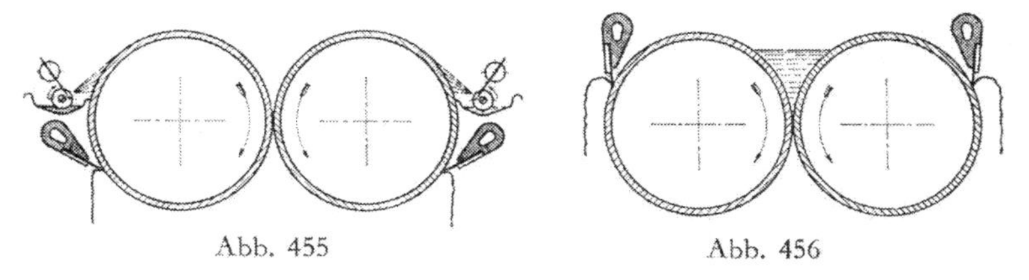

Abb. 455. Zweiwalzen-Sprühtrockner
(Escher Wyss GmbH, Ravensburg/Württ.)

Abb. 456. Zweiwalzen-Sumpftrockner
(Escher Wyss GmbH, Ravensburg/Württ.)

Walzentrockner werden gebaut mit Walzendurchmessern von 600 bis 1500 mm und einer Walzenbreite von 800 bis 4000 mm. Die Walzenfläche beträgt zwischen 1,2 und 17 m^2 bei Einwalzentrocknern. Walzendrehzahl 1—10 U/min.

Die Art der *Produktaufgabe* (Abb. 454) hängt von der Konsistenz des Aufgabegutes ab. Dünnflüssige Produkte können durch direkte Tauchaufgabe, d. h. Eintauchen der Walze in einen Trog, der das Aufgabegut enthält (*a*), aufgenommen werden oder durch Tauchaufgabe mit Hilfe einer Aufgabewalze (*b*) auf die Trommelfläche von Ein- und Zweiwalzentrocknern übertragen werden.

Breiartige Produkte werden durch obenliegende Aufgabewalzen aufgegeben (*c*).

Für besonders temperaturempfindliche Stoffe werden *Walzen-Sprühtrockner* verwendet. Bei ihnen wird der zu trocknende Stoff auf die Oberfläche des Trockenzylinders aufgesprüht, wodurch die Trocknungsgeschwindigkeit erheblich erhöht wird (Abb. 455).

Die Produktaufgabe kann bei Zweiwalzentrocknern auch über Verteilerrinnen oder -rohre unmittelbar in den „Sumpf" des Trockners, also in den Raum oberhalb der Berührungslinie der beiden gegenläufigen Trockenzylinder geschehen. In dieser Weise können dünnflüssige, schlammartige und pastöse Produkte getrocknet werden. Im Sumpfraum tritt bereits eine Voreindickung ein (Abb. 456).

Beim *Rillenwalzentrockner* ist die Trockenwalze mit trapezförmigen Rillen versehen. Das Naßgut wird einem Aufgabekasten zugeführt und durch eine Aufgabewalze und nachgeschalteten Glättwalzen in die Rillen gepreßt. Abgenommen wird das erhaltene, formbeständige Granulat durch Kämme über der ganzen Arbeitsbreite der Walze. Der Rillenwalzentrockner ist im Gegensatz zu Granulatoren oder Strangpressen auch für dünnbreiige oder thixotrope Produkte, die nicht formbeständig sind und wieder zusammenfließen, geeignet.

Kühlwalzen zum Erstarren und Schuppieren von Schmelzen entsprechen im Prinzip den Trockenwalzen (s. dazu S. 386).

5. Dünnschicht-Kontakttrockner. Die Trockner entsprechen den auf S. 295 beschriebenen *Dünnschichtverdampfern.* Die Abb. 457 zeigt eine kombinierte Anlage, bestehend aus einem Luwa-Vertikal-Trockner Typ C als Vortrockner und einem Horizontal-Trockner Typ D als Endstufe. Das Produkt wird kontinuierlich bei *2* aufgegeben und durch den sich drehenden Rotor als dünne, turbulente Schicht auf die Heizwand aufgebracht. Die entstehenden Dämpfe verlassen den Trockner durch den Brüdenstutzen im Oberteil. Das trockene Endprodukt wird bei *3* ausgetragen.

Der *Drallrohr-Trockner* (Abb. 458) besteht aus einem äußeren, beheizten Doppelmantel (Außenkörper *6*, Heizmantel *9*) und einem inneren, mit Luftleitblechen *5* versehenen, ebenfalls beheizten Rohr (Verdrängerkörper *4*). Im unteren Kopfstück *12* befinden sich die Lagerung für den Verdrängerkörper und die Eintrittsstutzen für das Feuchtprodukt *10* und das Fördergas *11*. Am oberen Kopfstück *2* mit dem Verdrängerkörperantrieb *1* ist der Austrittsstutzen für das trockene Produkt *3* und das Fördergas angebracht.

Das vom Gebläse kommende Fördergas tritt tangential in das untere Kopfstück ein. Durch die auf dem Verdrängerkörper schraubenförmig angebrachten Luftleitbleche wird durch Überlagerung der axialen Durchströmung mit einer Drehströmung eine schraubenförmige Strömung erzeugt (Strömungskanal *8*). Diese beschleunigt axial und tangential das durch den radialen Eintrittsstutzen zugeführte Produkt, wodurch es sich unter der Wirkung der Fliehkraft als Film *7* mit annähernd konstanter Geschwindigkeit an der beheizten Rohrwand spiralförmig nach oben bewegt. Die Produktver-

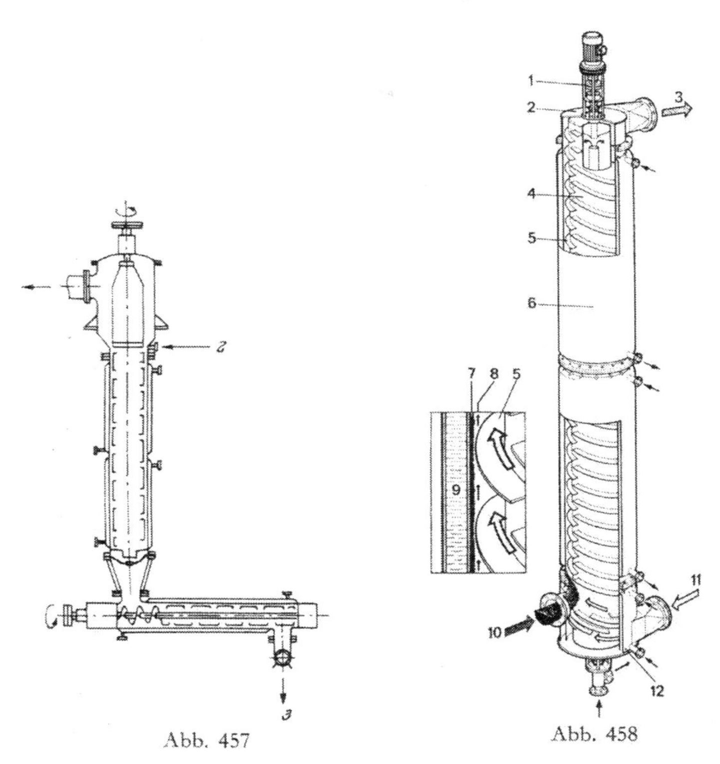

Abb. 457. Kombinierte Luwa-Trocknerenlage (Luwa AG, Zürich)
Abb. 456. Drallrohr-Trockner Typ DRT, System Ruhrchemie (Werner & Pfleiderer, Maschinenfabrik, Stuttgart-Feuerbach)

weilzeit beträgt wenige Sekunden. Nach Austritt aus dem Trockner wird das Trockengut in einem Zyklon vom Fördergas getrennt.

Die erzielbare Endfeuchte liegt zwischen 0,1 und 2%. Der Trockner wird mit Durchmessern von 150 bis 2000 mm und beheizten Längen von 5 bis 30 m gebaut. Durchsatzleistung je nach Apparategröße 100—8000 kg/h Trockenprodukt. Beheizt wird mit Dampf, Warmwasser oder Thermoöl. Verwendung zum schonenden Trocknen temperaturempfindlicher Güter von pulverförmiger bis feinkörniger Struktur. Die Apparatur kann auch zum Erwärmen oder Kühlen verwendet werden.

D. Vakuumtrockner

1. Allgemeines. Bei den Vakuumtrocknern ist die Luft als Wärme- und Feuchtigkeitsträger weitgehend ausgeschaltet.

Durch Anwendung von Vakuum wird der Dampfdruck der im Naßgut enthaltenen Flüssigkeit erniedrigt, folglich kann auch die Heizmitteltemperatur herabgesetzt werden, so daß eine schonende Trocknung bis zum Ende des Trocknungsvorganges ermöglicht wird.

Der Wärmeaustausch vollzieht sich in erster Linie durch Kontakt mit der Heizfläche und durch Wärmestrahlung. Im Prinzip können alle Kontakttrockner als Vakuumtrockner ausgeführt sein.

Türen und Deckel von Vakuumtrocknern müssen luftdicht abgeschlossen sein. Die entwickelten Dämpfe werden abgesaugt und in einem Oberflächenkondensator niedergeschlagen. Die Schaltung einer Vakuumtrockenanlage s. S. 461 (Vakuum-Taumeltrockner).

Der Trocknungsvorgang kann durch Bewegung des Gutes (z. B. Rühren) verbessert werden.

Die Wärmezufuhr kann auch mit überhitzten Brüden geschehen. Werden die Brüden, die mit Sättigungstemperatur aus dem Gut austreten, an Heizflächen überhitzt, können sie als Trockenmittel dienen (Umwälztrockner).

2. Vakuum-Trockenschränke (Abb. 459). Im Gehäuse *a* sind die Heizplatten *b* (Heizung mit Dampf, Heißwasser oder elektrisch) übereinander angeordnet, auf die die Trockenschalen *c* mit dem Feuchtgut gestellt werden. Bei *e* strömt der Heizdampf zu, sein Kondensat fließt durch ein Sammelrohr *f* und den Kondensatableiter *g* ab. Der Anschluß an die Naßluft-Vakuumpumpe erfolgt über die Leitung *h*.

Trockenschränke werden von Hand aus beschickt und entleert.

3. Vakuum-Tellertrockner. Das Feuchtgut wird auf beheizten Böden durch Rührschaufeln (Krählwerk) bewegt und ständig umgewendet. Auch die Deckelheizung spielt eine Rolle (Ausnutzung der Wärmestrahlung). Durch Umkehrung der Drehrichtung des Rührwerkes wird das trockene Gut durch die seitliche Austragöffnung entleert. Für größere Durchsätze verwendet man Etagen-Tellertrockner (s. dazu S. 383).

4. Vakuum-Schaufeltrockner. Durch das in den liegenden, zylindrischen Trockner mit Heizmantel eingebaute Schaufelwerk wird das zu trocknende Gut ständig umgeschaufelt. Das Schaufelwerk, das sich mit 1—4 U/min dreht, kann mit einem Heizrohrbündel ausgestattet sein, auch die Schaufeln sind vorteilhaft heizbar eingerichtet.

Schaufeltrockner sind für hohes Vakuum geeignet, beheizt wird mit Dampf, Heißwasser oder Öl. Bei absatzweise arbeitenden Schaufeltrocknern stehen die Schaufeln in Richtung der Achse (keine Förderwirkung!), sie haben jedoch auf der Rückseite Schrägflächen,

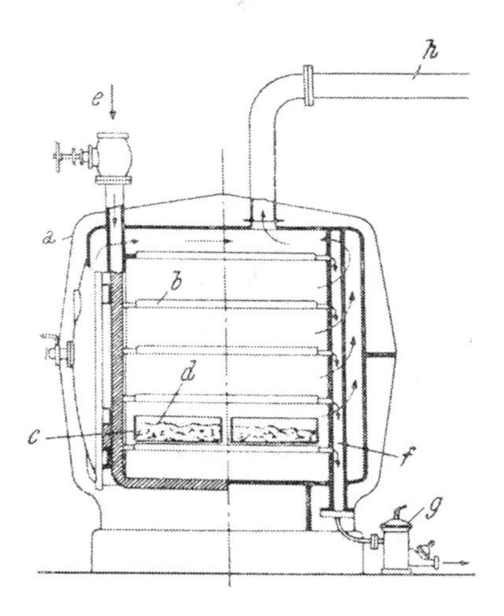

Abb. 459. Vakuum-Trockenschrank (Nach Paßburg-Block-Haas, Lennep)

die bei umgekehrter Drehrichtung das Gut zur Entleerungsstelle fördern. Vakuum-Schaufeltrockner für kontinuierlichen Betrieb haben schräggestellte Schaufeln.

Die Trockner werden in Größen bis zu 3 m Durchmesser und 1,5—12 m Länge gebaut, der Füllungsgrad beträgt 40—60%.

Das Schema einer Vakuum-Schaufeltrockner-Anlage s. Abb. 460.

5. Vakuum-Trommeltrockner. *Trommeltrockner* bestehen aus einer sich drehenden, kurzen Trommel (bis 4 m Zylinderlänge und 3 m Durchmesser) mit Mantelheizung und gegebenenfalls zusätzlich eingebautem Heizrohrsystem. Beschickt wird der Trockner durch die Einfüllöffnung, die, nach oben gestellt, eine Verbindung mit der darüber angeordneten Füllvorrichtung ermöglicht.

Zur besseren Durchmischung des aufgegebenen Gutes kann der Trommelmantel mit Mitnehmerschaufeln bestückt sein. Soll gleich-

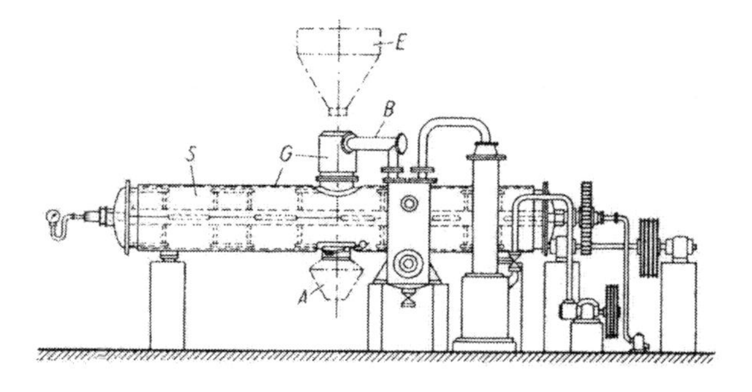

Abb. 460. Vakuum-Schaufeltrockner (Paßburg-Block-Haas, Remscheid-Lennep). *G* Vakuumgehäuse mit Dampfmantel, *B* Brüdenabzug, *E* Einfülltrichter, *A* Entleerungstrichter, *S* Schaufelwelle mit Schaufeln

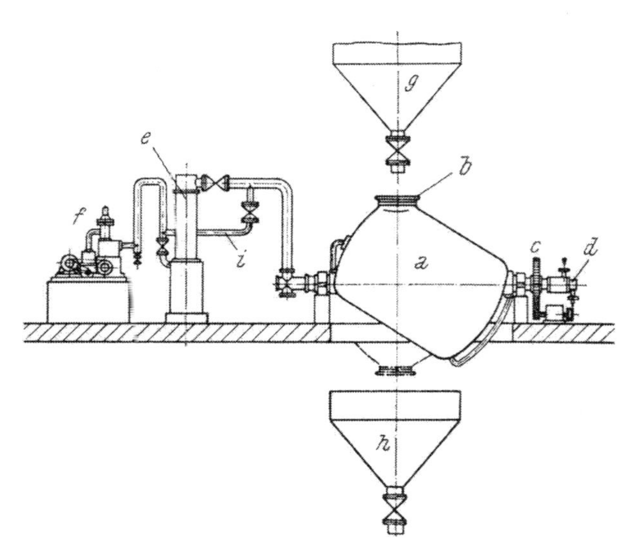

Abb. 461. Vakuum-Taumeltrockner-Anlage (Büttner-Schilde-Haas AG, Werk Krefeld-Uerdingen). *a* Taumelbehälter zur Aufnahme des Gutes, *b* Einfüllstutzen, *c* Antrieb, *d* Heizmittelzu- und -abfuhr, *e* Kondensator, *f* Vakuumpumpen, *g* Feuchtgutbehälter, *h* Trockengutbehälter, *i* Umgehungsleitung

zeitig eine Zerkleinerung stattfinden, werden Mahlkugeln eingesetzt (Mahltrocknung).

Beim *Vakuum-Taumeltrockner* (Abb. 461) dreht sich die Trommel um eine zu der Trommelachse geneigten Drehachse. Der Doppel-

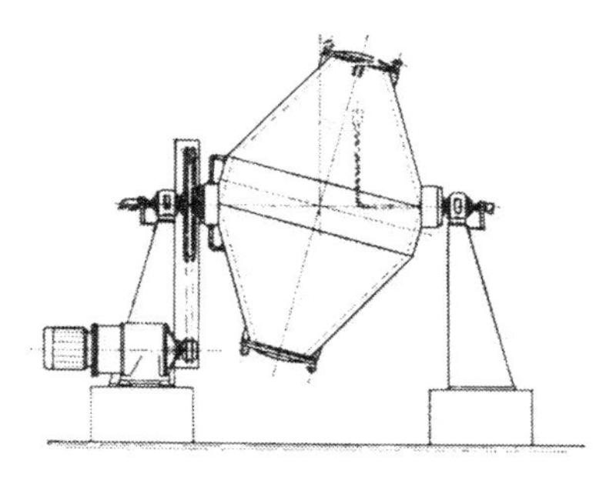

Abb. 462. Doppelkonus-Mischtrockner (System Locke) mit Heizmantel und Vakuumanlage, 2000 Liter Nutzinhalt (Gebr. Netzsch Maschinenfabrik, Selb/Bayern)

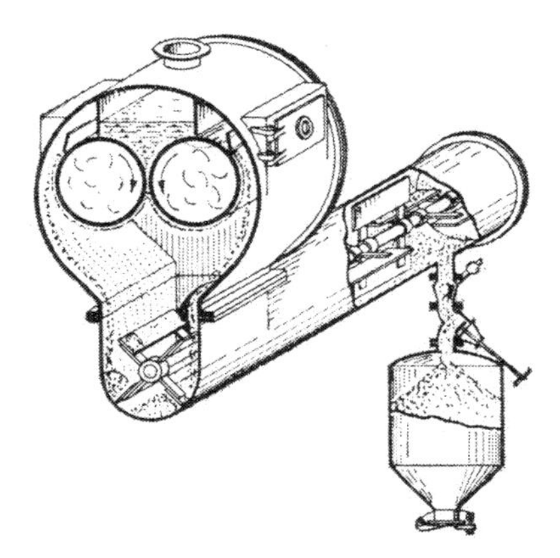

Abb. 463. Schema eines Vakuum-Zweiwalzentrockners (H. Orth GmbH, Ludwigshafen-Oggersheim)

mantel wird mit Dampf, Warmwasser oder Öl beheizt. Das Heizmittel wird durch einen Achszapfen zu- und abgeführt, während die Brüden durch den anderen Achszapfen abgesaugt werden. Die Anlage kann auch im Feinvakuumgebiet (unter 1,33 mbar) verwendet werden. Gefüllt und entleert wird durch den gleichen Stutzen; beim

Entleeren ist er in einer um 180° gedrehten Stellung. Ist ein besonderer Entleerungsstutzen vorhanden, ist dieser mit einem Schieber für Sack- bzw. Faßabfüllung ausgestattet.

In der Regel ist das Trommelinnere glatt (rasches und vollständiges Füllen und Entleeren).

Die während des Trocknens entstehenden Brüden geben ihre Feuchtigkeit in einem Oberflächen- oder Mischkondensator ab und werden durch die Vakuumpumpe abgesaugt. Bei Anwendung von Restdrucken unter 6,6 mbar (= 5 Torr) in der letzten Phase der Trocknung wird die Anlage mit einer Umschaltgarnitur ausgerüstet, die es erlaubt, den Kondensator auszuschalten und die Brüden direkt mit der Pumpe abzusaugen.

Der Taumeltrockner hat eine gute Mischwirkung. Für aggressive Güter stehen emaillierte oder mit Kunststoff ausgekleidete Trockner zur Verfügung.

Im *Doppelkonus-Mischtrockner* (Abb. 462) führt das Gut bei jeder Gehäuseumdrehung eine spiralartige Bewegung aus, abwechselnd nach links und rechts; bei jeder halben Umdrehung ändert sich also die Drehrichtung. Antrieb durch Stirnradgetriebe mit eingebauter Anlaufkupplung und Kettentrieb.

6. Vakuum-Walzentrockner. Die Trockner sind prinzipiell gleich den Ein- und Zweiwalzentrocknern für Normaldruck (s. S. 386) gebaut. Die Trockenwalzen befinden sich jedoch in einem vakuumdichten Gehäuse. Bei der in der Abb. 463 gezeigten Anordnung ist eine Austragschnecke, die als Nachtrockner ausgeführt sein kann, angeschlossen.

7. Vakuum-Dünnschichttrockner. Die auf S. 295 beschriebenen Dünnschicht-Verdampfer werden ebenfalls als Vakuumtrockner ausgeführt.

25. Reaktionsapparate

Als Reaktionsapparate bezeichnet man ganz allgemein alle Apparaturen, in denen chemische Reaktionen durchgeführt werden. Eine große Zahl der in den vorangegangenen Abschnitten beschriebenen Apparate verschiedenster Art werden für diesen Zweck verwendet.

Für ganz spezielle Industriezweige sind jedoch besondere und nur für diesen Zweck entwickelte Apparaturen erforderlich, z. B. Elektrolyse-Verfahren, elektrothermische Verfahren, Röstöfen, Kontaktöfen, Apparaturen für photochemische Reaktionen u. a. Diese Spezialapparaturen können im Rahmen dieses Buches, das eine „Allgemeine Betriebstechnik" darstellen soll, nicht so ausführlich behandelt werden, wie dies erforderlich wäre. Es muß sich daher auf die Beschreibung jener Apparaturen beschränken, die in mehreren Zweigen der chemischen Industrie Anwendung finden.

Über Öfen s. S. 253, Kolonnenapparate S. 315 und Schneckenwärmetauscher S. 267.

A. Behälter und Kessel

Über Rühreinrichtungen s. S. 240, über Heizen und Kühlen S. 251.

1. Emaillierte Apparaturen. Über die Beständigkeit von Emailüberzügen s. S. 29. Man beachte jedoch die sehr unterschiedliche Säure- und Alkalienbeständigkeit sowie die Temperaturwechselbeständigkeit der verschiedenen Emailsorten.

Während die herkömmlichen Emailsorten auf der Basis Glasemail aufgebaut sind, liegt in den Nuceriten (Pfaudler-Werke AG, Schwetzingen; s. S. 29) ein Keramik-Metall-Verbundwerkstoff vor, der mechanisch und thermisch widerstandsfähiger ist.

Eine nachträgliche Bearbeitung von Emailflächen sollte unter allen Umständen vermieden werden.

Im Freien sind Emailapparaturen nur unter einem Schuppendach oder nach Einhüllen in eine Plastikhülle zu lagern.

Beim *Transport* emaillierter Apparate ist darauf zu achten, daß Email gegen Stoß und Schlag empfindlich ist. Kessel sollen grundsätzlich durch einen Holzdeckel verschlossen und gesichert sein, damit keinerlei Werkzeug u. a. in den Kessel fallen kann. Sie dürfen nicht durch Weiterrollen transportiert werden, sondern mit Hilfe von Schlitten. Anhängen an Krane mit Seilen (nicht an den Stutzen!). Rührer oder andere Einzelteile sind vor dem Transport mit Holzwollstricken zu umwickeln oder in mit Holzwolle ausgepolsterten Kisten zu verpacken und gegen Zusammenstoß zu sichern.

Rührer sind möglichst vor dem Einbau in das Gefäß auf einem Liegebock an Deckel und Getriebe zu montieren. Beim nachfolgenden Aufsetzen des Deckels auf den Behälter werden die Rührer mit Holzwollstricken umwickelt. Wird aus zwingenden Gründen der Rührer erst im Gefäß montiert, muß der Gefäßboden mit Gummiplatten ausgelegt werden.

Beim *Einsteigen* in emaillierte Behälter sind die Holzleitern mit Gummifüßen zu versehen, nicht mit genagelten Schuhen betreten!

Emailflanschen sind nie völlig eben, daher sind zum Abdichten nur Weichdichtungen von 8 bis 10 mm Dicke zu verwenden.

Gereinigt werden emaillierte Teile am besten durch Abspritzen mit Wasser sowie mit Haarbürsten (keine Metallbürsten!) bzw. Holzschabern. Heiße Teile dürfen nicht mit kaltem Wasser abgespritzt werden.

Mannlochdeckel sind besonders gefährdet, da die Öffnung meist als Füllstutzen verwendet wird. Vorteilhaft ist daher die Verwendung eines emaillierten *Mannloch-Zwischenringes* (Abb. 464) oder Zwischenstückes. Er wird durch *Klammerschrauben* mit dem Deckel verbunden. Klammerschrauben sollten generell zum Verschließen oder Verbinden von Flanschen verwendet werden (Abb. 465). Bei ihnen entfallen die Schraubenlöcher im Flansch und ungünstige Spannungsverhältnisse scheiden damit aus. Sie haben dazu den Vorteil, daß die Klammerteile beieinander bleiben und der Deckel versetzt oder ausgetauscht werden kann (die Dichtung sorgfältig einpassen!).

Auch geringfügige *Emailschäden* sind sofort zu beheben, um eine fortschreitende Korrosion zu vermeiden. Kleinere Schäden werden durch Einsetzen von Tantal- oder Goldplomben mit untergelegtem PTFE oder Kitt als Zwischenlage repariert. Eine vorläufige Reparatur, die manchmal nicht zu umgehen ist, wird mit Kunststoffkitt (Säurekitt) vorgenommen.

Es ist angezeigt, emaillierte Behälter ständig zu überwachen. Dafür geeignet ist die patentierte *Meßsonde P*, mit der außer dem Emailüberzug auch Tantal-Ausbesserungen überwacht werden können. Die Meßsonde (Abb. 466) enthält eine Spannungsquelle, deren Anode an der Behälterwand liegt. Die Kathode steht über eine Pt-Elektrode mit dem Produkt in elektrisch leitender Verbindung. Solange die Emailschicht (oder vorhandene Tantal-Ausbesserungen) intakt sind oder keine stärkeren Lecklagen auftreten, fließt nur ein sehr geringer Strom. Im anderen Falle kommt es zu einem unmittelbaren Kontakt zwischen Produkt und Behälterwand, die Stromstärke nimmt zu und löst ein Warnsignal aus. Eine automatische Kontrolleinrichtung überprüft die Funktion des Anzeigegerätes der Meßsonde in einem 24stündigen Zyklus.

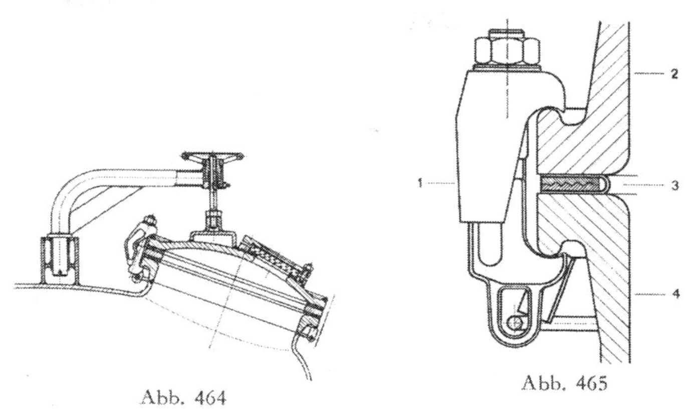

Abb. 464. Mannloch-Zwischenring (Schwelmer-Eisenwerk Müller & Co. GmbH, Schwelm)
Abb. 465. Klammerschraube (Pfaudler-Werke AG, Schwetzingen). *1* Klammerschraube, *2* Deckel, *3* Dichtung, *4* Unterkessel

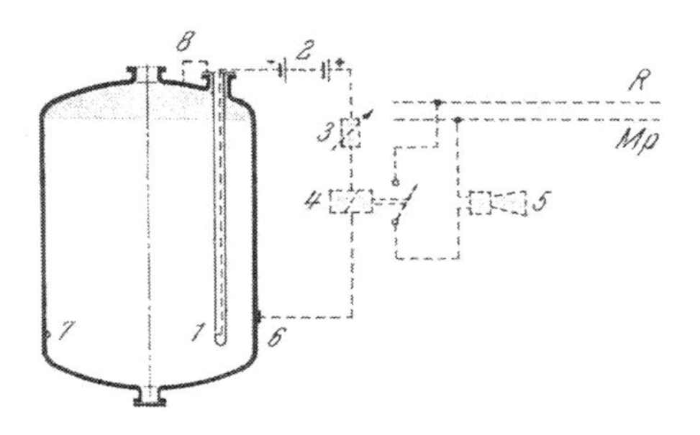

Abb. 466. Meßsonde P zur Emailüberwachung (Pfaudler-Werke AG, Schwetzingen). *1* Prüfelektrode PEP, *2* Spannungsquelle, *3* Empfindlichkeitsregler, *4* Relais, *5* Signalgeber, *6* Elektrode, *7* passivierte Ta-Schraube, *8* Verbindungsleitung

2. Gummierte Apparaturen. Auf die Gummierung wurde bereits auf S. 40 hingewiesen. Gummierungen können durch Vulkanisation unter Druck und Hitze im Autoklaven, durch drucklose Heißwasser- oder Heißdampf-Vulkanisation am Standort, aber auch durch drucklose Kaltvulkanisierung aufgebracht werden. Harte Qualitäten werden im allgemeinen gegen chemische Einflüsse, weiche gegen solche in Verbindung mit mechanischen verwendet.

Gummieren lassen sich Flußstahl, Gußeisen, Stahlguß, Aluminium, Zinn, Zink und Beton. Bei Gummiauskleidungen ist zu beachten, daß scharfe Kanten und Ecken abgerundet werden müssen. Eine rostfreie, glatte und porenlose Oberfläche ist erforderlich. Als Reparaturmaterial ist Hartgummikitt (ein Zweikomponentenkitt) geeignet (z. B. Keranol-E-Hartgummikitt der Keramchemie, Siershahn).

Behandlung gummierter Apparaturen: Hartgummierungen sind spröde und daher gegen mechanische und thermische Beanspruchung empfindlich. Während der Montage sind offene Behälter abzudecken (Sicherung gegen hineinfallende Gegenstände). Rührer und andere Einbauteile sind mit Holzwollstricken zu umwickeln; vor dem Einbau auf den Behälterboden eine Weichgummiplatte legen. Einsteigen nur mit Holzleitern, Schuhe mit Gummisohlen tragen!

Gereinigt werden gummierte Teile durch Abspritzen, notfalls Haarbürsten oder Schaber aus Holz oder Kunststoff verwenden. Heiße Behälter nicht mit kaltem Wasser abspritzen!

Deckel werden mit Weichgummidichtungen von mindestens 8 mm Dicke abgedichtet. Gleichmäßiges Anziehen der Verschraubung ist wichtig. Undichte Verbindungen dürfen nur leicht nachgezogen werden; falls dadurch kein Erfolg eintritt, muß die Dichtung erneuert werden.

Transportiert wird auf Holzschlitten, nicht durch Weiterrollen auf dem Boden. Möglichst nicht im Freien lagern, sondern in Hallen (Temperatur über 0 °C halten). Alle Teile auf Holz mit weicher Unterlage lagern.

Die Gummierung ist laufend zu überwachen (Elektrische Porendichtheitsprüfung)

3. Ausgemauerte Behälter. Die Behälter werden vor dem Ausmauern gummiert oder mit einer Kunststoffschicht versehen (Dichtungsisolierschicht), um die Behälterwand vor Korrosion durch poröse Stellen der Ausmauerung zu schützen. Für das Ausmauern werden Keramik- und Kohlenstoffsteine verwendet. Verfugt wird mit Säurezement oder Säurekitt. Eine bestimmte Abbindezeit (oft mehrere Tage) und Nachbehandlung mit bestimmten Salzlösungen sind erforderlich.

Für Reaktionsbehälter (z. B. Waschtürme) in *vollkeramischer Bauweise,* also ohne Stahlmantel, werden besonders geformte Keramiksteine verwendet. Zwei Beispiele:

Der *Otto-Duolith-Verband* ist ein Formsteinverband für den Bau hohlzylindrischer Anlagen (Säurekamine, Abgasleitungen, Absorptionstürme).

Es werden zwei Lagen von Platten verwendet, wobei die Stoßfugen der inneren Lage durch die Platten der äußeren Lage vollkommen überdeckt werden. Die Stoßfugen werden verkittet (Abb. 467).

Bei der *Steuler-VL-Bauweise* werden zugfeste Verbände mit Hilfe von Spezialformsteinen erreicht (Abb. 468).

Durabon-Kohlenstoffsteine (Sigri Elektrographit GmbH, Meitingen über Augsburg) sind auch gegen Flußsäure und Alkalien beständig. Ihre Wärmeleitfähigkeit ist im allgemeinen höher als die keramischer Auskleidungen. Nichtimprägnierte poröse Durabon-Steine werden ein- oder zweilagig verwendet und gegen die Gefäßwand durch die Kitt-Lagerfuge abgedichtet. Eine zusätzliche Sicherheit bietet das Bekleiden der Behälterwand mit einer Gummi- oder Polyisobutylenfolie, auf der die Kunstharz-Verlegekitte sehr gut haften.

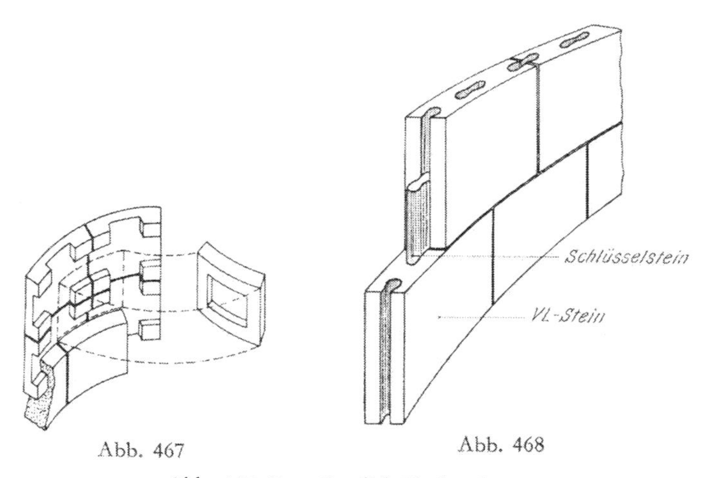

Abb. 467 Abb. 468

Abb. 467. Otto-Duolith-Verband
(Dr. Otto, Säurebau und Keramikwerke, Bendorf/Rhein)
Abb. 468. Steuler-VL-Bauweise
(Steuler Industriewerke GmbH, Höhr-Grenzhausen)

Behälter mit Durabon-Stein-Auskleidung werden ebenso wie keramisch ausgekleidete zweckmäßig von innen beheizt.

4. Kunststoffbeschichtete Behälter. Die Kunststoffbeschichtung besteht in der Regel aus einem Haft- oder Imprägnieranstrich, der auf den Träger (Beton- oder Stahlbehälter) aufgebracht wird und einem nachfolgenden glasfaserverstärkten Kunststofflaminat und einer glasfaserfreien Deckschicht (Steuler Industriewerke GmbH, Höhr-Grenzhausen).

Über Behälter aus glasfaserverstärktem Kunststoff s. S. 38.

B. Druckreaktoren

1. Autoklaven. Autoklaven sind dickwandige Druckgefäße mit kreisrundem Querschnitt (gleichmäßige Beanspruchung aller Wandteile), in denen chemische Reaktionen unter erhöhtem Druck stattfinden. Als Werkstoff kommen Gußeisen, säurefester Guß oder Stahlguß, gegebenenfalls mit Auskleidungen oder Überzügen aus Stoffen, die gegen die zu verarbeitenden Produkte widerstandsfähig sind, in Betracht. Beheizt wird durch Heizbäder, Dampf- oder Heizrohrmantel.

Der Mannlochdeckel wird durch einen Dichtungsring oder besser durch Feder und Nut, in die die Dichtung (Asbest, Blei u. a.) eingelegt wird, abgedichtet. Rührwerke werden durch eine Stopfbuchse abgedichtet. Um eine übermäßige Erwärmung der Stopfbuchse zu vermeiden, kann sie mit einer Wasserkühlung versehen sein. Vorteilhaft sind zwei hintereinander geschaltete Stopfbuchsen, wobei die untere in einer Verlängerung nach oben die zweite Stopfbuchse enthält. Es werden auch bereits stopfbuchslose Autoklaven mit Magnetrührwerk gebaut.

Vorschrift ist, daß jeder Autoklav ein Manometer, Sicherheitsventil und Thermometer besitzt. Füllöffnung, Druckluftanschluß und Stutzen für das Abdrückrohr sind vorhanden. Bei Autoklaven für hohe Drucke (bis 60 bar) wird das Sicherheitsventil durch ein zweites Thermometer ersetzt und außerdem ein weiteres Manometer angebracht. Zusätzlich wird eine Berstscheibe (Sprengblech) eingesetzt.

Autoklaven sind in bestimmten Zeitabständen innerlich zu überprüfen (Korrosionsschäden) und Druckproben vorzunehmen. Druckgefäße sind ständig zu überwachen, die einschlägigen Verordnungen streng einzuhalten. Sie müssen vor Inbetriebnahme durch den Technischen Überwachungsverein (TÜV) abgenommen werden. Jedes Druckgefäß muß ein Schild der Herstellerfirma, Herstellungsjahr, Inhalt und höchstzulässigem Betriebsdruck tragen. Die Bedienung darf nur von geschultem Personal vorgenommen werden.

Autoklaven und Druckfässer dürfen erst nach dem Abblasen des Druckes geöffnet werden. Das Abblasen ist langsam vorzunehmen, z.B. durch ein Nadelventil. Ein auf Nullstellung zeigendes Manometer besagt nicht, daß der Autoklav einwandfrei ohne Druck ist!

Das Lockern der Schrauben des Mannlochdeckels hat ebenso wie das Verschrauben stets übers Kreuz zu geschehen.

Die Abb. 469 zeigt den Oberteil eines Rührautoklaven.

Liegende Autoklaven werden meist als Rollautoklaven ausgeführt, mit durchbohrten Achsen (Zu- und Abführung), die mittels Stopfbuchsen abgedichtet sind.

2. Druckrohre. Rohrreaktoren werden verwendet, wenn eine Rückvermischung der Phasen nicht eintreten soll. Gas und Flüssig-

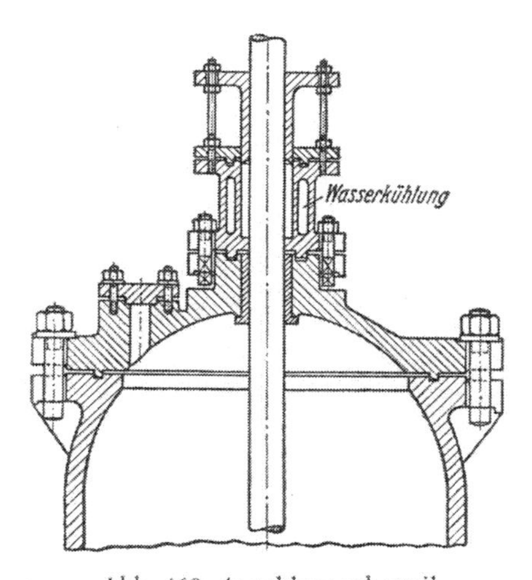

Abb. 469. Autoklavenoberteil

keit werden einem Rohr zugeleitet, durch das die beiden Phasen unter innigem Kontakt strömen. Um eine genaue Einhaltung der Temperatur zu gewährleisten, sind enge Reaktionsräume erforderlich. Nach Durchströmen des Rohres werden Gas und Flüssigkeit in einem Abscheider wieder getrennt.

Bei Druckrohr-Reaktionen wird die Reaktionsgeschwindigkeit außer durch Temperaturerhöhung auch durch Katalysatoren gesteigert (Kontaktöfen). An einen Katalysator (Kontaktsubstanz) werden folgende Anforderungen gestellt: große Wirksamkeit, große Oberfläche, konstante Leistung und leichte Regenerierbarkeit. Der Katalysator wird auf Kontaktträgern, z. B. Sand oder Kieselgur, verteilt oder in Drahtform angewendet.

Stellvertretend für die Vielzahl der apparativen Ausführung soll der *Syntheseofen nach Fauser* zur Ammoniakgewinnung aus Wasserstoff und

Stickstoff bei einem Druck von 200 bar und einer Temperatur von 550 °C beschrieben werden (Abb. 470).

Das Gemisch von Stickstoff und Wasserstoff tritt bei *A* in das Syntheserohr ein und wird im Wärmetauscher *B* (bestehend aus den Rohren *D*, die am Boden *C* befestigt sind; durch die in die Rohre eingesetzten Spiralstücke *E* wird eine Wirbelbewegung erzeugt) erwärmt. Zwischen den Kühlrohren ist die Kontaktmasse *F* eingebettet. Die Reaktionswärme wird gleich-

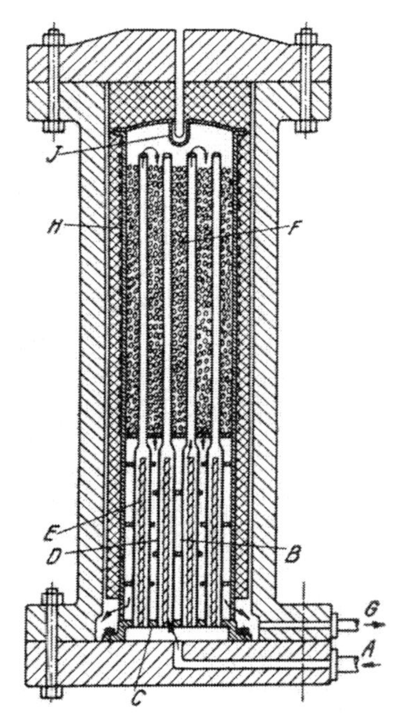

Abb. 470. Syntheseofen nach Fauser

mäßig abgeführt und das Gasgemisch weiter erwärmt. Das Gasgemisch strömt, nachdem es im Vorwärmer seine Wärme abgegeben hat, von oben nach unten durch die Kontaktmasse und wird bei *G* abgeführt. Zur Einleitung der Reaktion dient die elektrische Widerstandsheizung *H*. Das Thermoelement *J* gestattet die Temperaturüberwachung.

Neben Röhren-Kontaktöfen werden auch *Flachbett-Kontaktöfen*, in denen sich die Kontaktmasse in breiter Schicht auf übereinander liegenden Böden befindet, verwendet, vor allem dann, wenn die Reaktionsgeschwindigkeit gering ist.

C. Fließbett-Technik

Wird eine Schicht feinkörnigen Gutes von einem Gas von unten nach oben durchströmt, so bleiben bei geringer Strömungsgeschwindigkeit die Feststoffteilchen in Ruhe, da das Gas durch die Poren der Schüttschicht strömt („*Festbett*").

Sobald die Gasgeschwindigkeit die freie Fallgeschwindigkeit der festen Teilchen übersteigt, werden sie vom Gasstrom mitgenommen und aufwärts bewegt, es entsteht ein *Fließbett* (Fluidatbett, Wirbelschicht). Das Gut verhält sich in dieser Wirbelschicht wie eine brodelnde Flüssigkeit, sämtliche Teilchen bewegen und mischen sich ständig. Dieser Staubfließzustand ist abhängig von einer möglichst gleichmäßigen Teilchengröße, von der Geschwindigkeit des Gasstromes und vom Verhältnis der Höhe zum Durchmesser des ruhenden Bettes. Vorteile des Verfahrens sind die große Feststoffoberfläche, die innige Berührung zwischen Gas und Feststoff (guter Stoffaustausch) und die sehr große Wärmeübertragungsfläche (guter und gleichmäßiger Wärmeaustausch).

Bei weiterer Steigerung der Gasgeschwindigkeit wird die Bewegung der einzelnen Teilchen in der Schicht immer heftiger und sie werden schließlich mit dem Gasstrom ausgetragen.

Das Wirbelschichtverfahren findet Anwendung zum Mischen (s. S. 234), Sichten (S. 220) und vor allem zum Trocknen von Gütern (S. 378), ferner für Röstprozesse und Feststoff-Gas-Kontaktreaktionen.

Einschlägige und benutzte Literatur

Achema-Jahrbuch 1971/1973. Dechema Deutsche Gesellschaft für chemisches Apparatewesen e. V. Frankfurt am Main. 1972.

Berl, E.: Chemische Ingenieurtechnik. Berlin: Springer. 1935.

Berufsgenossenschaft der chemischen Industrie: Unfallverhütungsvorschriften. Heidelberg: Jedermann-Verlag.

Billet, R.: Industrielle Destillation. Weinheim/Bergstraße: Verlag Chemie GmbH. 1972.

Dechema-Monographien. Weinheim/Bergstraße: Verlag Chemie GmbH.

Dechema-Werkstoffberichte. Weinheim/Bergstraße: Verlag Chemie GmbH.

Dolch, M.: Betriebsmittelkunde für Chemiker. Leipzig: O. Spamer. 1929.

Dubbel, H.: Taschenbuch für den Maschinenbau, 13. Aufl. Berlin-Heidelberg-New York: Springer. 1970.

Gugger-Heering: Sicherheit im Chemiebetrieb, 2. Aufl. Düsseldorf: Econ-Verlag. 1955.

Henglein, F. A.: Grundriß der chemischen Technik, 12. Aufl. Weinheim/Bergstraße: Verlag Chemie GmbH. 1968.

Hengstenberg, J. B. Sturm und *O. Winkler:* Messen und Regeln in der chemischen Technik, 2. Aufl. Berlin-Göttingen-Heidelberg-New York: Springer. 1964.

Jähne, F.: Der Ingenieur im Chemiebetrieb. Weinheim/Bergstraße: Verlag Chemie GmbH. 1951.

Kassatkin, A. G.: Chemische Verfahrenstechnik, 5. Aufl. Leipzig: VEB Deutscher Verlag für Grundstoffindustrie. 1962.

Kieser, A. J.: Handbuch der chemisch-technischen Apparate. Berlin: Springer. 1934.

Kirschbaum, E.: Destillier- und Rektifiziertechnik, 4. Aufl. Berlin-Heidelberg-New York: Springer. 1969.

Krischer, O., und *K. Kröll:* Trocknungstechnik, 2. Aufl. Berlin-Göttingen-Heidelberg: Springer. 1963.

Kröger, C.: Grundriß der Technischen Chemie, Teil I. Göttingen: Vandenhoeck & Ruprecht. 1958.

Kufferath, A.: Filtration und Filter, 3. Aufl. Berlin: Chem.-techn. Verlag Bodenbender. 1953/54.

Matz, G.: Kristallisation. Grundlagen und Technik, 2. Aufl. Berlin-Heidelberg-New York: Springer. 1969.

Piatti, L.: Werkstoffe in der chemischen Technik. Aarau-Frankfurt a. Main: Sauerländer & Co. 1955.

Ritter, F.: Korrosionstabellen metallischer Werkstoffe, 4. Aufl. Wien: Springer. 1958.

Ritter, F.: Korrosionstabellen nichtmetallischer Werkstoffe. Wien: Springer. 1956.

Sarco GmbH: Grundlagen der Dampf- und Kondensatwirtschaft. Konstanz. 1970.
Schulz, G.: Die Kunststoffe, 2. Aufl. München: Hanser-Verlag. 1964.
Schwedler-Jürgensonn: Handbuch der Rohrleitungen, 4. Aufl. Berlin-Göttingen-Heidelberg: Springer. 1955.
Sorbe, G.: Messen und Regeln in Labor und Betrieb, 2. Aufl. Frankfurt a. Main: Umschau Verlag. 1962.
Thormann, K.: Absorption. Berlin-Göttingen-Heidelberg: Springer. 1959.
Tochtermann-Bodenstein: Konstruktionselemente des Maschinenbaues, 8. Auflage, I. und II. Teil. Berlin-Heidelberg-New York: Springer. 1968 und 1969.
Truttwin, H.: Die chemische Fabrik, 4. Aufl. Baden-Baden: Verlag für angewandte Wissenschaften GmbH. 1973.
Ullmanns Encyklopädie der technischen Chemie, 4. Aufl. Weinheim/Bergstraße: Verlag Chemie GmbH. Ab 1972.
Vauck, W. R. A., und *H. A. Müller:* Grundoperationen chemischer Verfahrenstechnik, 3. Aufl. Dresden: Verlag Theodor Steinkopff. 1969.
Waeser, B.: Chemisch-technische Arbeitsgänge und Apparaturen, 4. Aufl. Berlin: Verlag Dr. Bodenbender. 1954.
Waeser-Dierbach: Betriebschemiker, 4. Aufl. Berlin: Springer. 1929.
Winnacker, K., und *L. Küchler:* Chemische Technologie, 2. Aufl. München: Hanser Verlag. 1958.

Zeitschriften:

Chemie für Labor und Betrieb.
Chemie-Ingenieur-Technik.
Chemiker-Zeitung — Chemische Apparatur.
Seifen — Öle — Fette — Wachse.

Druckschriften und Prospekte von Apparate- und Maschinenbaufirmen sowie Herstellern von Betriebshilfsmitteln.

Sachverzeichnis

Printed in Poland
by Amazon Fulfillment
Poland Sp. z o.o., Wrocław